## Trainingsrunde

- differenzierte Basisaufgaben
- weiterführende Aufgaben
- Aufgaben für Lernpartner
- mit Lösungen über QR-Code

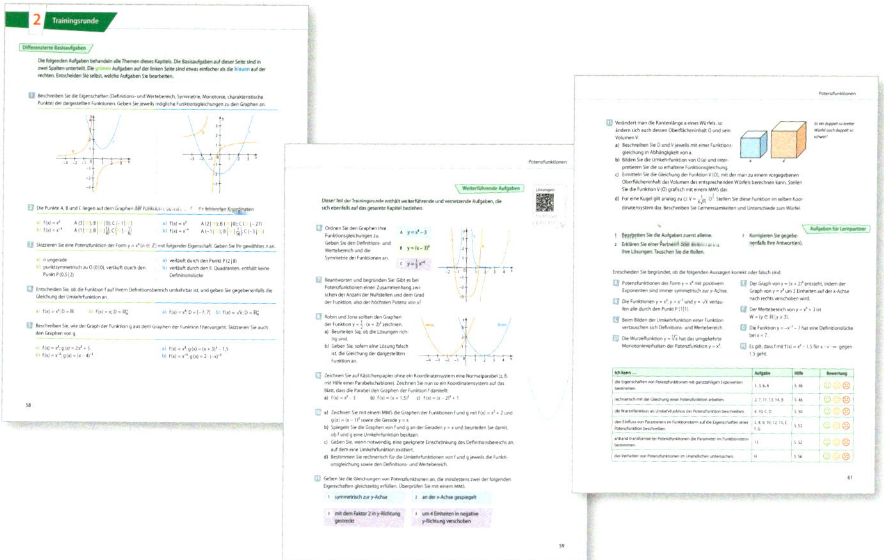

## Auf einen Blick

- Grundwissen des Kapitels im Überblick

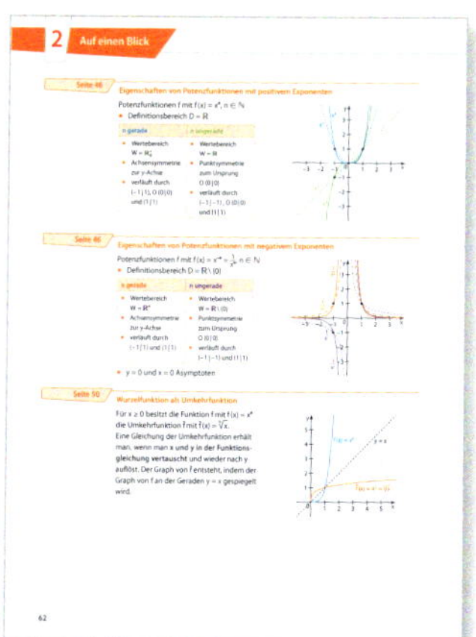

## Auf dem Weg zum Abitur

- Prüfungsteil A: Aufgaben ohne Hilfsmittel
- Prüfungsteil B: Aufgaben mit Hilfsmitteln
- Reflexionstabelle (z. B. zur Vorbereitung auf das mündliche Abitur)

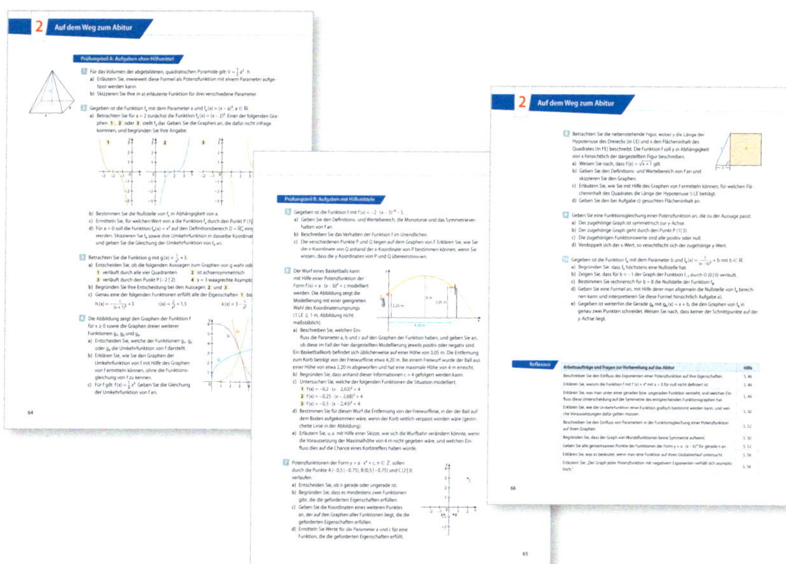

mathe.delta – Nordrhein-Westfalen Sek II
Mathematik für das Gymnasium
Herausgegeben von Sabine Castelli und Christian van Randenborgh

**mathe.delta Einführungsphase**
Bearbeitet von Sabine Castelli, Heiko Etzold, Dominik zur Heiden, Annika Neu-Hermanns, Frank Nix, Robert Lammert, Christian van Randenborgh, Tobias Schaffrin, Ellen Voigt und Marcel Voldrich unter Mitarbeit der Verlagsredaktion

Zu diesem Lehrwerk sind erhältlich:
- Digitales Lehrermaterial **click & teach** Einzellizenz, Bestell-Nr. 630531
- **Trainingsband**, ISBN 978-3-661-63052-6

Weitere Materialien finden Sie unter www.ccbuchner.de.

Dieser Titel ist auch als digitale Ausgabe **click & study** unter www.ccbuchner.de erhältlich.

1. Auflage, 1. Druck 2024
Alle Drucke dieser Auflage sind, weil untereinander unverändert, nebeneinander benutzbar.

Dieses Werk folgt der reformierten Rechtschreibung und Zeichensetzung. Ausnahmen bilden Texte, bei denen künstlerische, philologische oder lizenzrechtliche Gründe einer Änderung entgegenstehen.

Auf verschiedenen Seiten dieses Buches finden sich Mediencodes. Sie verweisen auf optionale Unterrichtsmaterialien und Internetadressen (Links), die der Verlag in eigener Verantwortung zur Verfügung stellt. Haftungshinweis: Trotz sorgfältiger inhaltlicher Kontrolle wird die Haftung für die Inhalte externer Seiten ausgeschlossen.



Redaktion: Markus Rennig, Georg Vollmer
Layout: tiff.any GmbH, Berlin
Satz: Artbox Grafik und Satz GmbH, Bremen
Umschlag: tiff.any GmbH, Berlin
Druck und Bindung: Firmengruppe Appl, aprinta Druck, Wemding
www.ccbuchner.de

ISBN: 978-3-661-**63051**-9

## 3 Ganzrationale Funktionen



## 4 Steigung und Ableitung

## 5 Funktionsuntersuchung



## 6 Grundlagen der vektoriellen Geometrie



## Anhang

| | |
|---|---|
| $\mathbb{N}$ | Menge der natürlichen Zahlen |
| $\mathbb{Z}$ | Menge der ganzen Zahlen |
| $\mathbb{Q}$ | Menge der rationalen Zahlen |
| $\mathbb{R}$ | Menge der reellen Zahlen |
| D | Definitionsmenge |
| L | Lösungsmenge |
| { } | Leere Menge |
| {a; b; c} | Menge mit den Elementen a, b und c |
| $\mathbb{Q}\setminus\{a; b\}$ | Menge $\mathbb{Q}$ ohne die Elemente a und b |
| $a \in \mathbb{Q}$ | a ist Element von $\mathbb{Q}$ |
| $\infty$ | unendlich |
| $=$ | gleich |
| $\approx$ | ungefähr gleich |
| $>$ | größer als |
| $\geq$ | größer oder gleich |
| $<$ | kleiner als |
| $\leq$ | kleiner oder gleich |
| $\widehat{=}$ | entspricht |
| $\sim$ | ähnlich zu |
| $\cap$ | geschnitten mit |
| $\cup$ | vereinigt mit |
| $a^n$ | Potenz: „a hoch n" |
| $\sqrt{a}$ | Quadratwurzel aus a |
| $\sqrt[n]{a}$ | n-te Wurzel aus a |
| $\frac{a}{b}$ | Bruch mit Zähler a und Nenner b |
| $\log_b a$ | Logarithmus von a zur Basis b |
| lg a | Logarithmus generalis von a (b = 10) |
| % | Prozent |
| P | Prozentwert |
| p % | Prozentsatz |
| $\lvert a \rvert$ | Betrag der Zahl a |
| y, f(x) | Funktionsterm |
| f′, f″, f‴ | 1./2./3. Ableitung einer Funktion f |
| $x_0$ | Nullstelle einer Funktion |
| m | Steigung einer Funktion |
| b | y-Achsenabschnitt einer Funktion |
| P (x \| y) | Punkt P mit den Koordinaten x und y |
| g, h, … | Geraden, Halbgeraden (Strahlen) |
| PQ | Gerade durch die Punkte P und Q |
| $\overline{PQ}$ | Strecke mit den Endpunkten P und Q |
| $\lvert\overline{PQ}\rvert$ | Länge der Strecke $\overline{PQ}$ |
| A | Flächeninhalt |
| U | Umfangslänge |
| O | Oberflächeninhalt eines Körpers |
| V | Volumen eines Körpers |
| $\pi$ | Kreiszahl Pi |
| $\perp$ | orthogonal (senkrecht) zu |
| $\parallel$ | parallel zu |
| ∟ | rechter Winkel |
| sin | Sinuswert eines Winkels |
| cos | Kosinuswert eines Winkels |
| tan | Tangenswert eines Winkels |
| lim | Limes (Grenzwert) |
| HP | Hochpunkt |
| TP | Tiefpunkt |
| WP | Wendepunkt |
| SP | Sattelpunkt |
| $\vec{v} = \begin{pmatrix} v_1 \\ v_2 \\ v_3 \end{pmatrix}$ | Vektor mit den Koordinaten $v_1$, $v_2$ und $v_3$ |
| $\lvert\vec{v}\rvert$ | Betrag des Vektors $\vec{v}$ |
| $\tilde{x}$ | Median |
| $x_{mod}$ | Modus |
| $\bar{x}$ | arithmetisches Mittel |
| d | mittlere absolute Abweichung |
| $\Omega$ | Ergebnismenge eines Zufallsexperiments |
| E | Ereignis |
| $\bar{E}$ | Gegenereignis des Ereignisses E |
| P (E) | Wahrscheinlichkeit für Ereignis E |
| $P_B(A)$ | bedingte Wahrscheinlichkeit von A unter Bedingung B |

## Einstieg

Die Müngstener Brücke ist eine Eisenbahnbrücke zwischen Remscheid und Solingen, die über die Wupper führt. Die Brücke wird in der Mitte durch einen Doppelbogen gestützt. Der obere Bogen lässt sich im Maßstab 1 : 10 (1 LE = 10 m) durch die quadratische Funktion f mit $f(x) = -0{,}1x^2 + 8{,}1$ beschreiben. Die Fundamente für den Bogen und die vertikalen Stützen liegen an den Nullstellen der Funktion.

- Zeichnen Sie mit Hilfe eines MMS einen Funktionsgraphen.
- Schätzen Sie die Stellen der Stützen ab und ermitteln Sie ihre Höhen.
- Untersuchen Sie mit einem MMS, wie die Funktionsgleichung verändert werden muss, um eine Gleichung für den unteren Bogen zu erhalten, der schmaler ist und dessen höchster Punkt tiefer liegt. Diskutieren Sie Ihre Ergebnisse.

# 1 Wiederholung bekannter Funktionen

## Ausblick

Am Ende dieses Kapitels haben Sie gelernt, …

- Sachzusammenhänge mit **linearen** und **quadratischen Funktionen** zu modellieren.
- **quadratische Gleichungen** zu lösen.
- periodische Abläufe mit der **Sinusfunktion** zu beschreiben.
- welchen Einfluss **Parameter** auf **Funktionsgraphen** haben.

# 1 Startklar

**Vorwissen 1**

## Terme

In einem Term mit einer Variablen steht die **Variable** für eine **beliebige Zahl**. Setzt man für die Variable in einem Term eine Zahl ein, so erhält man den **Wert des Terms**.

Term: $2 + 3x$
Wert des Terms für $x = 5$:
$2 + 3 \cdot 5 = 2 + 15 = 17$

**Vorwissen 2**

## Äquivalenzumformungen

Umformungen, bei denen sich die Lösung einer Gleichung nicht ändert, heißen **Äquivalenzumformungen**. Dabei wird auf **beiden Seiten der Gleichung** die gleiche Umformung durchgeführt. Erlaubt sind:

- Man **addiert** (**subtrahiert**) auf beiden Seiten der Gleichung die **gleiche Zahl** oder den **gleichen Term**.
- Man **multipliziert** (**dividiert**) auf beiden Seiten mit der **gleichen Zahl** (die nicht null sein darf).

$$
\begin{aligned}
5x + 10 &= 2x - 2 && \mid -10 \\
5x &= 2x - 12 && \mid -2x \\
3x &= -12 && \mid :3 \\
x &= -4 \\
L &= \{-4\}
\end{aligned}
$$

**Vorwissen 3**

## Funktionen

Eine **Funktion** $f: x \rightarrow y$ ist eine Zuordnung, die jedem x-Wert (Argument) genau einen y-Wert (Funktionswert) zuordnet.

- Die Menge aller zulässigen x-Werte nennt man **Definitionsmenge** oder **Definitionsbereich D**, die Menge aller Funktionswerte (y-Werte) **Wertemenge** oder **Wertebereich W**.
- Eine Funktion lässt sich mit einer **Wertetabelle**, durch einen **Funktionsterm** (z. B. $2x - 6$), durch eine **Funktionsgleichung** (z. B. $y = f(x) = 2x - 6$, lies „f von x") oder durch einen **Funktionsgraphen** beschreiben.
- Der Punkt $P(x_P \mid y_P)$ liegt …
  - auf dem Graphen, wenn gilt: $f(x_P) = y_P$.
  - oberhalb des Graphen, wenn gilt: $f(x_P) < y_P$.
  - unterhalb des Graphen, wenn gilt: $f(x_P) > y_P$.
- x-Werte $x_N$, für die der Funktionswert (y-Wert) 0 ist, heißen **Nullstellen: $f(x_N) = 0$.**

**Vorwissen 4**

## Binomische Formeln und quadratische Ergänzung

Mit den binomischen Formeln lassen sich quadratische Terme ausmultiplizieren oder zusammenfassen.

- 1. binomische Formel: $(a + b)^2 = (a + b) \cdot (a + b) = a^2 + ab + ba + b^2 = a^2 + 2ab + b^2$
- 2. binomische Formel: $(a - b)^2 = (a - b) \cdot (a - b) = a^2 - ab - ba + b^2 = a^2 - 2ab + b^2$
- 3. binomische Formel: $(a + b) \cdot (a - b) = a^2 - ab + ba - b^2 = a^2 - b^2$

Quadratische Terme der Form $x^2 + bx + c$ kann man so quadratisch ergänzen, dass man sie mit Hilfe einer binomischen Formel vereinfachen kann. Die Terme sind dabei stets äquivalent zueinander.

$$
\begin{aligned}
& x^2 - 8x + 6 \\
= \; & \underbrace{x^2 - 8x + 16}_{(x-4)^2} \underbrace{- 16 + 6}_{-10} \\
= \; & (x - 4)^2 - 10
\end{aligned}
$$

**1** Vergleich von $x^2 - bx$ mit der 2. binomischen Formel
**2** ergänzen und subtrahieren von $\left(\frac{b}{2}\right)^2$
**3** vereinfachen

**Aufgaben 1**

Lösungen
Mediencode 63051-001

**1** Vereinfachen Sie den Term möglichst weitgehend.

a) $2xy - 3x^2 + 7xy + 5x^2$
b) $(a - 2a) - (3a - 5a)$
c) $2b \cdot (a - 1) - 2ab + 5b$
d) $(2a - 5) \cdot (2a + 7) - (-4a + 11)$
e) $6h - 3g + g^2 + hg\,4 + hg + 18g$
f) $(-2d + e) - (5d + 4e) - 2d + 3e$

**2** Finden Sie heraus, für welche Werte von $x \in \mathbb{Z} \setminus \{0\}$ der Wert des Terms $T(x) = \frac{1000}{x^2}$ eine natürliche Zahl ist. Erläutern Sie Ihre Überlegungen.

**3** Berechnen Sie den Wert des Terms für **1** $a = 7$ und $b = -3$ (für **2** $a = -\frac{4}{9}$ und $b = \frac{2}{3}$).

a) $8a - b$
b) $-7a - (3b^2 + 2)$
c) $27a^2 + 6ab$
d) $\frac{3}{a} - \frac{2}{b^2}$

**Aufgaben 2**

**4** Bestimmen Sie die Lösungsmenge der Gleichung.

a) $5x + 4 = 16 - 7x$
b) $5t + 6 - t = 8t - 4$
c) $\frac{4}{3} \cdot (3x - 6) = -8 + 4x$
d) $3 \cdot (a + 8) - a = 7$
e) $4 + 7y = 2{,}5y - (4 - 4{,}5y)$
f) $13x - (3x - 5) = 5x + 40$

**5** Geben Sie die gesuchte Zahl an.

a) Ich denke mir eine natürliche Zahl, addiere zu ihr das 3-Fache ihres Nachfolgers und erhalte 51.
b) Addiert man zum 1,5-Fachen einer rationalen Zahl das 4-Fache ihrer Gegenzahl, so erhält man 654.

**Aufgaben 3**

**6** Ordnen Sie jeder der zwölf Städte Budapest, Hamburg, Kairo, Koblenz, Köln, London, München, Paris, Passau, Prag, Rom und Wien …

a) den Fluss zu, an dem sie liegt.
b) das Land zu, in dem sie liegt.
c) die Sprache zu, die man dort spricht.

Begründen Sie bei jeder dieser drei Zuordnungen, ob sie eine Funktion ist.

**7** Begründen Sie jeweils, dass durch die Wertetabelle eine Funktion definiert ist. Geben Sie eine Funktionsgleichung an.

a)

| x | −1 | 0 | 1 | 2 | 3 |
|---|---|---|---|---|---|
| y | 1 | 0 | 1 | 4 | 9 |

b)

| x | 4 | 2 | 0 | −2 | −3 |
|---|---|---|---|---|---|
| y | −3 | −1 | 1 | 3 | 4 |

c)

| x | −2 | −1 | 0 | 1 | 2 |
|---|---|---|---|---|---|
| y | 2 | 1 | 0 | 1 | 2 |

d)

| x | −10 | 0 | 10 | 50 | 100 |
|---|---|---|---|---|---|
| y | 1 | 1 | 1 | 1 | 1 |

**Aufgaben 4**

**8** Fassen Sie geschickt mit Hilfe binomischer Formeln zusammen.

a) $x^2 + 22x + 121$
b) $a^2 - 26a + 169$
c) $25 - y^2$
d) $1 + 2x + x^2$
e) $\frac{1}{4}t^2 - st + s^2$
f) $4a^2 - 36a + 81$

**9** Führen Sie eine quadratische Ergänzung für die gegebenen Terme durch.

a) $x^2 + 12x$
b) $x^2 - 8x$
c) $x^2 - 0{,}2x$
d) $x^2 + 8x + 6$
e) $x^2 - 6x - 4$
f) $x^2 - 5x + 9$
g) $8x^2 + 48x + 16$
h) $3x^2 - 27x + 12$

## Anwenden linearer Funktionen

Beim Bau ihres Netzes sucht sich eine Spinne zunächst zwei Haltepunkte und zieht zwischen diesen einen lockeren Faden. Anschließend lässt sie sich von der Mitte dieses Fadens ab und sucht sich einen dritten Haltepunkt. Findet sie diesen nicht unter sich, befestigt sie durch Pendeln den Faden weiter links bzw. rechts. Sie erhält somit ein Grundgerüst, das einem Y ähnelt. Erst dann beginnt sie mit dem eigentlichen Netzbau.

Netzbau der Kreuzspinne

- Skizzieren Sie ein solches Grundgerüst in ein Koordinatensystem. Die Haltepunkte sind durch die folgenden Punkte festgelegt: $H_1$ (10 | 8), $H_2$ (2 | 6), $H_3$ (6 | 1). Das Zentrum des Netzes befindet sich im Punkt Z (6 | 4).
- Berechnen Sie die Geradengleichungen der beiden Geraden f und g, die durch den Haltepunkt $H_1$ und das Zentrum bzw. durch $H_2$ und das Zentrum des Netzes verlaufen. (Kontrollergebnis: $f(x) = x - 2$ ; $g(x) = -0{,}5x + 7$)
- Für den weiteren Netzbau bringt die Spinne zwei weitere Fäden als Speichen an, die durch die folgenden Geraden h und i gegeben sind:
  $h(x) = \frac{2}{3}x$ (für $x \leq 6$) sowie
  $i(x) = -\frac{1}{3}x + 6$ (für $x \geq 6$).
  Bestimmen Sie rechnerisch den Schnittpunkt dieser beiden Geraden.
- Bestimmen Sie die Geradengleichung einer Geraden k, die parallel zu h und durch den Haltepunkt $H_4$ (3 | –1) verläuft.
- Überprüfen Sie, ob der Punkt $H_5$ (3 | 4) auf der Geraden i liegt.
- Bestimmen Sie die Nullstelle der Geraden i.

## Anwenden quadratischer Funktionen

Der zeitliche Verlauf der Wirkstoffkonzentration eines Medikaments im Blut nach der Einnahme einer Tablette kann durch die Funktion f mit $f(t) = -0{,}2t^2 + 2t$ beschrieben werden. Dabei wird die Zeit t in Stunden seit der Einnahme ($t = 0$) und die Wirkstoffkonzentration f (t) im Blut in Milligramm pro Liter gemessen. Das Medikament ist erst dann wirksam, wenn die Wirkstoffkonzentration höher ist als 3,2 mg/l.

- Berechnen Sie f (4) und interpretieren Sie das Ergebnis im Sachzusammenhang.
- Berechnen Sie den Zeitraum, in dem das Medikament die höchste Wirkstoffkonzentration im Blut erreicht. Geben Sie an, wie hoch die Wirkstoffkonzentration im Blut zu diesem Zeitpunkt ist.
- Berechnen Sie den Zeitraum, in dem das Medikament wirksam ist.
- Berechnen Sie den ungefähren Zeitpunkt, an dem das Medikament vollständig abgebaut ist.
- Begründen Sie, an welcher Stelle die Modellierung dieser Situation Grenzen hat.

Medien & Werkzeuge

## Entdeckungen an quadratischen Funktionen

Erstellen Sie mit einem MMS für die Parameter a, d und e Schieberegler für die Funktion f mit $f(x) = a \cdot (x - d)^2 + e$.

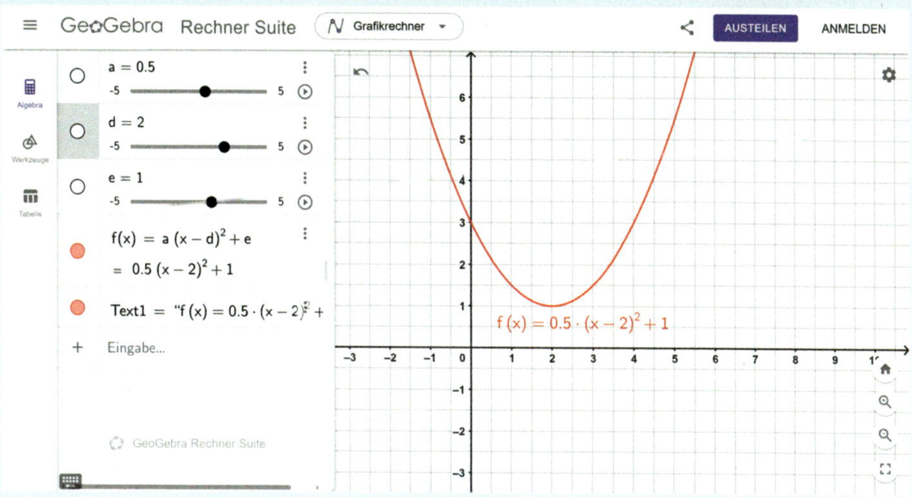


MMS-Applet

*Mediencode 63051-002*

- Untersuchen Sie systematisch durch Variation immer nur eines Parameters die Auswirkungen, die sich durch die Änderung der Parameter auf die Funktionsgleichung ergeben.
- Beschreiben Sie, wie der Graph der Funktion f mit $f(x) = 0{,}5 \cdot (x - 5)^2 - 3$ aus der Normalparabel hervorgeht.
- Diskutieren Sie in Kleingruppen, ob bezüglich der Kombination mehrerer Parameteränderungen die Reihenfolge der Auswirkungen von Bedeutung ist. Überprüfen Sie Ihre Überlegungen digital.

## Entdeckungen an Sinusfunktionen

Erstellen Sie in einem MMS die Schieberegler a, b, c und d und zeichnen Sie den Graphen der Funktion f mit $f(x) = a \cdot \sin[b \cdot (x - c)] + d$.

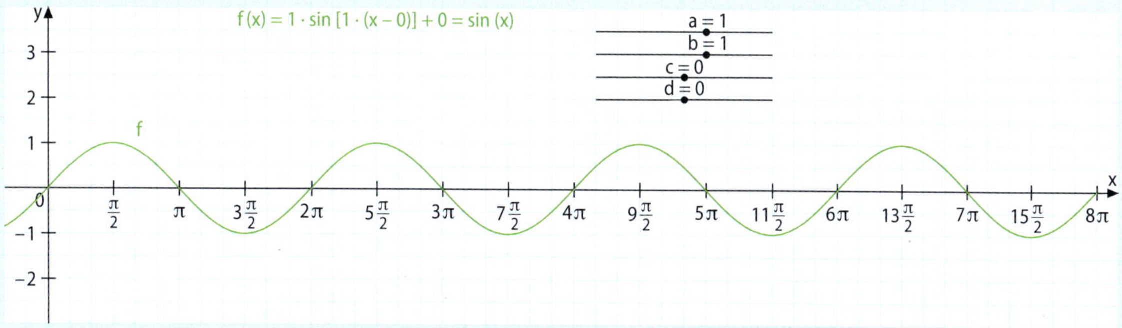


- Untersuchen Sie systematisch durch Variation immer nur eines Parameters die Auswirkungen, die sich durch die Änderung der Parameter auf den Funktionsgraphen ergeben. Stellen Sie Ihre Ergebnisse übersichtlich dar und präsentieren Sie diese in der Klasse.
- Beschreiben Sie, wie der Graph der Funktion h mit $h(x) = 0{,}5 \cdot \sin\left[4 \cdot \left(x - \frac{\pi}{2}\right)\right]$, $D = \mathbb{R}$, aus der Sinuskurve mit $y = \sin(x)$ hervorgeht.
- Diskutieren Sie in einer Kleingruppe, ob bezüglich der Kombination mehrerer Parameteränderungen die Reihenfolge der Ausführung von Bedeutung ist. Prüfen Sie Ihre Überlegungen mit einem MMS.

# 1.1 Lineare Funktionen und Gleichungen

## Entdecken

Ordnen Sie den Situationen **1** bis **4** den passenden Graphen zu. Begründen Sie die Zuordnung.

**1** Eine Kanne wird am Wasserhahn zügig gefüllt.
**2** Mia bekommt einen Vorsprung und startet, wenn die anderen Läufer vorbeilaufen.
**3** Vor Qais steht ein Glas Saft. Nach einiger Zeit trinkt er es in einem Zug leer.
**4** Kater Pippo läuft nach Hause und legt sich schlafen.

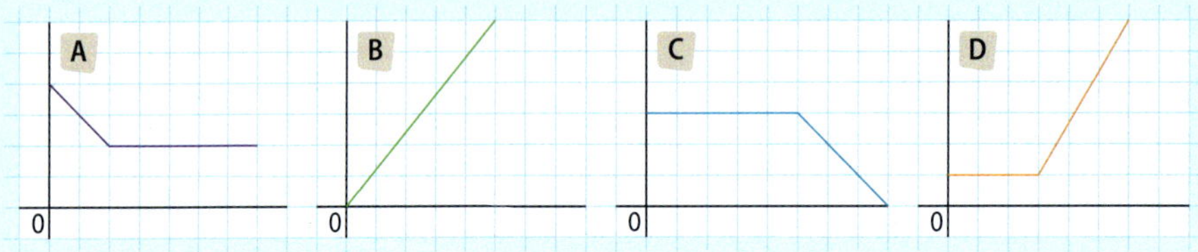


## Verstehen

Wir betrachten Funktionen, deren Graph eine Gerade ist.

### Merke

Eine Funktion mit der Gleichung $y = mx + b$ heißt **lineare Funktion**. Ihr Graph ist eine Gerade. Die Zahl $m$ heißt Steigung, die Zahl $b$ heißt y-Achsenabschnitt.
Die Steigung $m$ kann mit Hilfe eines Steigungsdreiecks bestimmt bzw. veranschaulicht werden.

$m = \frac{y_2 - y_1}{x_2 - x_1}$

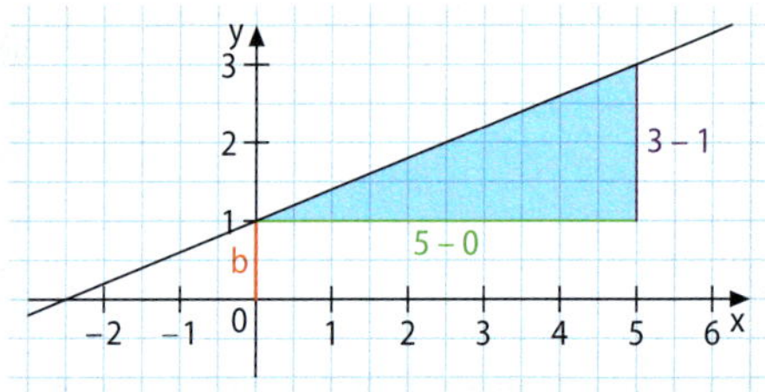


$b = 1$ $\qquad m = \frac{y_2 - y_1}{x_2 - x_1} = \frac{2}{5} = 0{,}4$

Funktionsgleichung: $y = 0{,}4x + 1$

Die Steigung m der Geraden wird auch als **Änderungsrate** bezeichnet. Sie gibt an, wie sich der y-Wert ändert, wenn der x-Wert um eine Einheit zunimmt.

An der **Nullstelle** $x_0$ schneidet der Funktionsgraph die x-Achse. Es gilt $y = 0$.

Nullstelle: $0{,}4x + 1 = 0 \quad | -1$
$0{,}4x = -1 \quad | :0{,}4$
$x_0 = -2{,}5$

Erklärvideo
Mediencode 63051-003

Lineare Funktionen mit der Funktionsgleichung $y = mx + b$ sind Spezialfälle linearer Gleichungen mit zwei Variablen. Lösungen der Gleichung entsprechen Punkten auf der Geraden, die der Funktionsgraph beschreibt.

### Merke

Die **Lösungen linearer Gleichungen mit zwei Variablen sind Zahlenpaare** $(x\,|\,y)$, die die Gleichung erfüllen.

- In der Regel hat eine lineare Gleichung mit zwei Variablen unendlich viele Lösungen.
- Die grafische Darstellung dieser Lösungen ist eine **Gerade**.
- Die Geradengleichung erhält man, wenn man die lineare Gleichung nach der Variablen y auflöst.

## Beispiele

**I.** Zeichnen Sie den Graphen der Funktion f mit $f(x) = \frac{1}{4}x - 2$.

**Lösungsmöglichkeit:**

Der erste Punkt ergibt sich aus dem y-Achsenschnittpunkt: $A(0|-2)$. Zeichnet man von A ausgehend das zur Steigung $\frac{1}{4}$ gehörige Steigungsdreieck, erhält man einen zweiten Punkt: $B(4|-1)$.

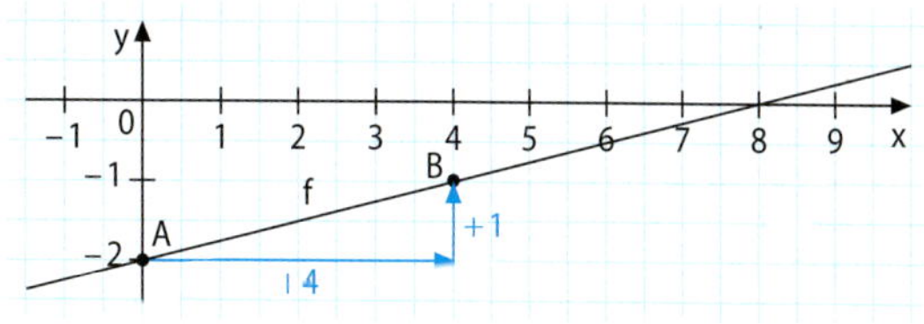


**II.** Nennen Sie Eigenschaften des Graphen der linearen Funktion.

**a)** $y = -3 \cdot x + 5$ **b)** $y = \frac{3}{8} \cdot x - 2$

**Lösung:**

**a)** $m = -3$ Die Steigung ist negativ, die Gerade fällt.

$b = +5$ Die Gerade schneidet die y-Achse im Punkt $P_y(0|5)$.

**b)** $m = \frac{3}{8}$ Die Steigung ist positiv, die Gerade steigt.

$b = -2$ Die Gerade schneidet die y-Achse im Punkt $P_y(0|-2)$.

**III.** Berechnen Sie die Steigung m einer linearen Funktion, deren Graph durch die beiden Punkte $P_1$ und $P_2$ verläuft.

**a)** $P_1(4|-2)$; $P_2(-6|2)$ **b)** $P_1(-8|-2)$; $P_2(-1|-3)$

**Lösung:**

**a)** $m = \frac{2-(-2)}{-6-4} = \frac{2+2}{-10} = -\frac{4}{10} = -\frac{2}{5}$ **b)** $m = \frac{-3-(-2)}{-1-(-8)} = \frac{-3+2}{-1+8} = -\frac{1}{7}$

**IV.** Bestimmen Sie die Normalform der Gleichung der Geraden, auf der alle Lösungen der linearen Gleichung $-x + 2y = -1$ liegen.

**Lösung:**

nach y auflösen:
$$-x + 2y = -1 \quad | + x$$
$$2y = x - 1 \quad | : 2$$
$$y = \frac{1}{2}x - \frac{1}{2}$$

## Nachgefragt

- Beschreiben Sie die Lage des Graphen einer linearen Funktion mit der Gleichung $y = m \cdot x + b$ für $m = 0$.
- Erklären Sie, dass die proportionale Funktion ein Sonderfall einer linearen Funktion ist.

**Aufgaben**

**oHiMi** 1-4, 7, 8, 11, 13, 16

**1** Bestimmen Sie die Funktionsgleichungen zu den Graphen.

**a)**

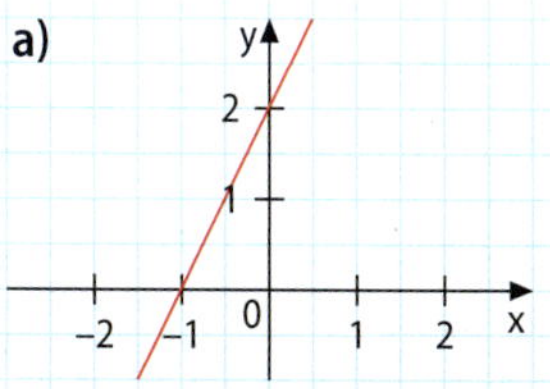

**b)**

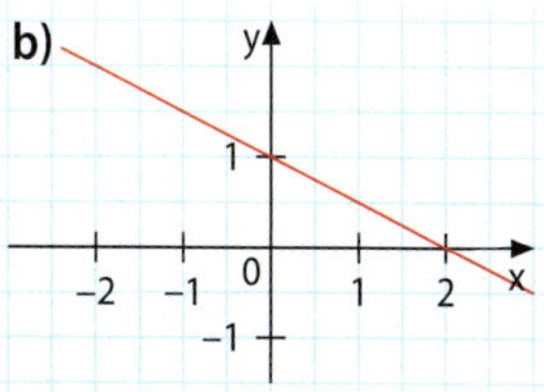

**c)**

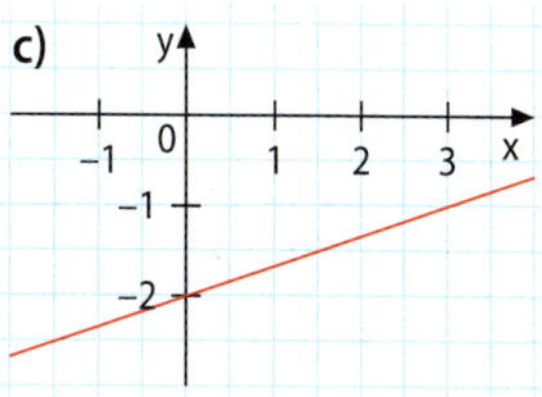

MMS-Applet

*Mediencode 63051-004*

**2** **a)** Ordnen Sie den Graphen die richtige Funktionsgleichung zu. Bestimmen Sie dazu den y-Achsenabschnitt und die Steigung.

**1** $y = 2{,}5x + 1$

**2** $y = -2x - 2$

**3** $y = -x + 5$

**4** $y = x + 2$

**5** $y = 2x + 1$

**6** $y = x + 5$

**7** $y = 2x - 2$

**8** $y = -3x - 1$

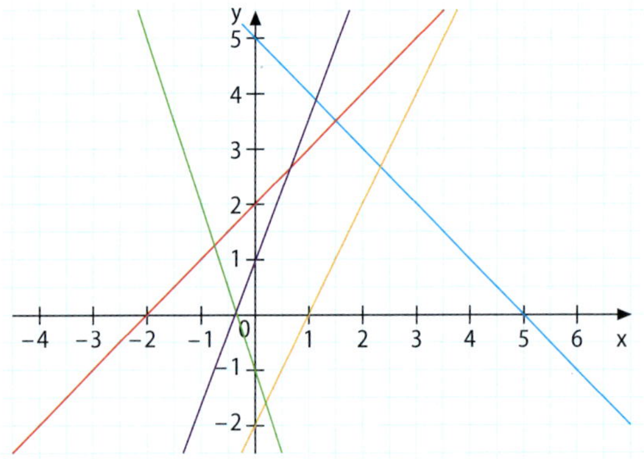


**b)** Zeichnen Sie die Graphen zu den übrig gebliebenen Funktionstermen.

**3** Gegeben ist die Funktion f mit der Gleichung $f(x) = \frac{1}{2}x + 3$. Geben Sie eine Gleichung für eine weitere Funktion an, deren Graph …

**a)** flacher als der Graph von f verläuft.

**b)** parallel zur x-Achse verläuft und denselben y-Achsenabschnitt wie f hat.

**c)** steiler als der Graph von f verläuft.

**d)** parallel zum Graphen von f ist.

**e)** den gleichen y-Achsenabschnitt wie f, aber eine andere Steigung hat.

**f)** als Steigung den negativen Kehrwert der Steigung von f hat.

**4** Geben Sie diejenigen der folgenden Zahlenpaare an, die die Gleichung $4x = y + 8$ lösen.

$(-2|0)$ $(1|-2)$ $(-9|-44)$ $(24|8)$ $(20|-72)$ $(15|52)$

**5** Das Zahlenpaar $(x|y)$ löst die Gleichung $5x - 0{,}5y = 9$. Bestimmen Sie x bzw. y.

**a)** $(2|y)$ **b)** $(-0{,}5|y)$ **c)** $(x|-6)$ **d)** $(x|0)$ **e)** $(x|-18)$

**6** **a)** Bestimmen Sie rechnerisch jeweils fünf Zahlenpaare, die die Gleichung lösen.

**1** $y = 2x + 5$ **2** $5x - 2y + 10 = 0$ **3** $7x + y = 6x$ **4** $3x + 3y = 3$

**b)** Bestimmen Sie grafisch fünf neue Zahlenpaare, die die Gleichung lösen.

**Alles klar?**

**7** Gegeben ist die Funktion f mit $f(x) = -4x - 4$.

**a)** Erstellen Sie eine Wertetabelle im Intervall I $[-3; 3]$ und zeichnen Sie den Graphen der Funktion f.

**b)** Geben Sie m und b an und beschreiben Sie den Graphen der Funktion f.

**8** Entscheiden Sie begründet, welche der folgenden Aussagen wahr sind.

**a)** Eine Gerade, die parallel zur y-Achse verläuft, stellt die Lösungsmenge einer linearen Gleichung mit zwei Variablen dar.

**b)** Eine Gerade, die parallel zur y-Achse verläuft, ist der Graph einer linearen Funktion.

**9** Gegeben ist eine lineare Funktion f mit $f(x) = 1{,}2 \cdot x - 4$. Der Graph dieser Funktion wird jeweils parallel verschoben. Geben Sie jeweils die neue Gleichung an.

a) $f_1$: Der Graph wird um elf Einheiten nach unten verschoben.
b) $f_2$: Der Graph wird um vier Einheiten nach oben verschoben.
c) $f_3$: Der Graph wird um je drei Einheiten nach rechts und oben verschoben.
d) $f_4$: Der Graph wird um eine Einheit nach unten und fünf nach links verschoben.

**10** Berechnen Sie die Nullstelle der linearen Funktion f.

a) $f(x) = 1{,}5x + 2$ b) $f(x) = -0{,}25x - 2$ c) $f(x) = -3x + 5$ d) $f(x) = 5$
e) $f(x) = \frac{2}{5}x - 3$ f) $f(x) = -2x - 1$ g) $f(x) = 3x$ h) $f(x) = -x + 1$

**11** Gegeben ist die Gerade g durch die Gleichung $6x + 2y = -4$.

a) Formen Sie nach y um und zeichnen Sie die Gerade g in ein Koordinatensystem.
b) Bestätigen Sie 1 zeichnerisch und 2 rechnerisch, dass $m = -3$ beträgt.
c) Zeigen Sie, dass die Punkte $A(-1|1)$ und $B(1|-5)$ auf der Geraden g liegen.
d) Berechnen Sie mit Hilfe der Punkte A und B die Steigung der Geraden.

*Wenn man rechnerisch prüft, ob ein Punkt auf einer Geraden liegt, macht man eine **Punktprobe**.*

**12** Füllen Sie die Tabelle aus.

| | Funktionsgleichung | m | b | $x_0$ | Punkte des Graphen |
|---|---|---|---|---|---|
| a) | $y = -2 \cdot x + 3$ | | | | $A(-1\|y)$; $B(x\|-1)$ |
| b) | | 0,5 | | | $A(1\|3)$; $B(2\|y)$ |
| c) | | 0,75 | −1 | | $A(0\|y)$; $B(x\|0)$ |
| d) | | | | | $A(-3\|4)$; $B(2\|-1)$ |
| e) | | | $\frac{1}{2}$ | $\frac{1}{3}$ | $A(1\|y)$; $B(x\|5)$ |

**13** Der Graph einer linearen Funktion f geht durch die Punkte $P_1(-2|4)$ und $P_2(2|-2)$. Erläutern Sie Lauras Rechnung, um die Funktionsgleichung von f aufzustellen.

1 $m = \frac{-2-4}{2-(-2)} = \frac{-6}{2+2} = \frac{-6}{4} = -\frac{3}{2}$

2 $y = m \cdot x + b$,
$P_1(-2|4) \Rightarrow x = -2;\ y = 4$

3 $4 = -\frac{3}{2} \cdot (-2) + b \Leftrightarrow 4 = 3 + b \Leftrightarrow b = 1$

4 $y = -\frac{3}{2}x + 1$

5 Probe für $P_2$: $-2 = -\frac{3}{2} \cdot 2 + 1$
$\Leftrightarrow -2 = -3 + 1$

6 $-2 = -2$ wahre Aussage

**14** Berechnen Sie die Gleichung der linearen Funktion f, die durch die Punkte A und B gegeben ist. Kontrollieren Sie Ihre Lösung grafisch. Prüfen Sie, ob $C(-\frac{1}{6}|\frac{8}{5})$ auch auf f liegt.

a) $A(1|2)$; $B(5|4)$ b) $A(-4|-3)$; $B(1|3)$ c) $A(-7{,}5|6)$; $B(-2{,}5|3)$

**15** Entscheiden Sie durch Rechnung, ob …

a) $A(4|4{,}8)$ auf der Geraden der Funktion f mit $f(x) = 0{,}6x + 2{,}4$ liegt.
b) die Gerade durch $C(2|8)$ und $D(-2|5)$ parallel zur Geraden durch $A(8|6)$ und $B(12|9)$ ist.
c) die drei Punkte $S(-1|-7)$, $T(2|2)$ und $V(3|6)$ auf einer Geraden liegen.
d) die Funktion $y = -\frac{5}{8}x + 4$ die Nullstelle $x_0 = -6{,}4$ hat.

**16** Geben Sie die Gleichung einer linearen Funktion f an, deren Graph folgende Eigenschaften hat: Der Graph von f ...

a) geht durch den Punkt P (3 | 2) und hat die Steigung m = –5.
b) geht durch den Punkt A (–4 | –2) und hat den y-Achsenabschnitt b = 3.
c) geht durch die Punkte B (–3 | –3) und C (1 | 5).
d) geht durch den Punkt Q (2 | 5) und ist parallel zur Funktion g mit $g(x) = -\frac{1}{3}x + 1$.
e) hat die Nullstelle $x_0 = 2$ und den y-Achsenabschnitt b = –3.
f) geht durch den Punkt D (0 | 3) und ist parallel zur 1. Winkelhalbierenden.

**17** Ein Mathematikkurs der Einführungsphase plant ein Experiment. Es sollen zwei unterschiedlich lange und breite Kerzen gleichzeitig angezündet werden. Die schmalere Kerze ist zu Beginn 25 cm lang und wird pro Stunde um 2,5 cm kürzer. Die breitere Kerze hingegen ist zu Beginn 15,6 cm lang und hat binnen drei Stunden 1,5 cm an Höhe verloren.

a) Bestimmen Sie für beide Kerzen einen möglichen linearen Funktionsterm, der die Höhe der jeweiligen Kerze zum entsprechenden Zeitpunkt angibt (t in Stunden, f (t) in cm).
b) Erläutern Sie, warum negative Funktionswerte im Sachzusammenhang nicht sinnvoll sind.
c) Zeichnen Sie die beiden Geraden in ein Koordinatensystem. Markieren Sie anschließend den Schnittpunkt der beiden Geraden.
d) Bestimmen Sie rechnerisch durch Gleichsetzen der beiden Funktionsterme die Koordinaten des Schnittpunktes und deuten Sie diesen im Sachzusammenhang.
e) Ermitteln Sie die beiden Zeitpunkte, zu denen die Kerzen vollständig abgebrannt sind.

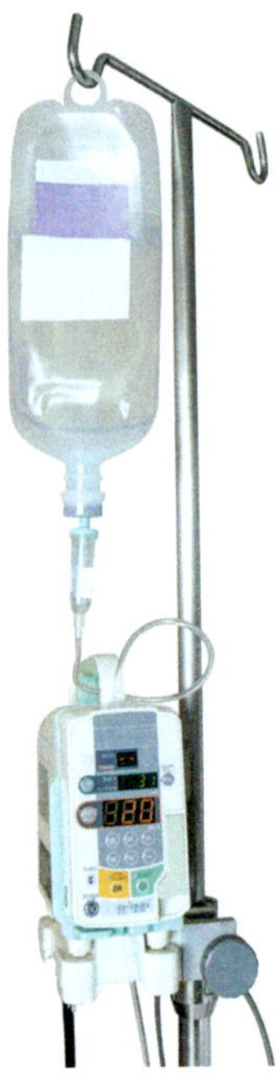

**18** In einer Klinik wird ein Patient „an den Tropf gelegt", das heißt ihm wird aus einer Infusionsflasche eine Kochsalzlösung sehr langsam in die Blutbahn eingeträufelt. Die computergesteuerte Messung des Flascheninhalts zu verschiedenen Zeitpunkten ergab die folgende Wertetabelle.

| Zeit t in min | 30 | 60 | 90 | 120 | 150 |
|---|---|---|---|---|---|
| Flascheninhalt V in ml | 950 | 750 | 550 | 350 | 150 |

a) Übertragen Sie die Werte in ein geeignetes Koordinatensystem und zeichnen Sie den Graphen der linearen Funktion.
b) Bestimmen Sie die Steigung dieser linearen Funktion und erläutern Sie die Bedeutung dieses Wertes. [Kontrolllösung: $m = -\frac{20}{3} \approx 6{,}7$]
c) Geben Sie die Funktionsgleichung dieser linearen Funktion an. Überprüfen Sie, ob die gemessenen Wertepaare aus der Wertetabelle diese Gleichung erfüllen. [Kontrolllösung: $V(t) = -\frac{20}{3}t + 1150$]
d) Berechnen Sie die Nullstelle der linearen Funktion. Erläutern Sie ihre Bedeutung im Sachzusammenhang.
e) Berechnen Sie mit Hilfe der Funktionsgleichung den Flascheninhalt nach einer Zeit von 75 Minuten. Überprüfen Sie das Ergebnis mit Hilfe des Graphen.
f) Berechnen Sie die Zeit, nach der der Flascheninhalt 320 ml beträgt. Überprüfen Sie das Ergebnis mit Hilfe des Graphen.

**19** Merlin hat verschlafen. Um nicht zu spät zur Schule zu kommen, möchte er vom Hauptbahnhof aus einen E-Scooter mieten. Mit diesem würde er im Normalfall nur noch viereinhalb Minuten benötigen und somit noch pünktlich erscheinen. Auf seinem Smartphone hat er zwei Anbieter zur Auswahl:
Lamma: 0,75 € Startgebühr zzgl. 0,19 € pro angefangener Minute
New-Vollt: 1,20 € Startgebühr zzgl. 0,10 € pro angefangener Minute

**a)** Bestimmen Sie für beide Anbieter jeweils die zugehörige Funktionsgleichung.
**b)** Berechnen Sie, mit welchem Anbieter Merlin günstiger zur Schule kommt und wie viel er bezahlen muss.
**c)** Lassen Sie sich beide Geraden mit einem MMS anzeigen. Geben Sie den Schnittpunkt beider Geraden an und deuten Sie diesen im Sachzusammenhang.
**d)** Begründen Sie, wie Merlin sich entscheiden sollte, wenn sein Schulweg länger als im Normalfall dauern würde.

**20** Tarifmodelle von Energieversorgern setzen sich aus einer monatlichen Grundgebühr G und Verbrauchskosten v pro kWh zusammen. Es entsteht ein linearer Zusammenhang der monatlichen Kosten K: $K(x) = v \cdot x + G$. Für Familie Schmidt gibt es folgende Tarife:

| Tarif | Monatliche Grundgebühr G in Euro | Verbrauchskosten v pro kWh in Euro |
|---|---|---|
| A | 12,80 | 0,167 |
| B | 10,00 | 0,182 |
| C | 15,40 | 0,145 |
| D | 20,50 | 0,115 |

**a)** Stellen Sie für jeden Tarif eine entsprechende Funktionsgleichung auf und zeichnen Sie die dazugehörigen Graphen mit einem MMS.
**b)** Ermitteln Sie für den monatlichen Verbrauch von 700 kWh (900 kWh, 1500 kWh und 2000 kWh) einer Familie den günstigsten sowie den teuersten Anbieter.
**c)** Bestimmen Sie die Schnittpunkte der Geraden im Koordinatensystem und erläutern Sie die Bedeutung dieser Schnittpunkte im Sachzusammenhang.

**21** Die Firma „Beauty is nice" produziert das Makeup „Amore". Die bei der Produktion des Makeups entstehenden Kosten K sind von der hergestellten Stückzahl abhängig. Bei der Produktion von $x = 150$ Stück entstehen Kosten von 535 €, bei der Produktion von $x = 300$ Stück entstehen Kosten von 660 €. Gehen Sie davon aus, dass zwischen der Stückzahl und den entsprechenden Kosten ein linearer Zusammenhang besteht.

**a)** Bestimmen Sie eine mögliche lineare Kostenfunktion. Diese gibt die Kosten y in Abhängigkeit der Stückzahl x an.
**b)** Ermitteln Sie die Höhe der Stückkosten bei einer Produktion von $x = 180$ Stück Makeup.
**c)** Untersuchen Sie mit Ihrem MMS, gegen welchen Wert die Stückkosten bei sehr hohen Stückzahlen streben.
**d)** Der Verkaufspreis pro Makeup soll bei 7,20 € liegen. Ermitteln Sie die Erlösfunktion, die ebenfalls einen linearen Zusammenhang hat. Diese gibt den Erlös y in Abhängigkeit von der Stückzahl x an.
**e)** Zeichnen Sie die Kosten- sowie die Erlösfunktion in ein Koordinatensystem. Ermitteln Sie die Koordinaten der Schnittpunkte der Funktionsgraphen und deuten Sie diese im Sachzusammenhang.

**Entdecken**

Das Rainbow-Bridge-National-Monument ist die weltgrößte Naturbrücke und steht in Utah, USA. Die Rainbow Bridge bekam ihren Namen von den Navajos, die diesen Steinbogen „Nonnezoshi" (wörtlich übersetzt: „versteinerter Regenbogen") als Heiligtum verehrten.
Der Steinbogen hat eine Spannweite von etwa 80 m und ist an seiner höchsten Stelle knapp 90 m hoch und 10 m breit.

- Beschriften Sie die Achsen.
- Erstellen Sie aus den Daten eine Funktionsgleichung, die den Brückenbogen modelliert.
- Zeichnen Sie auch für den oberen Bogen der Brücke einen Graphen und geben Sie relevante Punkte an. Stellen Sie auch hierfür eine Funktionsgleichung auf.

**Verstehen**

Die Form des Graphen einer Funktion mit quadratischem Zusammenhang nennt man Parabel.

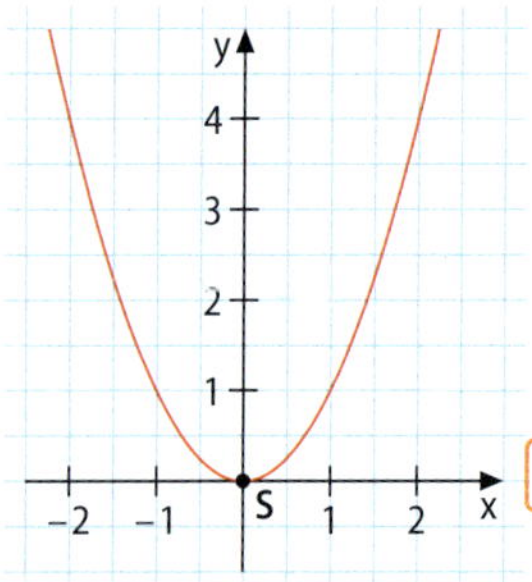


**Merke**

Die einfachste **Gleichung einer quadratischen Funktion** lautet $f(x) = x^2$. Der Graph dieser Funktion heißt **Normalparabel.** Die Normalparabel ist symmetrisch zur y-Achse und verläuft durch den Ursprung. Den tiefsten Punkt einer Normalparabel bezeichnet man als **Scheitelpunkt S.**

Der Verlauf von Parabeln kann mit Parametern in der Funktionsgleichung verändert werden.

**Merke**

Der Graph einer quadratischen Funktion f mit der Gleichung $f(x) = a \cdot (x - d)^2 + e$ ($a, d, e \in \mathbb{R}$) entsteht durch …

- **Verschiebung** der Normalparabel.
  - entlang der x-Achse um d Einheiten
  - entlang der y-Achse um e Einheiten
  - Die Parabel hat den Scheitelpunkt $S(d \mid e)$.

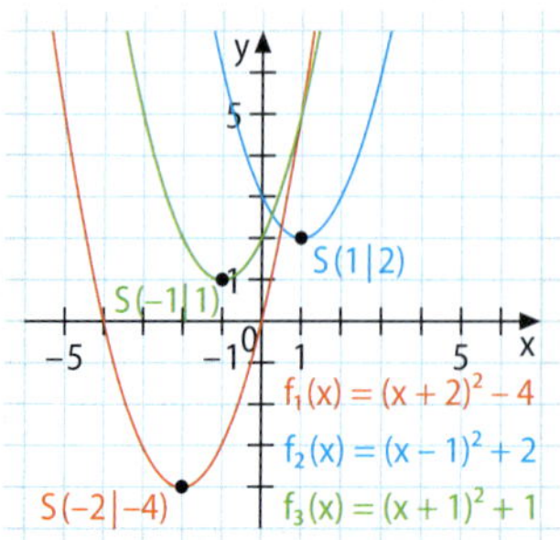


- **Streckung** bzw. **Stauchung** um den Faktor a.
  - gestreckt für $|a| > 1$
  - gestaucht für $0 < |a| < 1$
  - nach oben geöffnet für $a > 0$
  - nach unten geöffnet für $a < 0$

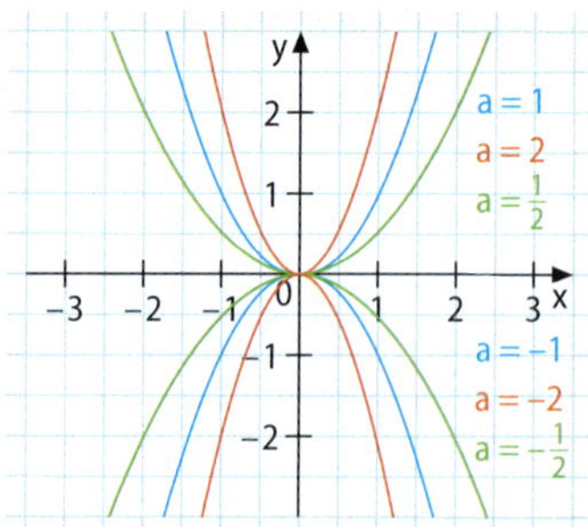

Durch Umformungen der Funktionsgleichung lässt sich eine quadratische Funktion auf unterschiedliche Weisen darstellen. Jede Darstellungsform hat Vorteile, weil dort unterschiedliche Merkmale der Parabel direkt sichtbar sind.

**Merke**

Die Form $f(x) = a \cdot (x - d)^2 + e$ heißt **Scheitelpunktform** einer quadratischen Funktion. An ihr kann man den **Scheitelpunkt** $S(d \mid e)$ der Parabel einfach ablesen.

Die Form $f(x) = a(x - x_1) \cdot (x - x_2)$ heißt **faktorisierte Form** einer quadratischen Funktion. Die einzelnen Faktoren $(x - x_1)$ und $(x - x_2)$ nennt man Linearfaktoren. An der faktorisierten Form lassen sich die **Nullstellen** $x_1$ und $x_2$ einfach ablesen.

Die Form $f(x) = ax^2 + bx + c$ heißt **allgemeine Form** einer quadratischen Funktion. An ihr kann man den **Schnittpunkt** $P_y(0 \mid c)$ der Parabel **mit der y-Achse** einfach ablesen.

Darstellungsformen:

| **Scheitelpunktform** | **faktorisierte Form** | **allgemeine Form** |
|---|---|---|
| $f(x) = a \cdot (x - d)^2 + e$ | $f(x) = a \cdot (x - x_1) \cdot (x - x_2)$ | $f(x) = ax^2 + bx + c$ |

Direkt ersichtliche Merkmale:

| **Scheitelpunkt** | **Nullstellen** | **Schnittpunkt mit der y-Achse** |
|---|---|---|
| $S(d \mid e)$ | $x_1$ und $x_2$ | $P_y(0 \mid c)$ |

Erklärvideo

*Mediencode 63051-005*

*Der Streckfaktor $a \neq 0$ lässt sich in allen drei Darstellungsformen ablesen.*

**Beispiele**

**I.** Prüfen Sie rechnerisch, ob der Punkt $P(-15{,}5 \mid 240{,}25)$ auf der Normalparabel liegt.
**Lösung:**
Einsetzen liefert: $(-15{,}5)^2 = 240{,}25$. Der Punkt P liegt auf der Normalparabel.

**II.** Zeichnen Sie die Graphen der drei Funktionen in ein Koordinatensystem. Geben Sie die Koordinaten des Scheitelpunktes an.

a) 1 $f(x) = x^2$
2 $g(x) = \left(x - \frac{3}{4}\right)^2$
3 $h(x) = \left(x + \frac{4}{3}\right)^2$

b) 1 $f(x) = x^2$
2 $g(x) = x^2 - \frac{4}{5}$
3 $h(x) = x^2 + \frac{4}{5}$

**Lösung:**

a)

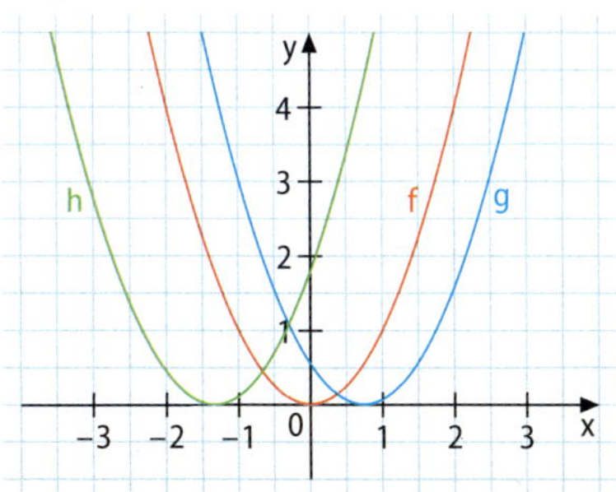


1 $S(0 \mid 0)$ 2 $S\left(\frac{3}{4} \middle| 0\right)$ 3 $S\left(-\frac{4}{3} \middle| 0\right)$

b)

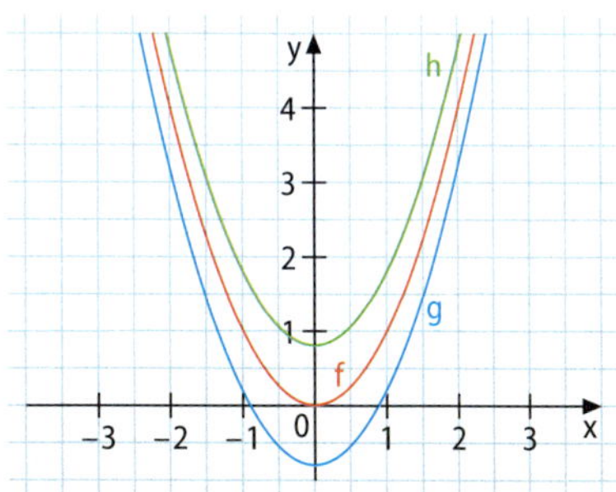


1 $S(0 \mid 0)$ 2 $S\left(0 \middle| -\frac{4}{5}\right)$ 3 $S\left(0 \middle| \frac{4}{5}\right)$

**III.** Stellen Sie zu dem gegebenen Graphen der Funktion f eine Funktionsgleichung auf.

**Lösung:**

Der Scheitelpunkt liegt bei S (−1 | 2). Demnach hat die Funktion eine Gleichung der Form $a \cdot (x + 1)^2 + 2$. Da 1 eine Nullstelle ist, muss $0 = a \cdot (1 + 1)^2 + 2 = 4a + 2$ gelten. Somit ist $a = -0{,}5$.
Die Funktionsgleichung von f ist $f(x) = -0{,}5 \cdot (x + 1)^2 + 2$.

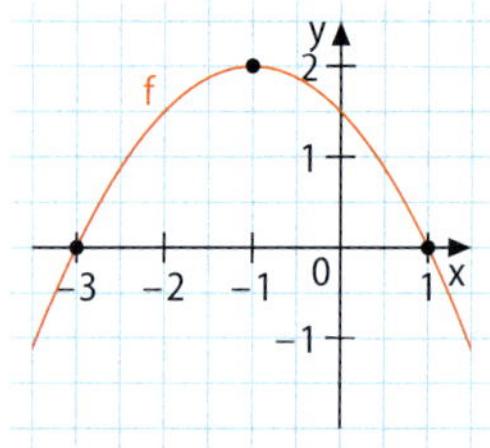


## Nachgefragt

- Erklären Sie den Unterschied zwischen $f(x) = 2x$ und $f(x) = x^2$.
- Stellen Sie sich vor, eine Normalparabel wird …
  **1** um 3 LE nach unten verschoben.
  **2** um 3 LE nach rechts verschoben.
  Geben Sie jeweils den Scheitelpunkt und die zugehörige Funktionsgleichung an.
- Erklären Sie, wie sich die Funktionsgleichung $f(x) = ax^2$ mit $a \in \mathbb{R}\setminus\{0\}$ und $x \in \mathbb{R}$ ändert, wenn der zugehörige Graph an der x- bzw. y-Achse gespiegelt wird.

## Aufgaben

*Den x-Wert einer Funktion nennt man Argument.*

**oHiMi**
**1–11**

**1** Die Punkte A bis D liegen auf der Normalparabel. Berechnen Sie die fehlenden …

**a)** Funktionswerte.
A(7 | ▒)  B(0,3 | ▒)
C(1,2 | ▒)  D(−2,5 | ▒)

**b)** Argumente.
A(▒ | 36)  B(▒ | 0,01)
C$\left(▒ \,\middle|\, \frac{4}{9}\right)$  D(▒ | 7)

**2** Prüfen Sie rechnerisch, ob folgende Punkte auf der Normalparabel liegen.

**a)** A(−12,5 | 156,25)  **b)** B(−3,8 | −14,44)
**c)** C(0,81 | 0,65)  **d)** D(5,1 | 26,01)

**3** Bestimmen Sie die Koordinaten des Scheitelpunktes der Funktion f.

**a)** $f(x) = x^2 + 1$  **b)** $f(x) = x^2 + 2{,}5$  **c)** $f(x) = x^2 + 3$  **d)** $f(x) = x^2 + 5$
**e)** $f(x) = x^2 - 0{,}5$  **f)** $f(x) = x^2 - 1{,}5$  **g)** $f(x) = x^2 - 3$  **h)** $f(x) = x^2 - 4{,}5$

**4** Ordnen Sie den Graphen die zugehörige Funktionsgleichung zu.

**1** $f(x) = x^2$  **2** $f(x) = x^2 - 0{,}5$  **3** $f(x) = x^2 + 0{,}5$  **4** $f(x) = (x - 0{,}5)^2$
**5** $f(x) = 2x + \frac{1}{2}$  **6** $f(x) = (x + 0{,}5)^2$  **7** $f(x) = x^2 - 2{,}5$  **8** $f(x) = (x + 2{,}5)^2$

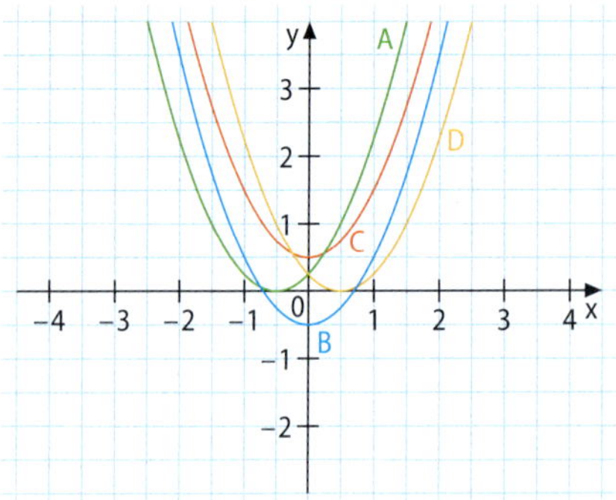


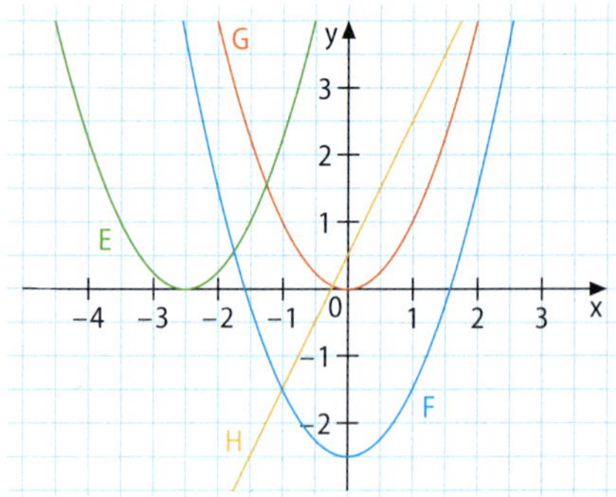


**MMS-Applet**
*Mediencode 63051-006*

**5** Gegeben sind die Scheitelpunkte verschobener Normalparabeln.

**1** $S(0\,|\,0{,}8)$ **2** $S\left(-\frac{3}{4}\,\middle|\,0\right)$ **3** $S(-3{,}5\,|\,0)$ **4** $S(0\,|\,-1{,}9)$

**a)** Nennen Sie die zugehörige Funktionsgleichung.

**b)** Geben Sie die Symmetrieachsen des jeweiligen Graphen an.

**6** Geben Sie eine zugehörige Funktionsgleichung an.

**a)** Die Normalparabel wird um 1,5 Einheiten nach rechts verschoben.

**b)** Die verschobene Normalparabel besitzt den Scheitelpunkt $S(-\sqrt{2}\,|\,0)$.

**c)** Die Normalparabel wird um eine halbe Einheit nach unten verschoben.

**d)** Die Normalparabel wird an $x = 2$ gespiegelt.

---

**Alles klar?**

**7** Gegeben sind die Funktionsgleichungen der Funktionen f, g und h:

$f(x) = -3 \cdot (x-1)^2$ $g(x) = -(x+3)^2 - 6$ $h(x) = 0{,}5 \cdot (x - 0{,}25)^2 + 5$

Beschreiben Sie, wie die Graphen von f, g und h aus der Normalparabel hervorgehen.

**8** Gegeben ist der Scheitelpunkt der Parabel einer quadratischen Funktion. Begründen Sie, dass es zu jedem Scheitelpunkt unendlich viele mögliche Funktionsgleichungen gibt.

---

**9** Geben Sie die Koordinaten des Scheitelpunktes S an. Zeichnen Sie anschließend den Graphen der Funktion.

*Beim Zeichnen können Sie ein MMS verwenden.*

**a)** $f_1(x) = (x-2)^2 - 3$

**b)** $f_2(x) = (x+6)^2 + 4$

**c)** $f_3(x) = (x-2)^2$

**d)** $f_4(x) = x^2 - 8$

**10** Die Graphen der Funktionen f, g, h und i sind verschobene Normalparabeln.

**a)** Geben Sie zu den Graphen jeweils eine zugehörige Funktionsgleichung an.

**b)** Beschreiben Sie die Lage der Graphen von f, g, h und i als Verschiebung von Normalparabeln in Worten.

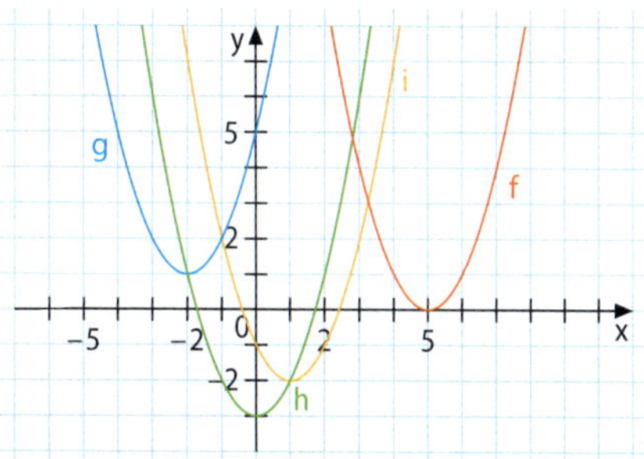


**11** Geben Sie bei jeder Parabel an, ob sie nach unten oder nach oben geöffnet ist und ob sie enger oder weiter als die Normalparabel ist.

| Funktionsgleichung | a | Die Parabel ist … enger … | weiter … | nach … oben geöffnet. | unten geöffnet. |
|---|---|---|---|---|---|
| | | als die Normalparabel. | | | |
| $f(x) = 8x^2$ | | | | | |
| $g(x) = -3x^2$ | | | | | |
| $h(x) = -0{,}6x^2$ | | | | | |
| $i(x) = \frac{5}{3}x^2$ | | | | | |

**12** Erklären Sie jeweils jeden einzelnen Umformungsschritt. Umformung von der …

**a)** Scheitelpunktform in die allgemeine Form:

$f(x) = 2(x-3)^2 + 12$
$f(x) = 2(x^2 - 6x + 9) + 12$
$f(x) = 2x^2 - 12x + 18 + 12$
$f(x) = 2x^2 - 12x + 30$

**b)** allgemeinen Form in die Scheitelpunktform:

$f(x) = 3x^2 + 18x + 5$
$f(x) = 3(x^2 + 6x) + 5$
$f(x) = 3(x^2 + 2 \cdot 3x) + 5$
$f(x) = 3(x^2 + 2 \cdot 3x + 3^2 - 3^2) + 5$
$f(x) = 3((x+3)^2 - 9) + 5$
$f(x) = 3(x+3)^2 - 27 + 5$
$f(x) = 3(x+3)^2 - 22$

**13** Ordnen Sie der Scheitelpunktform $f(x) = (x-2)^2 - 4$ die Gleichung der allgemeinen Form zu. Begründen Sie Ihre Entscheidung.

1 $f(x) = x^2 + 4x$
2 $f(x) = x^2 - 4x - 8$
3 $f(x) = x^2 - 4x$
4 $f(x) = x^2 + 4x + 8$

**14** Wandeln Sie die Funktionsgleichung in die Scheitelpunktform um. Geben Sie anschließend den Scheitelpunkt an.

**a)** $f(x) = x^2 - 4x$  **b)** $f(x) = x^2 + 2x + 1$  **c)** $f(x) = x^2 - 6x + 7$
**d)** $f(x) = x^2 + 3x - 0{,}75$  **e)** $f(x) = x^2 - x - 1$  **f)** $f(x) = x^2 - 5x + 4{,}75$

**15** Eine um den Faktor 0,5 gestauchte Parabel hat den Scheitelpunkt S (3 | 1). Bestimmen Sie eine mögliche Funktionsgleichung in Scheitelpunktform und allgemeiner Form.

**16** **a)** Geben Sie für die abgebildeten Graphen Funktionsgleichungen sowohl in Scheitelpunktform als auch in der allgemeinen Form an.
**b)** Erklären Sie, warum Sie anhand eines Graphen nicht direkt die allgemeine Form bestimmen können.

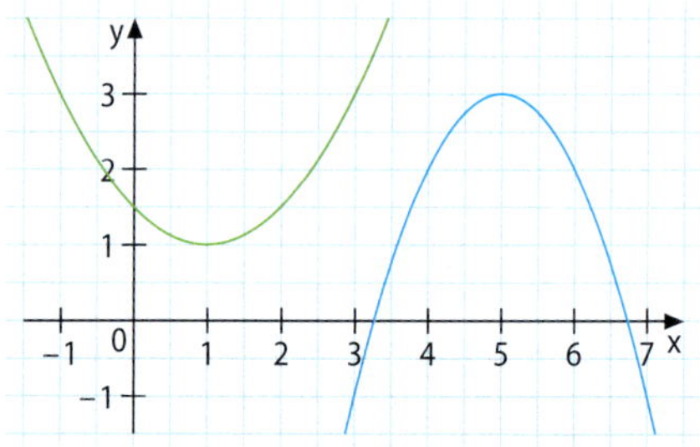


**17** Ermitteln Sie die allgemeine Form der quadratischen Funktionen mit folgenden Eigenschaften. Erläutern Sie Ihr Vorgehen.

**a)** Die verschobene Normalparabel ist nach oben geöffnet. Die Nullstellen der Parabel sind $x_1 = 0$ und $x_2 = 4$.
**b)** Die gestreckte Parabel ist symmetrisch zur y-Achse und verläuft durch den Punkt A (−1 | 0). Der Scheitelpunkt ist 1,5 LE vom Koordinatenursprung entfernt.
**c)** Der Wertebereich der verschobenen Normalparabel ist $y \in \mathbb{R}$ mit $y \geq -10$. Der Graph schneidet die y-Achse im Punkt P (0 | 6).
**d)** Der Wertebereich der verschobenen und gespiegelten Normalparabel ist $y \in \mathbb{R}$ mit $y \leq 1$. Der Graph schneidet die y-Achse im Punkt P (0 | −5,25).
**e)** Die nach oben geöffnete und gestauchte Parabel ist symmetrisch zur Geraden $x = -1$. Die Punkte A (−5 | 7) und B (1 | 1) liegen auf der Parabel.

**18** Ordnen Sie den Funktionsgleichungen die Eigenschaften der zugehörigen Graphen zu, ohne diese zu zeichnen. Es können auch mehrere Eigenschaften zutreffend sein.

**a)** $f(x) = 2x^2 - 1$ **b)** $f(x) = -2x^2 - 1$ **c)** $f(x) = -0{,}5x^2 + 1$

**d)** $f(x) = -x^2 + 2$ **e)** $f(x) = x^2$ **f)** $f(x) = -2x^2 + \frac{1}{2}$

Die Parabel …

**1** ist gestaucht. **2** ist gestreckt. **3** ist nach oben geöffnet.

**4** verläuft durch den Punkt P(1 | 1). **5** hat zwei Nullstellen.

**6** ist symmetrisch zur y-Achse. **7** ist nach unten geöffnet.

**19** Ordnen Sie den Graphen die zugehörige Funktionsgleichung zu. Begründen Sie Ihre Entscheidung.

**A** $f(x) = -0{,}5 \cdot (x + 1)^2$ **B** $f(x) = 2x + 1$

**C** $f(x) = 2x^2 - 4x + 3$ **D** $f(x) = (x + 2)^2$

**E** $f(x) = -2x^2 - 1{,}5$

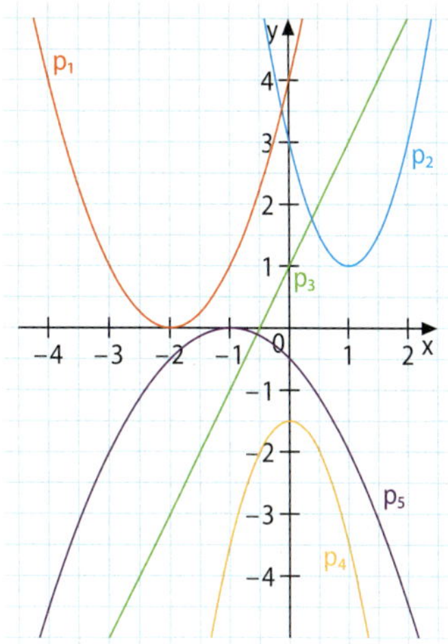


**20** Gegeben sind die Funktionen $f_1$ und $f_2$ ($x \in \mathbb{R}$).

**1** $f_1(x) = -x + 1$ $f_2(x) = x^2 - 2x - 1$

**2** $f_1(x) = x + 1$ $f_2(x) = x^2 - 2x - 1$

**a)** Bestimmen Sie grafisch die Schnittpunkte der Graphen von $f_1$ und $f_2$.

**b)** Bestimmen Sie die Gleichung der Funktion g mit $g(x) = f_1(x) + f_2(x)$ und zeichnen Sie ihren Graphen.

**c)** Geben Sie zwei Eigenschaften von g an.

**21** Die Halteseile einer Hängebrücke haben etwa die Form einer Parabel. Die Fahrbahn der Golden Gate Bridge in San Francisco verläuft 67 m über dem Meer. Diese Brücke hat eine Spannweite von 1280 m und die Haltemaste überragen die Fahrbahn um 122 m.

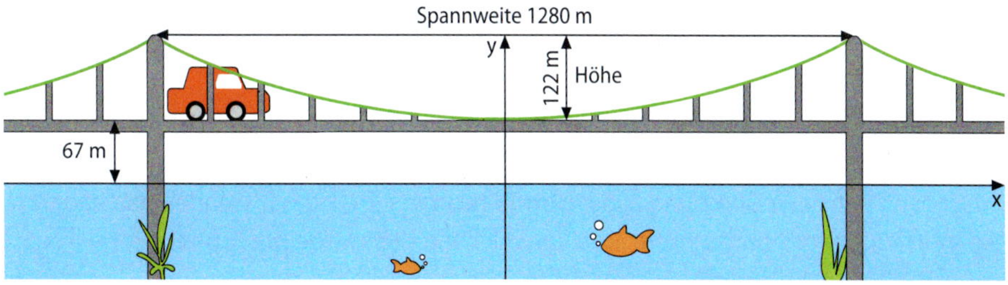


Ermitteln Sie eine zugehörige Funktionsgleichung für das annähernd parabelförmige Halteseil.

**22** Bei der Tischtennis-Weltmeisterschaft 2017 in Düsseldorf verteidigte der Chinese Ma Long mit einer sogenannten „Ballonabwehr". Der Tischtennisball wurde dabei in einem 3,8 m hohen Bogen 10,6 m weit zurück auf die Platte gespielt. Bestimmen Sie die Funktionsgleichung dieser Flugparabel.

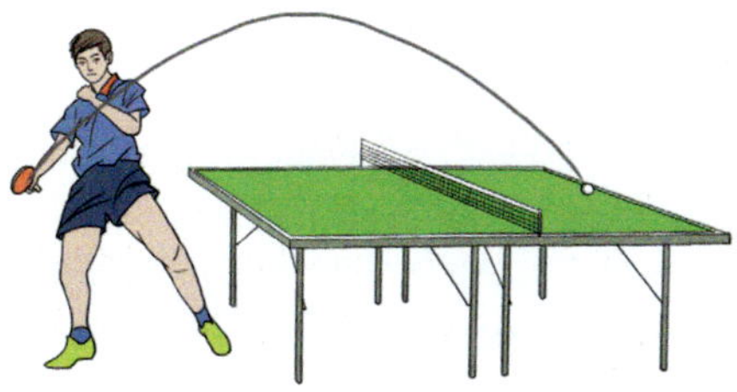

# 1.3 Quadratische Gleichungen

**Entdecken**

> *Ich quadriere meine Zahl und verdopple sie anschließend. Dann addiere ich das Achtfache des Vorgängers meiner Zahl und verringere alles um 4. Das Ergebnis ist die Gegenzahl zu 2.*

> *Ich addiere das Produkt aus dem Vorgänger und dem Nachfolger meiner Zahl mit dem Fünffachen Produkt aus der Summe von drei und dem Doppelten der Zahl. Das Ergebnis ist fünf.*

- Stellen Sie jeweils eine Gleichung auf.
- Berechnen Sie jeweils die gedachte Zahl.
- Erstellen Sie selbst ein Zahlenrätsel und lassen Sie es von einem Lernpartner oder einer Lernpartnerin lösen.

**Verstehen**

Die Lösungsmenge einer quadratischen Gleichung bleibt unverändert, wenn man Äquivalenzumformungen auf die Gleichung anwendet. Jede Gleichung lässt sich so zu einer äquivalenten Gleichung der Form $f(x) = 0$ umformen.
Die Lösungsmenge dieser Gleichung entspricht der Menge der Nullstellen des Funktionsterms $f(x)$.
Die Lösungsmenge der quadratischen Gleichung lässt sich so auch grafisch am Funktionsgraphen bestimmen und einfach an der faktorisierten Form der Funktion ablesen.

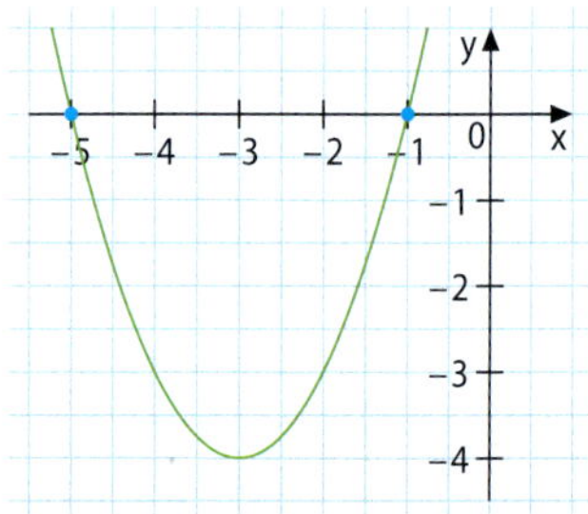


**Merke**

Die Lösungsmenge einer quadratischen Gleichung in **faktorisierter Form**
$a \cdot (x - x_1) \cdot (x - x_2) = 0$ lautet $L = \{x_1; x_2\}$.

$a \cdot (x-d)^2 + e = 0 \quad |:a$

$(x-d)^2 + \frac{e}{a} = 0 \quad |-\frac{e}{a}$

$(x-d)^2 = -\frac{e}{a} \quad |\sqrt{\ }$

Eine **quadratische Gleichung**, die in der **Scheitelpunktform** $a \cdot (x-d)^2 + e = 0$ gegeben ist, lässt sich nach wenigen Äquivalenzumformungen durch Wurzelziehen, auch **radizieren** genannt, lösen. Dazu formt man die Gleichung zunächst in die Form $(x-d)^2 = -\frac{e}{a}$ um und zieht anschließend die Wurzel.
Mittels quadratischer Ergänzung lässt sich jede quadratische Gleichung in die Scheitelpunktform bringen.
Ausgehend von einer Gleichung in der **Normalform** $x^2 + px + q = 0$, wendet man dabei stets die gleichen Umformungsschritte an, sodass sich die allgemeine **pq-Formel** ergibt.

**Merke**

Die Lösungen einer quadratischen Gleichung in Normalform $x^2 + px + q = 0$ lassen sich mit der **pq-Formel** berechnen.

$$x_{1/2} = -\frac{p}{2} \pm \sqrt{\left(\frac{p}{2}\right)^2 - q}$$

Die Zahl $D = \left(\frac{p}{2}\right)^2 - q$ heißt **Diskriminante** und ihr Vorzeichen bestimmt die Anzahl der Lösungen in den reellen Zahlen.

| $D > 0$ | $D = 0$ | $D < 0$ |
|---|---|---|
| zwei Lösungen | eine Lösung | keine Lösung |

Erklärvideo

*Mediencode 63051-007*

**Beispiele**

**I.** Lösen Sie die Gleichungen, ohne die pq-Formel zu benutzen.

**a)** $(x-5)^2=4$ **b)** $(x-3)^2=0$ **c)** $(x+10)^2=-9$

**Lösung:**

**a)** $(x-5)^2=4 \quad | \sqrt{\ }$
$x-5=\pm 2$
$x_1=3; x_2=7$
$L=\{3; 7\}$

**b)** $(x-3)^2=0 \quad | \sqrt{\ }$
$x-3=0$
$x=3$
$L=\{3\}$

**c)** $(x+10)^2=-9 \quad | \sqrt{\ }$
$\sqrt{-9}$ ist nicht definiert.
$L=\{\}$

**II.** Berechnen Sie die Nullstellen der quadratischen Funktion.

**a)** $f(x)=15x^2+3x$ **b)** $g(x)=3x^2+30x+27$ **c)** $h(x)=5\cdot(x-2)\cdot(x+1)$

**Lösung:**

**a)** $15x^2+3x=0$
$3x\cdot(5x+1)=0$
$3x=0$ oder $5x+1=0$
$x=0$ oder $5x=-1$
$L=\left\{-\frac{1}{5}; 0\right\}$

**b)** $3x^2+30x+27=0$
$x^2+10x+9=0$
$x_{1/2}=-5\pm\sqrt{25-9}$
$x_{1/2}=-5\pm 4$
$L=\{-9; -1\}$

**c)** $5\cdot(x-2)\cdot(x+1)=0$
$x-2=0$ oder $x+1=0$
$x=2$ oder $x=-1$
$L=\{-1; 2\}$

**Nachgefragt**

- Geben Sie die Lösungsmenge der Gleichung $a\cdot(x-d)^2+e=0$ in Abhängigkeit von $a, d, e \in \mathbb{R}$ an, ohne dabei die pq-Formel zu benutzen. Untersuchen Sie insbesondere die Spezialfälle $d=0$ und $e=0$.
- Beschreiben Sie das Vorgehen bei einer quadratischen Ergänzung in eigenen Worten.

**Aufgaben**

**oHiMi** 1, 2, 4

**1** Begründen Sie für $x \in \mathbb{R}$, dass die Gleichung ...

**a)** $x^2+5=4$ keine Lösung hat. **b)** $25x^2=4$ zwei Lösungen hat.
**c)** $16x^2=0$ eine Lösung hat. **d)** $-6x^2=0$ eine Lösung hat.

**2** Lösen Sie die Gleichungen im Kopf.

**a)** $x^2=4$ **b)** $0{,}5x^2=5$ **c)** $-9x^2=-25$ **d)** $2x^2=4{,}5$
**e)** $5x^2=0$ **f)** $5x^2=-1$ **g)** $0{,}5x^2-1=7$ **h)** $x^2-17=-42$

**3** Lösen Sie die Gleichungen rechnerisch.

**a)** $2x^2-4=x^2+12$ **b)** $2\cdot(x^2+1)=4x^2$ **c)** $3x^2-14=2-(6-x^2)$
**d)** $\frac{4}{3}x^2=\frac{2}{3}-x^2$ **e)** $\frac{1}{2}\cdot\left(\frac{5}{2}-\frac{1}{2}\right)x^2=\frac{1}{4}x^2-2$ **f)** $\frac{x^2}{4}+\frac{1}{8}-\frac{x^2}{2}=\frac{1}{2}+2\cdot\left(\frac{x^2}{2}+\frac{1}{4}\right)$

**4**

1 $2x^2-4x=5+x$
2 $(x-2)^2=(x+3)$
3 $(x-2)\cdot(x+5)=0$
4 $x^2\cdot(x-2)=4$
5 $2^x=2+x$
6 $x\cdot(x+1)=0$

**a)** Begründen Sie jeweils, ob es sich um eine quadratische Gleichung handelt.
**b)** Bestimmen Sie die Lösungsmenge der Gleichung, wenn möglich.

**5** Formen Sie die Gleichung in die Form $x^2 = d$ um und lösen Sie diese grafisch. Beschreiben Sie Ihr Vorgehen.

**a)** $24x^2 + 48 = 78x^2 - 6$
**b)** $3x^2 - 8 = 27 - 12x^2$
**c)** $(2x + 1) \cdot (4x + 2) = 8x + 12$
**d)** $(6x - 2) \cdot (6x + 2) = 1292$
**e)** $2x^2 - 10 = 7x^2 - 5{,}2$
**f)** $(x + \sqrt{2}) \cdot (x - \sqrt{2}) = 0$

**6** **1** $-5x^2 = 0$ **2** $\frac{1}{2}x^2 - 4 = 0$ **3** $2x^2 - \frac{1}{2} = 0$
**4** $\frac{1}{4}x^2 - 12 = 4$ **5** $5x^2 - 9 = -24$ **6** $7x^2 - 37 = -8x^2 - 38$

**a)** Entscheiden Sie für alle reellen Zahlen x, ob die Gleichung keine, eine oder zwei Lösungen hat. Begründen Sie Ihre Entscheidung.
**b)** Berechnen Sie die Lösungen bei den entsprechenden Gleichungen.

**7** Lösen Sie die Gleichungen in $\mathbb{R}$. Gehen Sie dabei möglichst geschickt vor.

**a)** $3x - x^2 = 0$
**b)** $25 + 10x + x^2 = 0$
**c)** $2x^2 - 128 = 0$
**d)** $-\frac{1}{4}d + 0{,}5d^2 = d$
**e)** $\frac{1}{9} + e^2 = \frac{2}{3}e$
**f)** $3g \cdot (g - 5) = 3g$
**g)** $2k^2 + 15k + 3k^2 = 0$
**h)** $-6 + x \cdot (x + 2) - 2x = 0$
**i)** $y^2 + 0{,}64 = 1{,}6y$

**Alles klar?**

**8** Bestimmen Sie die Lösungsmenge im Bereich der reellen Zahlen.

**a)** $x^2 - 225 = 0$
**b)** $-x^2 = -81$
**c)** $a^2 + 2{,}5a = 0$
**d)** $b^2 = 11b$
**e)** $4c^2 + 3c = 5c^2 + 2c$
**f)** $(2k + 1) \cdot (3 - k) = 0$

**9** **a)** Begründen Sie, dass die Anzahl der Lösungen für $(x + a)^2 = d$ von d abhängt.
**b)** Geben Sie begründet an, ob die folgende Aussage wahr ist: „Wenn die Gleichung $x^2 + px + q = 0$ nur eine Lösung hat, gibt es keine Zerlegung in Linearfaktoren."

**10** Bestimmen Sie die Lösungsmenge in $\mathbb{R}$.

**a)** $3a = a^2$
**b)** $b^2 + 4b + 5b^2 = 2b - b^2$
**c)** $(c + 2) \cdot (c - 2) = (c + 2)$
**d)** $(x + 3) \cdot (x - 2) = (x - 2) \cdot (x + 3)$
**e)** $(x - 4)^2 - (x - 4) = 0$
**f)** $2k^2 - 30k + 75 = k^2 + 75$

**11** Geben Sie die Anzahl der Lösungen der Gleichung an. Lösen Sie sie anschließend.

**a)** $x^2 - 1 = 1{,}5x$
**b)** $3 - x^2 = 2x$
**c)** $8 \cdot (x + 1) \cdot (x - 1) - 36 \cdot (2x - 5) = 18$
**d)** $x \cdot (2x - 1{,}5) = -1{,}5$
**e)** $3 \cdot (3 - x) \cdot (3 + x) = 0$
**f)** $4x \cdot (x + 8) = 4x - 49$

**12** Lösen Sie die quadratische Gleichung grafisch.

**a)** $x^2 = 2x + 3$
**b)** $x^2 - 6x + 5 = 0$
**c)** $4x^2 + 36x + 77 = 0$
**d)** $x^2 - x = 0{,}75$
**e)** $x \cdot (x - 1) = -2$
**f)** $x^2 + 2x = 0$

**13** Lösen Sie rechnerisch. Runden Sie gegebenenfalls auf zwei Dezimalen.

**a)** $2x^2 + 6x = x^2 - 3$
**b)** $2 \cdot (x - 2)^2 + x^2 = x \cdot (x + 3)$
**c)** $x^2 - 3x + 16 = 2x^2 - 6x + 3$
**d)** $4x^2 - 9 - x \cdot (x - 4) = (-2x + 4)^2$
**e)** $(x + 7) \cdot (x + 3) = (x - 3) \cdot (x + 1)$
**f)** $(x - 2) \cdot (x + 3) = (x - 3) \cdot (x + 2)$

**14** **Argumentieren und Begründen**

Leiten Sie die pq-Formel her, indem Sie die quadratische Gleichung $x^2 + px + q = 0$ mittels quadratischer Ergänzung umformen.

**Ideen:**

- Formen Sie die Normalform der Gleichung in eine Scheitelpunktform um.
- Beachten Sie vor dem Radizieren, dass im Allgemeinen $\sqrt{a+b} \neq \sqrt{a} + \sqrt{b}$ gilt.

**15** Geben Sie Zahlen für a so an, dass die Gleichung zwei, eine oder keine Lösung(en) hat ($-5 \leq a \leq 5$). Begründen Sie Ihre Lösung rechnerisch oder grafisch.

**a)** $x^2 = a$  **b)** $\frac{1}{2}x^2 - a = 0$  **c)** $2x^2 = -a$

**d)** $\frac{1}{2}x^2 - 4a = 0$  **e)** $7x^2 - 7a = 0$  **f)** $ax^2 - a = 0$

**16** Geben Sie Gleichungen an, um die Schnittpunkte der Graphen zu bestimmen. Lösen Sie diese rechnerisch. Überprüfen Sie mit der grafischen Darstellung.

**a)**

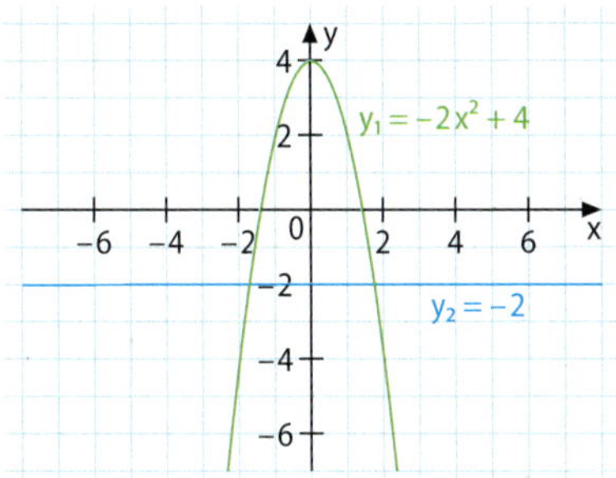


**b)**

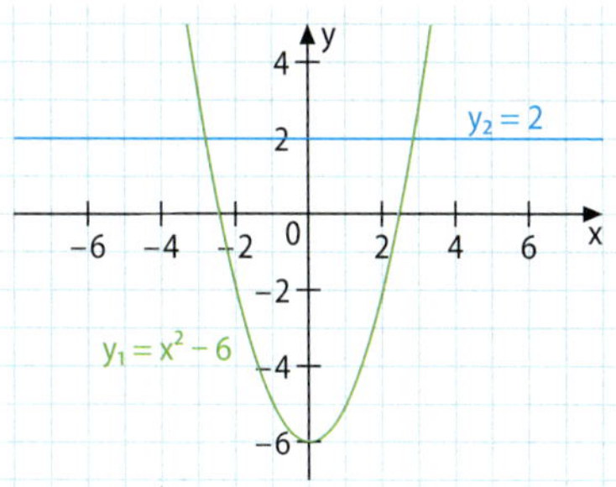


**17** Bestimmen Sie die beschriebene Zahl.

**a)** Subtrahiert man vom Quadrat einer natürlichen Zahl das Dreifache der Zahl, so erhält man 130.

**b)** Die Differenz aus einer Zahl und ihrem Kehrwert ist 2,1.

**c)** Man erhält die fünffache Differenz einer Zahl und 3, wenn man die Zahl mit der Summe der Zahl und 13 multipliziert.

**18** **Argumentieren und Begründen**

Gegeben ist eine quadratische Funktion f in der Normalform $f(x) = x^2 + px + q$. Beschreiben Sie den Zusammenhang zwischen der Lage des Funktionsgraphen von f und der Diskriminante der Gleichung $x^2 + px + q = 0$.

**Ideen:**

- Untersuchen Sie zunächst die Anzahl der Nullstellen.
- Experimentieren Sie mit Ihrem MMS und verschiedenen Werten für p und q.
- Berechnen Sie die Koordinaten des Scheitelpunktes.

**19** Bestimmen Sie die Belegung des Koeffizienten a so, dass die Gleichung keine, eine oder zwei Lösung(en) hat.

**a)** $x^2 - 4x + a = 0$  **b)** $x^2 + ax + 12 = 0$  **c)** $(x - a)^2 = 0$

## Entdecken

Am Einheitskreis kann man rechtwinklige Dreiecke mit der Hypotenusenlänge 1 betrachten. Die Länge der Gegenkathete entspricht dabei dem Sinus des an der Rechtsachse angetragenen Winkels α.

- Zeichnen Sie punktweise den Graphen der Funktion, die jedem Winkel α im Einheitskreis den zugehörigen Sinuswert zuordnet. Tragen Sie dafür auf der Rechtsachse den Winkel im Gradmaß (30° ≙ 1 cm) und als y-Wert den zugehörigen Sinuswert ab (1 LE ≙ 2 cm).

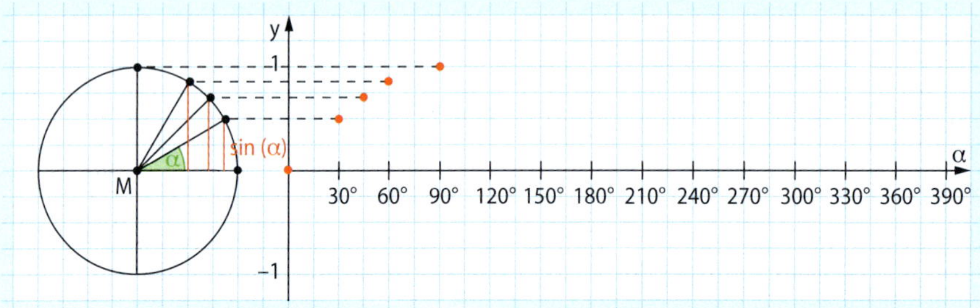


- Beschreiben Sie Eigenschaften des Graphen der Funktion.

## Verstehen

Im Einheitskreis lässt sich jedem Winkel eindeutig ein Sinuswert zuordnen. Gibt man den Winkel im Bogenmaß an, so kann man auch reelle Zahlen einsetzen.

*Definitionsbereich D = ℝ*
*Wertebereich W = [−1; 1]*

### Merke

Die Funktion f mit f (x) = sin (x), die jeder reellen Zahl x ihren Sinuswert zuordnet, heißt **Sinusfunktion**, ihr Graph **Sinuskurve**.

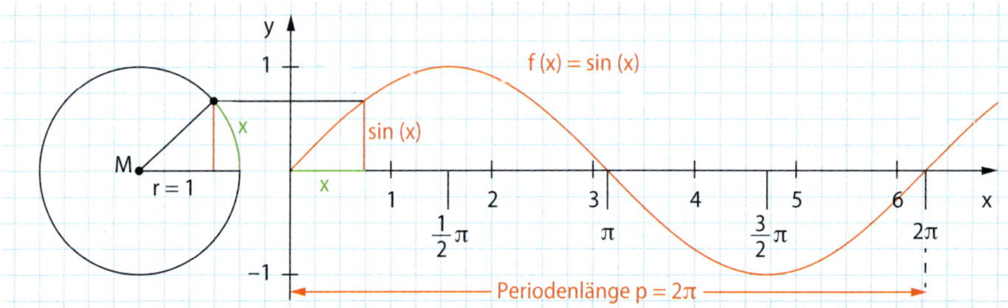


Da sich die Funktionswerte der Sinusfunktion in gleichen Abständen wiederholen, spricht man von einer **periodischen Funktion**. Den kürzesten Abstand zwischen den Wiederholungen bezeichnet man als **Periodenlänge p**. Eine Periodenlänge beträgt 2π bzw. 360°.

**Erklärvideo**

*Mediencode 63051-008*

### Beispiel

Bestimmen Sie grafisch alle Werte $x \in [-\pi; 3\pi]$, für die gilt: $\sin(x) = \frac{\sqrt{2}}{2}$.

**Lösung:**

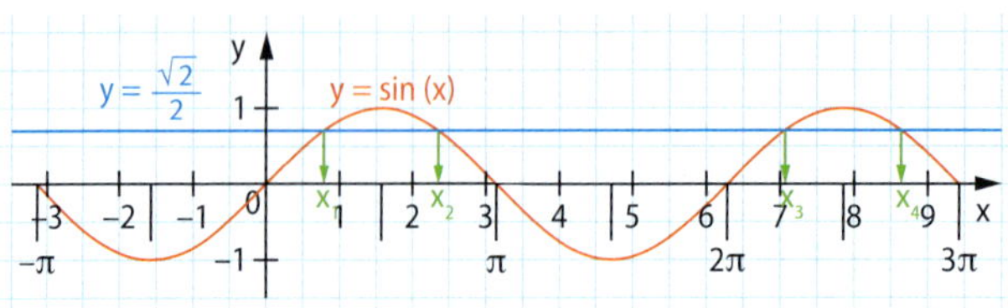


$x_1 = \frac{\pi}{4}$

$x_2 = \pi - \frac{\pi}{4} = \frac{3\pi}{4}$

$x_3 = \frac{\pi}{4} + 2\pi = \frac{9\pi}{4} = x_1 + 2\pi$

$x_4 = \frac{3\pi}{4} + 2\pi = \frac{11\pi}{4} = x_2 + 2\pi$

*Die Lösungen $x_1$ und $x_2$ wiederholen sich stets nach einer Periodenlänge, also Vielfachen von $2\pi$.*

$x_{1,k} = \frac{\pi}{4} + k \cdot 2\pi;$

$x_{2,k} = \frac{3\pi}{4} + k \cdot 2\pi; k \in \mathbb{Z}$

**Nachgefragt**

- Erklären Sie den Zusammenhang zwischen den Hochpunkten der Sinusfunktion und der Lage eines Punktes P auf der Einheitskreislinie.
- Beschreiben Sie die Symmetrien, die der Graph der Sinusfunktion aufweist.
- Erläutern Sie, warum bei der Sinusfunktion alle reellen Zahlen eingesetzt werden können.

**Aufgaben**

**oHiMi** 1, 3

**1** Geben Sie jeweils die Periodenlänge der Funktion an.

a)

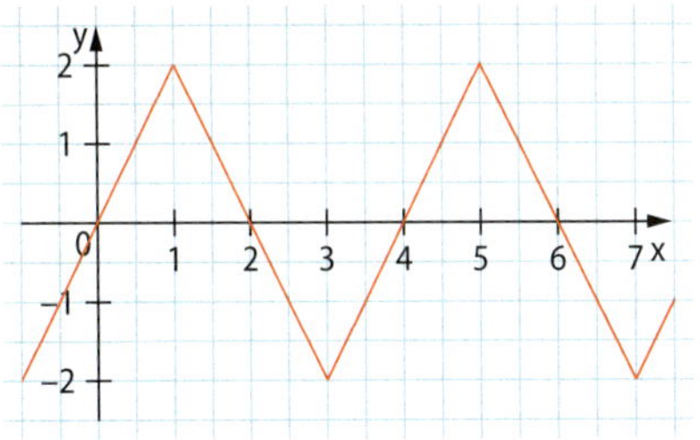


b)

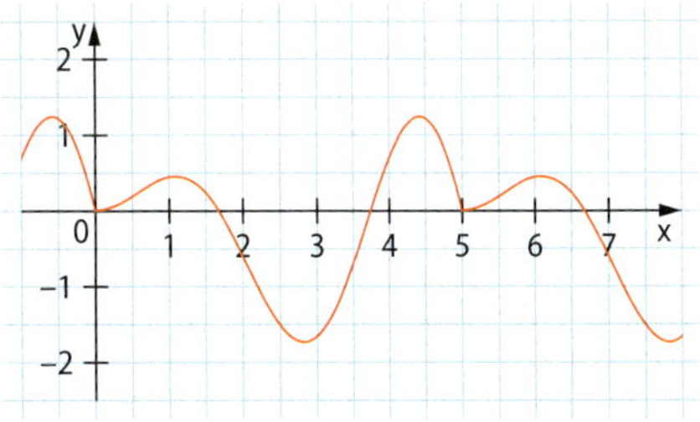


**2** Der Graph der Sinusfunktion wurde mit Hilfe von neun ausgewählten Punkten erstellt.

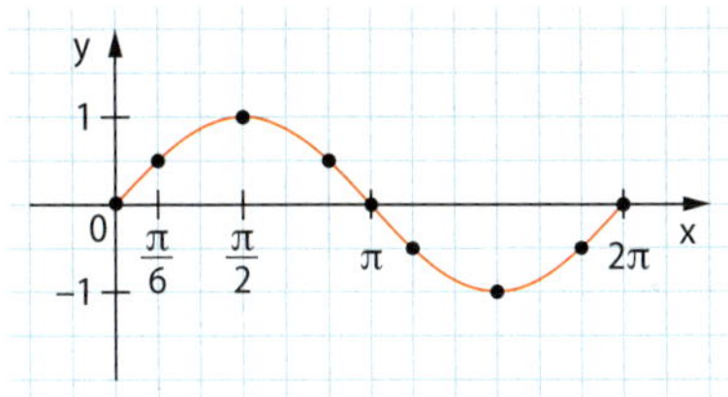


a) Geben Sie die Koordinaten der Punkte an.
b) Erklären Sie, dass es zum einfachen Zeichnen geschickt ist, die beiden Achsen wie abgebildet zu skalieren.
c) Skizzieren Sie den Verlauf des Graphen der Sinusfunktion mit der abgebildeten Achsenskalierung für $-2\pi \le x \le 4\pi$. Beschreiben Sie Ihr Vorgehen.
d) Begründen Sie, weshalb diese neun Punkte ausgewählt wurden, um den Graphen der Sinusfunktion eindeutig skizzieren zu können.

**3** Ermitteln Sie grafisch die Lösungsmenge der Gleichung.
a) $\sin(x) = 0{,}5$ für $-\pi \le x \le 2\pi$
b) $\sin(x) < 0{,}5$ für $0 \le x \le 2\pi$
c) $\sin(x) = -1$ für $-2\pi \le x < 2\pi$
d) $\sin(x) \ge 0{,}5$ für $2\pi \le x < 4\pi$

**4** Bestimmen Sie alle Lösungen der Gleichung.
a) $\sin(x) = \frac{1}{2}$ für $0 \le x \le 2\pi$
b) $\sin(x) = -\frac{\sqrt{3}}{2}$ für $-\pi \le x \le \pi$
c) $\sin(x) = 0{,}65$ für $0 \le x \le 4\pi$
d) $\sin(x) = -0{,}79$ für $x \in \mathbb{R}$
e) $2 \cdot \sin(x) = 1$ für $0 \le x \le 2\pi$
f) $(\sin(x))^2 = 1$ für $-2\pi \le x \le 2\pi$

*Statt $(\sin(x))^2$ kann man auch $\sin^2(x)$ schreiben.*

**5** a) Begründen Sie anhand des Graphen der Sinusfunktion f die Symmetrieeigenschaft $f(-x) = -f(x)$ für alle $x \in \mathbb{R}$.
b) Beschreiben Sie die folgende Eigenschaft der Nullstellen der Sinusfunktion f in eigenen Worten: $f(x) = 0$ für $x = k \cdot \pi$; $k \in \mathbb{Z}$.
c) Beschreiben Sie die folgende Eigenschaft der Sinusfunktion f in eigenen Worten: $f(x + k \cdot 2\pi) = f(x)$; $k \in \mathbb{Z}$.

## 1.5 Einfluss von Parametern auf die Sinusfunktion

**Entdecken**

- Untersuchen Sie den Einfluss der Parameter a und b auf die Sinusfunktion. Setzen Sie dazu für a und b jeweils die Werte 2; 0,5; –1; –0,5 ein und zeichnen Sie den Graphen.
  **1** $f(x) = a \cdot \sin(x)$ **2** $g(x) = \sin(b \cdot x)$

**Verstehen**

Periodische Vorgänge lassen sich meist nur mit der allgemeinen Sinusfunktion modellieren.

*|a| heißt* ***Amplitude****.*

**Erklärvideo**
*Mediencode 63051-009*

**Merke**

Die allgemeine **Sinusfunktion** lässt sich in der Form $f(x) = a \cdot \sin[b \cdot (x - d)] + e$ mit $x, d, e \in \mathbb{R}$ und $a, b \in \mathbb{R} \setminus \{0\}$ schreiben.

- **Parameter a**: ändert den Wertebereich auf $W = [-|a|; |a|]$.
- **Parameter b**: ändert die Periodenlänge auf $p = \frac{2\pi}{|b|}$.
- **Parameter d**: verschiebt den Graphen entlang der x-Achse.
- **Parameter e**: verschiebt den Graphen entlang der y-Achse.

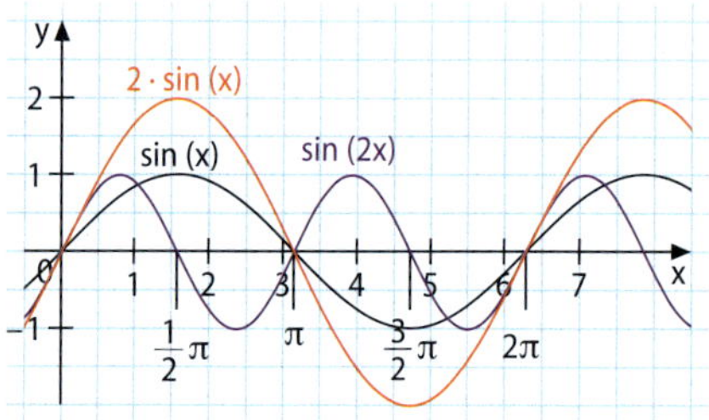


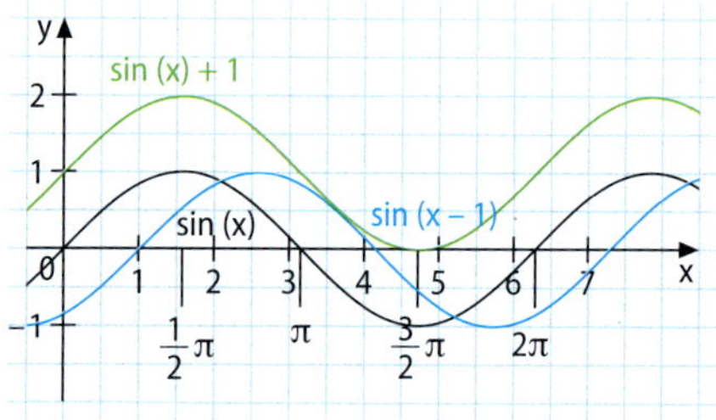


**Beispiel**

Geben Sie eine Funktionsgleichung zu den Graphen von g und h an. Begründen Sie.

a)

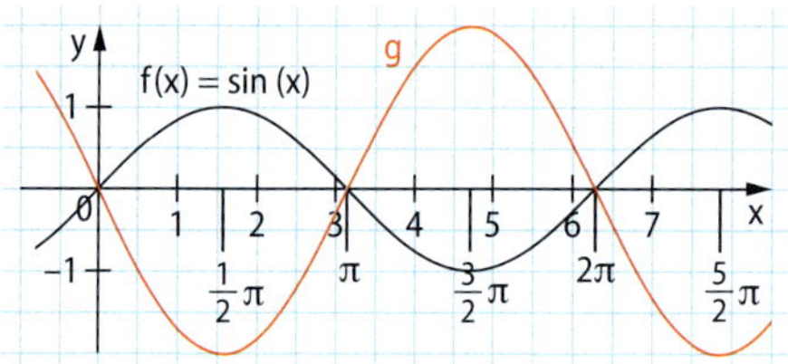


b)

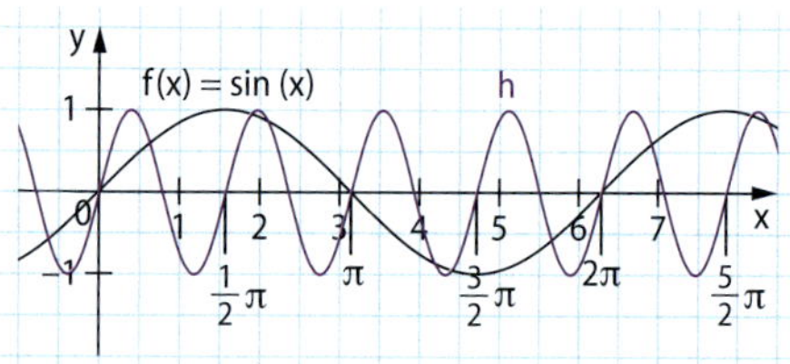


**Lösung:**

a) $g(x) = -2 \cdot \sin(x)$
Der Graph ist gestreckt: $|a| = 2$.
Der Graph ist an der x-Achse gespiegelt, also $a < 0$.

b) $h(x) = \sin(4x)$
Die Periodenlänge wurde verändert: $\frac{2\pi}{|4|} = \frac{\pi}{2}$.
Der Graph wurde nicht an der x-Achse gespiegelt.

**Nachgefragt**

- Geben Sie den Wertebereich der Sinusfunktion f mit $f(x) = -2 \cdot \sin(0{,}5 \cdot x)$ an.
- Begründen Sie, dass $f(x) = -3 \cdot \sin(x)$ und $g(x) = 3 \cdot \sin(x)$ dieselbe Amplitude haben.
- Erläutern Sie den Zusammenhang $|b| = \frac{2\pi}{p}$.

**Aufgaben**

**oHiMi** 1, 3, 5

**1** Beschreiben Sie, wie der Graph von f aus dem der Funktion g mit $g(x) = \sin(x)$ hervorgeht.
**a)** $f(x) = -3 \cdot \sin(x)$ **b)** $f(x) = 0{,}5 \cdot \sin(x)$ **c)** $f(x) = \sin(3x)$ **d)** $f(x) = 1{,}5 \cdot \sin(2x)$

**2** Ermitteln Sie grafisch alle gemeinsamen Nullstellen von f und g für $-2\pi \le x \le 2\pi$.
**a)** $f(x) = \sin(x)$; $g(x) = \sin(2x)$ **b)** $f(x) = \sin\left(\frac{1}{2}x\right)$; $g(x) = \sin(2x)$

**3** Ordnen Sie jeder Funktionsgleichung den richtigen Graphen zu. Begründen Sie.
$f(x) = 2{,}5 \cdot \sin(x)$
$g(x) = \sin(x + 2{,}5)$
$h(x) = \sin(x) + 2{,}5$
$i(x) = \sin(x - 2{,}5)$

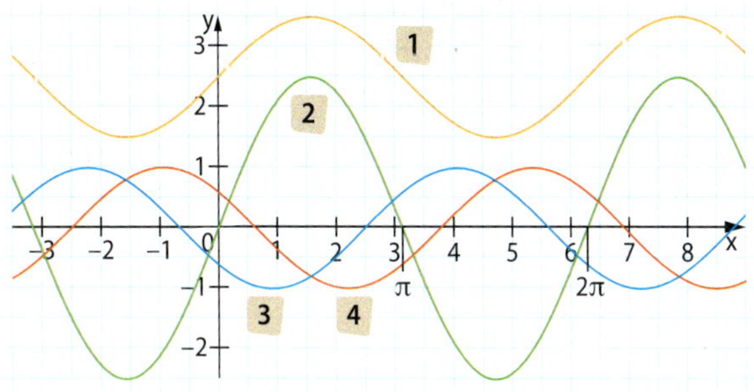


**4** Zeichnen Sie den Graphen der Funktion f mindestens eine Periodenlänge lang. Geben Sie jeweils den Wertebereich W, die Amplitude und die Periodenlänge an.
**a)** $f(x) = -\sin(0{,}5x)$ **b)** $f(x) = \sin\left(x - \frac{\pi}{2}\right) + 3$
**c)** $f(x) = 1{,}5 \cdot \sin[2 \cdot (x - 0{,}5)] - 1$ **d)** $f(x) = -2 \cdot \sin[1{,}5 \cdot (x - 2)] + 4$

**5**

| A WANTED | B WANTED | C WANTED |
|---|---|---|
| $W = [-2; 2]$<br>Periodenlänge: $2\pi$<br>eine Nullstelle bei $\frac{1}{2}\pi$ | $W = [0; 4]$<br>Periodenlänge: $\pi$<br>Schnittpunkt mit der y-Achse: P(0\|2) | $W = [0; 4]$<br>Periodenlänge: $8\pi$<br>eine Nullstelle bei $6\pi$ |
| 1 $f(x) = 2 \cdot \sin\left(\frac{1}{4}x\right) + 2$ | 2 $f(x) = 2 \cdot \sin\left(x + \frac{1}{2}\pi\right)$ | 3 $f(x) = 2 \cdot \sin(2x) + 2$ |

**a)** Ordnen Sie die Steckbriefe einer Funktionsgleichung zu. Begründen Sie Ihre Auswahl.
**b)** Erstellen Sie selbst solche Steckbriefe. Lassen Sie die Funktionsgleichungen von einem Partner oder einer Partnerin bestimmen.

**6** Bestimmen Sie eine Gleichung einer Sinusfunktion mit folgenden Eigenschaften:
Der Graph verläuft durch den Punkt (0 | 2), die Funktionswerte liegen zwischen 0,5 und 3,5 und die Periodenlänge ist $\pi$.

**7** Die Abbildungen zeigen Ausschnitte von Sinuskurven in unterschiedlich skalierten Koordinatensystemen. Geben Sie jeweils eine Funktionsgleichung an.

**a)**
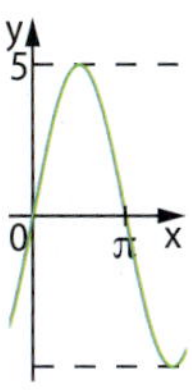


**b)**
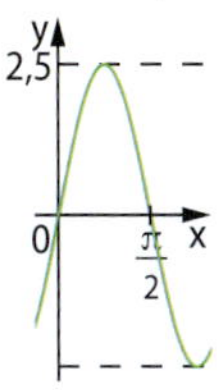


**c)**
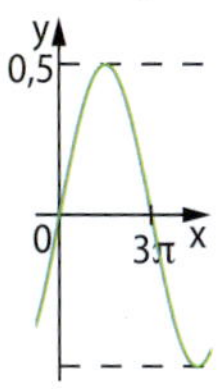


**d)**
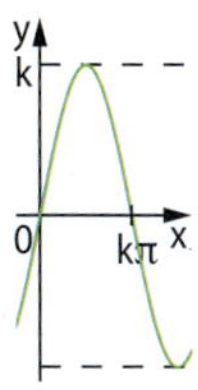

## Differenzierte Basisaufgaben

Die folgenden Aufgaben behandeln alle Themen dieses Kapitels. Die Basisaufgaben auf dieser Seite sind in zwei Spalten unterteilt. Die **grünen** Aufgaben auf der linken Seite sind etwas einfacher als die **blauen** auf der rechten. Entscheiden Sie selbst, welche Aufgaben Sie bearbeiten.

**1** 1450 € sollen mit 20-€-Scheinen und 50-€-Scheinen ausgezahlt werden.

a) Geben Sie verschiedene Möglichkeiten an und stellen Sie die Möglichkeiten als Zahlenpaare in einem Koordinatensystem dar.
b) Bestimmen Sie mit Hilfe von a) weitere Lösungen. Warum sind nur ganzzahlige Lösungen sinnvoll?

a) Erstellen Sie eine Gleichung, um alle Möglichkeiten zu finden. Geben Sie die Grundmenge an.
b) Stellen Sie die Lösungen grafisch dar. Diskutieren Sie, wie sinnvoll die Darstellung der Lösungsmenge als Gerade ist.

**2** Zeichnen Sie folgende Parabeln und geben Sie an, wie diese aus der Normalparabel entstanden sind.

a) $y = x^2 + 1$
b) $y = (x-2)^2 - 1$

a) $y = (x+1)^2$
b) $y = (x-4)^2 + a$

**3** Beschreiben Sie die Lage des Graphen der Funktion f gegenüber der Normalparabel.

a) $f(x) = x^2 + 2017$
b) $f(x) = (x + 2017)^2$
c) $f(x) = 2x^2 - 2017$

a) $f(x) = -3x^2 - 2017$
b) $f(x) = (x - 2017)^2 + 2$
c) $f(x) = -3 \cdot (x + 2017)^2$

**4** Ermitteln Sie jeweils den Scheitelpunkt des Graphen der quadratischen Funktion f.

a) $f(x) = (x-3)^2$
b) $f(x) = 2x^2 + 2x$
c) $f(x) = -2x^2 - x + 3$

a) $f(x) = (x-3)^2 + 1$
b) $f(x) = -2x^2 + x$
c) $f(x) = \frac{1}{2}x^2 - 2x + \frac{3}{2}$

**5** Lösen Sie die Gleichungen möglichst geschickt ($D = \mathbb{R}$). Beschreiben Sie Ihr Vorgehen.

a) $x^2 - 9{,}5x = 0$
b) $7x - x^2 = 0$
c) $x^2 - 5x + 6{,}25 = 0$

a) $2x^2 + 5x = 0$
b) $\frac{2}{3}x^2 - 9 = 3 \cdot (x^2 - 3) + x$
c) $x^2 - \frac{8}{3}x + \frac{16}{9} = \frac{25}{121}$

**6** Lösen Sie die folgenden Gleichungen ohne Anwendung der Lösungsformel.

a) $4x^2 - 100 = 0$
b) $2x^2 = 6x$
c) $\left(x - \frac{7}{2}\right) \cdot (5x + 10) = 0$

a) $\left(x - \frac{3}{2}\right)^2 - \frac{25}{16} = 0$
b) $x^2 + 5x - 14 = 0$
c) $x^3 - 4x^2 = 0$

**7** Zeichnen Sie den Graphen der Funktion f. Geben Sie die Wertemenge, die Amplitude und die Periodenlänge an.

a) $f(x) = 2 \cdot \sin(4x)$
b) $f(x) = \sin(x-1) + 2$

a) $f(x) = 2 \cdot \sin[4 \cdot (x+3)] - 1$
b) $f(x) = 2{,}5 \cdot \sin(3x + 6) + 1{,}5$

## Weiterführende Aufgaben

Dieser Teil der Trainingsrunde enthält weiterführende und vernetzende Aufgaben, die sich ebenfalls auf das gesamte Kapitel beziehen.

Lösungen
Mediencode 63051-010

**8** Beschreiben Sie die Situation durch eine lineare Funktion.

**a)** Jeder Zahl wird ihr zehnter Teil zugeordnet.

**b)** Parallele zu $f(x) = -2x + 5$ durch den Punkt $K(3\,|\,-2)$

**c)** Zum Doppelten einer Zahl wird 3 addiert.

**d)** Gerade mit Nullstelle $-1{,}5$ und Steigung $\frac{2}{3}$

**9** Familie Kim baut ein neues Haus und hat den Handwerker Meier engagiert. Sein Angebot überzeugte: Pro Tag eine Anfahrtspauschale von 75,00 € und für jede Arbeitsstunde 44,00 €. Nun hat er vier Rechnungen geschickt. Kontrollieren Sie, ob diese stimmen.

| RECHNUNG 101 | RECHNUNG 102 | RECHNUNG 103 | RECHNUNG 104 |
|---|---|---|---|
| 7 Arbeitsstunden | 6 Arbeitsstunden | 9 Arbeitsstunden | 8,5 Arbeitsstunden |
| Material: 350,00 € | Material: 488,00 € | Material: 1050,00 € | Material: 858,30 € |
| Gesamt: 733,00 € | Gesamt: 872,00 € | Gesamt: 1565,00 € | Gesamt: 1307,30 € |

**10** Gegeben ist eine lineare Funktion f mit $f(x) = m \cdot x + b$. Berechnen Sie die fehlenden Koordinaten der Punkte A und B, die auf dem Graphen von f liegen.

**a)** $f(x) = x + 3{,}5$; $A(-5\,|\,y)$; $B(x\,|\,3{,}8)$ **b)** $f(x) = -\frac{3}{8}x - 9$; $A(2\,|\,y)$; $B\left(x\,\middle|\,-\frac{4}{5}\right)$

**c)** $f(x) = 2{,}2x - \frac{1}{4}$; $A(-1\,|\,y)$; $B(x\,|\,-1)$

**11** Überprüfen Sie jeweils, ob der Punkt $A(-5\,|\,1)$ auf dem Graphen der Funktion liegt.

**a)** Graph von $y = 3x - 14$

**b)** Der Graph der Funktion ist die Gerade mit der Steigung $-2$, die durch den Punkt $M(0\,|\,-9)$ verläuft.

**c)** Der Graph der Funktion ist die Gerade durch die Punkte $P(-1\,|\,3)$ und $Q(5\,|\,2)$.

**12** Vervollständigen Sie die Lücken so, dass die Zahlenpaare die Gleichung $3y + 4{,}5x = 6$ lösen.

**a)** $(1\,|\,\square)$ **b)** $(\square\,|\,-13)$ **c)** $(\square\,|\,-5{,}5)$ **d)** $(-3\,|\,\square)$

**13** Bestimmen Sie die Lösungsmenge ohne Anwendung der pq-Formel.

**a)** $x^2 = 169$ **b)** $x^2 + 25 = 0$ **c)** $6x + 3x^2 = 0$

**d)** $15x^2 = 5x$ **e)** $(x - 2) \cdot (x + 3) = 0$ **f)** $(2x - 1) \cdot (2 - 3x) = 0$

**14** Lösen Sie die Gleichungen rechnerisch.

**a)** $a^2 - 24a + 144 = 0$ **b)** $b^2 - 8b + 7 = 0$ **c)** $2c^2 + 4c - 6 = 0$ **d)** $6d - 3d^2 = -24$

**15** Berechnen Sie die Lösungsmenge der quadratischen Gleichung.

**a)** $x^2 - 16 = 0$ **b)** $x^2 + 16x = 0$ **c)** $x^2 + 16 = 0$

**d)** $x^2 - 14x + 33 = 0$ **e)** $x^2 - 12x - 64 = 0$ **f)** $x^2 - 10x - 56 = 0$

**g)** $x^2 - 11x = 50{,}75$ **h)** $x^2 + 3x - 22{,}75 = 0$ **i)** $x^2 - 17 = -16$

**16** Bestimmen Sie grafisch und rechnerisch jeweils fünf Zahlenpaare, die die Gleichung lösen.

**a)** $3y + 4x = 12$ **b)** $x + y = 1$ **c)** $2x - 2y = 7$

**17** Lösen Sie die Aufgaben auf den einzelnen Kärtchen.

**a)** Berechnen Sie die Nullstelle von $y = x^2 + 4x + 3$.

**b)** Ermitteln Sie die Koordinaten der Schnittpunkte von $y_1 = 3x^2$ und $y_2 = 6x + 9$ rechnerisch.

**c)** Untersuchen Sie die Parabeln $y_1 = x^2 - 4x + 3$ und $y_2 = -2x^2 + 1{,}5x + 4$ auf gemeinsame Punkte.

**d)** Der Graph einer Parabel hat die Nullstellen $x_1 = 3$ und $x_2 = -8$. Geben Sie eine Funktionsgleichung an.

**e)** Bestimmen Sie die Werte für den Parameter a so, dass die Gleichung $0 = x^2 - 4x + a$ keine Lösung hat.

**f)** Bestimmen Sie den Wert von k so, dass $f(x) = -x^2 + 2kx - 3$ eine Nullstelle hat.

**18** Lösen Sie die quadratischen Gleichungen rechnerisch.

**a)** $x^2 - 121 = 0$ **b)** $(x + 12) \cdot (x - 23) = 0$

**c)** $7x^2 - 63 = 0$ **d)** $2x^2 - 8x = 330$

**e)** $(5x + 2) \cdot (8 - 3x) = 4x \cdot (11 - 4x)$ **f)** $\frac{1}{2}x^2 - \frac{3}{10}x = \frac{9}{25}$

**19** **a)** Multipliziere dich mit dir selbst und vermehre dich um dein Doppeltes, dann erhältst du 323.

**b)** Die Summe aus deiner Hälfte und deinem Quadrat ergibt 742,5.

**c)** Die Differenz aus deinem Quadrat und dir ergibt dich.

Sympathische und humorvolle natürliche Zahl gesucht!

**20** Vervollständigen Sie jeweils den Satz. Bei einer Sinusfunktion mit der Gleichung …

**a)** $f(x) = a \cdot \sin(x)$ beschreibt der Faktor a …

**b)** $f(x) = \sin(b \cdot x)$ beschreibt der Faktor b …

**c)** $f(x) = \sin(x) + c$ beschreibt der Wert c …

**d)** $f(x) = \sin(x - d)$ beschreibt der Wert d …

**21** Bestimmen Sie zur Funktion f ($D = \mathbb{R}$) die Amplitude, die Periodenlänge und den Wertebereich.

**a)** $f(x) = 3 \cdot \sin(4x) - 1{,}5$ **b)** $f(x) = -\sin\left(\frac{\pi}{2}x\right) + 0{,}5$ **c)** $f(x) = \sin\left[2 \cdot \left(x - \frac{\pi}{2}\right)\right]$

**d)** $f(x) = 2 \cdot \sin(1{,}5x + 6)$ **e)** $f(x) = -0{,}5 \cdot \sin(3x - \pi) + 2$ **f)** $f(x) = -4 \cdot \sin(0{,}5x)$

**22** **a)** Beschreiben Sie, wie man schrittweise aus dem Graphen der Sinusfunktion f mit $f(x) = \sin(x)$ den Graphen von g mit $g(x) = 2{,}5 \cdot \sin\left(\frac{1}{2}x + \frac{\pi}{2}\right) - 1$ erhält ($D = \mathbb{R}$).

**b)** Zeichnen Sie die Graphen von f und g im Bereich $0 \le x \le 4\pi$.

**Aufgaben für Lernpartner**

1. Bearbeiten Sie die Aufgaben zuerst alleine.
2. Erklären Sie einer Partnerin oder einem Partner Ihre Lösungen. Tauschen Sie die Rollen.
3. Korrigieren Sie gegebenenfalls Ihre Antwort(en).

Entscheiden Sie begründet, ob die folgenden Aussagen korrekt oder falsch sind.

**A** Die Gleichung $x = -x$ hat keine Lösung.

**B** Die Gleichung $0x + 0y = 4$ ist eine lineare Gleichung mit unendlich vielen Lösungen.

**C** Der Scheitelpunkt der Parabel mit der Gleichung $y = 2 \cdot (x-5)^2 + 1$ ist $S(-5\,|\,1)$.

**D** Die Gleichung $y = -(x+1)^2 - 3$ beschreibt eine nach unten geöffnete Parabel mit y-Achsenabschnitt $-3$.

**E** Wenn eine quadratische Gleichung der Form $ax^2 + bx + c = 0$ genau eine Lösung hat, dann lässt sich die Gleichung in die Form $(x+q)^2 = 0$ umformen.

**F** Die Gleichungen $\frac{2}{3}x^2 + x + \frac{1}{3} = 0$ und $(x+1) \cdot (2x+1) = 0$ sind äquivalent zueinander.

**G** Die pq-Formel darf bei allen quadratischen Gleichungen angewendet werden.

**H** Die quadratische Funktion $y = (x+2) \cdot (x+4)$ hat die Nullstellen $x_1 = 2$ und $x_2 = 4$.

**I** Die Funktion f mit $f(x) = 2 \cdot \sin(x)$ hat gegenüber g mit $g(x) = \sin(x)$ die doppelte Periodenlänge.

**J** Die Funktion f mit $f(x) = 2 \cdot \sin(x) + 0{,}5$ hat die Wertemenge $W = [-0{,}5; 2{,}5]$.

| Ich kann … | Aufgabe | Hilfe | Bewertung |
|---|---|---|---|
| Eigenschaften linearer Funktionen angeben. | 8, 9 | S. 12 | |
| Lösungen linearer Gleichungen mit zwei Variablen grafisch und rechnerisch bestimmen. | 1, 10, 11, 12, 16, A, B | S. 12 | |
| eine beliebige Parabel durch Verschiebung/Änderung der Parabelöffnung aus der Normalparabel erzeugen. | 2, 3 | S. 18, 19 | |
| den Scheitelpunkt einer Parabel bestimmen, deren Funktionsgleichung in der allgemeinen Form vorliegt. | 4, C | S. 18, 19 | |
| Eigenschaften quadratischer Funktionen angeben. | 17, D | S. 18, 19 | |
| quadratische Gleichungen rechnerisch lösen. | 5, 6, 13, 14, 15, 17, 18, 19, E, F, G, H | S. 24 | |
| Eigenschaften der Sinusfunktion beschreiben und erkennen. | 20, 21, I, J | S. 28 | |
| die Sinusfunktion in ihrer allgemeinen Form nutzen und aus der einfachen Sinusfunktion herleiten. | 7, 22 | S. 30 | |

Seite 12

## Lineare Funktionen

Eine Funktion f mit der Funktionsgleichung $f(x) = m \cdot x + b$ heißt **lineare Funktion**. Ihr Graph ist eine Gerade. Die Zahl m heißt Steigung, die Zahl b heißt y-Achsenabschnitt.

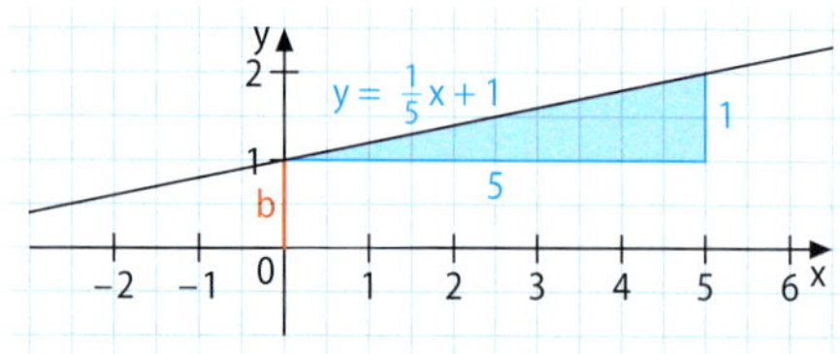


Seite 12

## Lineare Gleichungen mit zwei Variablen

Lineare Gleichungen können auch zwei Variablen enthalten. Die Lösungen solcher Gleichungen sind Zahlenpaare.

fünf Zahlenpaare, die die Gleichung $y = 3x + 7$ erfüllen:
$(-2|1)$; $(-1|4)$; $(0|7)$; $(1|10)$; $(2|13)$

Seite 18

## Quadratische Funktionen

Funktionen mit der Gleichung $y = ax^2$ mit $a \in \mathbb{R}\setminus\{0\}$ und $x \in \mathbb{R}$ beschreiben Parabeln, deren Scheitelpunkt S im Ursprung liegt.
**a > 0**: nach **oben geöffnete** Parabel
**a < 0**: nach **unten geöffnete** Parabel
**|a| > 1**: **engere** Parabel (gestreckt)
**0 < |a| < 1**: **weitere** Parabel (gestaucht)

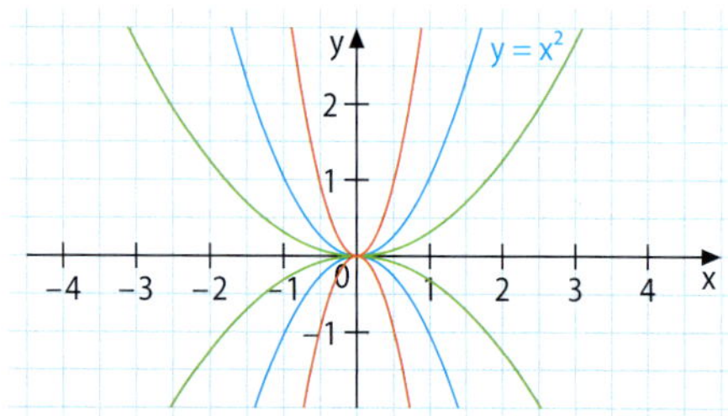


Der Graph einer quadratischen Funktion mit der Gleichung…

**1** $y = x^2 + e$ ($e, x \in \mathbb{R}$) entsteht durch Verschiebung der Normalparabel entlang der y-Achse. Die Parabel mit Scheitelpunkt $S(0|e)$ ist symmetrisch zur y-Achse.

**2** $y = (x - d)^2$ ($d, x \in \mathbb{R}$) entsteht durch Verschiebung der Normalparabel entlang der x-Achse. Die Parabel mit Scheitelpunkt $S(d|0)$ ist symmetrisch zu $x = d$.

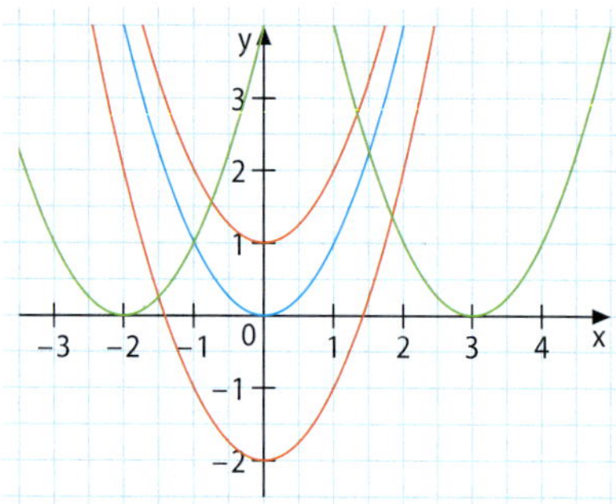


Seite 19

## Darstellungsformen quadratischer Funktionen

Der Graph einer quadratischen Funktion mit der Gleichung $\mathbf{y = a \cdot (x - d)^2 + e}$ **(Scheitelpunktform)** ist eine zu $x = d$ symmetrische Parabel mit dem Scheitelpunkt **S(d|e)**.

ausquadrieren

$y = a \cdot (x - d)^2 + e$ (Scheitelpunktform) ⇄ $y = ax^2 + bx + c$ (allgemeine Form)

quadratisch ergänzen

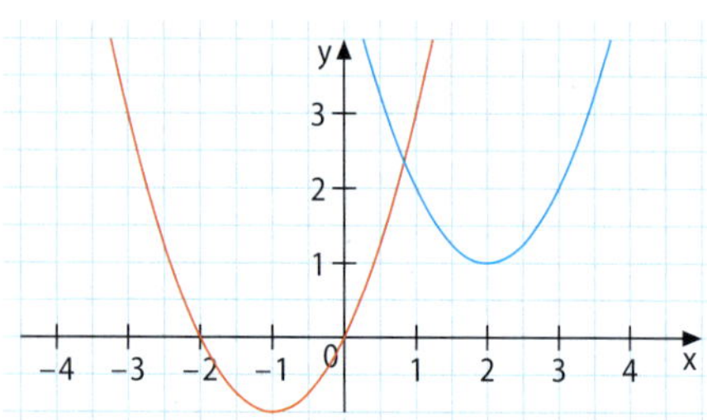


$y = (x + 1)^2 - 1 = x^2 + 2x$ $\quad S(-1|-1)$
$y = (x - 2)^2 + 1 = x^2 - 4x + 5$ $\quad S(2|1)$

## Einfache quadratische Gleichungen lösen

Seite 24

Jede Gleichung der Form $ax^2 + c = 0$ lässt sich durch Umformen auf die Form $x^2 = d$ bringen. Dabei hat die Gleichung für …

**1** $d > 0$ zwei Lösungen.
**2** $d = 0$ eine Lösung.
**3** $d < 0$ keine Lösung.

**1** $x^2 = 4$
$x_{1,2} = \pm\sqrt{4}$
$x_1 = -2;\ x_2 = 2$
$L = \{-2; 2\}$

**2** $x^2 = 0$
$x = 0$
$L = \{0\}$

**3** $x^2 = -2$
$L = \{\}$

## Quadratische Gleichungen lösen

Seite 24

**1** mit binomischer Formel und quadratischer Ergänzung:

$x^2 + 6x + 8 = 0$

$\underbrace{x^2 + 6x + 3^2}_{(x+3)^2} \underbrace{- 3^2 + 8}_{-1} = 0$

$(x + 3)^2 - 1 = 0 \quad | + 1$

$(x + 3)^2 = 1$

$x + 3 = \pm 1$

$x_1 = -4;\ x_2 = -2$

$L = \{-4; -2\}$

**2** mit der **pq-Formel**: Hierzu muss man die Gleichung gegebenenfalls zunächst in die Normalform $x^2 + px + q = 0$ bringen und dann die pq-Formel $x_{1/2} = -\frac{p}{2} \pm \sqrt{\left(\frac{p}{2}\right)^2 - q}$ anwenden.

$3x^2 + 18x - 21 = 0 \quad | : 3$

$x^2 + 6x - 7 = 0$

$p = 6;\ q = -7$

$x_{1/2} = -\frac{6}{2} \pm \sqrt{\left(\frac{6}{2}\right)^2 - (-7)} = -3 \pm 4$

$x_1 = -7;\ x_2 = 1$

$L = \{-7; 1\}$

## Sinusfunktion

Seite 28

Die Funktion f mit $f(x) = \sin(x)$ heißt **Sinusfunktion**.

**Nullstellen**: $k \cdot \pi;\ k \in \mathbb{Z}$
**Symmetrie**: $\sin(-x) = -\sin(x)$, also Punktsymmetrie zum Ursprung

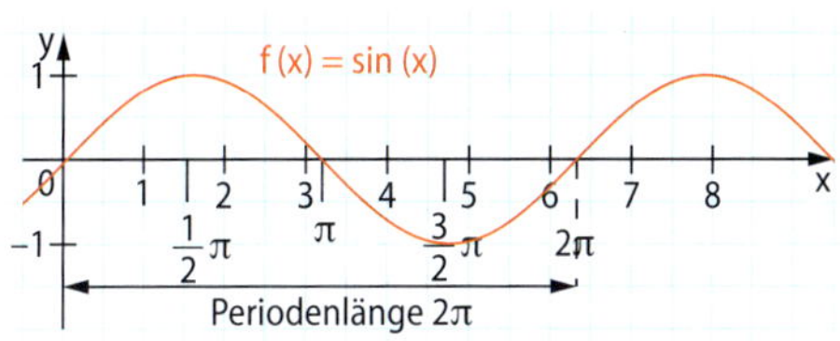


## Einfluss von Parametern auf die Sinusfunktion $a \cdot \sin[b \cdot (x - d)] + e$

Seite 30

- a: ändert den Wertebereich auf $W = [-|a|; |a|]$.
- b: ändert die Periodenlänge auf $p = \frac{2\pi}{|b|}$.
- d: Verschiebung entlang der x-Achse
- e: Verschiebung entlang der y-Achse

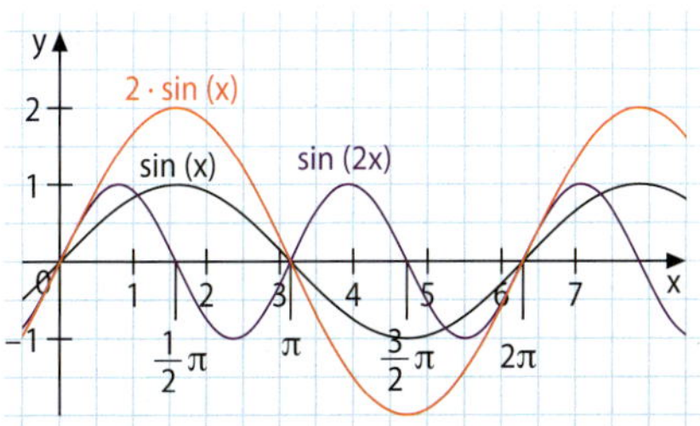


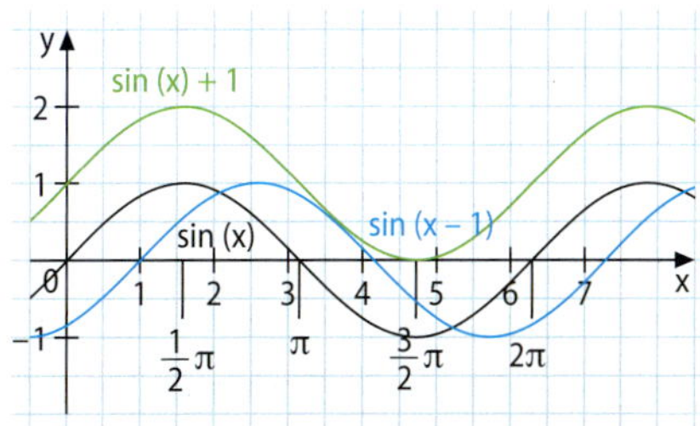

## Prüfungsteil A: Aufgaben ohne Hilfsmittel

**1** Bestimmen Sie jeweils die Funktionsgleichung der verschobenen bzw. gespiegelten Normalparabel in der allgemeinen Form und in der Scheitelpunktform.

**a)** Die nach oben geöffnete Parabel von $y_1$ hat den Scheitelpunkt $S(-1{,}2\,|\,-1{,}5)$.

**b)** Der Graph von $y_2$ entsteht durch Verschiebung des Graphen von $y_1$ um 3,4 Einheiten nach rechts und 3 Einheiten nach unten.

**c)** $y_3$ hat die Nullstellen bei $x_1 = -3$ und $x_2 = 5$.

**d)** Der Graph von $y_4$ entsteht durch Spiegelung des Graphen von $y_1$ an der y-Achse.

**e)** Der größte Funktionswert von $y_5$ liegt bei $-3$ und ist $-1{,}5$.

**2** Lösen Sie die Zahlenrätsel.

**a)** Die Summe einer natürlichen Zahl und ihrer Quadratzahl ergibt 132.

**b)** Das Produkt zweier aufeinanderfolgender natürlicher Zahlen beträgt 812.

**c)** Zwei ganze Zahlen unterscheiden sich um 7. Das Produkt beider Zahlen ist 450.

**d)** Die Summe der Quadrate von vier aufeinanderfolgenden geraden natürlichen Zahlen beträgt 1176.

**e)** Die Differenz zweier ganzer Zahlen beträgt 12, ihr Produkt 864.

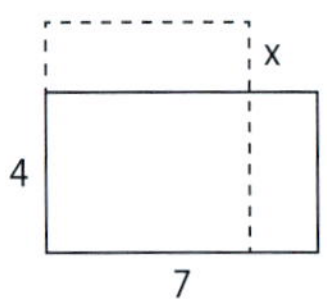


**3** **a)** Die Seiten eines Rechtecks sind 4 cm und 7 cm lang. Eine Seite wird um x cm verkürzt, die andere um x cm verlängert. Bestimmen Sie x so, dass das neue Rechteck den Flächeninhalt 21,25 $cm^2$ hat.

**b)** Die Höhe eines Quaders beträgt 7 cm. Die Breite x des Quaders entspricht seiner halben Länge. Bestimmen Sie x so, dass das Volumen des Quaders 224 $cm^3$ beträgt.

**c)** Die Höhe eines geraden Kreiszylinders ist 3 cm länger als der Radius. Ermitteln Sie die Höhe und den Radius so, dass der Oberflächeninhalt $10\pi$ $cm^2$ beträgt.

**4** Der Kraftstoffverbrauch eines Autos ist von unterschiedlichen Faktoren abhängig, beispielsweise der Art des Fahrzeugs (Motor, Gänge, …) oder dem individuellen Fahrstil. Der Hauptgrund für den Verbrauch liegt in der Überwindung des Fahrwiderstandes, der im Wesentlichen von der Geschwindigkeit (Luftwiderstand) und der Beschleunigung (Trägheit) abhängt. Dabei hängt der Luftwiderstand quadratisch von der Geschwindigkeit ab, was dazu führt, dass dieser ab einer Geschwindigkeit von ca. 130 km/h der Hauptfaktor für den Kraftstoffverbrauch wird.
Bei einem Auto „FLIX" wird der Benzinverbrauch durch eine Funktion v mit folgender Funktionsgleichung beschrieben: $v(x) = \frac{1}{2000}x^2 - \frac{9}{100}x + \frac{51}{5}$. Dabei bezeichnet x die Geschwindigkeit in km/h und v (x) den Benzinverbrauch in Litern auf 100 km.

**a)** Recherchieren Sie, welche Tipps es für eine kraftstoffsparende Fahrweise gibt, und beurteilen Sie diese aufgrund der obigen Informationen.

**b)** Geben Sie einen sinnvollen Definitionsbereich für die Verbrauchskurve von FLIX an.

**c)** Bestimmen Sie, wie hoch in diesem Modell der Benzinverbrauch von FLIX bei einer konstanten Geschwindigkeit von 100 km/h (130 km/h, 160 km/h) ist.

**d)** Ermitteln Sie, bei welcher Geschwindigkeit FLIX am wenigsten Benzin verbraucht.

**e)** Stellen Sie Ihre Ergebnisse in einer Präsentation zusammen und erläutern Sie dabei, inwiefern sich aufgrund Ihrer Berechnung die folgende Aussage begründen oder widerlegen lässt: „Fährt man konstant 130 km/h statt 160 km/h, dann spart man ca. 20 % des Kraftstoffs ein."

## Prüfungsteil B: Aufgaben mit Hilfsmitteln

**5** Tom springt mit einem Fallschirm aus einem Flugzeug. In den ersten 20 Sekunden befindet er sich im freien Fall. Dann öffnet er den Fallschirm und sein Gleitflug beginnt. Der abgebildete Graph stellt näherungsweise Toms Flughöhe in Abhängigkeit von der Zeit dar.

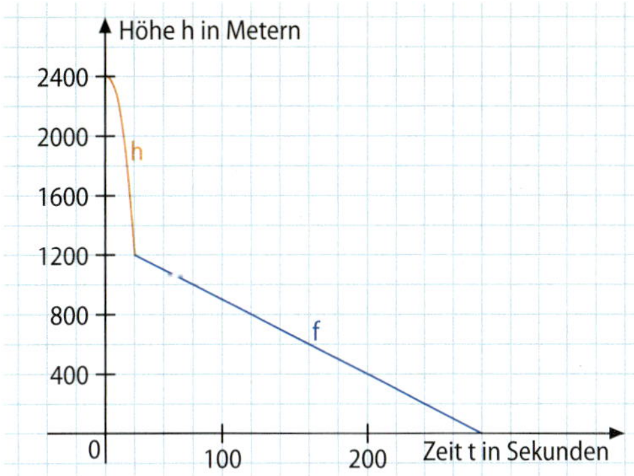


a) Entscheiden und begründen Sie, welcher der Funktionsterme die Flughöhe in den ersten 20 Sekunden am besten modelliert.

**1** $h_1(t) = 3t^2 + 2400$

**2** $h_2(t) = 3t^2 - 2400$

**3** $h_3(t) = -3t^2 + 2400$

**4** $h_4(t) = -3t^2 - 2400$

b) Erläutern Sie anhand des Graphen, in welcher Höhe Tom abgesprungen ist und nach welcher Zeit er Bodenkontakt hatte.

c) Bestimmen Sie die konstante Geschwindigkeit, mit der Tom zu Boden schwebt.

d) Ermitteln Sie eine Funktionsgleichung der Geraden, die den Gleitflug modelliert.

**6** In Hamburg steht der „Berliner Bogen", dessen gläsernes Dach einen parabel-förmigen Querschnitt hat. Das Dach ist 36 m hoch und 70 m breit. Die Länge (Tiefe) des Baus beträgt 140 m.

a) Bestimmen Sie die Funktionsgleichung für die parabelförmige Randlinie des Daches.

b) In der 5. Etage in 19 m Höhe sollen Büroflächen vermietet werden. Schätzen Sie die Gesamtfläche ab, die vermietet werden kann. Beschreiben Sie Ihr Vorgehen.

**7** Die Spannung in einem Wechselstromkreis kann vereinfacht mit der Gleichung $U(t) = U_{max} \cdot \sin(2\pi f \cdot t)$ beschrieben werden. Die Grafik zeigt die idealisierte Spannungskurve für die bei uns übliche Netzspannung mit einer Frequenz f von 50 Hz.
Geben Sie eine Gleichung für den Funktionsgraphen an.

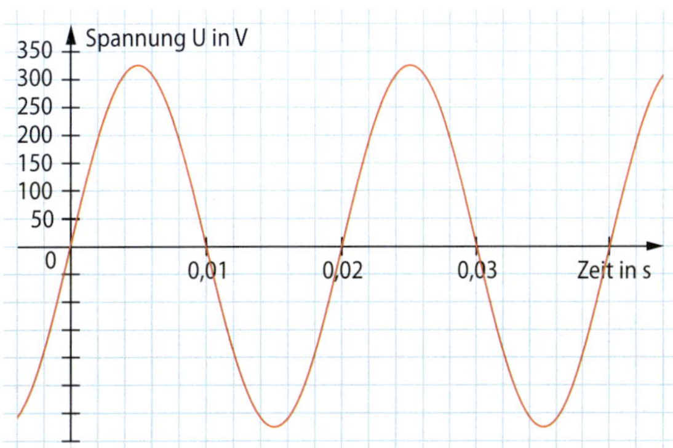

**8** Die Abbildungen zeigen die Graphen von vier Funktionen f, deren Funktionsterm durch $f(x) = a \cdot \sin[b \cdot (x + c)]$ mit $a, b \in \mathbb{R} \setminus \{0\}$, $c \in \mathbb{R}$, gegeben ist.

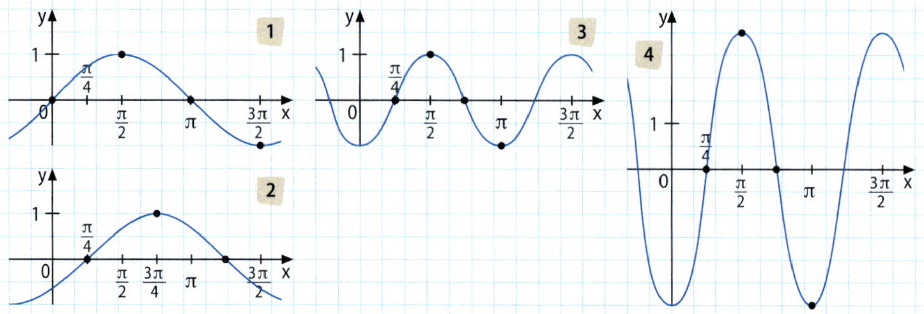


a) Ermitteln Sie jeweils aus der Zeichnung die Werte der Parameter a, b und c und geben Sie dann den Funktionsterm f(x) an. Beschreiben Sie Ihr Vorgehen.

b) Beschreiben Sie, wie der Graph **4** aus dem Graphen **1** in drei Schritten hervorgeht.

c) Beschreiben und begründen Sie das Grenzverhalten trigonometrischer Funktionen für betragsgroße Werte von x.

## Reflexion

| Arbeitsaufträge und Fragen zur Vorbereitung auf das Abitur | Hilfe |
|---|---|
| Erklären Sie, wie man erkennt, ob eine gegebene Funktion eine quadratische Funktion ist. | S. 18, 19 |
| Beschreiben Sie den Unterschied zwischen der Lösungsmenge einer linearen Gleichung mit einer Variablen und einer linearen Gleichung mit zwei Variablen. | S. 12 |
| Erläutern Sie die verschiedenen Darstellungsformen quadratischer Funktionen. | S. 19 |
| Beschreiben Sie die Strategien zur Lösung quadratischer Gleichungen. Machen Sie die Strategien insbesondere davon abhängig, in welcher Form die quadratische Gleichung vorliegt. | S. 24 |
| Erklären Sie den Unterschied zwischen dem Graphen einer Funktion mit einer Variable der ersten Potenz und einer Funktion mit einer Variable der zweiten Potenz. | S. 12, 18 |
| Erläutern Sie die Eigenschaften einer Normalparabel. | S. 18 |
| Erläutern Sie am Beispiel einer quadratischen Funktion verschiedene Transformationen und deren Auswirkungen auf den Graphen der Funktion. | S. 18, 19 |
| Begründen Sie, dass der Graph einer quadratischen Funktion keine, eine oder zwei Nullstellen haben kann. | S. 18, 19, 24 |
| Beschreiben Sie, wie die Schnittpunkte eines Funktionsgraphen mit den Koordinatenachsen berechnet werden können. | S. 12, 24 |
| Nennen Sie jeweils die Vorteile der verschiedenen Darstellungsformen quadratischer Funktionen. | S. 19 |
| Nennen Sie Anwendungskontexte, bei denen die Modellierung mit einer quadratischen Funktion vorteilhaft ist. | S. 18 |
| Erklären Sie, wie sich die Nullstellen der Sinusfunktion durch Parameter ändern. | S. 30 |
| Beschreiben Sie die Auswirkungen verschiedener Parameter bei der Transformation der Sinusfunktion. | S. 30 |

## Einstieg

Professionelle Basketballspielerinnen und -spieler nutzen Videoanalysen, um ihre Würfe zu optimieren. Dabei entstehen Bilder, die mathematisch ausgewertet werden können.

- Geben Sie an, mit welchen der Ihnen bekannten Funktionstypen sich eine Kurve wie die abgebildete beschreiben lässt.
- Schätzen Sie die in der Abbildung auftretenden Größen und Abstände und skizzieren Sie die Bahnkurve des Basketballs in einem entsprechenden Koordinatensystem.

2

# Potenzfunktionen

## Ausblick

Am Ende dieses Kapitels haben Sie gelernt, …

- die **Eigenschaften** von **Potenzfunktionen**, abhängig vom Exponenten in der Funktionsgleichung, **anzugeben**.
- die **Wurzelfunktion** als **Umkehrfunktion** einer Potenzfunktion zu **untersuchen**.
- den **Einfluss von Parametern** auf den Graphen einer Potenzfunktion zu **beschreiben**.
- das **Verhalten** von Potenzfunktionen im **Unendlichen** zu **beschreiben**.

## Vorwissen 1

### Potenzen und Wurzeln

Die **Potenz** ist eine Kurzschreibweise für ein Produkt aus gleichen Zahlen oder Variablen.

Die **Umkehrung des Potenzierens** bezeichnet man als **Wurzelziehen** (Radizieren).

| 5 gleiche Faktoren | | Potenz |
|---|---|---|
| $2 \cdot 2 \cdot 2 \cdot 2 \cdot 2$ | = | $2^5$ |

Exponent $2^5$ Basis

Potenzieren: $a \rightarrow a^n$; Wurzelziehen: $a^n \rightarrow a$

$\sqrt[3]{729} = 9$, denn $9^3 = 729$

MMS-Applet
*Mediencode 63051-011*

Potenzgesetze für $a, b \in \mathbb{R}$ und $m, n \in \mathbb{Z}$:

- $a^m \cdot a^n = a^{m+n}$
- $a^m : a^n = a^{m-n}$ $(a \neq 0)$
- $a^{-n} = \frac{1}{a^n}$ $(a \neq 0)$
- $a^{\frac{m}{n}} = \sqrt[n]{a^m}$ $(a > 0, n \in \mathbb{N})$
- $a^1 = a$; $a^0 = 1$ $(a \neq 0)$
- $0^0$ ist nicht definiert.

$(-3)^3 \cdot (-3)^2 = (-3)^{3+2} = (-3)^5$

$(-3)^3 : (-3)^2 = (-3)^{3-2} = (-3)^1 = -3$

## Vorwissen 2

### Funktionen

Eine eindeutige Zuordnung heißt **Funktion**. Jedem Element x aus dem **Definitionsbereich D** wird genau ein Wert y zugeordnet. Alle möglichen y-Werte einer Funktion bilden den **Wertebereich W**.

Funktionen können auf verschiedene Weisen dargestellt werden, beispielsweise mit einer **Funktionsgleichung**, in einer **Wertetabelle** oder als **Graph**.

Im Funktionsgraphen sieht man, dass jedem **Argument** (x-Wert) nur **genau ein Funktionswert** (y-Wert) zugeordnet wird. Umgekehrt aber kann ein y-Wert von mehreren x-Werten erreicht werden.

$f(x) = (x-2)^2 - 1$

| x | 0 | 1 | 2 | 3 | 4 |
|---|---|---|---|---|---|
| y | 3 | 0 | −1 | 0 | 3 |

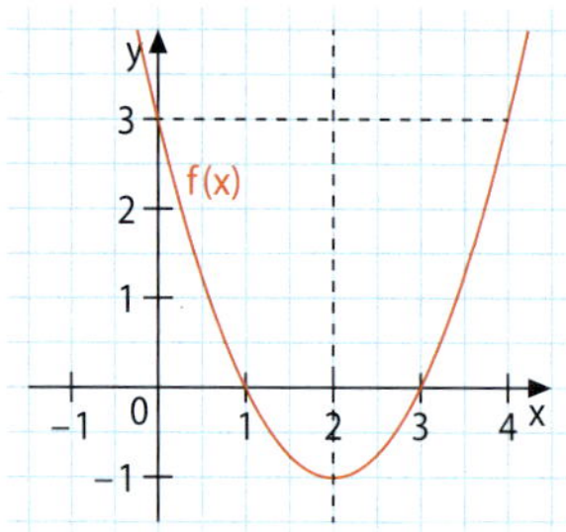


$D = \mathbb{R}$ $\quad W = \{y \in \mathbb{R} \mid y \geq -1\}$

An den Stellen $x = 0$ und $x = 4$ hat die Funktion denselben Funktionswert: $f(0) = 3$ und $f(4) = 3$

## Vorwissen 3

### Eigenschaften von Funktionen

- Die **Symmetrie** beschreibt, ob der Graph der Funktion achsen- oder punktsymmetrisch ist – oder ob keine Symmetrie vorliegt.
- Die **Monotonie** beschreibt, ob die Funktion nach oben oder nach unten verläuft.
- Die **Nullstellen** sind diejenigen x-Werte, für die der Funktionswert null ist.
- Der y-Wert, an dem der Graph die y-Achse schneidet, heißt **y-Achsenabschnitt**.

$f(x) = (x-2)^2 - 1$

- f ist achsensymmetrisch zur Achse $x = 2$.
- f ist monoton fallend für $x < 2$ und monoton steigend für $x > 2$.
- $x_1 = 1$ und $x_2 = 3$ sind Nullstellen von f, denn $f(1) = f(3) = 0$.
- f schneidet die y-Achse im Punkt $(0|3)$, denn $f(0) = 3$. Der y-Achsenabschnitt ist also 3.

## Aufgaben 1

**1** Vereinfachen Sie so weit wie möglich.

**a)** $x^3 \cdot x^7$ **b)** $y^4 \cdot y^{-1}$ **c)** $(-z)^5 \cdot (-z)^2$

**d)** $a^{-4} : a^{-1}$ **e)** $7b^3 \cdot 2b^2$ **f)** $4 \cdot (-c)^{-2} \cdot \frac{1}{2} \cdot (-c)^2$

Lösungen

Mediencode 63051-012

**2** Schreiben Sie als Quotient und geben Sie das Ergebnis ohne Potenz an.

**a)** $2^{-3}; 5^{-1}; 4^{-2}; 10^{-1}$ **b)** $(-2)^{-1}; (-3)^{-3}; (-5)^{-2}; -5^{-2}$ **c)** $0{,}2^{-3}; \left(\frac{1}{2}\right)^{-4}; 0{,}1^{-5}; \left(\frac{2}{3}\right)^2$

**3** Vereinfachen Sie den Term und notieren Sie ihn anschließend in Wurzelschreibweise.

**a)** $x^{\frac{1}{6}} \cdot x^{\frac{1}{3}}$ **b)** $8a^{\frac{5}{3}} : 2a$ **c)** $y^{\frac{1}{8}} \cdot 4y^{\frac{1}{4}} \cdot 9y^{\frac{1}{8}}$ **d)** $\sqrt[3]{2m^2n} \cdot (mn)^{\frac{1}{3}} \cdot \sqrt[3]{4}$

## Aufgaben 2

**4** **a)** Ordnen Sie Funktionsgleichungen, Wertetabellen und Graphen einander zu.

**1** $y = -x^2 + 2$ **2** $y = (x + 1)^2 - 2$

**3** $y = (x + 1)^2 - 1$ **4** $y = 2x + 3$

**A**

| x | −2 | −1 | 0 | 1 | 2 |
|---|---|---|---|---|---|
| y | −2 | 1 | 2 | 1 | −2 |

**B**

| x | −2 | −1 | 0 | 1 | 2 |
|---|---|---|---|---|---|
| y | −1 | −2 | −1 | 2 | 7 |

**C**

| x | −2 | −1 | 0 | 1 | 2 |
|---|---|---|---|---|---|
| y | −1 | 1 | 3 | 5 | 7 |

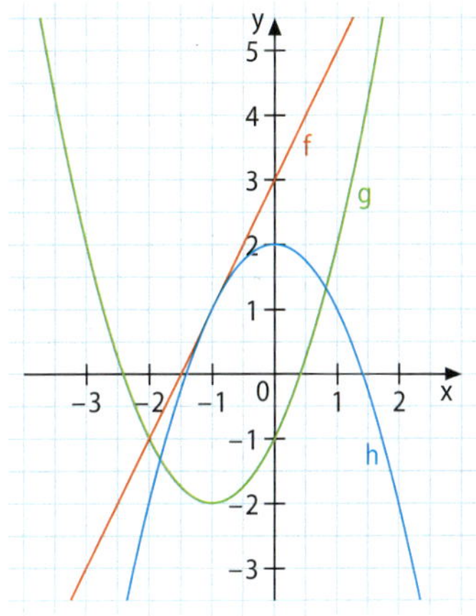


**b)** Ergänzen Sie zur Gleichung, die übrig bleibt, die Wertetabelle und den Graphen.

**c)** Geben Sie den Wertebereich aller Funktionen an.

**5** Entscheiden und begründen Sie, ob es sich um den Graphen einer Funktion handelt.

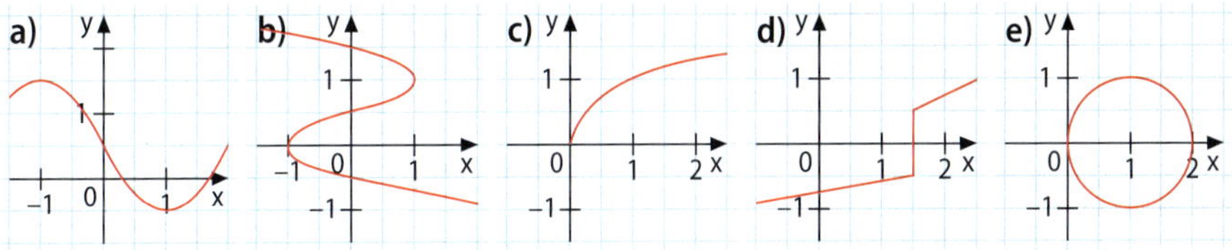


## Aufgaben 3

**6** Beschreiben Sie jeweils den Verlauf der Graphen der Funktionen f bis i. Gehen Sie dabei auf die Eigenschaften der Funktionen ein.

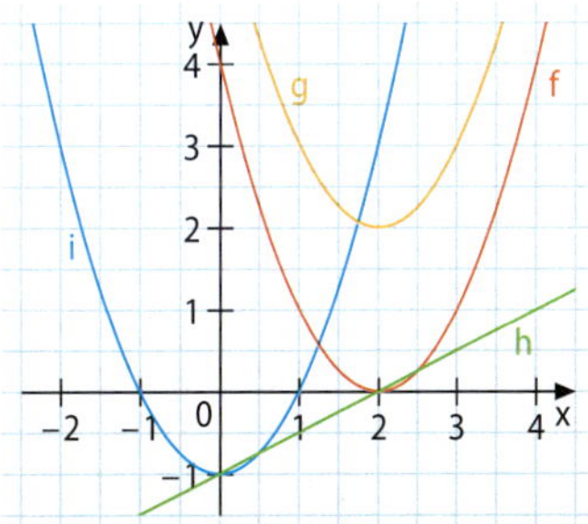


**7** Zeichnen Sie den Graphen einer Funktion, die folgende Eigenschaften erfüllt.

**a)** monoton steigend für $x < -1$, monoton fallend für $x > -1$

**b)** Nullstelle bei $x = 2$, achsensymmetrisch zur y-Achse

**c)** monoton wachsend im gesamten Definitionsbereich, keine lineare Funktion

## Mit Funktionen Vorhersagen machen

Funktionen können helfen, anhand des Zusammenhangs zwischen zwei Größen unbekannte Werte zu bestimmen. Oftmals kann man diese Werte aus einem Funktionsgraphen ablesen.

**1** Jeder Seitenlänge eines Quadrats wird sein Flächeninhalt zugeordnet.

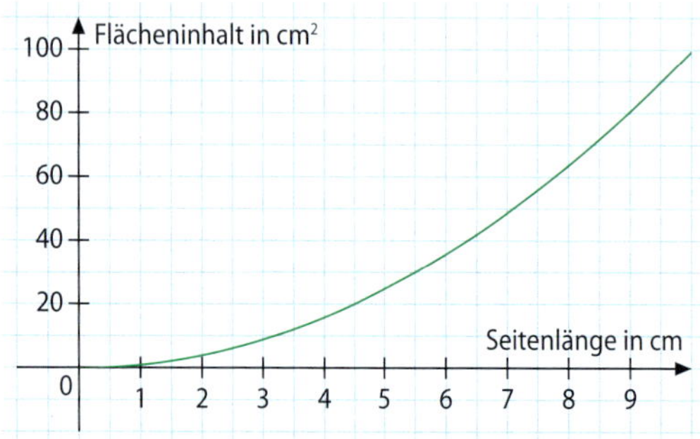


**2** In Rechtecken mit einem Flächeninhalt von 20 cm² wird der einen Seitenlänge die andere zugeordnet.

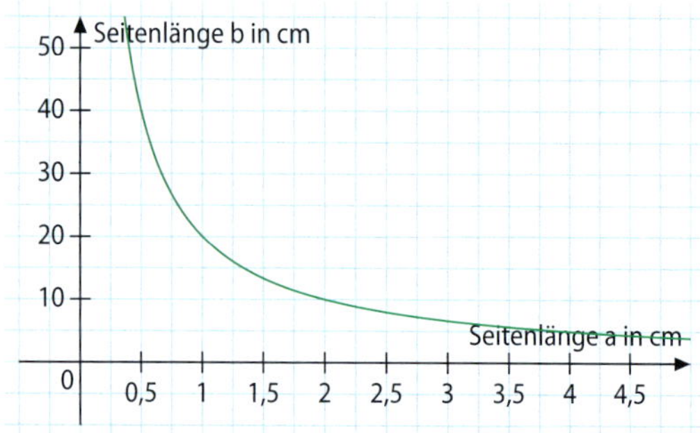


**3** Für eine Ferienwohnung wird der Anzahl der Übernachtungen der zu zahlende Gesamtpreis zugeordnet.

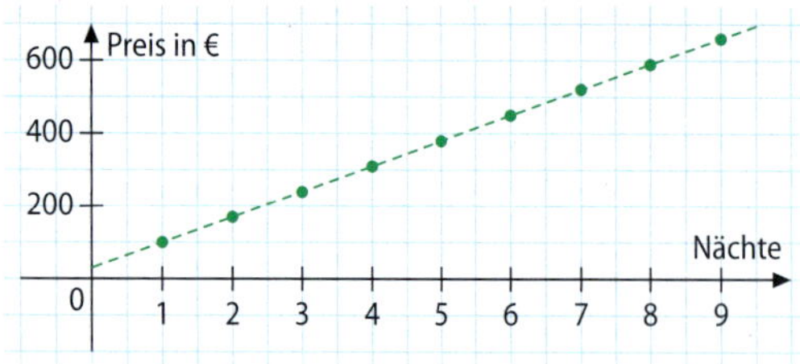


**4** Jeder Höhe, aus der ein kleiner Stein fallen gelassen wird, wird die Geschwindigkeit zugeordnet, mit der er auf dem Boden aufkommt.

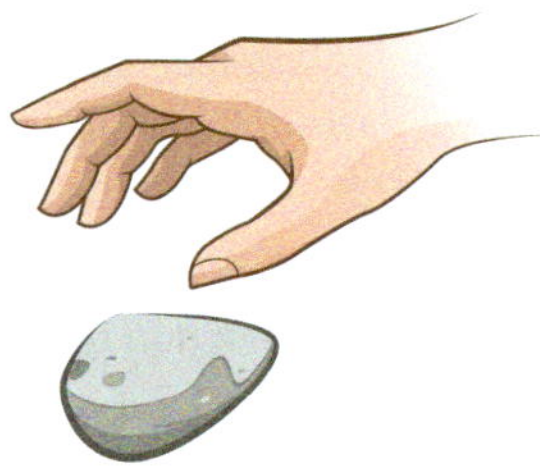

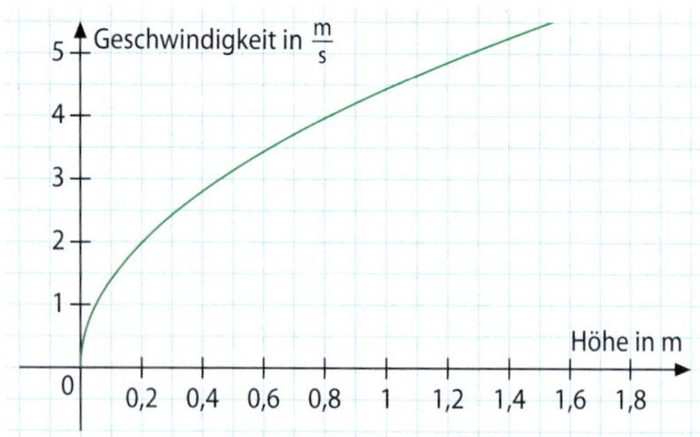


- Beschreiben Sie jeweils den Zusammenhang zwischen den dargestellten Größen.
- Beantworten Sie mit Hilfe der entsprechenden Graphen folgende Fragen:
  - **1** Für welche Seitenlänge hat ein Quadrat einen Flächeninhalt von 20 cm²?
  - **2** Wie lang ist eine Seite des Rechtecks, wenn die andere Seite 0,5 cm lang ist?
  - **3** Wie viel kostet die Ferienwohnung für eine Woche?
  - **4** Aus welcher Höhe wurde ein Stein fallen gelassen, der mit 4 $\frac{m}{s}$ auf dem Boden aufschlägt?

Medien & Werkzeuge

## Punkte verfolgen und das Verhalten von Funktionen beschreiben

Funktionsgraphen lassen sich mit einem MMS besonders gut untersuchen.

- Zeichnen Sie den Graphen der Funktion f mit $f(x) = \frac{1}{x^2} + 3$. Setzen Sie einen Punkt P auf den Graphen und lassen Sie sich die Koordinaten von P anzeigen.
- Bestimmen Sie nun die fehlenden Koordinaten von P und geben Sie jeweils an, ob die Lösung eindeutig oder mehrdeutig ist.

**1** P (2| ) **2** P (−1| )
**3** P ( |4) **4** P ( |3,2)

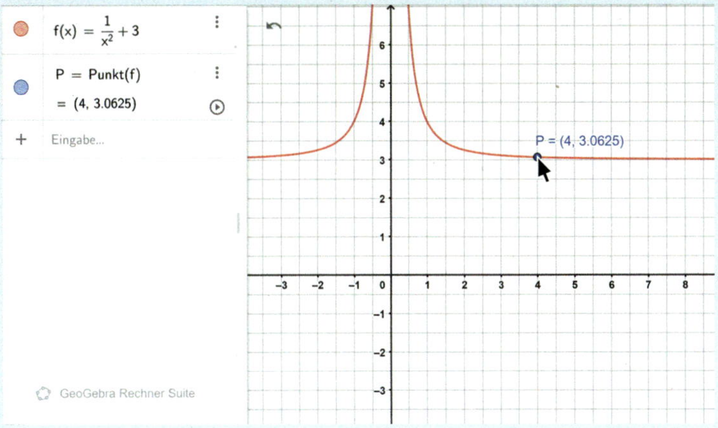


P soll nun nach rechts bewegt werden, so dass sich seine y-Koordinate dem Wert 3 nähert.

- Skalieren Sie die Koordinatenachsen geeignet und ermitteln Sie die x-Werte, ab denen die folgenden y-Werte erstmals unterschritten werden.

| y < … | 3,1 | 3,05 | 3,01 | 3,001 |
|---|---|---|---|---|
| x > … | | | | |

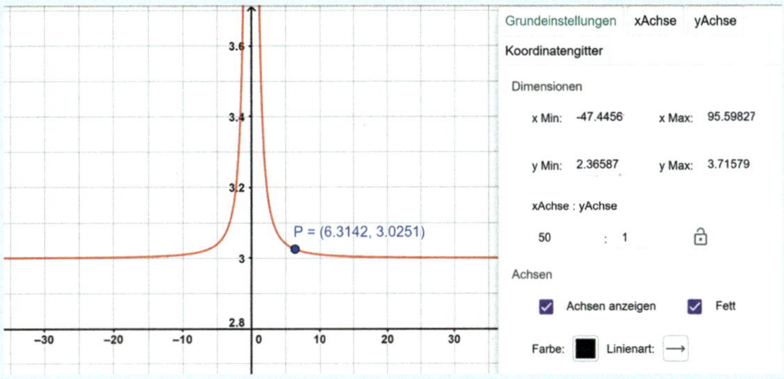


Sucht man einen x-Wert für einen ganz bestimmten y-Wert der Funktion f, z. B. für y = 3,001, kann man mit dem MMS die Gerade y = 3,001 zeichnen und dann den Schnittpunkt der Geraden mit dem Graphen von f bestimmen. Möglicherweise muss im MMS eingestellt werden, dass mehr als zwei Dezimalstellen angezeigt werden.

- Prüfen Sie Ihre in den letzten beiden Aufgaben ermittelten Zahlenwerte auf diese Weise.
- Wählen Sie eine eigene Funktion und erzeugen Sie deren Graphen.
- Entwickeln Sie eigene Aufgaben zu Ihrer Funktion und lassen Sie diese von einer Mitschülerin oder einem Mitschüler lösen.

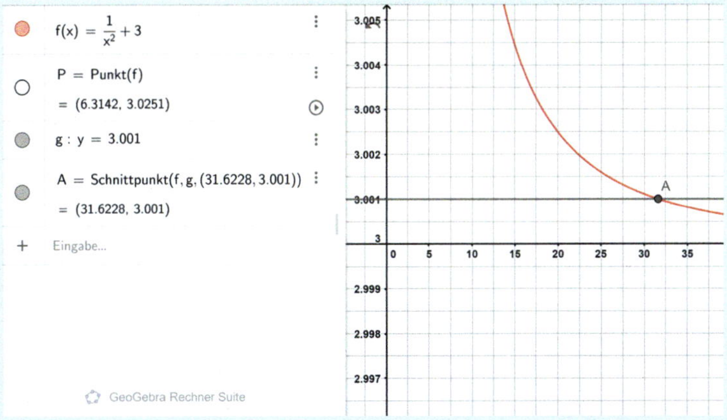


MMS-Applet
*Mediencode 63051-013*

## 2.1 Potenzfunktionen mit ganzzahligen Exponenten

### Entdecken

Anne und Luca stellen die Graphen einiger Funktionen der Form $f(x) = x^n$ ($n \in \mathbb{Z}$) dar. Anne sagt: „Hier müssen wir für Ordnung sorgen. Ich stelle die Graphen zu Funktionen mit geradem Exponenten dar, du die mit ungeradem."

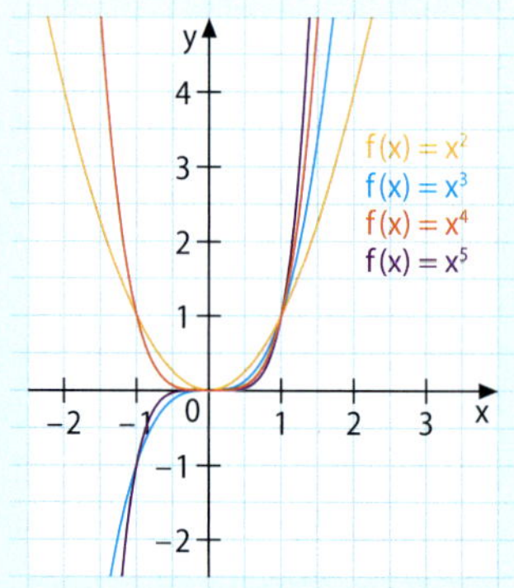


- Zeichnen Sie mit Hilfe eines MMS die Graphen folgender Funktionen (jeweils drei):
  **1** $f(x) = x^2$; $g(x) = x^4$; $h(x) = x^6$
  **2** $f(x) = x^1$; $g(x) = x^3$; $h(x) = x^5$
  **3** $f(x) = x^{-2}$; $g(x) = x^{-4}$; $h(x) = x^{-6}$
  **4** $f(x) = x^{-1}$; $g(x) = x^{-3}$; $h(x) = x^{-5}$
- Vergleichen Sie die Schaubilder. Nennen Sie Gemeinsamkeiten und Unterschiede. Formulieren Sie eine Vermutung, wie der Graph der nächsten Funktion in der Reihe verlaufen könnte. Überprüfen Sie Ihre Vermutung mit einem MMS.
- Beschreiben Sie gemeinsame Eigenschaften aller dargestellten Funktionsgraphen.

### Verstehen

Manche Funktionsgraphen im Einstieg hatten (abhängig vom Exponenten) einen ähnlichen Verlauf.

*Statt Definitions- und Wertebereich sind auch die Begriffe Definitions- und Wertemenge gebräuchlich.*

*$\mathbb{R} \setminus \{0\}$ steht für die Menge der reellen Zahlen ohne die Null.*

*Ist eine Funktion an einer Stelle nicht definiert, so liegt eine Definitionslücke vor.*

*Statt „$\mathbb{R}$ mit $y > 0$" (positive reelle Zahlen) kann man auch $\mathbb{R}^+$ schreiben. Soll die Null auch zur Menge gehören, schreibt man $\mathbb{R}_0^+$.*

#### Merke

Eine Funktion f der Form $f(x) = x^n$ mit $n \in \mathbb{Z}$ heißt **Potenzfunktion mit ganzzahligem Exponenten**. Man unterscheidet folgende Fälle:

| | **gerader Exponent n** | **ungerader Exponent n** |
|---|---|---|
| $n > 0$<br>Definitionsbereich<br>$D = \mathbb{R}$ | 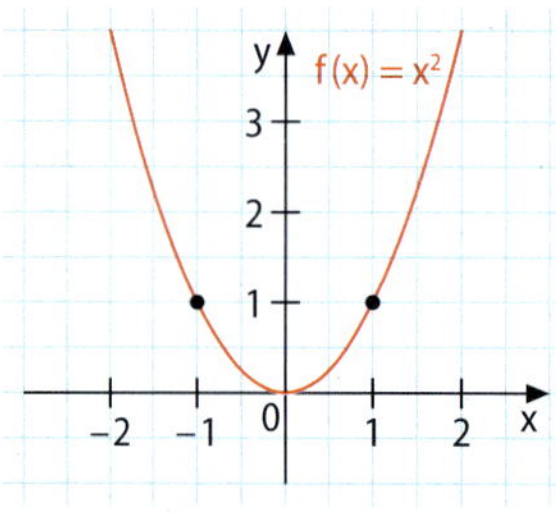 <br>Wertebereich $W = \mathbb{R}$ mit $y \geq 0$ | 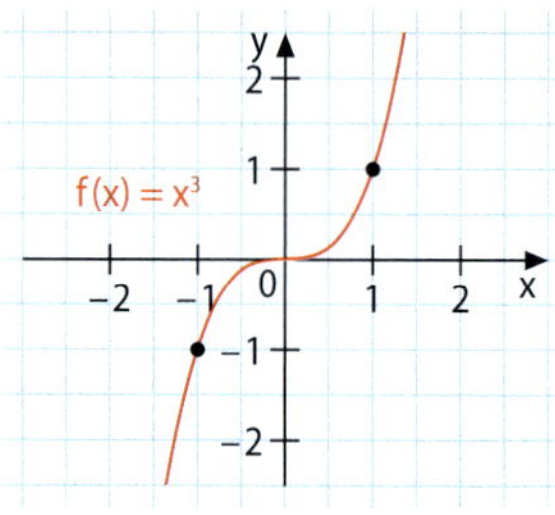 <br>Wertebereich $W = \mathbb{R}$ |
| $n < 0$<br>Definitionsbereich<br>$D = \mathbb{R} \setminus \{0\}$ | 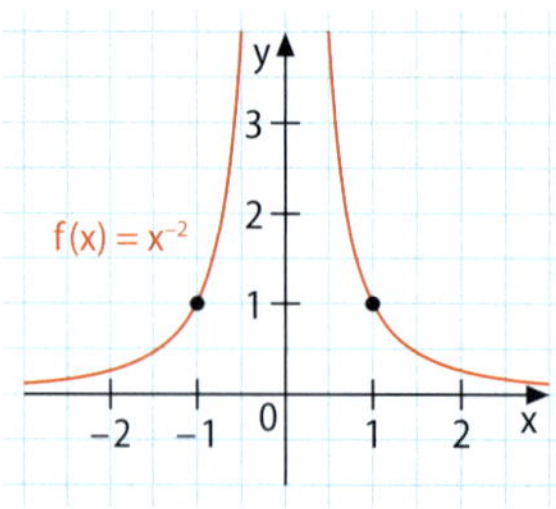 <br>Wertebereich $W = \mathbb{R}$ mit $y > 0$ | 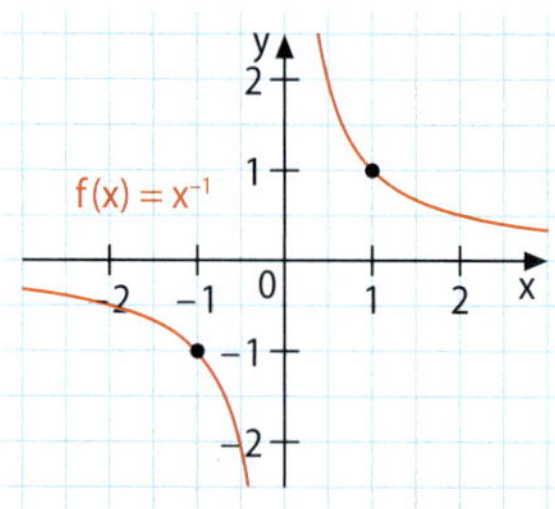 <br>Wertebereich $W = \mathbb{R} \setminus \{0\}$ |
| Symmetrie | Achsensymmetrie zur y-Achse | Punktsymmetrie zum Koordinatenursprung O (0\|0) |
| gemeinsame Punkte | (−1\|1) und (1\|1) | (−1\|−1) und (1\|1) |

**Beispiel**

Betrachten Sie die Graphen der Funktionen f, g, h und i mit folgenden Gleichungen:

$f(x) = x^4$  $g(x) = x^{-1}$  $h(x) = x^{-2}$  $i(x) = x^3$

Geben Sie diejenigen Funktionen an, deren Graph ...

**a)** punktsymmetrisch zum Ursprung O (0|0) ist. **b)** durch den Punkt A (−1|1) verläuft.
**c)** eine Definitionslücke an der Stelle 0 hat. **d)** den Definitionsbereich ℝ hat.

**Lösung:**

**a)** g und i **b)** f und h **c)** g und h **d)** f und i

*Stellen Sie die Graphen mit einem MMS dar.*

**Erklärvideo**

*Mediencode 63051-014*

**Nachgefragt**

- Begründen Sie, dass alle Potenzfunktionen f der Form $f(x) = x^n$ mit ganzzahligem Exponenten durch den Punkt B (1|1) verlaufen.
- Jan behauptet: „Der Wertebereich der Funktion f mit $f(x) = x^6$ ist $W = \mathbb{R}^+$." Erläutern Sie, ob Jans Aussage stimmt.

**Aufgaben**

**oHiMi**
**1, 6, 7**

**1** Die Graphen **1** bis **6** stellen Potenzfunktionen mit ganzzahligen Exponenten dar.

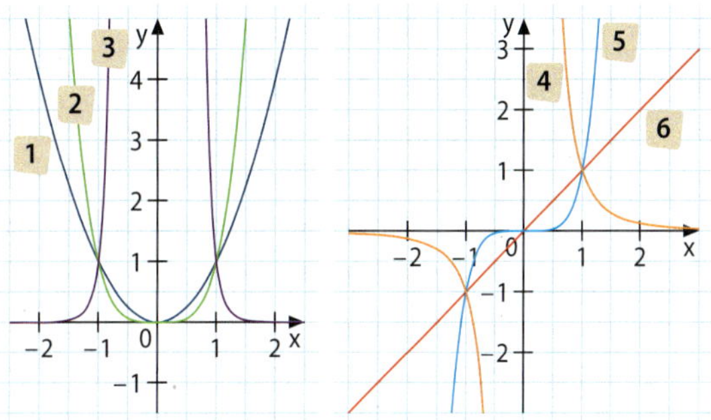


**a)** Entscheiden Sie jeweils, ob der Exponent positiv/negativ bzw. gerade/ungerade ist.
**b)** Geben Sie jeweils eine Funktionsgleichung für die Funktionen **1** bis **6** an.
**c)** Beschreiben Sie den Verlauf der Funktionen mit Hilfe folgender Begriffe: Definitions- und Wertebereich, Definitionslücke, Symmetrie, gemeinsame Punkte, Monotonie

monoton steigend

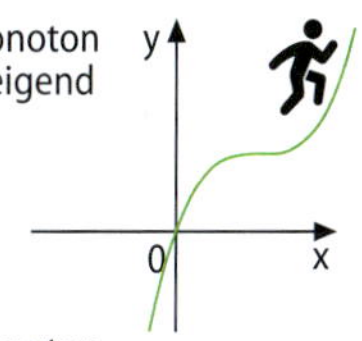

monoton fallend

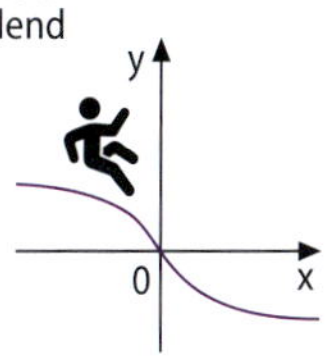

**2** Die Punkte liegen auf dem Graphen der Funktion f. Berechnen Sie fehlende Koordinaten.

| | | | | | |
|---|---|---|---|---|---|
| **a)** | $f(x) = x^2$ | A (3 \| a) | B (−2,5 \| b) | C (c \| 20,25) | $D\left(d \mid \frac{9}{64}\right)$ |
| **b)** | $f(x) = x^3$ | A (−2 \| a) | B (1,4 \| b) | C (c \| 0,125) | $D(d \mid -3^9)$ |
| **c)** | $f(x) = x^5$ | $A\left(-\frac{1}{2} \mid a\right)$ | B (5 \| b) | $C(c \mid -2^{15})$ | $D\left(d \mid \frac{1}{243}\right)$ |
| **d)** | $f(x) = x^{-2}$ | A (3 \| a) | $B\left(-\frac{3}{4} \mid b\right)$ | $C\left(c \mid \frac{1}{9}\right)$ | D (d \| 16) |

**3** Ermitteln Sie alle gemeinsamen Punkte der Graphen der Funktionen f und g.

**a)** $f(x) = x^3$ und $g(x) = x^{-1}$ **b)** $f(x) = x^5$ und $g(x) = x^8$
**c)** $f(x) = x^2$ und $g(x) = x^{-2}$ **d)** $f(x) = x^2$ und $g(x) = x^5$

**4** Entscheiden Sie begründet, welche Wertetabelle zu welcher Funktion gehört.

**1**

| x | −2 | 2 | 3 |
|---|---|---|---|
| y | −32 | 32 | 243 |

**2**

| x | −2 | 2 | 3 |
|---|---|---|---|
| y | −128 | 128 | 2 187 |

**3**

| x | −2 | 2 | 3 |
|---|---|---|---|
| y | 256 | 256 | 6561 |

**A** g: $g(x) = x^8$ **B** k: $k(x) = x^5$ **C** h: $h(x) = x^7$

## Alles klar?

**5** Gegeben ist die Funktion f mit $f(x) = x^{-3}$. Ergänzen Sie die Wertetabelle in Ihrem Heft und zeichnen Sie den Graphen der Funktion so genau wie möglich.

| x | −2 | −1,5 | −1,2 | −1 | −0,7 | 0 | 0,4 | 1 | 1,3 | 1,5 |
|---|---|---|---|---|---|---|---|---|---|---|
| f (x) | | | | | | | | | | |

**6** Begründen Sie, warum Sie mit Hilfe der Wertebelle aus Aufgabe 5 unmittelbar einige weitere Punkte des Funktionsgraphen angeben können, ohne dafür rechnen zu müssen.

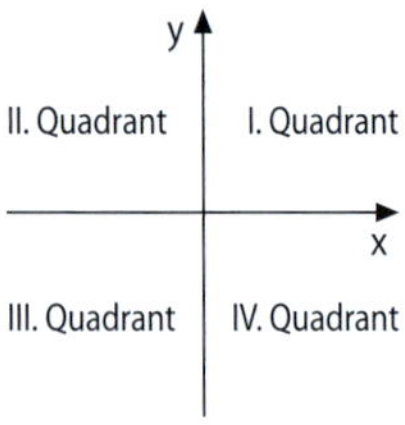


**7** Kim zeichnet den Graphen einer Potenzfunktion f der Form $f(x) = x^n$ mit ganzzahligem Exponenten, der u. a. durch den III. Quadranten verläuft.

a) Nennen Sie alle Informationen zu der Funktion, die sich daraus erschließen lassen.

b) Stellen Sie allgemeingültige Aussagen zum Verlauf von Graphen von Potenzfunktionen zu folgenden Satzanfängen auf: „Ist der Exponent einer Potenzfunktion …

**1** gerade und positiv, dann …"
**2** ungerade und positiv, dann …"
**3** gerade und negativ, dann …"
**4** ungerade und negativ, dann …"

**8** **Argumentieren und Begründen**

Toni sucht eine Potenzfunktion f der Form $f(x) = x^n$ mit ganzzahligem Exponenten, die sowohl achsensymmetrisch zur y-Achse ist als auch durch den Punkt P (2 | 8) verläuft. Begründen Sie, warum es eine solche Funktion nicht geben kann.

**Ideen:**
- Setzen Sie die Koordinaten des Punktes in die Funktionsgleichung ein.
- Beachten Sie den Einfluss des Exponenten auf die Symmetrie.
- Nutzen Sie gegebenenfalls ein MMS zum Experimentieren.

*Die Funktionsgraphen von Potenzfunktionen der Form $y = x^n$ mit positiven ganzzahligen Exponenten werden **Parabeln n-ter Ordnung** genannt, die mit negativen ganzzahligen Exponenten heißen **Hyperbeln n-ter Ordnung**.*

**9** Die Graphen **1** bis **4** stellen Potenzfunktionen mit ganzzahligen Exponenten dar und wurden nur im I. Quadranten gezeichnet.

a) Geben Sie jeweils die Funktionsgleichung an.

b) Beurteilen Sie die folgenden Aussagen.

*Jonas: Bei den Graphen **2** und **3** sehe ich sofort, dass sie dieselbe Symmetrie haben müssen.*

*Pia: Graph **1** ist eine Hyperbel, also ist der Exponent negativ.*

*Tarek: Graph **4** kann nicht achsensymmetrisch zur y-Achse sein, weil er sonst einen Knick hätte, was Potenzfunktionen aber nicht haben.*

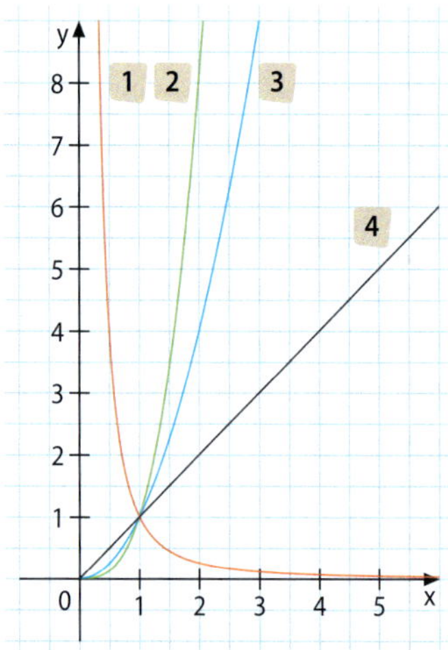


*Obwohl $0^0$ nicht definiert ist, hat $f(x) = 1$ trotzdem den Definitionsbereich $D = \mathbb{R}$.*

**10** Erläutern Sie, warum eine Funktion f mit der Gleichung $f(x) = 1$ ebenfalls als eine Potenzfunktion mit ganzzahligem Exponenten aufgefasst werden kann.

## Methoden

### Bewegte Mathematik: Der „Parabelmove“

Die Parabeln n-ter Ordnung lassen sich auch mit den Armen bei einem „Parabelmove“ darstellen. Auf diese Weise können Sie das Verhalten der Funktionen, abhängig vom Exponenten n in der Funktionsgleichung $y = x^n$, qualitativ darstellen. **Beispiel:**

- Beschreiben Sie, welche Exponenten von den Personen 1 bis 4 dargestellt sein könnten. Erläutern Sie insbesondere den Unterschied zwischen 1 und 2.
- Nennen Sie sich gegenseitig Funktionsgleichungen und stellen Sie die Funktionen im passenden „Parabelmove“ dar.
- Stellen Sie eine Choreographie von mehreren Parabeln zusammen. Lassen Sie sie von anderen Mitschülern oder Mitschülerinnen in Funktionsgleichungen „übersetzen“.
- Bilden Sie Zweierteams: Ein Teammitglied nennt in schneller Folge sieben Potenzfunktionen, das andere macht den zugehörigen „Parabelmove“.

**11** a) Stellen Sie die Graphen von zwei verschiedenen Potenzfunktionen mit positivem, geradem, ganzzahligem Exponenten dar und ermitteln Sie mit dem MMS die gemeinsamen Punkte der beiden Funktionsgraphen.

b) Beschreiben Sie Gemeinsamkeiten und Unterschiede, wenn Sie nun zwei verschiedene Potenzfunktionen mit positivem, ungeradem, ganzzahligem Exponenten darstellen und mit dem MMS gemeinsame Punkte ermitteln.

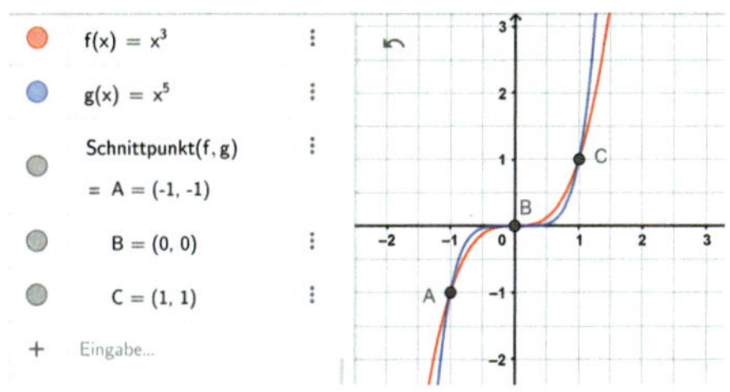


c) Geben Sie die Nullstelle einer Potenzfunktion der Form $y = x^n$ mit $n \in \mathbb{N}$ an.

d) Begründen Sie, warum eine Potenzfunktion mit negativem Exponenten keine Nullstelle haben kann.

*Eine **Nullstelle** einer Funktion ist ein x-Wert, für den der Funktionswert $f(x) = 0$ wird. Der Graph schneidet oder berührt an dieser Stelle die x-Achse.*

**12** Potenzfunktionen mit ganzzahligem Exponenten lassen sich in gerade und ungerade Funktionen einteilen.

> 1 Eine Funktion f heißt gerade, wenn für jedes $x \in D$ gilt: $f(x) = f(-x)$.
> 2 Eine Funktion f heißt ungerade, wenn für jedes $x \in D$ gilt: $f(x) = -f(-x)$.

a) Zeigen Sie rechnerisch, dass die Funktion …
1 f mit $f(x) = x^2$ gerade ist. 2 g mit $g(x) = x^3$ ungerade ist.

b) Beschreiben Sie den Zusammenhang zwischen geraden / ungeraden Funktionen und der Symmetrie von Funktionen. Nutzen Sie hierfür auch selbst gewählte Beispiele.

c) Deuten Sie die Bezeichnungen „gerade Funktion“ und „ungerade Funktion“ mit Hilfe Ihrer Kenntnisse über Potenzfunktionen.

d) Weisen Sie nach, dass der Graph der Funktion h mit $h(x) = x^4 + x^{-2}$ achsensymmetrisch zur y-Achse ist.

*Eine ausführliche Darstellung zur Symmetrie finden Sie auf Seite 84.*

**Entdecken**

MMS-Applet

*Mediencode 63051-015*

- Zeichnen Sie mit einem MMS den Graphen einer Potenzfunktion der Form $y = x^n$ mit $n \in \mathbb{N}$ und setzen Sie einen Punkt A auf den Graphen.
- Erstellen Sie den Punkt A', bei dem die x- und y-Koordinaten von A vertauscht sind, z. B. über den Befehl `A'=(y(A) | x(A))`.
- Bewegen Sie A und untersuchen Sie, ob die Spur von A' den Graphen einer Funktion zeichnet.

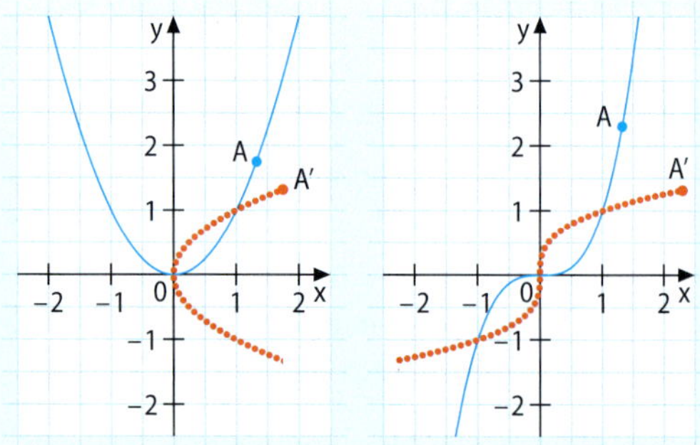


**Verstehen**

In manchen Fällen lässt sich durch Vertauschen von x und y wieder eine Funktion erzeugen, in manchen Fällen nicht, weil die Zuordnung dann nicht mehr eindeutig ist.

*Da x und y vertauscht werden, entsteht der Graph der Umkehrfunktion $\bar{f}$, indem man den Graphen von f an der Geraden y = x spiegelt.*

**Merke**

Eine Funktion f heißt **umkehrbar**, wenn nicht nur jedem x-Wert (Argument) eindeutig ein y-Wert (Funktionswert) zugeordnet werden kann, sondern auch jedem y-Wert eindeutig ein x-Wert. Die Funktion, deren Gleichung dann durch Vertauschen von x und y entsteht, heißt **Umkehrfunktion** von f und wird mit $\bar{\mathbf{f}}$ bezeichnet.

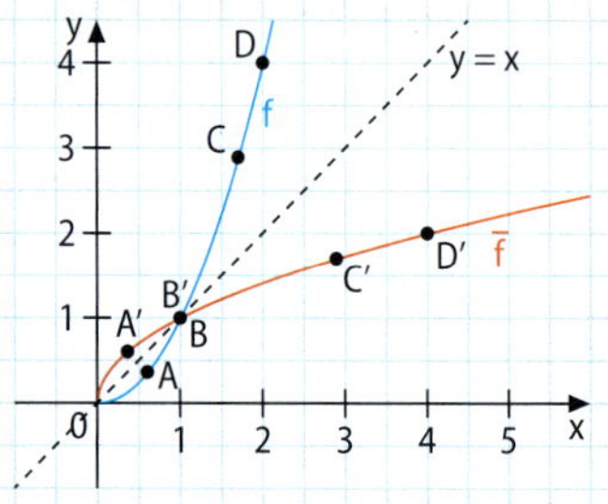


Erklärvideo

*Mediencode 63051-016*

Bei vielen Funktionen, die erst einmal nicht umkehrbar sind, kann man den Definitionsbereich so einschränken, dass sie zumindest in diesem Bereich umkehrbar sind.

**Merke**

Potenzfunktionen der Form $y = x^n$ ($n \in \mathbb{N}$) mit dem **eingeschränkten Definitionsbereich** $D = \mathbb{R}_0^+$ sind umkehrbar. Vertauscht man x und y in der Funktionsgleichung und löst diese nach y auf, erhält man die Funktionsgleichung $y = x^{\frac{1}{n}} = \sqrt[n]{x}$. Daher heißt die so erhaltene Umkehrfunktion auch **Wurzelfunktion**.

**Beispiel**

Bestimmen Sie zur Funktion f mit $f(x) = x^4$ mit $D = \mathbb{R}_0^+$ die Gleichung der Umkehrfunktion und geben Sie für beide Funktionen das Monotonieverhalten an.

**Lösung:**

Gleichung von f: $f(x) = y = x^4$

Vertauschen von x und y: $x = y^4$

Umformen nach y: $y = x^{\frac{1}{4}} = \sqrt[4]{x}$

Gleichung von $\bar{f}$: $\bar{f}(x) = y = x^{\frac{1}{4}} = \sqrt[4]{x}$

Beide Funktionen sind monoton wachsend.

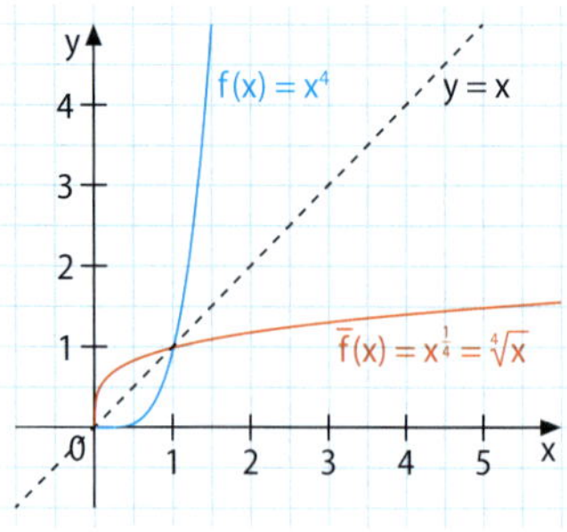

**Nachgefragt**

- Erläutern Sie, ob es auch bei Potenzfunktionen mit ungeradem ganzzahligem Exponenten notwendig ist, den Definitionsbereich einzuschränken, um die Umkehrfunktion zu bilden.
- Begründen Sie, warum Wurzelfunktionen der Form $y = \sqrt[n]{x}$ auch Potenzfunktionen sind.

**Aufgaben**

oHiMi 4

**1** Bestimmen Sie rechnerisch die Umkehrfunktion zu folgenden Funktionen f. Stellen Sie sie anschließend paarweise in einem gemeinsamen Koordinatensystem dar.
**a)** $f(x) = x^2; x \geq 0$ **b)** $f(x) = \sqrt[3]{x}; x \geq 0$ **c)** $f(x) = x; x \geq 0$

**2** Stellen Sie mit einem MMS die folgenden Funktionen im gleichen Koordinatensystem dar und beschreiben Sie die Gemeinsamkeiten aller Funktionsgraphen.
$f(x) = x^{\frac{1}{2}}$ $g(x) = x^{\frac{1}{5}}$ $h(x) = x^{\frac{1}{6}}$

**3** Ermitteln Sie für jeden der angegebenen Punkte, auf welchen Funktionsgraphen der Funktionen f, g, h und i dieser liegt.

$E(1|1)$ $L(9|3)$ $T(4|4)$ $N(8|2)$ $U(16|2)$
$A(2{,}25|1{,}5)$ $O(2{,}5|2{,}5)$ $B\left(\frac{1}{27}\middle|\frac{1}{3}\right)$ $W\left(\frac{81}{16}\middle|\frac{3}{2}\right)$

$f(x) = \sqrt{x}$ $g(x) = \sqrt[4]{x}$ $h(x) = x$ $i(x) = x^{\frac{1}{3}}$

**4** Entscheiden Sie, welches die passenden Funktionsgleichungen zu den Graphen sind.
$f(x) = \sqrt{x}$ $g(x) = \sqrt[4]{x}$ $g(x) = \sqrt[6]{x}$

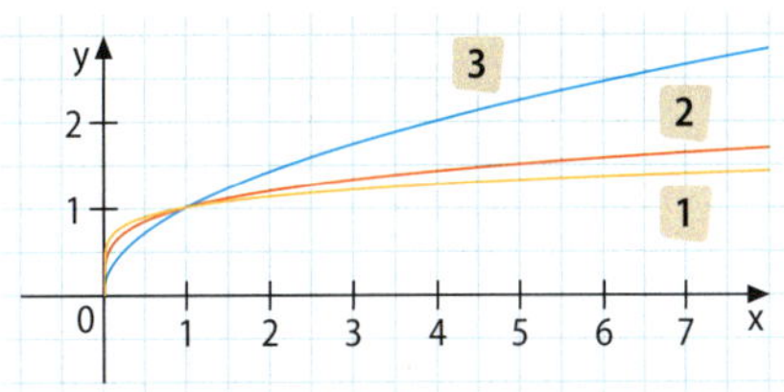


**5** **a)** Begründen Sie, warum folgende Funktionen im angegebenen Definitionsbereich nicht umkehrbar sind.
**1** f mit $f(x) = x^2; D = [-2; +2]$ **2** g mit $g(x) = x^4; D = \mathbb{R}$
**b)** Geben Sie jeweils eine Einschränkung des Definitionsbereichs so an, dass die Funktion darauf umkehrbar wird.

**6** Bisher sind Wurzelfunktionen mit Exponenten $\frac{1}{n}$ ($n \in \mathbb{N}$) definiert. Potenzen haben wir aber allgemeiner mit $\frac{m}{n}$ im Exponenten kennengelernt. Tatsächlich ist dies auch für Wurzelfunktionen möglich.

Sind m und n natürliche Zahlen und $x \geq 0$, so ist die Potenzfunktion f mit $f(x) = x^{\frac{m}{n}}$ eine (**allgemeine**) **Wurzelfunktion**.

**a)** Formulieren Sie Vermutungen und fertigen Sie Skizzen an, wie der Graph folgender Funktionen verlaufen könnte. Überprüfen Sie mit einem MMS.
**1** $f(x) = x^{\frac{1}{3}}$ $g(x) = x^{\frac{2}{3}}$ $h(x) = x^{\frac{3}{4}}$ $i(x) = x^{\frac{2}{5}}$
**2** $f(x) = x^{\frac{3}{2}}$ $g(x) = x^{\frac{4}{3}}$ $h(x) = x^{\frac{5}{3}}$ $i(x) = x^{\frac{11}{4}}$
**b)** Beschreiben Sie gemeinsame Eigenschaften der Graphen in Abhängigkeit von den Exponenten.

# 2.3 Funktionsgraphen transformieren

## Entdecken

MMS-Applet

*Mediencode 63051-017*

Die Abbildung zeigt die Graphen von Funktionen mit Parameter a **1** bis **4**. Teilen Sie sich in vier Kleingruppen auf.

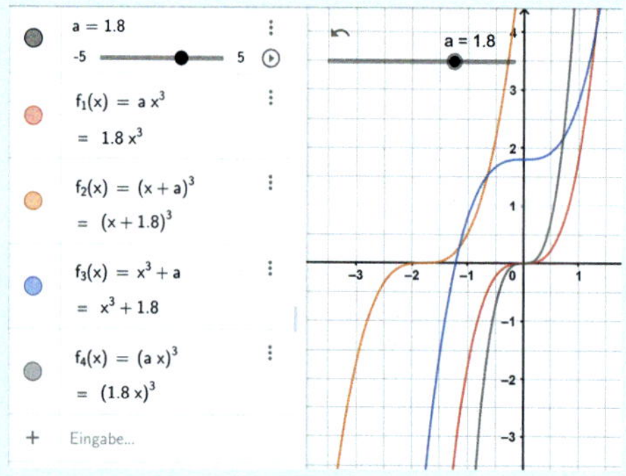


- Stellen Sie mit einem MMS den Graphen der Funktion f mit $f(x) = x^3$ sowie im selben Koordinatensystem ihre jeweilige Funktion mit Parameter dar:
  **1** $f_1(x) = a \cdot x^3$ **2** $f_2(x) = (x + a)^3$
  **3** $f_3(x) = x^3 + a$ **4** $f_4(x) = (a \cdot x)^3$
- Setzen Sie für a verschiedene Werte ein und untersuchen Sie, welchen Einfluss „Ihr" Parameter auf den Verlauf des Graphen hat. Formulieren Sie Vermutungen.
- Überprüfen Sie Ihre Vermutungen mit anderen Potenzfunktionen, z. B. $g(x) = x^{-1}$.
- Vergleichen Sie die jeweiligen Gruppenergebnisse.

*Verwenden Sie am besten einen Schieberegler.*

## Verstehen

Parameter in Funktionsgleichungen bewirken eine Streckung, Stauchung, Spiegelung oder Verschiebung des Graphen der ursprünglichen Funktion – in x- oder y-Richtung.

*Der Term einer Ausgangsfunktion kann auch durch mehrere Parameter gleichzeitig transformiert werden. Der Graph von f mit $f(x) = -2 \cdot (x + 2)^3 - 3$ geht aus dem Graphen von $y = x^3$ hervor, indem er …*
- *mit dem Faktor 2 gestreckt,*
- *an der x-Achse gespiegelt,*
- *um 2 Einheiten nach links und*
- *um 3 Einheiten nach unten verschoben*

*wird.*

### Merke

| Veränderung der Funktion | | | |
|---|---|---|---|
| Term | Graph | Term | Graph |
| $a \cdot f(x)$ | **Streckung** (für $\lvert a \rvert > 1$) oder **Stauchung** (für $\lvert a \rvert < 1$) des Graphen mit dem Faktor $\lvert a \rvert$ in y-Richtung, für $a < 0$ zusätzlich **Spiegelung** an der x-Achse 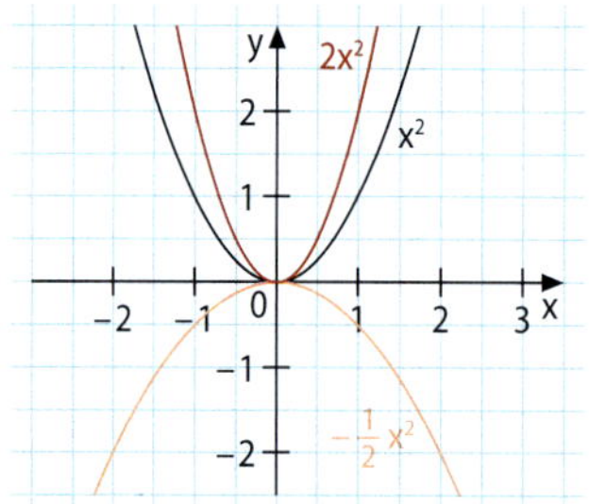 | $f(b \cdot x)$ | **Streckung** (für $\lvert b \rvert < 1$) oder **Stauchung** (für $\lvert b \rvert > 1$) des Graphen in x-Richtung, für $b < 0$ zusätzlich **Spiegelung** an der y-Achse 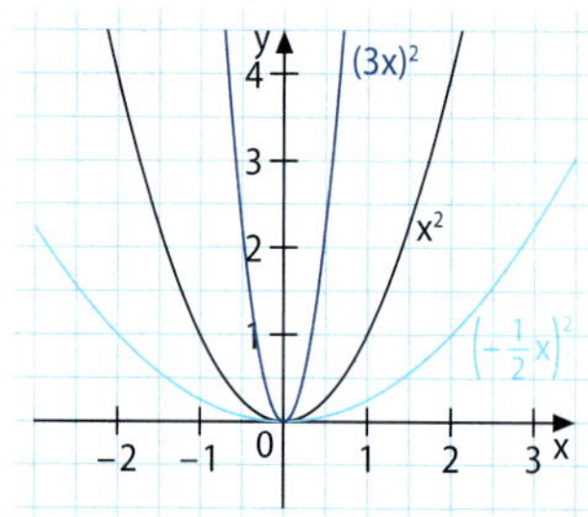 |
| $f(x) + c$ | **Verschiebung** um c Einheiten in y-Richtung 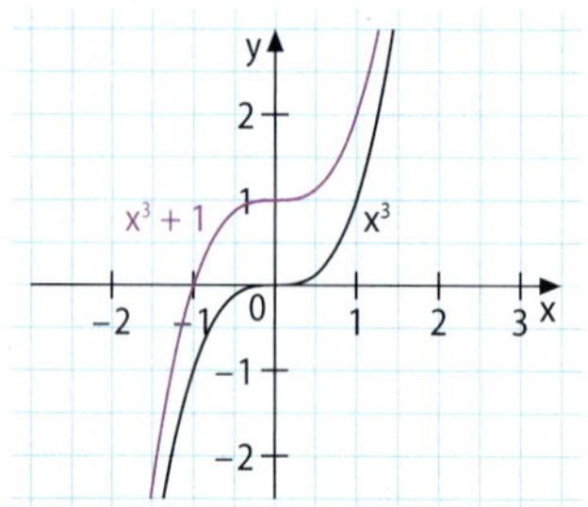 | $f(x - d)$ | **Verschiebung** um d Einheiten in x-Richtung 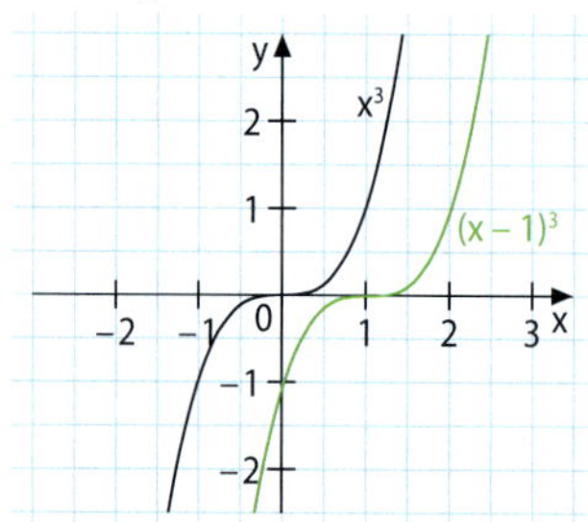 |

Erklärvideo

*Mediencode 63051-018*

**Beispiele**

**I.** Beschreiben Sie, wie die Graphen der folgenden Funktionen aus dem Graphen von f mit $f(x) = x^3$ hervorgehen.

**a)** $f_1(x) = -\frac{2}{3}x^3$ **b)** $f_2(x) = x^3 + 0{,}25$ **c)** $f_3(x) = (x+2)^3$ **d)** $f_4(x) = 2 \cdot (x-3)^3 - 1$

**Lösung:**

**a)** $f_1$: Stauchung mit dem Faktor $\frac{2}{3}$ entlang der y-Achse und Spiegelung an der x-Achse

**b)** $f_2$: Verschiebung um 0,25 Einheiten nach oben (in positive y-Richtung)

**c)** $f_3$: Verschiebung um 2 Einheiten nach links (in negative x-Richtung)

**d)** $f_4$: Streckung mit dem Faktor 2, Verschiebung um 3 Einheiten nach rechts (in positive x-Richtung) und um 1 Einheit nach unten (in negative y-Richtung)

**II.** Geben Sie eine Gleichung der Funktion g an, deren Graph aus dem Graphen der Funktion f mit $f(x) = x^{-3}$ hervorgeht, in dem er …

**a)** um 2 Einheiten nach oben (in positive y-Richtung) verschoben wird.

**b)** um 3 Einheiten nach rechts (in positive x-Richtung) verschoben wird.

**c)** in y-Richtung mit dem Faktor 1,5 gestreckt wird.

**Lösung:**

**a)** $g(x) = x^{-3} + 2$ **b)** $g(x) = (x-3)^{-3}$ **c)** $g(x) = 1{,}5x^{-3}$

**III.** Der Graph einer transformierten Potenzfunktion der Form $y = a \cdot x^n$ verläuft durch die Punkte A (2 | 32) und B (3 | 108). Geben Sie die Funktionsgleichung an.

**Lösung:**

$\text{I } 32 = a \cdot 2^n \quad \Rightarrow \text{I } a = \frac{32}{2^n}$

$\text{II } 108 = a \cdot 3^n \quad \Rightarrow \text{II } a = \frac{108}{3^n}$

gleichsetzen: $\frac{32}{2^n} = \frac{108}{3^n} \quad \Leftrightarrow \quad 32 \cdot 3^n = 108 \cdot 2^n \quad \Leftrightarrow \quad \left(\frac{3}{2}\right)^n = \frac{27}{8} \quad \Leftrightarrow \quad n = 3$

n in I: $a = \frac{32}{2^3} = \frac{32}{8} = 4$, also $y = 4 \cdot x^3$

Erklärvideo

Mediencode 63051-019

**Nachgefragt**

- Sie kennen bereits gemeinsame Punkte von Potenzfunktionen der Form $y = x^n$ mit ganzzahligem Exponenten. Beschreiben Sie, wie sich diese Punkte unter folgenden Parametereinflüssen verändern:

  **1** $y = a \cdot x^n$ **2** $y = (b \cdot x)^n$ **3** $y = x^n + c$ **4** $y = (x - d)^n$
- Untersuchen Sie, welchen Einfluss die Parameter a, b, c und d haben, wenn sie 0 betragen.
- Zeigen Sie mit einer Wertetabelle, dass der Graph der Funktion g mit $g(x) = (x+1)^2$ gegenüber dem der Funktion f mit $f(x) = x^2$ um 1 Einheit nach links verschoben ist.

**Aufgaben**

oHiMi 3, 6, 9, 10

**1** Skizzieren Sie per Hand die Graphen der folgenden Funktionen und überprüfen Sie im Anschluss mit einem MMS.

**a)** f: $f(x) = 2 \cdot x^2$ **b)** g: $g(x) = (x-2)^{-1}$ **c)** h: $h(x) = x^3 - 2$ **d)** i: $i(x) = 2x^{-2} + 2$

**2** Der Graph einer transformierten Potenzfunktion der Form $y = a \cdot x^n$ verläuft durch die Punkte A und B. Geben Sie jeweils die Funktionsgleichung an.

**a)** A (2 | −8); B (3 | −18) **b)** A (1 | 4); B (−2 | −128) **c)** A (2 | −24); B $\left(1{,}5 \mid -10\frac{1}{8}\right)$

**3** Es wurden Änderungen an der Funktion f mit $f(x) = x^4$ durchgeführt. Ordnen Sie den Funktionsgraphen die Beschreibungen zu und geben Sie eine Funktionsgleichung an.

- A Verschiebung in x-Richtung um 1
- B Streckung in y-Richtung mit dem Faktor 2
- C Stauchung in y-Richtung mit dem Faktor $\frac{1}{2}$
- D Verschiebung in x-Richtung um −1
- E Verschiebung in y-Richtung um −2
- F Spiegelung an der x-Achse

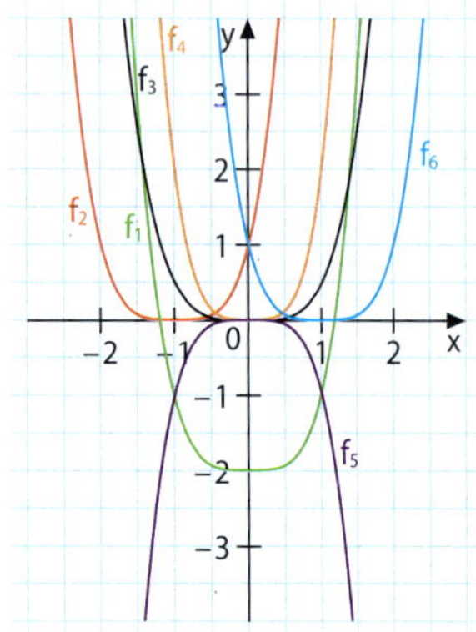


**4** Auf die Funktion f mit $f(x) = x^3$ wurden mehrere Parameter angewandt. Beschreiben Sie jeweils den Graphen der so entstandenen Funktion g. Überprüfen Sie mit einem MMS.

**a)** $g(x) = (x - 2)^3 + 1$ **b)** $g(x) = 2 \cdot (x - 2)^3$ **c)** $g(x) = -x^3 + 1$
**d)** $g(x) = -(x - 1)^3$ **e)** $g(x) = 2 \cdot (x - 1)^3 + 2$ **f)** $g(x) = -\frac{1}{2} \cdot (x - 2)^3 + 1$

**Alles klar?**

**5** Die Tabelle zeigt einige Werte der Funktion f mit $f(x) = x^2 + c$. Ermitteln Sie, ohne zu zeichnen, den Wert von c.

a)

| x | −2 | −1 | 0 | 1 | 2 |
|---|---|---|---|---|---|
| f(x) | 4,5 | 1,5 | 0,5 | 1,5 | 4,5 |

b)

| x | 1 | 2 | 3 | 4 | 5 |
|---|---|---|---|---|---|
| f(x) | −2 | 1 | 6 | 13 | 22 |

**6** Rayan behauptet, dass der Graph von g mit $g(x) = (2x)^3$ durch Streckung entlang der y-Achse aus dem Graphen von f: $f(x) = x^3$ hervorgeht. Beurteilen Sie, ob Rayan Recht hat.

**7** Der Graph der Funktion g geht durch den Einfluss mehrerer Parameter aus dem Graphen der Funktion f mit $f(x) = x^{-1}$ hervor. Ermitteln Sie die Funktionsgleichung von g.

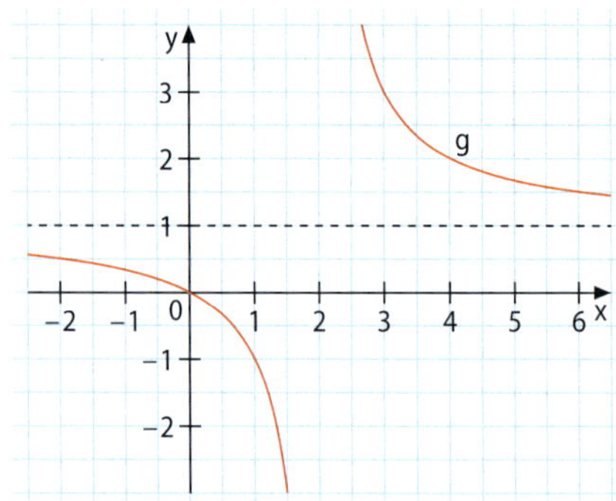


**8** Erstellen Sie mit einem MMS den Graphen einer Funktion g, die durch zwei Parameter aus f mit $f(x) = x^{-2}$ hervorgeht. Lassen Sie Ihren Partner oder Ihre Partnerin die Funktionsgleichung von g bestimmen.

**9** Skizzieren Sie ausgehend vom Graphen von f den Graphen von g. Beschreiben Sie, wie der Graph von g aus demjenigen von f hervorgeht.

**a)** $f(x) = x^3$ $g(x) = 2 \cdot (x + 1{,}5)^3 - 2$ **b)** $f(x) = x^5$ $g(x) = 0{,}2 \cdot (x - 3)^5 + 2{,}5$
**c)** $f(x) = x^2$ $g(x) = -(x + 10)^2$ **d)** $f(x) = x^4$ $g(x) = 5 \cdot (x + 5)^4 + 1$
**e)** $f(x) = x^3$ $g(x) = -9 \cdot x^3 + 2$ **f)** $f(x) = x^4$ $g(x) = -4 \cdot (x - 3)^4 + 11$

**10** Die Graphen zeigen Potenzfunktionen der Form $y = a \cdot (x - d)^n + c$ mit $n \in \mathbb{Z}$.

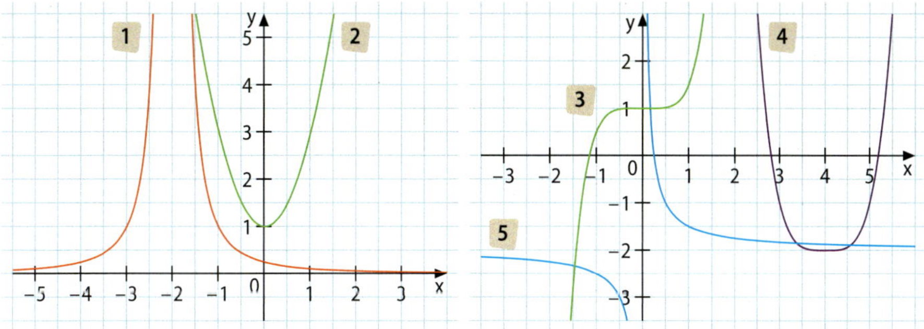


a) Geben Sie für jeden Graphen an, ob a, d bzw. c positiv/null/negativ ist und ob n positiv/negativ bzw. gerade/ungerade ist.

b) Ordnen Sie folgende Aussagen den Graphen **1** bis **5** zu. Der Funktionsgraph …

*Manche Aussagen können mehreren Graphen zugeordnet werden.*

**A** wurde um 4 Einheiten in x-Richtung verschoben.
**B** wurde in y-Richtung mit dem Faktor $\frac{1}{2}$ gestaucht.
**C** ist punktsymmetrisch zu P (0 | 1).
**D** wurde um 1 Einheit in y-Richtung verschoben.
**E** ist achsensymmetrisch.
**F** wurde in y-Richtung mit dem Faktor 2 gestreckt.

**11** **Argumentieren und Begründen**

Abgebildet ist der in y-Richtung gestauchte Graph einer um 2 Einheiten in y-Richtung verschobenen Potenzfunktion f.

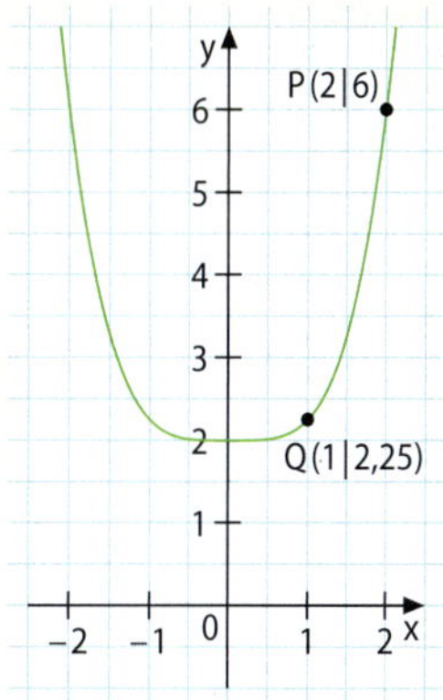


a) Begründen Sie, dass der auf dem Graphen liegende Punkt P (2 | f (2)) noch nicht ausreicht, um den Exponenten n zu bestimmen.

b) Weisen Sie nach, dass zusätzlich der auf f liegende Punkt Q (1 | f (1)) ausreicht, um nun n festzulegen.

**Idee:**
- Stellen Sie eine allgemeine Gleichung für den Graphen der Funktion f mit den relevanten Parametern auf.
- Setzen Sie in die allgemeine Gleichung zunächst die Koordinaten von Q ein und ermitteln Sie damit den Wert eines Parameters. Anschließend können Sie die Koordinaten von P nutzen, um n zu bestimmen.

**12** Die Graphen zeigen schrittweise die Transformation der Funktion h mit $h(x) = x^6$. Bringen Sie die Bilder in eine sinnvolle Reihenfolge und notieren Sie jeweils einen Funktionsterm.

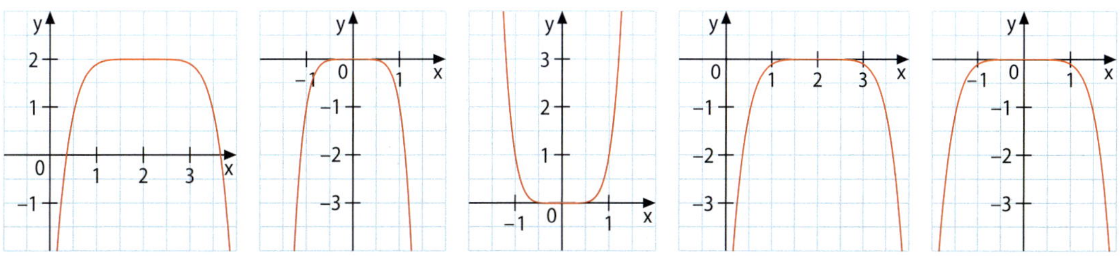

## 2.4 Verhalten im Unendlichen

**Entdecken**

- Übertragen Sie die Wertetabelle und füllen Sie sie aus.

| | −1000 | −100 | −10 | −1 | −0,1 | −0,01 | 0,01 | 0,1 | 1 | 10 | 100 | 1000 |
|---|---|---|---|---|---|---|---|---|---|---|---|---|
| $f_1(x) = x^2$ | | | | | | | | | | | | |
| $f_2(x) = x^3$ | | | | | | | | | | | | |
| $f_3(x) = x^{-2}$ | | | | | | | | | | | | |
| $f_4(x) = x^{-3}$ | | | | | | | | | | | | |

- Betrachten Sie anhand der Funktionswerte den Verlauf der Funktionsgraphen für immer kleiner bzw. größer werdende x-Werte. Erläutern Sie einen Zusammenhang zum Exponenten und überprüfen Sie Ihre Vermutungen an weiteren Funktionen.

**Verstehen**

*Statt Globalverhalten sagt man auch: „Man untersucht die Funktion bezüglich ihres Verhaltens im Unendlichen."*

Das Verhalten einer Potenzfunktion der Form $y = x^n$ für beliebig große und kleine x-Werte, also ihr Globalverhalten, hängt vom Exponenten der Potenzfunktion ab.

**Merke**

| Exponent | positiv, gerade | positiv, ungerade | negativ, gerade | negativ, ungerade |
|---|---|---|---|---|
| | 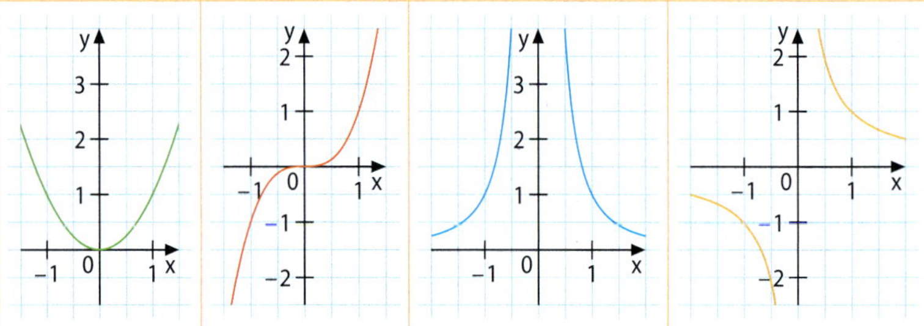 | | | |
| für $x \to -\infty$ | $f(x) \to +\infty$ | $f(x) \to -\infty$ | $f(x) \to 0$ (Die x-Achse ist Asymptote.) | |
| für $x \to +\infty$ | $f(x) \to +\infty$ | $f(x) \to +\infty$ | | |

Eine **Asymptote** ist eine Gerade, an die sich ein Funktionsgraph im Unendlichen immer weiter annähert.
Den Vorgang, dass Zahlen immer größer oder immer kleiner werden, beschreibt man als „strebt gegen plus/minus unendlich"; in Zeichen: $x \to +\infty$ bzw. $x \to -\infty$.

*Die Schreibweise „für $x \to +\infty$ gilt $f(x) \to +\infty$" bedeutet, dass die Funktionswerte von f für immer größere x-Werte gegen unendlich streben, die Funktion also beliebig große y-Werte annimmt.*

**Beispiele**

**I.** Beschreiben Sie das Verhalten der Funktion f im Unendlichen.

**a)** $f(x) = x^7$ **b)** $f(x) = x^{-5}$ **c)** $f(x) = x^{28}$ **d)** $f(x) = x^{-12}$

**Lösung:**

**a)** Der Exponent ist positiv und ungerade: Die Funktionswerte streben für immer kleiner werdende x-Werte gegen $-\infty$, für größer werdende x-Werte gegen $+\infty$.

**b)** Der Exponent ist negativ und ungerade, also streben die Funktionswerte für immer kleiner werdende x-Werte gegen 0 und für immer größer werdende x-Werte ebenfalls.

**c)** Der Exponent ist positiv und gerade, also streben die Funktionswerte für immer kleiner und für immer größer werdende x-Werte gegen $+\infty$.

**d)** Der Exponent ist negativ und gerade, also streben die Funktionswerte für immer kleiner werdende x-Werte gegen 0 und für immer größer werdende x-Werte ebenfalls.

**II.** Geben Sie für das Globalverhalten jeweils drei verschiedene Funktionsgleichungen an.

**a)** für $x \to -\infty$ gilt $f(x) \to 0$   **b)** für $x \to +\infty$ gilt $f(x) \to +\infty$

**c)** für $x \to -\infty$ gilt $f(x) \to +\infty$   **d)** für $x \to +\infty$ gilt $f(x) \to 0$

**e)** für $x \to -\infty$ gilt $f(x) \to -\infty$

**Lösungsmöglichkeit:**

**a)** $f_1(x) = x^{-5}$; $f_2(x) = x^{-2}$; $f_3(x) = x^{-17}$ (Exponent negativ)

**b)** $f_1(x) = x^5$; $f_2(x) = x^2$; $f_3(x) = x^{17}$ (Exponent positiv)

**c)** $f_1(x) = x^6$; $f_2(x) = x^8$; $f_3(x) = x^{22}$ (Exponent positiv und gerade)

**d)** $f_1(x) = x^{-8}$; $f_2(x) = x^{-13}$; $f_3(x) = x^{-48}$ (Exponent negativ)

**e)** $f_1(x) = x^7$; $f_2(x) = x^{21}$; $f_3(x) = x^{73}$ (Exponent positiv und ungerade)

## Nachgefragt

- Begründen Sie, dass eine Verschiebung des Funktionsgraphen in y- und in x-Richtung keinen Einfluss auf das Globalverhalten der Funktion hat.
- Erläutern Sie, ob der Streckungsparameter in y-Richtung Einfluss auf das Globalverhalten der Funktion hat.

*Achten Sie hier besonders auf den Faktor $a \cdot f(x)$ für $a < 0$.*

## Aufgaben

oHiMi
1–3

**1** Ordnen Sie Funktionsgraph und Funktionsgleichung begründet einander zu.

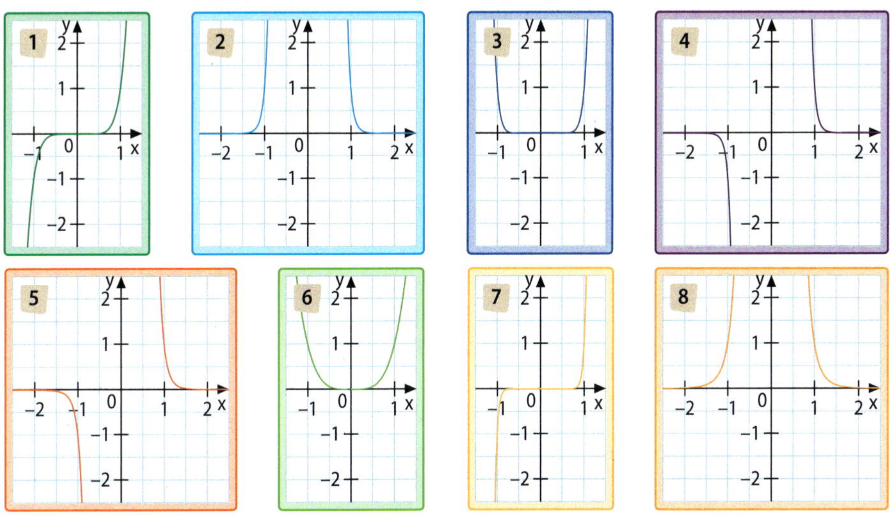


**A** $f(x) = x^4$   **B** $f(x) = \frac{1}{x^6}$   **C** $f(x) = \frac{1}{x^{12}}$   **D** $f(x) = \frac{1}{x^9}$

**E** $f(x) = \frac{1}{x^{13}}$   **F** $f(x) = x^{12}$   **G** $f(x) = x^{19}$   **H** $f(x) = x^7$

**2** Beschreiben Sie das Globalverhalten der Funktionen in der Randspalte, wenn der Ausgangsgraph an der x-Achse gespiegelt wird.

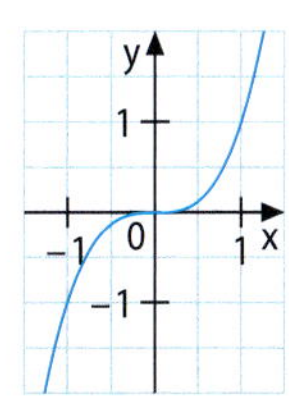
$f(x) = x^3$

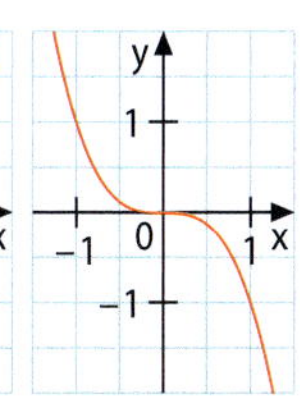
$f(x) = -x^3$

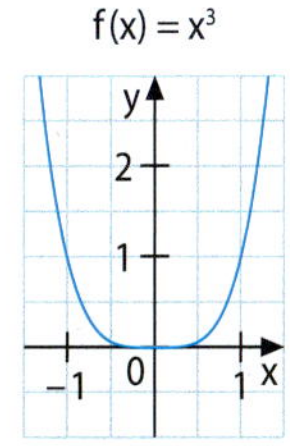
$f(x) = x^4$

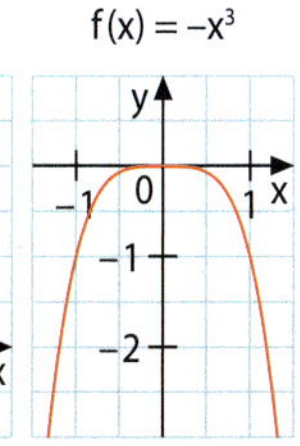
$f(x) = -x^4$

**3** Beschreiben Sie das Verhalten der Funktion f im Unendlichen, ohne sie zu zeichnen.

**a)** $f(x) = x^{-7} + 3$   **b)** $f(x) = 2 \cdot x^{-7} + 3$   **c)** $f(x) = 2 \cdot (x^{-7} + 3)$   **d)** $f(x) = (x+2)^{-7} + 3$

**e)** $f(x) = -3 \cdot x^6 - 2$   **f)** $f(x) = -\frac{1}{3} \cdot x^4 + 1$   **g)** $f(x) = 4 \cdot (x-4)^3$   **h)** $f(x) = -x^5 - 2$

## Differenzierte Basisaufgaben

Die folgenden Aufgaben behandeln alle Themen dieses Kapitels. Die Basisaufgaben auf dieser Seite sind in zwei Spalten unterteilt. Die **grünen** Aufgaben auf der linken Seite sind etwas einfacher als die **blauen** auf der rechten. Entscheiden Sie selbst, welche Aufgaben Sie bearbeiten.

**1** Beschreiben Sie die Eigenschaften (Definitions- und Wertebereich, Symmetrie, Monotonie, charakteristische Punkte) der dargestellten Funktionen. Geben Sie jeweils mögliche Funktionsgleichungen zu den Graphen an.

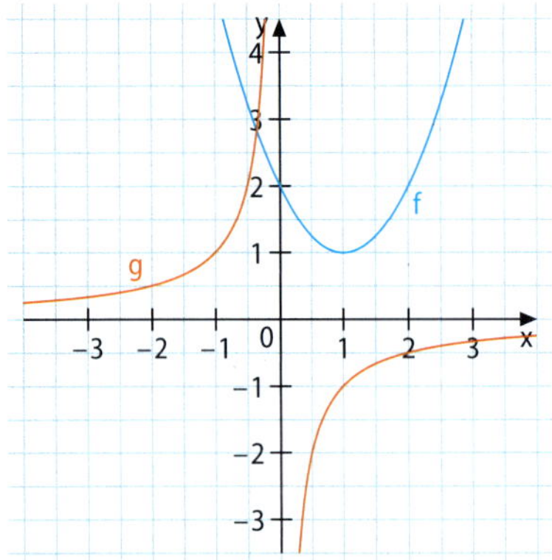


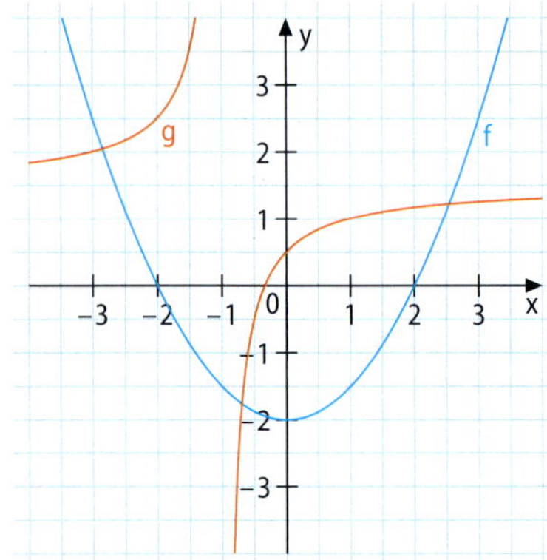


**2** Die Punkte A, B und C liegen auf dem Graphen der Funktion f. Berechnen Sie die fehlenden Koordinaten.

a) $f(x) = x^2$ A $(3 \mid \square)$; B $(\square \mid 0)$; C $(-1 \mid \square)$
b) $f(x) = x^{-3}$ A $(1 \mid \square)$; B $\left(\square \mid \frac{1}{8}\right)$; C $\left(\square \mid -\frac{1}{8}\right)$

a) $f(x) = x^3$ A $(2 \mid \square)$; B $(\square \mid 0)$; C $(\square \mid -27)$
b) $f(x) = x^{-4}$ A $(-1 \mid \square)$; B $\left(\square \mid \frac{1}{16}\right)$; C $(-5 \mid \square)$

**3** Skizzieren Sie eine Potenzfunktion der Form $y = x^n$ $(n \in \mathbb{Z})$ mit folgender Eigenschaft. Geben Sie Ihr gewähltes n an.

a) n ungerade
b) punktsymmetrisch zu O $(0 \mid 0)$, verläuft durch den Punkt P $(0{,}5 \mid 2)$

a) verläuft durch den Punkt P $(2 \mid 8)$
b) verläuft durch den II. Quadranten, enthält keine Definitionslücke

**4** Entscheiden Sie, ob die Funktion f auf ihrem Definitionsbereich umkehrbar ist, und geben Sie gegebenenfalls die Gleichung der Umkehrfunktion an.

a) $f(x) = x^2$; $D = \mathbb{R}$ b) $f(x) = x$; $D = \mathbb{R}_0^+$

a) $f(x) = x^4$; $D = [-7; 7]$ b) $f(x) = \sqrt{x}$; $D = \mathbb{R}_0^+$

**5** Beschreiben Sie, wie der Graph der Funktion g aus dem Graphen der Funktion f hervorgeht. Skizzieren Sie auch den Graphen von g.

a) $f(x) = x^3$; $g(x) = 2x^3 + 5$
b) $f(x) = x^{-2}$; $g(x) = (x - 4)^{-2}$

a) $f(x) = x^2$; $g(x) = (x + 3)^2 - 1{,}5$
b) $f(x) = x^{-3}$; $g(x) = 2 \cdot (-x)^{-3}$

## Weiterführende Aufgaben

Dieser Teil der Trainingsrunde enthält weiterführende und vernetzende Aufgaben, die sich ebenfalls auf das gesamte Kapitel beziehen.

Lösungen
Mediencode 63051-020

**6** Ordnen Sie den Graphen ihre Funktionsgleichungen zu. Geben Sie den Definitions- und Wertebereich und die Symmetrie der Funktionen an.

**A** $y = x^4 - 3$

**B** $y = (x - 3)^3$

**C** $y = \frac{1}{3}x^{-4}$

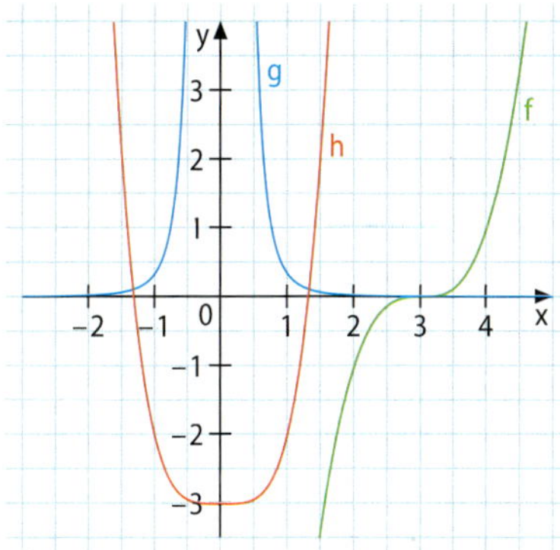


**7** Beantworten und begründen Sie: Gibt es bei Potenzfunktionen einen Zusammenhang zwischen der Anzahl der Nullstellen und dem Grad der Funktion, also der höchsten Potenz von x?

**8** Robin und Jona sollten den Graphen der Funktion $y = \frac{1}{2} \cdot (x + 2)^2$ zeichnen.

**a)** Beurteilen Sie, ob die Lösungen richtig sind.

**b)** Geben Sie, sofern eine Lösung falsch ist, die Gleichung der dargestellten Funktion an.

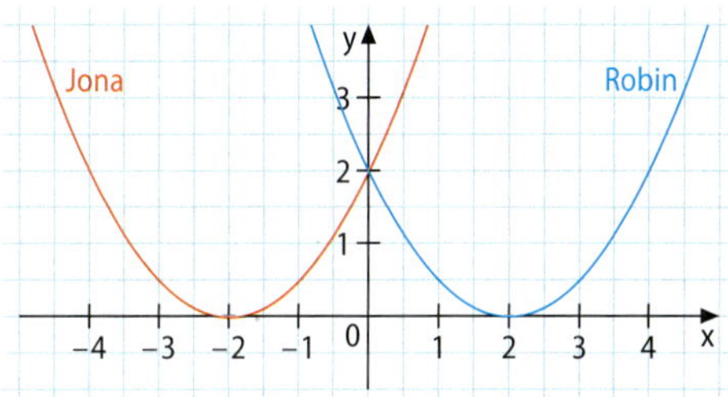


**9** Zeichnen Sie auf Kästchenpapier ohne ein Koordinatensystem eine Normalparabel (z. B. mit Hilfe einer Parabelschablone). Zeichnen Sie nun so ein Koordinatensystem auf das Blatt, dass die Parabel den Graphen der Funktion f darstellt.

**a)** $f(x) = x^2 - 3$ **b)** $f(x) = (x + 1{,}5)^2$ **c)** $f(x) = (x - 2)^2 + 1$

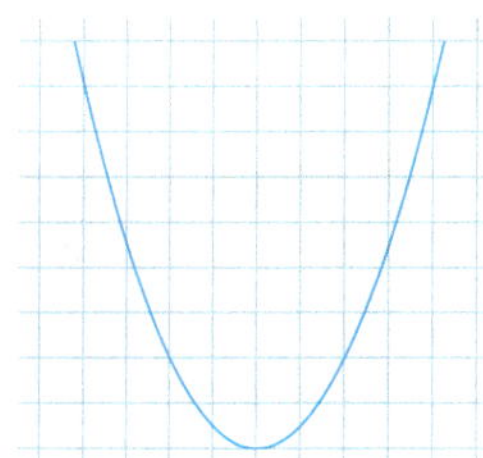

**10** **a)** Zeichnen Sie mit einem MMS die Graphen der Funktionen f und g mit $f(x) = x^3 + 2$ und $g(x) = (x - 1)^2$ sowie die Gerade $y = x$.

**b)** Spiegeln Sie die Graphen von f und g an der Geraden $y = x$ und beurteilen Sie damit, ob f und g eine Umkehrfunktion besitzen.

**c)** Geben Sie, wenn notwendig, eine geeignete Einschränkung des Definitionsbereichs an, auf dem eine Umkehrfunktion existiert.

**d)** Bestimmen Sie rechnerisch für die Umkehrfunktionen von f und g jeweils die Funktionsgleichung sowie den Definitions- und Wertebereich.

**11** Geben Sie die Gleichungen von Potenzfunktionen an, die mindestens zwei der folgenden Eigenschaften gleichzeitig erfüllen. Überprüfen Sie mit einem MMS.

**1** symmetrisch zur y-Achse

**2** an der x-Achse gespiegelt

**3** mit dem Faktor 2 in y-Richtung gestreckt

**3** um 4 Einheiten in negative y-Richtung verschoben

*Wenn sich zwei Funktionsgraphen an einer Stelle x schneiden, stimmen auch ihre y-Werte an dieser Stelle überein.*

**12** Gegeben sind die Funktionen $f_a$ und $g_a$, auf die beide der Parameter $a \in \mathbb{R}$ wirkt.

$f_a(x) = (x - a)^3 + a \qquad g_a(x) = -x + 2a$

**a)** Zeichnen Sie mit einem MMS die Graphen beider Funktionen für verschiedene Werte von a in ein gemeinsames Koordinatensystem. Sie können auch a variieren und sich dabei die Spur von $f_a$ und $g_a$ anzeigen lassen.

**b)** Die Funktionsgraphen schneiden sich in einem Punkt $P_a$. Bestimmen Sie die Koordinaten von $P_a$, abhängig von a.

**c)** Wenn man den Parameter a verändert, verläuft $P_a$ entlang einer Geraden. Begründen Sie, dass es sich dabei um die Gerade $y = x$ handelt.

**13**

**1**
- achsensymmetrisch zu $x = 2$
- negativer Exponent
- $y = 3$ waagrechte Asymptote

**2**
- ungerader Exponent
- verläuft durch $(-1 \mid -2)$
- achsensymmetrisch zu $x = 0$

**3**
- überall monoton wachsend
- punktsymmetrisch zu $(3 \mid 2)$
- verläuft durch $(2 \mid 1)$
- besitzt keine Asymptote

**4**
- verläuft durch $(-3 \mid 0)$
- gerader Exponent
- besitzt eine Symmetrieachse
- $y = -1$ waagrechte Asymptote

**a)** Entscheiden Sie für jeden Steckbrief, ob es eine Potenzfunktion gibt, die alle Eigenschaften des Steckbriefes erfüllen kann.

**b)** Erläutern Sie bei den Steckbriefen, für die es keine Potenzfunktion gibt, welche Eigenschaften sich gegenseitig widersprechen.

**c)** Erstellen Sie selbst einen Steckbrief und lassen Sie Ihren Partner oder Ihre Partnerin begründet entscheiden, ob es eine derartige Potenzfunktion geben kann.

*Beachten Sie beim Abstand auch den Erdradius (6371 km).*

**14** Das vom englischen Physiker Isaac Newton (1643 – 1727) formulierte Gravitationsgesetz beschreibt die Gravitationskraft F, mit der sich zwei Körper der Massen $m_1$ und $m_2$ anziehen, deren Körperschwerpunkte sich im Abstand r voneinander befinden. Dabei gilt:

$F = 6{,}67 \cdot 10^{-11}\,\frac{N \cdot m^2}{kg^2} \cdot \frac{m_1 \cdot m_2}{r^2}$

Betrachtet wird nun ein Starlink-Satellit ($m_1 = 260$ kg), der sich um die Erde ($m_2 = 5{,}97 \cdot 10^{24}$ kg) bewegt.

**a)** Begründen Sie, dass es sich bei der Funktion, die für jeden Abstand r die Gravitationskraft F berechnet, um eine Potenzfunktion handelt.

**b)** Stellen Sie die Funktion F (r) mit einem MMS in einem geeigneten Ausschnitt dar.

**c)** Die Starlink-Satelliten fliegen in etwa 550 km Höhe. Bestimmen Sie die Gravitationskraft, die auf einen solchen Satelliten wirkt, und vergleichen Sie sie prozentual mit der Gravitationskraft, die auf den Satelliten direkt auf der Erdoberfläche wirken würde.

**d)** Würde sich der Satellit nicht auf einer Kreisbahn bewegen, würde ihn die Gravitationskraft wieder in Richtung Erde ziehen. Erst, wenn die auf ihn wirkende Kraft weniger als ein Millionstel der Gravitationskraft auf der Erdoberfläche beträgt, wäre der Satellit quasi schwerelos. Bestimmen Sie den Abstand vom Erdmittelpunkt, ab dem dies der Fall wäre, und vergleichen Sie diesen mit dem Abstand des Mondes von der Erde.

**15** Verändert man die Kantenlänge a eines Würfels, so ändern sich auch dessen Oberflächeninhalt O und sein Volumen V.

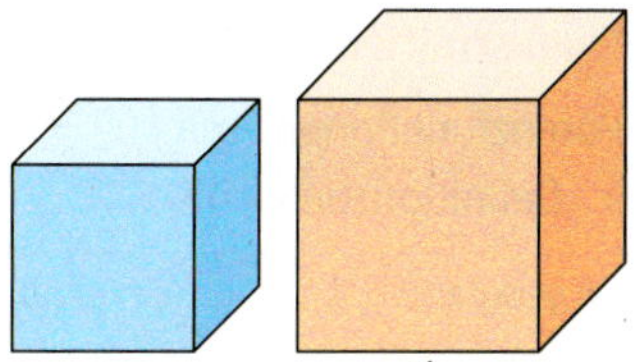


*Ist ein doppelt so breiter Würfel auch doppelt so schwer?*

**a)** Beschreiben Sie O und V jeweils mit einer Funktionsgleichung in Abhängigkeit von a.

**b)** Bilden Sie die Umkehrfunktion von O (a) und interpretieren Sie die so erhaltene Funktionsgleichung.

**c)** Ermitteln Sie die Gleichung der Funktion V (O), mit der man zu einem vorgegebenen Oberflächeninhalt das Volumen des entsprechenden Würfels berechnen kann. Stellen Sie die Funktion V (O) grafisch mit einem MMS dar.

**d)** Für eine Kugel gilt analog zu c): $V = \frac{1}{6\sqrt{\pi}}\, O^{\frac{3}{2}}$. Stellen Sie diese Funktion im selben Koordinatensystem dar. Beschreiben Sie Gemeinsamkeiten und Unterschiede zum Würfel.

**Aufgaben für Lernpartner**

1 Bearbeiten Sie die Aufgaben zuerst alleine.

2 Erklären Sie einer Partnerin oder einem Partner Ihre Lösungen. Tauschen Sie die Rollen.

3 Korrigieren Sie gegebenenfalls Ihre Antwort(en).

Entscheiden Sie begründet, ob die folgenden Aussagen korrekt oder falsch sind.

**A** Potenzfunktionen der Form $y = x^n$ mit positivem Exponenten sind immer symmetrisch zur y-Achse.

**B** Die Funktionen $y = x^2$, $y = x^{-7}$ und $y = \sqrt{x}$ verlaufen alle durch den Punkt P (1|1).

**C** Beim Bilden der Umkehrfunktion einer Funktion vertauschen sich Definitions- und Wertebereich.

**D** Die Wurzelfunktion $y = \sqrt[5]{x}$ hat das umgekehrte Monotonieverhalten der Potenzfunktion $y = x^5$.

**E** Der Graph von $y = (x + 2)^3$ entsteht, indem der Graph von $y = x^3$ um 2 Einheiten auf der x-Achse nach rechts verschoben wird.

**F** Der Wertebereich von $y = x^4 + 3$ ist $W = \{y \in \mathbb{R} \mid y \geq 3\}$.

**G** Die Funktion $y = -x^{-7} - 7$ hat eine Definitionslücke bei $x = 7$.

**H** Es gilt, dass f mit $f(x) = x^2 - 1{,}5$ für $x \to -\infty$ gegen 1,5 geht.

| Ich kann … | Aufgabe | Hilfe | Bewertung |
|---|---|---|---|
| die Eigenschaften von Potenzfunktionen mit ganzzahligen Exponenten bestimmen. | 1, 3, 6, A | S. 46 | ☺ 😐 ☹ |
| rechnerisch mit der Gleichung einer Potenzfunktion arbeiten. | 2, 7, 11, 13, 14, B | S. 46 | ☺ 😐 ☹ |
| die Wurzelfunktion als Umkehrfunktion der Potenzfunktion beschreiben. | 4, 10, C, D | S. 50 | ☺ 😐 ☹ |
| den Einfluss von Parametern im Funktionsterm auf die Eigenschaften einer Potenzfunktion beschreiben. | 5, 8, 9, 10, 12, 15, E, F, G | S. 52 | ☺ 😐 ☹ |
| anhand transformierter Potenzfunktionen die Parameter im Funktionsterm bestimmen. | 13 | S. 52 | ☺ 😐 ☹ |
| das Verhalten von Potenzfunktionen im Unendlichen untersuchen. | H | S. 56 | ☺ 😐 ☹ |

Seite 46

## Eigenschaften von Potenzfunktionen mit positivem Exponenten

Potenzfunktionen f mit $f(x) = x^n$, $n \in \mathbb{N}$

- Definitionsbereich $D = \mathbb{R}$

| n gerade | n ungerade |
|---|---|
| ▪ Wertebereich $W = \mathbb{R}_0^+$<br>▪ Achsensymmetrie zur y-Achse<br>▪ verläuft durch $(-1\,\vert\,1)$, $O\,(0\,\vert\,0)$ und $(1\,\vert\,1)$ | ▪ Wertebereich $W = \mathbb{R}$<br>▪ Punktsymmetrie zum Ursprung $O\,(0\,\vert\,0)$<br>▪ verläuft durch $(-1\,\vert\,-1)$, $O\,(0\,\vert\,0)$ und $(1\,\vert\,1)$ |

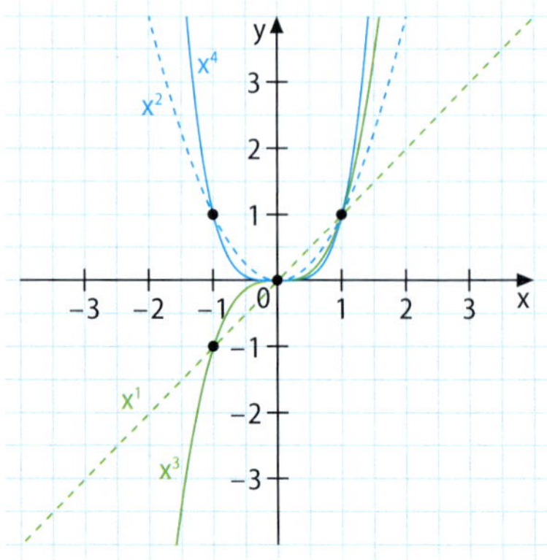


Seite 46

## Eigenschaften von Potenzfunktionen mit negativem Exponenten

Potenzfunktionen f mit $f(x) = x^{-n} = \frac{1}{x^n}$, $n \in \mathbb{N}$

- Definitionsbereich $D = \mathbb{R} \setminus \{0\}$

| n gerade | n ungerade |
|---|---|
| ▪ Wertebereich $W = \mathbb{R}^+$<br>▪ Achsensymmetrie zur y-Achse<br>▪ verläuft durch $(-1\,\vert\,1)$ und $(1\,\vert\,1)$ | ▪ Wertebereich $W = \mathbb{R} \setminus \{0\}$<br>▪ Punktsymmetrie zum Ursprung $O\,(0\,\vert\,0)$<br>▪ verläuft durch $(-1\,\vert\,-1)$ und $(1\,\vert\,1)$ |

- $y = 0$ und $x = 0$ Asymptoten

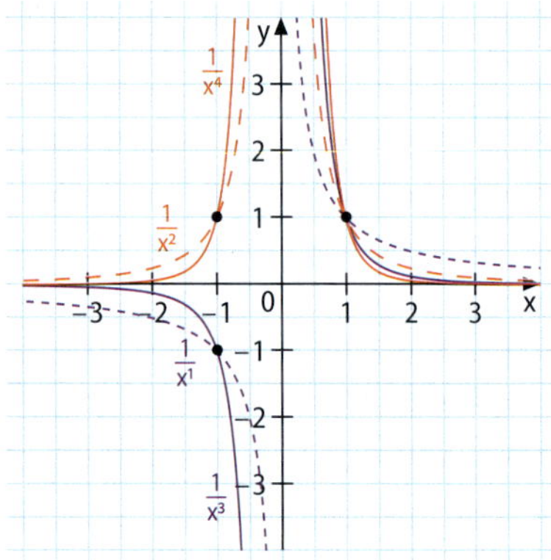


Seite 50

## Wurzelfunktion als Umkehrfunktion

Für $x \geq 0$ besitzt die Funktion f mit $f(x) = x^n$ die Umkehrfunktion $\bar{f}$ mit $\bar{f}(x) = \sqrt[n]{x}$.
Eine Gleichung der Umkehrfunktion erhält man, wenn man **x und y in der Funktionsgleichung vertauscht** und wieder nach y auflöst. Der Graph von $\bar{f}$ entsteht, indem der Graph von f an der Geraden $y = x$ gespiegelt wird.

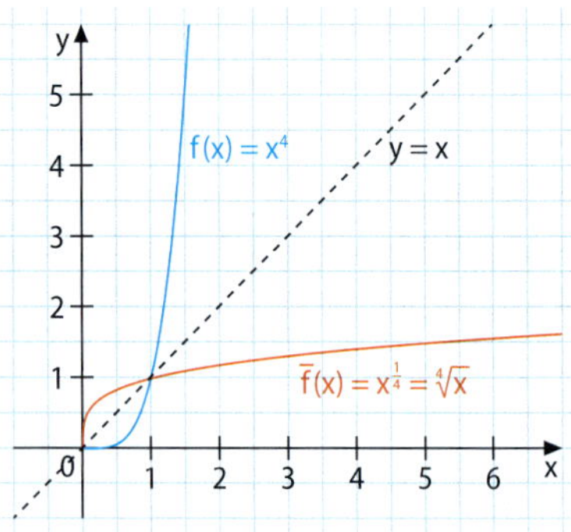

## Einfluss von Streckungsparametern

Seite 52

Die **Parameter** a und b in der Funktionsgleichung $y = a \cdot (b \cdot x)^n$ bewirken, dass der Graph von $y = x^n$ **gestreckt** oder **gestaucht** und ggf. **gespiegelt** wird.

- Der Graph wird in y-Richtung für $|a| > 1$ gestreckt, für $|a| < 1$ gestaucht und für $a < 0$ an der x-Achse gespiegelt.
- Der Graph wird in x-Richtung für $|b| > 1$ gestaucht, für $|b| < 1$ gestreckt und für $b < 0$ an der y-Achse gespiegelt.

Hinweis: Bei nicht verschobenen Potenzfunktionen kann jeder Parameter b in einen Parameter a umgewandelt werden.

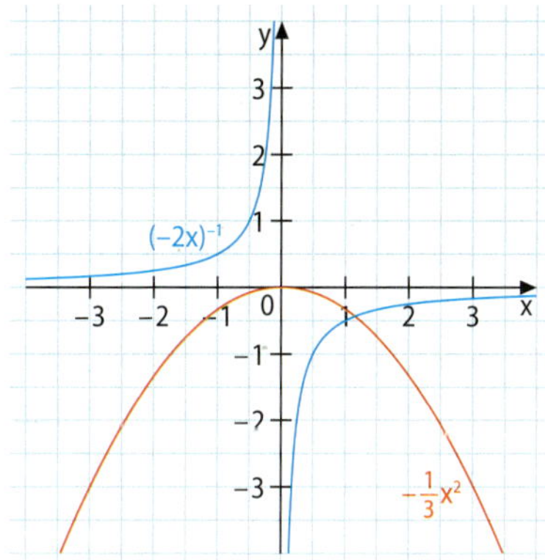


## Einfluss von Verschiebeparametern

Seite 52

Die **Parameter** c und d in der Funktionsgleichung $y = (x - d)^n + c$ bewirken, dass der Graph von $y = x^n$ **verschoben** wird.

- Der Graph wird in y-Richtung um c Einheiten verschoben.
- Der Graph wird in x-Richtung um d Einheiten verschoben.

Hinweis: – d in der Funktionsgleichung bewirkt für $d > 0$ eine Verschiebung um d Einheiten in positive x-Richtung.

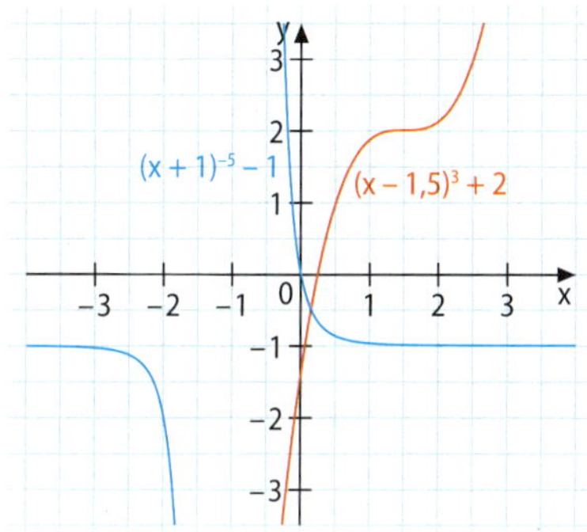


## Verhalten im Unendlichen

Seite 56

Das Verhalten einer Potenzfunktion der Form $y = x^n$ mit $n \in \mathbb{Z}$ für beliebig große und kleine x-Werte, Globalverhalten genannt, hängt davon ab, ob der Exponent der Potenzfunktion gerade oder ungerade, positiv oder negativ ist.

- Exponent positiv und gerade:
  Für $x \to \pm\infty$ gilt $f(x) \to +\infty$.
- Exponent positiv und ungerade:
  Für $x \to -\infty$ gilt $f(x) \to -\infty$.
  Für $x \to +\infty$ gilt $f(x) \to +\infty$.
- Exponent negativ (ungerade und gerade):
  Für $x \to \pm\infty$ gilt $f(x) \to 0$.
  Die x-Achse ist also (waagrechte) Asymptote.

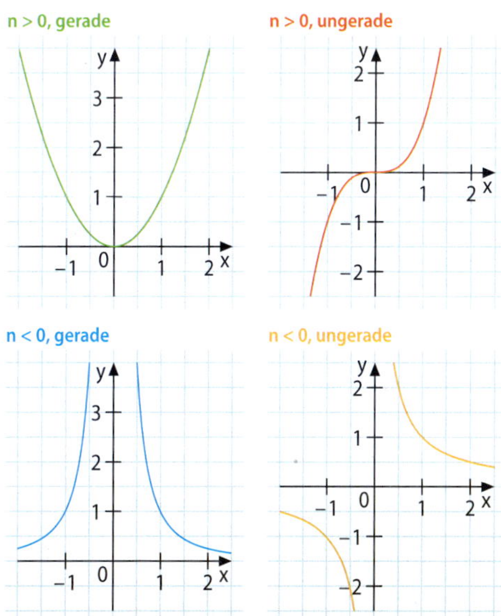

## Prüfungsteil A: Aufgaben ohne Hilfsmittel

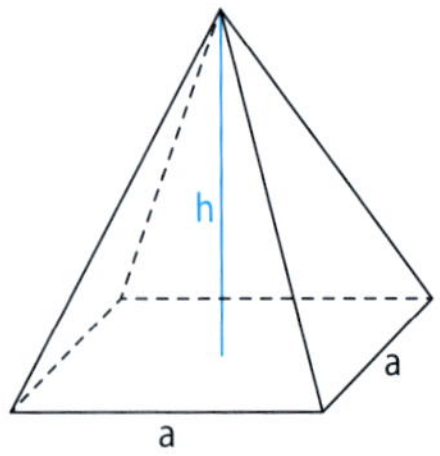


**1** Für das Volumen der abgebildeten, quadratischen Pyramide gilt: $V = \frac{1}{3}a^2 \cdot h$.

**a)** Erläutern Sie, inwieweit diese Formel als Potenzfunktion mit einem Parameter aufgefasst werden kann.

**b)** Skizzieren Sie Ihre in a) erläuterte Funktion für drei verschiedene Parameter.

**2** Gegeben ist die Funktion $f_a$ mit dem Parameter a und $f_a(x) = (x - a)^3$, $a \in \mathbb{R}$.

**a)** Betrachten Sie für a = 2 zunächst die Funktion $f_2(x) = (x - 2)^3$. Einer der folgenden Graphen **1**, **2** oder **3** stellt $f_2$ dar. Geben Sie die Graphen an, die dafür nicht infrage kommen, und begründen Sie Ihre Angabe.

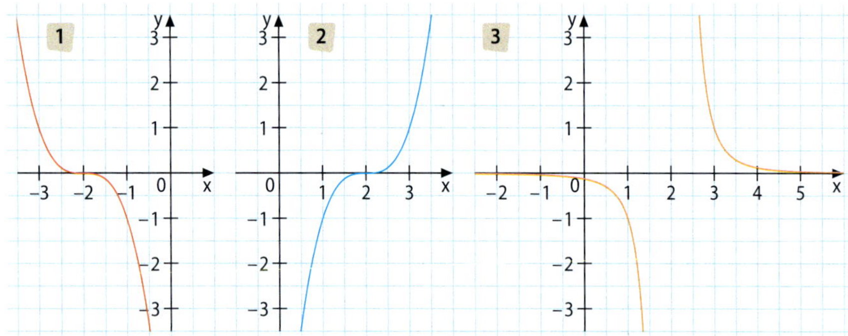


**b)** Bestimmen Sie die Nullstelle von $f_a$ in Abhängigkeit von a.

**c)** Ermitteln Sie, für welchen Wert von a die Funktion $f_a$ durch den Punkt P (1 | 8) verläuft.

**d)** Für a = 0 soll die Funktion $f_0(x) = x^3$ auf den Definitionsbereich $D = \mathbb{R}_0^+$ eingeschränkt werden. Skizzieren Sie $f_0$ sowie ihre Umkehrfunktion in dasselbe Koordinatensystem und geben Sie die Gleichung der Umkehrfunktion von $f_0$ an.

**3** Betrachten Sie die Funktion g mit $g(x) = \frac{1}{x^2} + 3$.

**a)** Entscheiden Sie, ob die folgenden Aussagen zum Graphen von g wahr oder falsch sind.

**1** verläuft durch alle vier Quadranten
**2** ist achsensymmetrisch
**3** verläuft durch den Punkt P (−2 | 2)
**4** y = 3 waagrechte Asymptote

**b)** Begründen Sie Ihre Entscheidung bei den Aussagen **2** und **3**.

**c)** Genau eine der folgenden Funktionen erfüllt alle der Eigenschaften **1** bis **4**. Welche?

$h(x) = -\frac{1}{(x+1)^2} + 3$ $\qquad i(x) = \frac{2}{x^2} + 1{,}5$ $\qquad k(x) = 3 - \frac{1}{x^2}$

**4** Die Abbildung zeigt den Graphen der Funktion f für x ≥ 0 sowie die Graphen dreier weiterer Funktionen $g_1$, $g_2$ und $g_3$.

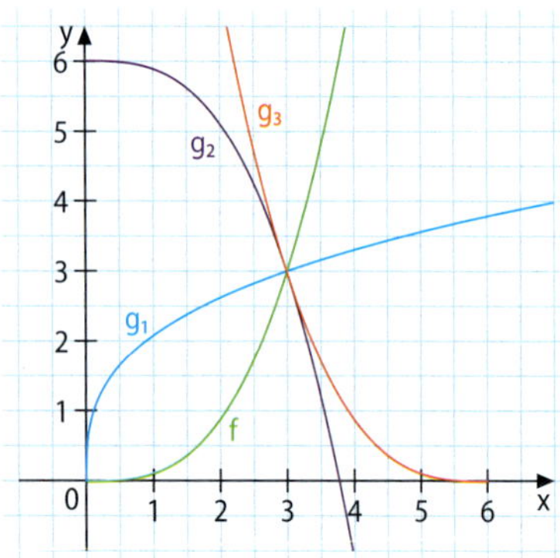


**a)** Entscheiden Sie, welche der Funktionen $g_1$, $g_2$ oder $g_3$ die Umkehrfunktion von f darstellt.

**b)** Erklären Sie, wie Sie den Graphen der Umkehrfunktion von f mit Hilfe des Graphen von f ermitteln können, ohne die Funktionsgleichung von f zu kennen.

**c)** Für f gilt: $f(x) = \frac{1}{9}x^3$. Geben Sie die Gleichung der Umkehrfunktion von f an.

## Prüfungsteil B: Aufgaben mit Hilfsmitteln

**5** Gegeben ist die Funktion f mit $f(x) = -2 \cdot (x-3)^{-4} - 5$.

a) Geben Sie den Definitions- und Wertebereich, die Monotonie und das Symmetrieverhalten von f an.

b) Beschreiben Sie das Verhalten der Funktion f im Unendlichen.

c) Die verschiedenen Punkte P und Q liegen auf dem Graphen von f. Erklären Sie, wie Sie die x-Koordinate von Q anhand der x-Koordinate von P bestimmen können, wenn Sie wissen, dass die y Koordinaten von P und Q übereinstimmen.

**6** Der Wurf eines Basketballs kann mit Hilfe einer Potenzfunktion der Form $f(x) = a \cdot (x-b)^2 + c$ modelliert werden. Die Abbildung zeigt die Modellierung mit einer geeigneten Wahl des Koordinatenursprungs (1 LE ≙ 1 m, Abbildung nicht maßstäblich).

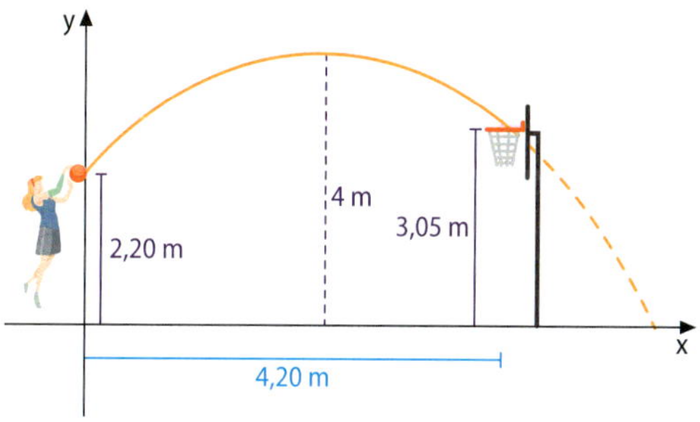


a) Beschreiben Sie, welchen Einfluss die Parameter a, b und c auf den Graphen der Funktion haben, und geben Sie an, ob diese im Fall der hier dargestellten Modellierung jeweils positiv oder negativ sind.

Ein Basketballkorb befindet sich üblicherweise auf einer Höhe von 3,05 m. Die Entfernung zum Korb beträgt von der Freiwurflinie etwa 4,20 m. Bei einem Freiwurf wurde der Ball aus einer Höhe von etwa 2,20 m abgeworfen und hat eine maximale Höhe von 4 m erreicht.

b) Begründen Sie, dass anhand dieser Informationen $c = 4$ gefolgert werden kann.

c) Untersuchen Sie, welche der folgenden Funktionen die Situation modelliert.

**1** $f(x) = -0{,}2 \cdot (x - 2{,}02)^2 + 4$

**2** $f(x) = -0{,}25 \cdot (x - 2{,}68)^2 + 4$

**3** $f(x) = -0{,}3 \cdot (x - 2{,}43)^2 + 4$

d) Bestimmen Sie für diesen Wurf die Entfernung von der Freiwurflinie, in der der Ball auf dem Boden aufgekommen wäre, wenn der Korb seitlich verpasst worden wäre (gestrichelte Linie in der Abbildung).

e) Erläutern Sie, u. a. mit Hilfe einer Skizze, wie sich die Wurfbahn verändern könnte, wenn die Voraussetzung der Maximalhöhe von 4 m nicht gegeben wäre, und welchen Einfluss dies auf die Chance eines Korbtreffers haben würde.

**7** Potenzfunktionen der Form $y = a \cdot x^n + c$, $n \in \mathbb{Z}$, sollen durch die Punkte A (−0,5 | −0,75), B (0,5 | −0,75) und C (2 | 3) verlaufen.

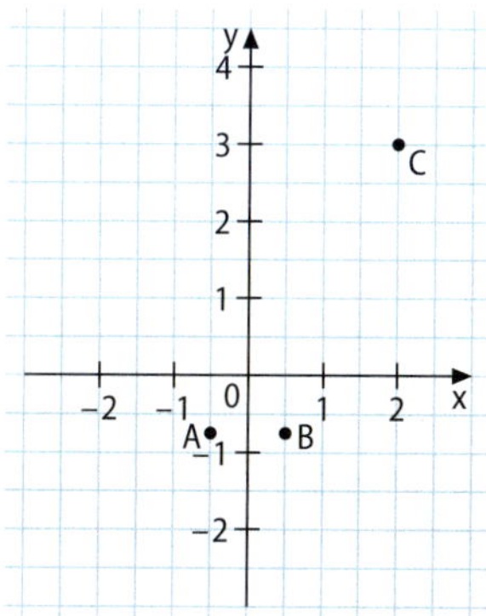


a) Entscheiden Sie, ob n gerade oder ungerade ist.

b) Begründen Sie, dass es mindestens zwei Funktionen gibt, die die geforderten Eigenschaften erfüllen.

c) Geben Sie die Koordinaten eines weiteren Punktes an, der auf den Graphen aller Funktionen liegt, die die geforderten Eigenschaften erfüllen.

d) Ermitteln Sie Werte für die Parameter a und c für eine Funktion, die die geforderten Eigenschaften erfüllt.

**8** Betrachten Sie die nebenstehende Figur, wobei y die Länge der Hypotenuse des Dreiecks (in LE) und x den Flächeninhalt des Quadrates (in FE) beschreibt. Die Funktion f soll y in Abhängigkeit von x hinsichtlich der dargestellten Figur beschreiben.

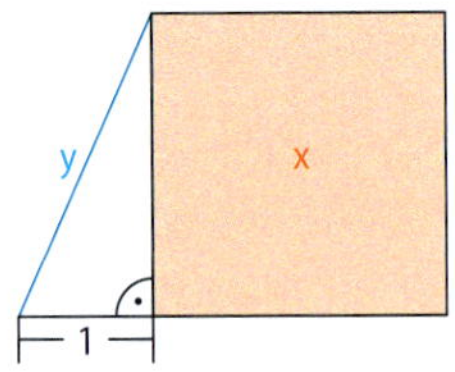


**a)** Weisen Sie nach, dass $f(x) = \sqrt{x+1}$ gilt.
**b)** Geben Sie den Definitions- und Wertebereich von f an und skizzieren Sie den Graphen.
**c)** Erläutern Sie, wie Sie mit Hilfe des Graphen von f ermitteln können, für welchen Flächeninhalt des Quadrates die Länge der Hypotenuse 5 LE beträgt.
**d)** Geben Sie den bei Aufgabe c) gesuchten Flächeninhalt an.

**9** Geben Sie eine Funktionsgleichung einer Potenzfunktion an, die zu der Aussage passt.
**a)** Der zugehörige Graph ist symmetrisch zur y-Achse.
**b)** Der zugehörige Graph geht durch den Punkt P (1|3).
**c)** Die zugehörigen Funktionswerte sind alle positiv oder null.
**d)** Verdoppelt sich der x-Wert, so verachtfacht sich der zugehörige y-Wert.

**10** Gegeben ist die Funktion $f_b$ mit dem Parameter b und $f_b(x) = \frac{1}{(x-b)^3} + b$ mit $b \in \mathbb{R}$.
**a)** Begründen Sie, dass $f_b$ höchstens eine Nullstelle hat.
**b)** Zeigen Sie, dass für $b = -1$ der Graph der Funktion $f_{-1}$ durch O (0|0) verläuft.
**c)** Bestimmen Sie rechnerisch für $b = 8$ die Nullstelle der Funktion $f_8$.
**d)** Geben Sie eine Formel an, mit Hilfe derer man allgemein die Nullstelle von $f_b$ berechnen kann und interpretieren Sie diese Formel hinsichtlich Aufgabe a).
**e)** Gegeben ist weiterhin die Gerade $g_b$ mit $g_b(x) = x + b$, die den Graphen von $f_b$ in genau zwei Punkten schneidet. Weisen Sie nach, dass keiner der Schnittpunkte auf der y-Achse liegt.

## Reflexion

| Arbeitsaufträge und Fragen zur Vorbereitung auf das Abitur | Hilfe |
|---|---|
| Beschreiben Sie den Einfluss des Exponenten einer Potenzfunktion auf ihre Eigenschaften. | S. 46 |
| Erklären Sie, warum die Funktion f mit $f(x) = x^a$ mit $a < 0$ für null nicht definiert ist. | S. 46 |
| Erklären Sie, was man unter einer geraden bzw. ungeraden Funktion versteht, und welchen Einfluss diese Unterscheidung auf die Symmetrie des entsprechenden Funktionsgraphen hat. | S. 49 |
| Erklären Sie, wie die Umkehrfunktion einer Funktion grafisch bestimmt werden kann, und welche Voraussetzungen dafür gelten müssen. | S. 50 |
| Beschreiben Sie den Einfluss von Parametern in der Funktionsgleichung einer Potenzfunktion auf ihren Graphen. | S. 52 |
| Begründen Sie, dass der Graph von Wurzelfunktionen keine Symmetrie aufweist. | S. 50 |
| Geben Sie alle gemeinsamen Punkte der Funktionen der Form $y = a \cdot (x - b)^n$ für gerade n an. | S. 52 |
| Erklären Sie, was es bedeutet, wenn man eine Funktion auf ihren Globalverlauf untersucht. | S. 56 |
| Erläutern Sie: „Der Graph jeder Potenzfunktion mit negativem Exponenten verhält sich asymptotisch." | S. 56 |

## Einstieg

Bei einer Achterbahn fahren Wagen auf Schienen bergauf bis zu einem der höchsten Punkte und dann wieder bergab bis zu einem tiefen Punkt. Es gibt eine höchste Abfahrt, die wird Frist Drop genannt. Die parabelförmigen Hügel einer Achterbahn werden auch Camelbacks genannt, die flachen Hügel Bunnyhops.

- Beschreiben Sie den Verlauf der Achterbahn möglichst genau.
- Geben Sie an, welche Abschnitte der Achterbahn Sie mit bekannten Funktionen modellieren können.

3

# Ganzrationale Funktionen

## Ausblick

Am Ende dieses Kapitels haben Sie gelernt, …

- ganzrationale Funktionen zu erkennen und den **Grad** der Funktion anzugeben.
- wie sich die **Funktionsgleichung** ändert, wenn man den Graphen einer ganzrationalen Funktion **verschiebt**, **streckt** oder **spiegelt**.
- das **Monotonie-** und das **Grenzverhalten** einer ganzrationalen Funktion zu beschreiben.
- **charakteristische Punkte** des Graphen einer ganzrationalen Funktion abzulesen.
- das **Symmetrieverhalten** des Graphen einer ganzrationalen Funktion zu beschreiben.
- einfache und mehrfache **Nullstellen** ganzrationaler Funktionen zu berechnen.

Vorwissen 1

## Potenzfunktionen mit natürlichem Exponenten

Jede Funktion f mit $f(x) = a \cdot x^n$ mit $a \in \mathbb{R}\setminus\{0\}$ und $n \in \mathbb{N}$ heißt **Potenzfunktion** vom **Grad n**.

- Für a = 1 und gerades n verläuft der Funktionsgraph …
  - achsensymmetrisch zur y-Achse.
  - nur durch den I. und II. Quadranten.
  - durch die Punkte $P_1(-1|1)$, $P_2(0|0)$ und $P_3(1|1)$.

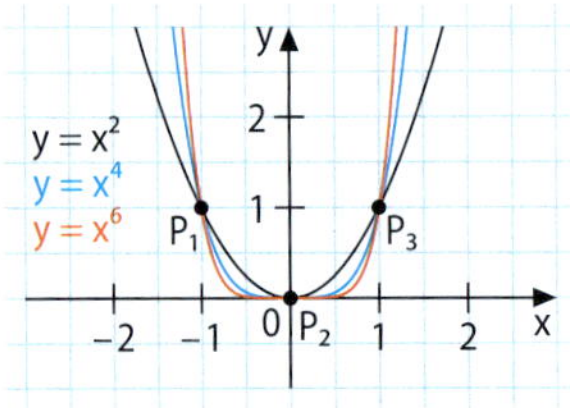


- Für a = 1 und ungerades n verläuft der Funktionsgraph …
  - punktsymmetrisch zum Ursprung.
  - nur durch den I. und III. Quadranten.
  - durch die Punkte $P_1(-1|-1)$, $P_2(0|0)$ und $P_3(1|1)$.

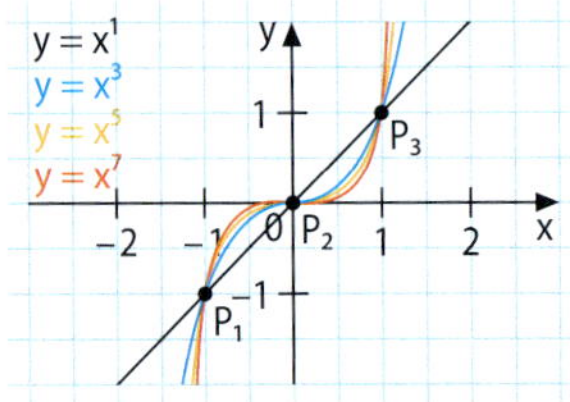


Vorwissen 2

## Nullstellen linearer Funktionen

Die **Nullstelle** $x_0$ einer linearen Funktion der Form $y = m \cdot x + b$ ist die Stelle, an der der Graph der Funktion die x-Achse schneidet. Es gilt stets: **y = 0**.

Nullstelle von $y = 2x + 4$:

$2x + 4 = 0 \quad | -4$

$2x = -4 \quad | :2$

$x_0 = -2$

Vorwissen 3

## Quadratische Gleichungen

Eine quadratische Gleichung kann keine, eine oder zwei Lösungen haben.

- Gleichung der Form $ax^2 - c = 0$

  $x_{1/2} = \pm\sqrt{\frac{c}{a}}$

$2x^2 - 32 = 0 \quad | +32$

$2x^2 = 32 \quad | :2$

$x^2 = 16 \quad | \sqrt{\phantom{x}}$

$x_1 = -4 \qquad x_2 = 4$

- Gleichung der Form $ax^2 + bx = 0$

  $x \cdot (ax + b) = 0$

  Satz vom Nullprodukt:

  $x_1 = 0$ oder $x_2 = -\frac{b}{a}$

$-4x^2 + 3x = 0$

$x \cdot (-4x + 3) = 0 \quad$ | Satz vom Nullprodukt

$x = 0$ oder $-4x + 3 = 0$

$x_1 = 0 \qquad x_2 = 0{,}75$

- Gleichung der Form $ax^2 + bx + c = 0$

  **1** pq-Formel: Die Gleichung muss in die Form $x^2 + px + q = 0$ gebracht werden.

  $x_{1/2} = -\frac{p}{2} \pm \sqrt{\left(\frac{p}{2}\right)^2 - q}$

$2x^2 + 8x + 6 = 0 \quad | :2$

$x^2 + 4x + 3 = 0$

$x_{1/2} = -2 \pm \sqrt{4 - 3}$

$x_1 = -3 \qquad x_2 = -1$

  **2** quadratische Ergänzung

  Die Gleichung wird umgeformt und es folgt die quadratische Ergänzung.

  $a \cdot \left[x^2 + \frac{b}{a}x + \left(\frac{b}{2a}\right)^2 - \left(\frac{b}{2a}\right)^2\right] + c = 0$

  $a \cdot \left(x + \frac{b}{2a}\right)^2 - \frac{b^2}{4a} + c = 0$

$2x^2 + 8x + 6 = 0$

$2 \cdot (x^2 + 4x + 4 - 4) + 6 = 0$

$2 \cdot (x^2 + 4x + 4) - 8 + 6 = 0$

$2 \cdot (x + 2)^2 = 2$

$(x + 2)^2 = 1$

$x_1 = -3 \qquad x_2 = -1$

## Aufgaben 1

Lösungen
Mediencode 63051-021

**1** Ordnen Sie die Graphen begründet den entsprechenden Funktionsgleichungen zu.

1 $y = x^2$ | 2 $y = x^9$ | 3 $y = x^5$ | 4 $y = -x^5$ | 5 $y = x^4$

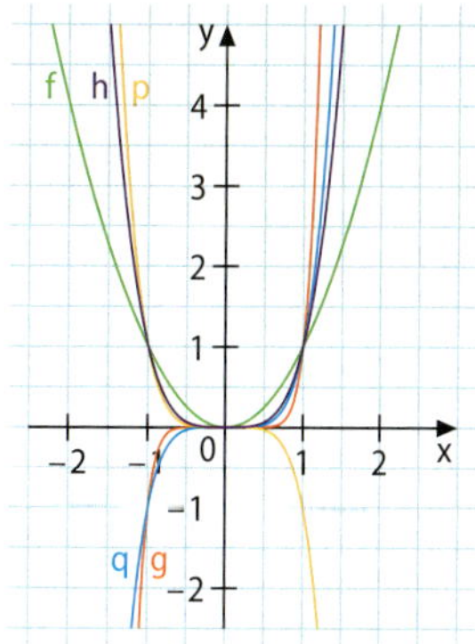


**2** Prüfen Sie, ob der Punkt auf dem Graphen der Funktion liegt.

a) $f(x) = x^3$; $P(2\,|\,8)$
b) $g(x) = x^4$; $P(-2\,|\,-16)$
c) $k(x) = 0{,}5x^3$; $P(-2\,|\,-4)$
d) $h(x) = -x^5$; $P(-1\,|\,-1)$

**3** a) Geben Sie einen Funktionsterm der Form $f(x) = a \cdot x^n$ für eine Funktion f mit folgenden Eigenschaften an. Der Graph der Funktion f …

1 ist symmetrisch zur y-Achse, verläuft durch die Punkte $P_1(1\,|\,1)$, $P_2(-2\,|\,64)$ und durch den I. und II. Quadranten.

2 ist symmetrisch zum Ursprung, verläuft durch die Punkte $P_1(-1\,|\,-0{,}5)$ und $P_2(2\,|\,16)$ und durch den I. und III. Quadranten.

b) Begründen Sie, dass die Angaben zu den Quadranten in a) 1 und 2 überflüssig sind.

## Aufgaben 2

**4** Berechnen Sie die Nullstellen der linearen Funktionen.

a) $y = -3x + 6$  b) $y = 2x$  c) $y = 4x - 12$  d) $y = 0{,}4x + 6$  e) $y = -\frac{1}{3}x - 1$

**5** Ermitteln Sie die Koordinate $x_A$ so, dass A der Schnittpunkt des Graphen mit der x-Achse ist.

a) $y = 4x + 8$; $A(x_A\,|\,0)$  b) $y = 7x + 14$; $A(x_A\,|\,0)$  c) $y = 16x - 3$; $A(x_A\,|\,0)$

## Aufgaben 3

**6** Lösen Sie die quadratischen Gleichungen.

a) $0 = 2x^2 - 18$
b) $0 = -0{,}5x^2 + 32$
c) $3x^2 - 27 = 0$
d) $4x^2 - 5 = 3x^2 + 3$
e) $0{,}4x^2 - 8 = 2$
f) $-2x^2 - 32 = 0$
g) $x^2 - x = 0$
h) $-4x^2 + 8x = 0$
i) $0{,}25x^2 - 8x = 0$
j) $-3x^2 = 9$
k) $x^2 + 4x = -4x^2 - 6x$
l) $2{,}5x^2 = 12x - 0{,}5x^2$

**7** Berechnen Sie die Nullstellen der quadratischen Funktionen mit Hilfe der pq-Formel.

a) $f(x) = x^2 - 2x - 3$
b) $g(x) = -2x^2 + 6x - 8$
c) $h(x) = 2{,}5x^2 + 15x - 30$
d) $k(x) = 4x^2 - 8x + 4$
e) $m(x) = -3x^2 - 18x - 15$
f) $n(x) = 4x^2 + 4x + 1$

**8** Berechnen Sie die Nullstellen der quadratischen Funktion mit quadratischer Ergänzung.

a) $f(x) = 2x^2 + 8x + 6$
b) $g(x) = -4x^2 - 8x + 60$
c) $h(x) = 3x^2 - 12x + 15$
d) $k(x) = -0{,}5x^2 + 3x - 4{,}5$
e) $m(x) = 5x^2 + 40x + 60$
f) $n(x) = -2x^2 - 5x + 7$

**9** a) Geben Sie für a einen passenden Wert an, wenn die Gleichung $x^2 + 8x = a$ …

1 zwei Lösungen …
2 nur eine Lösung …
3 zwei positive Lösungen …
4 eine negative und eine positive Lösung …

besitzen soll.

b) Geben Sie für die Bedingungen 1 bis 4 aus a) nicht nur einen bestimmten, sondern alle geeigneten Werte an.

## Hier passt – beinahe – eines zum anderen.

Gegeben sind Graphen ganzrationaler Funktionen und Steckbriefe verschiedener Funktionsgraphen.

- Ordnen Sie Graphen und Steckbriefe einander zu.
- Ein Graph bleibt übrig. Erstellen Sie dazu einen Steckbrief.
- Ein Steckbrief kann nicht zugeordnet werden. Zeichnen Sie einen passenden Graphen dazu.

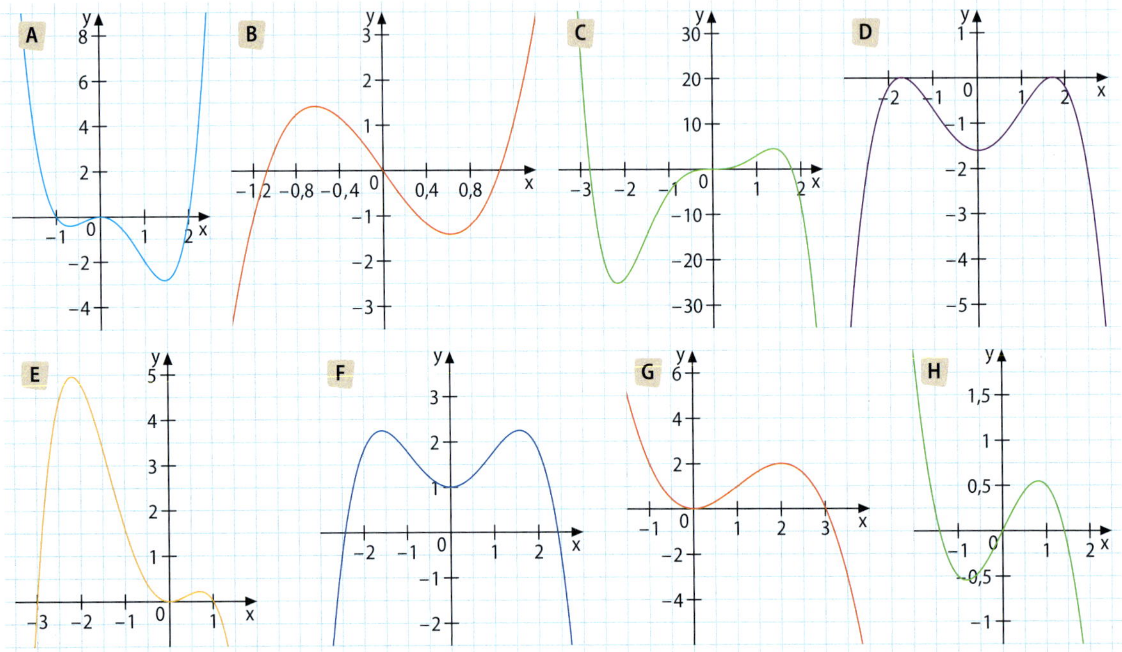


**1** Der Graph hat zwei Tiefpunkte und einen Hochpunkt. Er besitzt drei Nullstellen, wobei eine der Nullstellen eine doppelte Nullstelle ist. In zwei Intervallen ist der Graph monoton steigend und in zwei Intervallen monoton fallend. Der Graph verläuft sowohl für positive als auch für negative x-Werte gegen $\infty$. Eine Symmetrie bezüglich der Koordinatenachsen liegt nicht vor.

**2** Der Graph hat drei Extrempunkte. Er besitzt drei Nullstellen, wobei eine der Nullstellen eine doppelte Nullstelle ist. In zwei Intervallen ist der Graph monoton steigend und in zwei Intervallen monoton fallend. Der Graph verläuft sowohl für positive als auch für negative x-Werte gegen $-\infty$. Eine Symmetrie bezüglich der Koordinatenachsen liegt nicht vor.

**3** Der Graph ist symmetrisch zum Koordinatenursprung. Er hat drei Nullstellen. Der Graph besitzt einen Hoch- und einen Tiefpunkt. In zwei Intervallen ist der Graph monoton steigend und in einem Intervall monoton fallend. Der Graph verläuft für positive x-Werte gegen $\infty$ und für negative x-Werte gegen $-\infty$.

**4** Der Graph hat zwei Hochpunkte und einen Tiefpunkt. Er besitzt zwei Nullstellen. In zwei Intervallen ist der Graph monoton steigend und in zwei Intervallen monoton fallend. Der Graph verläuft sowohl für positive als auch für negative x-Werte gegen $-\infty$. Es liegt eine Symmetrie bezüglich der y-Achse vor.

**5** Der Graph ist weder symmetrisch zum Koordinatenursprung noch zur y-Achse. Er hat zwei Nullstellen, wobei eine davon doppelt ist. Der Graph besitzt einen Hochpunkt und einen Tiefpunkt. In zwei Intervallen ist der Graph monoton fallend und in einem monoton steigend. Der Graph verläuft für positive x-Werte gegen $-\infty$ und für negative x-Werte gegen $\infty$.

**6** Der Graph hat zwei Hochpunkte und einen Tiefpunkt. Er besitzt zwei Nullstellen, wobei beide Nullstellen doppelte Nullstellen sind. In zwei Intervallen ist der Graph monoton steigend und in zwei Intervallen monoton fallend. Der Graph verläuft sowohl für positive als auch für negative x-Werte gegen $-\infty$. Es liegt eine Symmetrie bezüglich der y-Achse vor.

**7** Der Graph ist weder symmetrisch zum Koordinatenursprung noch zur y-Achse. Er hat vier Nullstellen. Der Graph besitzt einen Hochpunkt und zwei Tiefpunkte. In zwei Intervallen ist der Graph monoton fallend und in zwei monoton steigend. Der Graph verläuft sowohl für positive als auch für negative x-Werte gegen $\infty$.

**8** Der Graph ist symmetrisch zum Koordinatenursprung. Er hat drei Nullstellen. Der Graph besitzt einen Hochpunkt und einen Tiefpunkt. In zwei Intervallen ist der Graph monoton fallend und in einem Intervall monoton steigend. Der Graph verläuft für positive x-Werte gegen $-\infty$ und für negative x-Werte gegen $\infty$.

Medien & Werkzeuge

## Ganzrationale Funktionen entdecken

Gegeben ist eine ganzrationale Funktion f dritten Grades mit $f(x) = a_3x^3 + a_2x^2 + a_1x + a_0$.
Gegeben ist eine weitere ganzrationale Funktion g vierten Grades mit $g(x) = b_4x^4 + b_3x^3 + b_2x^2 + b_1x + b_0$.

- Zeichnen Sie die Funktionen mit einem MMS und erstellen Sie Schieberegler für alle Parameter.
- Nutzen Sie die Schieberegler, um Entdeckungen an den Graphen der ganzrationalen Funktionen zu machen, und notieren Sie Ihre Ergebnisse.
  Beobachtungsaspekte sind Nullstellen, Extrempunkte, Sattelpunkte, Symmetrie, Monotonieverhalten und Globalverhalten.
- Setzen Sie bei der ganzrationalen Funktion 3. Grades die Koeffizienten von Potenzen mit geraden Exponenten auf null und entdecken Sie die Veränderungen.
- Setzen Sie ebenso bei der ganzrationalen Funktion 4. Grades die Koeffizienten aller Potenzen mit ungeraden Exponenten auf null und entdecken Sie die Veränderungen.

MMS-Applet
*Mediencode 63051-022*

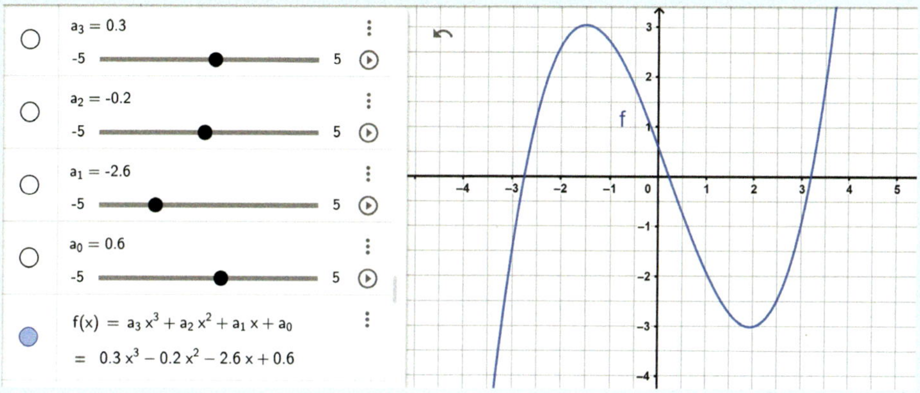


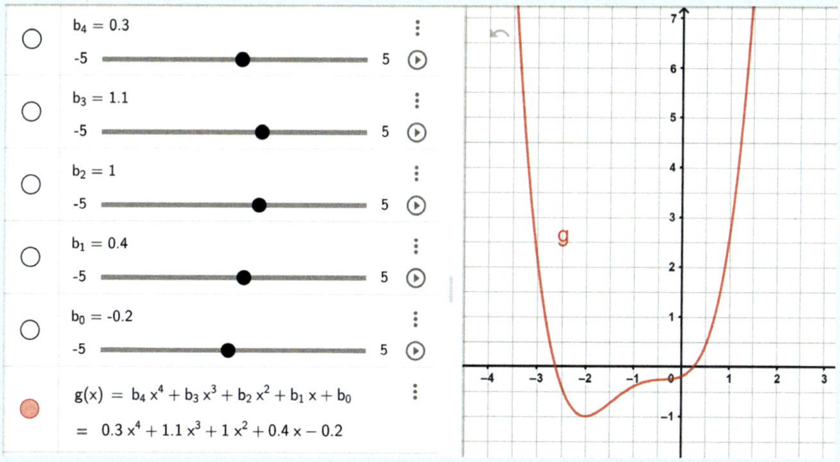

## 3.1 Ganzrationale Funktionen erkennen

**Entdecken**

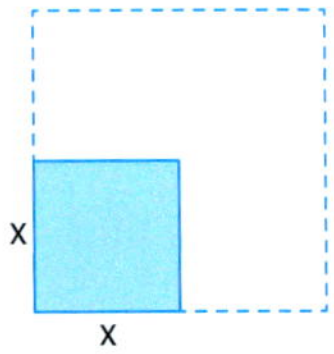


Eine Firma bietet rechteckige Blechzuschnitte an. Die Berechnung des Preises für einen Zuschnitt erfolgt auf Basis der Fläche des bestellten Blechs.

- Ermitteln Sie, wie sich der Preis für ein quadratisches Blech verändert, wenn sich die Seitenlänge verdoppelt (verdreifacht, halbiert). Geben Sie eine Funktionsgleichung für eine Standardlänge x und für einen Faktor von 4,50 € pro Standardfläche $x^2$ an.
- Geben Sie an, wie sich die Funktionsgleichung ändert, wenn bei einem rechteckigen Blech eine Seite um 1 (2, 3) Längeneinheit(en) verlängert und die andere um den gleichen Betrag verkürzt wird.
- Die Firma möchte auch Blechzuschnitte für Quader anbieten. Geben Sie die Funktionsgleichung für das Volumen eines Standardwürfels der Länge x an und vergleichen Sie diese mit der Volumenformel für einen Quader, bei dem sich die Kantenlängen wie dargestellt verändern.

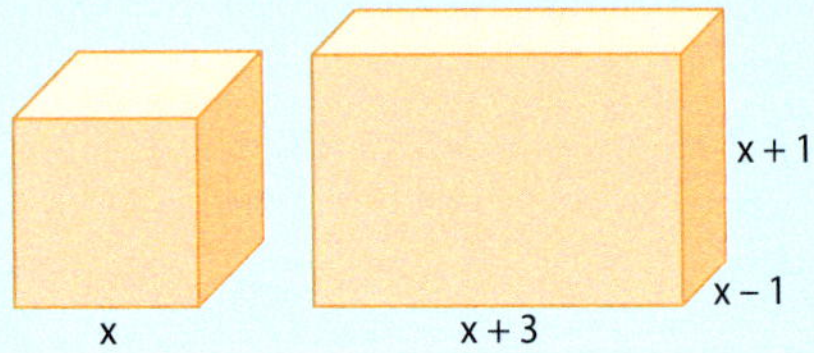


**Verstehen**

In vielen Anwendungsbezügen lassen sich funktionale Zusammenhänge mit Hilfe von Funktionstermen beschreiben, die eine Summe von Vielfachen von Potenzen von x sind – beispielsweise $2x^2 - 3x$. Einen solchen Term nennt man Polynom.

**Merke**

Ein Term der Form $a_nx^n + a_{n-1}x^{n-1} + \ldots + a_2x^2 + a_1x + a_0$ ($n \in \mathrm{N}$, $a_i \in \mathbb{R}$) heißt **Polynom** mit der Variable x. Die Zahlen $a_0, a_1, a_2, \ldots, a_n$ nennt man **Koeffizienten** des Polynoms. Als **Grad** des Polynoms wird der höchste Exponent von x bezeichnet mit $a_n \neq 0$.
Eine Funktion f, deren Funktionsterm f(x) als Polynom geschrieben werden kann, heißt **ganzrationale Funktion**. Der Grad des Polynoms heißt auch **Grad** der ganzrationalen Funktion.

Kennt man die Funktionsgleichung eines Graphen, kann man auf die Funktionsgleichung eines anderen Graphen schließen, wenn dieser gegenüber dem ursprünglichen Graphen verschoben, gestreckt, gestaucht oder gespiegelt ist.

**Merke**

**Verschiebung eines Graphen**
Bei der Parabel mit der Gleichung $g(x) = (x + 3)^2 - 2$ befindet sich der Scheitel im Punkt $S(-3 \mid -2)$. Die Parabel ist aus der Normalparabel $f(x) = x^2$ hervorgegangen, indem diese um 3 Einheiten nach links und um 2 Einheiten nach unten verschoben wurde.

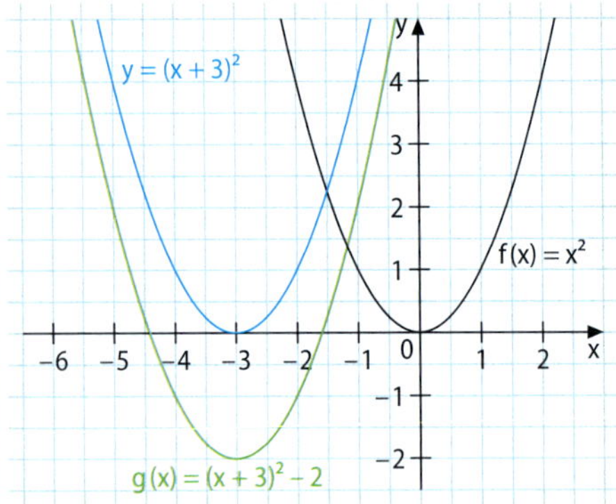

Funktionsterme, bei denen die Variable in mehreren Summanden vorkommt, können analog transformiert werden.
Ist etwa der Graph der Funktion f mit $f(x) = -x^3 + 2x^2$ gegeben, so erhält man daraus den Graphen der Funktion g mit $g(x) = -(x + 1)^3 + 2 \cdot (x + 1)^2 - 2$, indem man den Graphen von f um 1 Einheit nach links und um 2 Einheiten nach unten verschiebt.

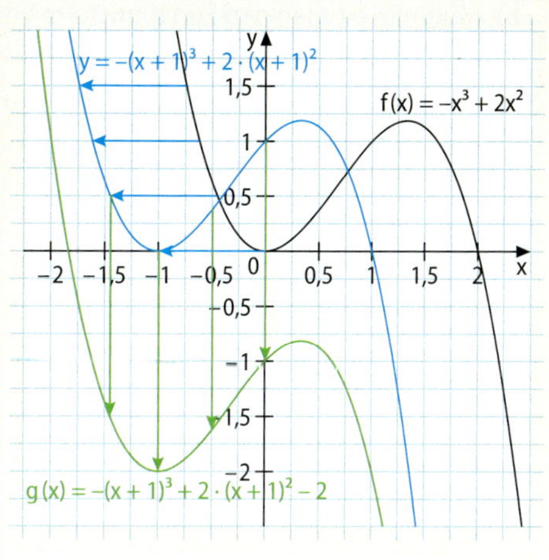


**Streckung eines Graphen**
Gegeben ist die Funktion f mit $f(x) = x^3 - 2x^2 + \frac{1}{2}$. Der Graph der Funktion h mit $h(x) = 2 \cdot f(x)$ geht aus dem Graphen von f hervor, indem man die Funktionswerte von f mit 2 multipliziert.

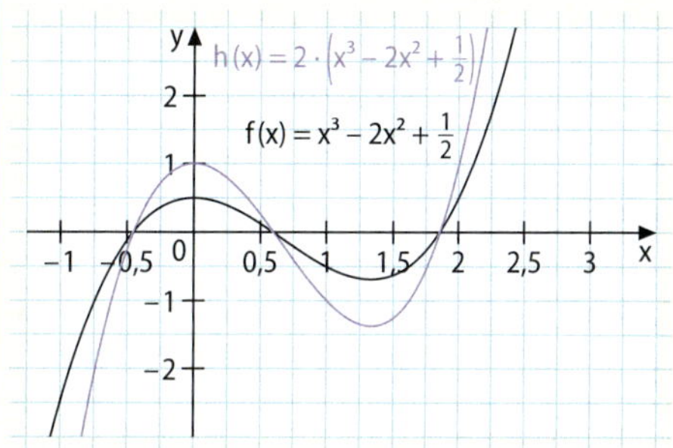


**Verallgemeinerung der Verschiebung**
Den Graphen der Funktion g mit $g(x) = f(x - c) + d$ erhält man, indem man den Graphen von f um $|c|$ Einheiten in x-Richtung und um $|d|$ Einheiten in y-Richtung verschiebt.
Dabei gilt:

| | |
|---|---|
| $c < 0$: in negative x-Richtung („links") | $d < 0$: in negative y-Richtung („unten") |
| $c > 0$: in positive x-Richtung („rechts") | $d > 0$: in positive y-Richtung („oben") |

**Verallgemeinerung der Streckung**
Den Graphen der Funktion h mit $h(x) = k \cdot f(x)$ und $k > 0$ erhält man, indem man den Graphen von f von der x-Achse aus in **y-Richtung** mit dem Faktor k streckt/staucht.
Ist $k < 0$, wird der Graph zusätzlich an der x-Achse gespiegelt.

**Erklärvideo**
*Mediencode 63051-023*

## Beispiele

**I.** Entscheiden Sie begründet, ob es sich bei der Funktion um eine ganzrationale Funktion handelt. Geben Sie den Grad der Funktion sowie die Koeffizienten an.

**a)** $f(x) = 0{,}5x^5 - 3x^3 + 3x + 1$
**b)** $g(x) = (x - 3) \cdot (x + 1) \cdot (0{,}2x^2 + 0{,}1)$
**c)** $h(x) = 3$
**d)** $k(x) = 2x^3 \cdot (1 + x^5)$
**e)** $m(x) = \sqrt{x + 5} - 2$

**Lösung:**

**a)** Die ganzrationale Funktion f hat den Grad 5 und die Koeffizienten $a_5 = 0{,}5$; $a_4 = 0$; $a_3 = -3$; $a_2 = 0$; $a_1 = 3$ und $a_0 = 1$.

**b)** Multipliziert man den Funktionsterm von g beispielsweise mit Hilfe eines MMS aus, so erhält man $g(x) = 0{,}2x^4 - 0{,}4x^3 - 0{,}5x^2 - 0{,}2x - 0{,}3$. Damit liegt eine ganzrationale Funktion vom Grad 4 mit den Koeffizienten $a_4 = 0{,}2$; $a_3 = -0{,}4$; $a_2 = -0{,}5$; $a_1 = -0{,}2$ und $a_0 = -0{,}3$ vor.

**c)** Wegen $3 = 3 \cdot x^0$ hat die ganzrationale Funktion h den Grad 0 mit dem Koeffizienten $a_0 = 3$.

**d)** Mit $k(x) = 2x^3 \cdot (1 + x^5) = 2x^8 + 2x^3$ liegt eine ganzrationale Funktion vom Grad 8 vor mit den Koeffizienten $a_8 = 2$; $a_7 = a_6 = a_5 = a_4 = 0$; $a_3 = 2$ und $a_2 = a_1 = a_0 = 0$.

**e)** Hier liegt keine ganzrationale Funktion vor, da sich der Funktionsterm nicht als Polynom mit natürlichen Exponenten darstellen lässt.

**II. a)** Gegeben ist die Funktion f mit $f(x) = -x^4 + 2x^2$. Geben Sie an, wie die Graphen der Funktionen g mit $g(x) = -(x-2)^4 + 2 \cdot (x-2)^2 - 1$ und k mit $k(x) = -0{,}5 \cdot (-x^4 + 2x^2)$ aus dem Graphen von f hervorgehen.

**b)** Gegeben ist die Funktion h mit $h(x) = x^3 - 2x$. Der Graph von m ist aus dem Graphen von h durch Verschiebung und Streckung hervorgegangen. Beschreiben Sie die Transformation und geben Sie eine Funktionsgleichung an.

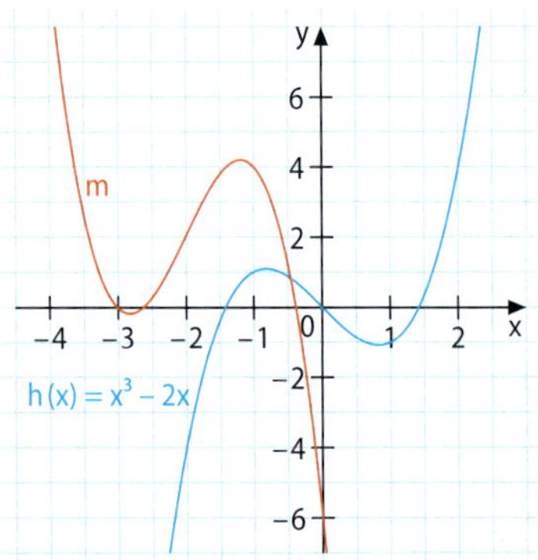


**Lösung:**

**a)** g: Der Graph von f wird um 2 Einheiten nach rechts und um eine Einheit nach unten verschoben.

k: Der Graph von f wird an der x-Achse gespiegelt und mit dem Faktor 0,5 in y-Richtung gestaucht.

**b)** Der Graph von h wurde an der x-Achse gespiegelt, mit dem Faktor 2 gestreckt, um 2 Einheiten nach links und um 2 Einheiten nach oben verschoben. Die Funktionsgleichung lautet: $h(x) = -2\,[(x+2)^3 - 2\,(x+2)] + 2$.

### Nachgefragt

- Begründen Sie: Jede Potenzfunktion ist eine ganzrationale Funktion.
- Beurteilen Sie die folgende Aussage: Die Addition oder Subtraktion zweier ganzrationaler Funktionen ist wieder eine ganzrationale Funktion.

## Aufgaben

oHiMi
1–5, 10, 11

**1** Formen Sie den Funktionsterm der Funktion f in eine Summe von Vielfachen von Potenzen um und geben Sie den Grad und die Koeffizienten der ganzrationalen Funktion an.

**a)** $f(x) = x \cdot (x-1) \cdot (x+1)$ **b)** $f(x) = (x+1) \cdot (x-3) \cdot (x-2)$
**c)** $f(x) = x^2 \cdot (x+0{,}5) \cdot (x-5)$ **d)** $f(x) = (x^4+2) \cdot (x+2)$

**2** Entscheiden Sie begründet, ob es sich bei der Funktion f um eine ganzrationale Funktion handelt. Geben Sie für diesen Fall den Grad der Funktion an.

**a)** $f(x) = 2x + 5$ **b)** $f(x) = 2$ **c)** $f(x) = 0{,}5x^3 + 7x$
**d)** $f(x) = 2x - \frac{1}{x}$ **e)** $f(x) = \sin(2x)$ **f)** $f(x) = 2x - 4x^2 + 6x^8$

**3** Ordnen Sie die Graphen der ganzrationalen Funktionen den Funktionsgleichungen begründet zu.

$f(x) = -2(x-4)^2 + 3$ $\qquad g(x) = (x-2)^3 + 3(x-2)^2$ $\qquad h(x) = 0{,}5(x+4)^4 - 1$

$k(x) = -3(x+1)^3 - 2(x+1)^2 + 3$ $\qquad m(x) = 0{,}2[(x-2)^3 - 4(x-2)^2 + (x-2)] + 1$

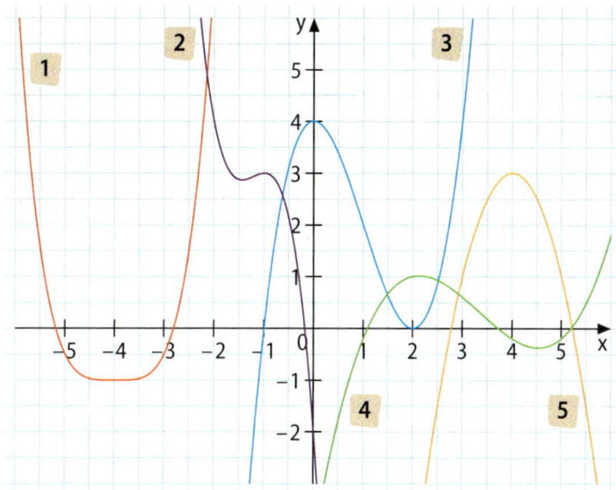


**4** Gegeben ist die Funktion m mit $m(x) = x^3$.

**a)** Die Funktion f mit $f(x) = 2(x-2)^3 + 3$ ist aus der Funktion m durch Verschiebung und Streckung hervorgegangen. Beschreiben Sie die Lage des Graphen von f.

**b)** Begründen Sie, dass die Funktion f keine Potenzfunktion mehr ist, obwohl sie aus einer Potenzfunktion hervorgegangen ist.

**c)** Stellen Sie die Funktionsgleichung von f ohne Klammern dar und zeigen Sie, dass f eine ganzrationale Funktion ist. Geben Sie die Koeffizienten und den Grad von f an.

**d)** Entscheiden Sie begründet, ob die Graphen der Funktion f und der Funktion g mit $g(x) = 2 \cdot ((x-2)^3 + 3)$ identisch sind.

**5** Begründen Sie, ob die Aussagen wahr sind oder nur unter Bedingungen gelten.

**a)** Jede Potenzfunktion ist eine ganzrationale Funktion.

**b)** Sämtliche Additionen, Subtraktionen, Multiplikationen und Divisionen von Potenzfunktionen mit natürlichem Exponenten führen zu ganzrationalen Funktionen.

**c)** Die Addition zweier Potenzfunktionen mit gleichem Exponenten führt zu einer ganzrationalen Funktion, die den doppelten Grad der ursprünglichen Potenzfunktion hat.

**d)** Die Differenz zweier ganzrationaler Funktionen ergibt eine Potenzfunktion.

**e)** Jede quadratische Funktion ist eine ganzrationale Funktion, aber niemals eine Potenzfunktion.

**6** Gegeben ist die Funktion k mit $k(x) = x^3 + 3x^2$ und vier aus k hervorgegangene Funktionen $h_1$ bis $h_4$.

**1** $h_1(x) = k(x-1)$ $\qquad$ **2** $h_2(x) = k(x+2) - 3$

**3** $h_3(x) = 2k(x+3)$ $\qquad$ **4** $h_4(x) = -k(x) + 5$

**a)** Beschreiben Sie für jede Funktion $h_1$ bis $h_4$, wie ihr Graph aus dem von k hervorgeht.

**b)** Geben Sie jeweils einen Term für die Funktionen $h_1$ bis $h_4$ an.

**7** Eine ganzrationale Funktion kann nach den gleichen Regeln wie eine Potenzfunktion transformiert werden. Alle Transformationen können miteinander kombiniert werden. Sie sehen die Bildfolge einer Transformation.

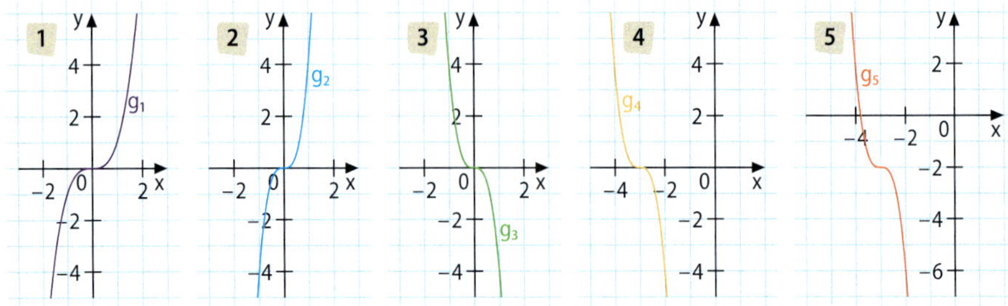


Die Funktion $g_1$ mit $g_1(x) = x^3$ wurde umgeformt zur Funktion $g_5$ mit $g_5(x) = -4(x+3)^3 - 2$. Schreiben Sie die einzelnen Funktionsgleichungen der Reihe nach auf.

**8** Gegeben ist die Funktion f mit $f(x) = x^3 - 3x$.

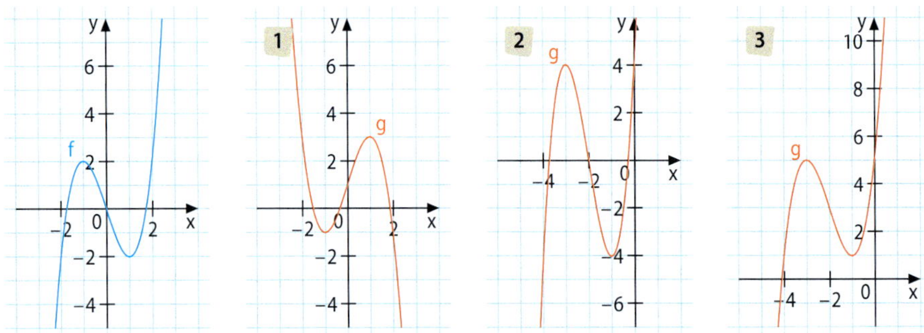


**a)** Geben Sie jeweils an, wie der Graph von g aus dem von f hervorgeht.
**b)** Geben Sie für die Graphen von g jeweils eine Funktionsgleichung an.

**Alles klar?**

**9** Ordnen Sie jedem Graphen den zugehörigen Funktionsterm zu den in $\mathbb{R}$ definierten Funktionen $f_1$ bis $f_5$ begründet zu.

**A** $y = 1 - x^3$ **B** $y = 2x^3 + 2$ **C** $y = x^3 + 1$
**D** $y = (x-1)^3 + 1$ **E** $y = -(x-1)^3 - 1$

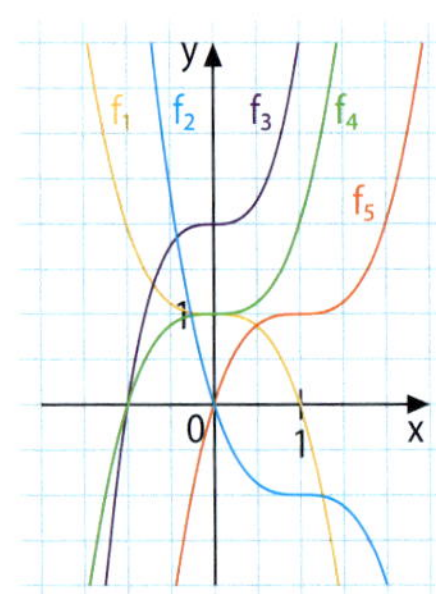


**10** Begründen Sie, warum es sich bei der Funktion f mit $f(x) = \frac{2x^2}{x-3}$ nicht um eine ganzrationale Funktion handelt, bei der Funktion g mit $g(x) = \frac{2x^2}{x} - 3$ aber schon.

**11** Gegeben ist die Funktion $f_1$ mit $f_1(x) = x^2$. Die Funktion wurde transformiert zur Funktion $f_2(x) = -0{,}5 \cdot (x-4)^2 - 3$. Beschreiben Sie, welche schrittweisen Veränderungen zu der transformierten Funktion geführt haben.

**12** Tim behauptet: „Je größer x wird, desto weniger unterscheiden sich die Funktionswerte von $f(x) = x^3 + x$ und $h(x) = x^3$." Nehmen Sie begründet Stellung zu dieser Aussage.

**13** Gegeben ist die Funktion f mit $f(x) = (x - 1)^2$.

**a)** Geben Sie einen Funktionsterm einer Funktion g an, deren Graph aus dem Graphen von f durch Verschiebung um zwei Längeneinheiten in positive x-Richtung hervorgeht.

**b)** Geben Sie einen Funktionsterm einer Funktion h an, deren Graph aus dem Graphen von f durch Spiegelung an der y-Achse hervorgeht.

**c)** Zeichnen Sie den Graphen einer Funktion i, der aus dem Graphen von f durch Streckung mit dem Faktor 0,5 in y-Richtung und einer Verschiebung um zwei Längeneinheiten in negative y-Richtung hervorgeht.

**14** Die ganzrationale Funktion f mit $f(x) = 2x^5 - x^2$ wird transformiert. Geben Sie die Funktionsgleichung der transformierten Funktion an und erläutern Sie, wie sich der Graph ändert.

**a)** $g(x) = f(3x) + 1$ **b)** $h(x) = -0{,}25 \cdot f(x + 1)$ **c)** $i(x) = f(-x) + 3$

**15** Gegeben sind die ganzrationalen Funktionen f, g und h.

$f(x) = -0{,}5x^3 + 2$ $g(x) = 3x - 4$ $h(x) = 6$

Entscheiden Sie begründet, ob es sich bei den Funktionen $k_i$ um eine ganzrationale Funktion handelt. Geben Sie gegebenenfalls den Funktionsterm und den Grad der Funktion an.

**a)** $k_1(x) = f(x) + g(x)$ **b)** $k_2(x) = f(x) - g(x)$ **c)** $k_3(x) = f(x) \cdot g(x)$

**d)** $k_4(x) = f(x) : g(x)$ **e)** $k_5(x) = f(x) \cdot h(x)$ **f)** $k_6(x) = g(x) : h(x)$

Medien & Werkzeuge

## Mit Parametern arbeiten

Untersuchen Sie die allgemeine Form einer ganzrationalen Funktion dritten Grades mit der Funktionsgleichung $f(x) = x^3 + a \cdot x^2 + b \cdot x$.

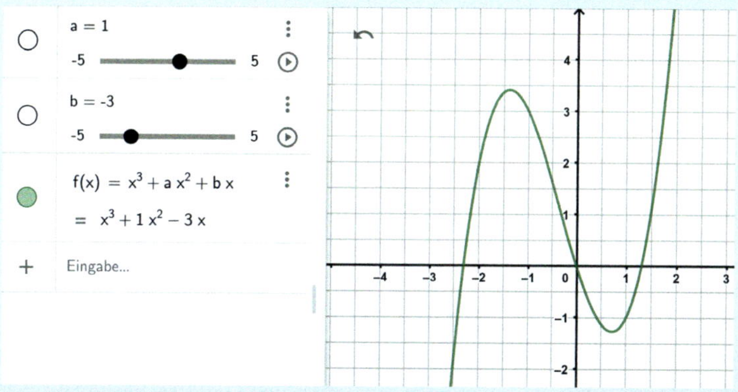


**a)** Zeichnen Sie den Graphen der Funktion f mit den Parametern a = 1 und b = 1 mit einem MMS. Verwenden Sie Schieberegler.

**b)** Prüfen und beschreiben Sie, wie sich der Verlauf des Graphen ändert, wenn Sie für b unterschiedliche positive oder negative Werte einstellen.

**c)** Wählen Sie für b wieder den Wert 1. Prüfen und beschreiben Sie nun, wie sich der Verlauf des Graphen ändert, wenn Sie für a unterschiedliche positive oder negative Werte einstellen.

MMS-Applet

*Mediencode 63051-024*

## Entdecken

Bei einer 20 km langen Wanderung zu den Bruchhauser Steinen im Sauerland ging es gefühlt ständig bergauf. Eine Untersuchung des Höhenprofils liefert dieses Bild:
Die ganzrationale Funktion f mit $f(x) = \frac{1}{10\,000} \cdot x^4 - \frac{1}{250} \cdot x^3 + \frac{1}{20} \cdot x^2 - \frac{9}{50} \cdot x + 0{,}3$ beschreibt im Intervall I [0; 20] das ungefähre Streckenprofil mit x als zurückgelegter Strecke in km und f(x) als Höhe über NN in km.

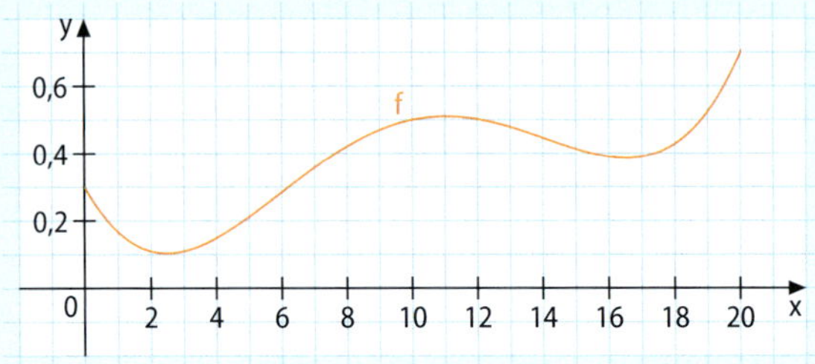


- Beurteilen Sie die Aussage „Es ging gefühlt nur bergauf." anhand des Funktionsgraphen.
- Geben Sie Intervalle an, in denen die Wanderung bergauf bzw. bergab ging.
- Entwickeln Sie bezogen auf die Intervalle eine mathematische Beschreibung der Aussagen „Es geht bergauf." und „Es geht bergab.".

## Verstehen

Betrachtet man eine Funktion f abschnittsweise, so kann man häufig Intervalle unterscheiden, in denen bei wachsenden x-Werten die Funktionswerte f(x) ständig zu- oder abnehmen.

*Eine Funktion f ist auf einem Intervall* ***monoton steigend*** *bzw.* ***monoton fallend****, wenn für alle $x_1 < x_2$ aus I gilt: $f(x_1) \le f(x_2)$ bzw. $f(x_1) \ge f(x_2)$*

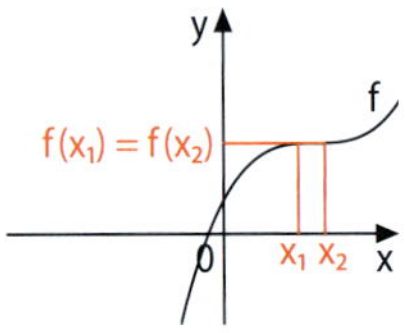


*f ist monoton steigend, da für $x_1 < x_2$ gilt: $f(x_1) = f(x_2)$*

### Merke

**Monotonie**

Eine Funktion f ist auf einem Intervall I …

- **streng monoton steigend**, wenn für alle $x_1 < x_2$ aus I gilt: $f(x_1) < f(x_2)$.

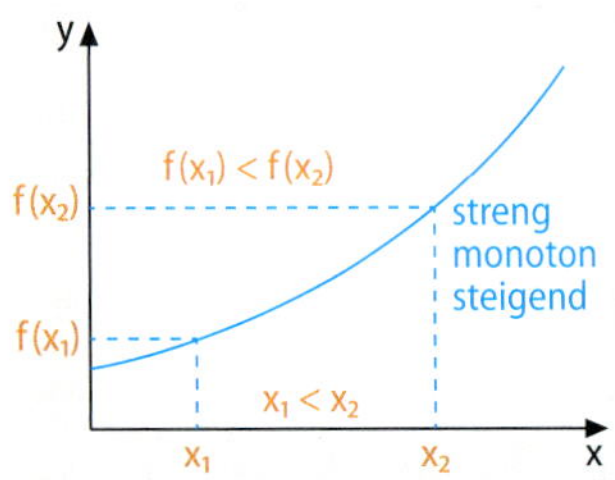


- **streng monoton fallend**, wenn für alle $x_1 < x_2$ aus I gilt: $f(x_1) > f(x_2)$.

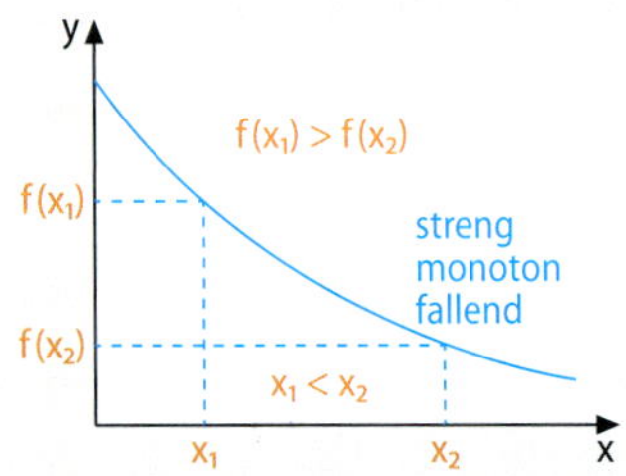


Bei Potenzfunktionen hängt das Verhalten im Unendlichen (Globalverhalten) vom Exponenten ab. Bei ganzrationalen Funktionen hängt es nur von der höchsten Potenz ab.

*Entscheidend für das Globalverhalten ist also nur der Summand mit dem größten Exponenten.*

### Merke

**Verhalten im Unendlichen: Globalverhalten einer ganzrationalen Funktion**
Bei einer ganzrationalen Funktion f mit $f(x) = a_n x^n + a_{n-1} x^{n-1} + \ldots + a_2 x^2 + a_1 x + a^0$ und $a_n \neq 0$ entscheidet der Summand $a_n x^n$ über das Verhalten von f(x) für $x \to \pm\infty$.

| n gerade | | |
|---|---|---|
| | $x \to -\infty$ | $x \to \infty$ |
| $a_n > 0$ | $f(x) \to \infty$ | $f(x) \to \infty$ |
| $a_n < 0$ | $f(x) \to -\infty$ | $f(x) \to -\infty$ |

| n ungerade | | |
|---|---|---|
| | $x \to -\infty$ | $x \to \infty$ |
| $a_n > 0$ | $f(x) \to -\infty$ | $f(x) \to \infty$ |
| $a_n < 0$ | $f(x) \to \infty$ | $f(x) \to -\infty$ |

## Beispiele

**I.** Geben Sie die Intervalle an, auf denen die Funktion f streng monoton steigend bzw. streng monoton fallend ist.

**Lösung:**

f ist streng monoton …
- steigend in $]-\infty; -1]$, $[1{,}5; 3]$ und $[6; \infty[$.
- fallend in $[-1; 1{,}5]$ und $[3; 6]$.

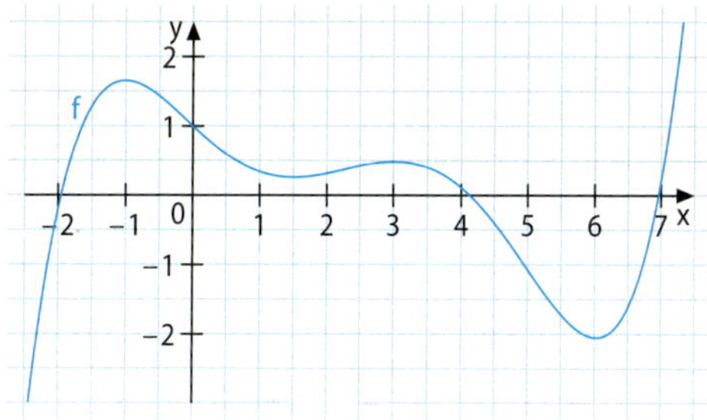

**II.** Geben Sie ein mögliches $a_n x^n$ der ganzrationalen Funktionen an, deren Graphen abgebildet sind.

**Lösung:**

f: $a_n > 0$, n ungerade; z. B. $2x^3$

g: $a_n < 0$, n gerade; z. B. $-0{,}2x^4$

h: $a_n < 0$, n ungerade; z. B. $-x^5$

i: $a_n > 0$, n gerade; z. B. $x^6$

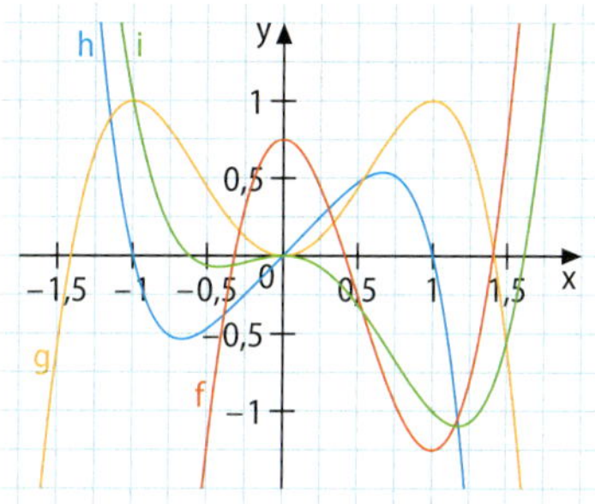

## Nachgefragt

- Nehmen Sie Stellung zu der Aussage: „Jede ganzrationale Funktion 3. Grades wechselt zwei Mal ihr Monotonieverhalten."
- Erklären Sie, ob folgende Aussage wahr oder falsch ist: „Jede ganzrationale Funktion 4. Grades hat mindestens zwei und höchstens vier Monotonieintervalle."

**Aufgaben**

oHiMi 1, 3, 4, 8, 9, 10, 11

**1** Die Abbildung zeigt den Graphen einer ganzrationalen Funktion.

a) Erläutern Sie, ob es Intervalle gibt, in denen der Graph monoton steigend bzw. monoton fallend ist. Geben Sie ggf. solche Intervalle an.

b) Stellen Sie eine Vermutung über den Grad der Funktion an und begründen Sie diese.

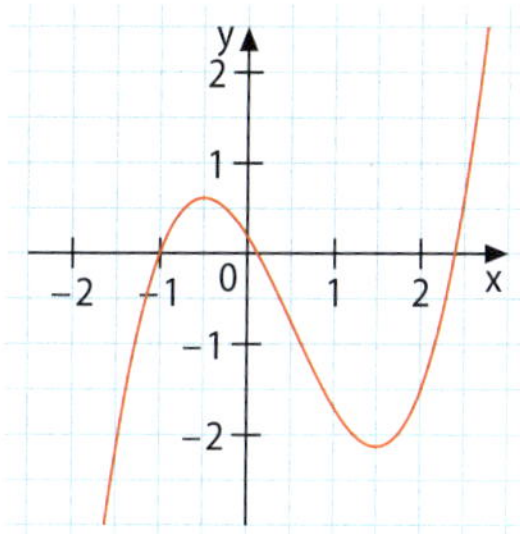

**2** Machen Sie auf Basis des Grades der Funktion f und des relevanten Koeffizienten Aussagen über das Verhalten der Funktion im Unendlichen.

a) $f(x) = -2x^5 + x^2$ b) $f(x) = x^2 + 2x^3 - 4x$ c) $f(x) = 2 \cdot (x-2) \cdot (x+2)$

d) $f(x) = 0{,}5 \cdot (x+2) \cdot \frac{1}{2}(x-2)$ e) $f(x) = -3x^3 - 4x^4 - 1$ f) $f(x) = -x^3 - \frac{x^5}{3}$

**3** Richtig oder falsch? Nehmen Sie begründet Stellung zu den folgenden Aussagen.

a) „Der Graph der Funktion f mit $f(x) = -2x^5 + x^2$ verläuft von links unten nach rechts oben."

b) „Der Graph der Funktion f mit $f(x) = -3x^3 - 4x^4 - 1$ verläuft wegen des Vorfaktors $-3$ und dem Grad 3 von links oben nach rechts unten."

c) „Der Graph der Funktion f mit $f(x) = (x+2) \cdot (x-2) \cdot (x-1)$ ist eine Gerade und verläuft von links unten nach rechts oben."

**4** Bestimmen Sie möglichst viele Eigenschaften des Graphen der gegebenen Funktion f.

**a)** $f(x) = x^3 + 2x^2 + x$ **b)** $f(x) = x^2 - 2x + 1$ **c)** $f(x) = x^4 + 2x^2 - 1$

**d)** $f(x) = (x-2)^3 \cdot (-x-1)$ **e)** $f(x) = -3 \cdot (x^3 - 2x)^2$ **f)** $f(x) = (x-1)^2 \cdot (x+1)^2$

**5** Skizzieren Sie jeweils einen Funktionsgraphen mit den folgenden Eigenschaften. Geben Sie zusätzlich das Monotonieverhalten Ihres skizzierten Funktionsgraphen an.

**a)** Wenn $x \to +\infty$, dann $f(x) \to +\infty$. Wenn $x \to -\infty$, dann $f(x) \to +\infty$.

**b)** Wenn $x \to +\infty$, dann $f(x) \to +\infty$. Wenn $x \to -\infty$, dann $f(x) \to -\infty$.

**Alles klar?**

**6** Gegeben sind vier Funktionsgleichungen.

$f(x) = x^6 - 2x^4 + 4x$ $g(x) = -x^5 + 2x^3 - x$ $h(x) = -x^6 - x^2 - x$ $i(x) = 2x^3 - 3x^2 + x$

**a)** Skizzieren Sie die Graphen der Funktionen allein mit Hilfe des Globalverhaltens.

**b)** Zeichnen Sie die Graphen mit einem MMS und geben Sie die Monotonieintervalle an.

**7** Die Abbildungen zeigen die Graphen von vier verschiedenen Funktionen.

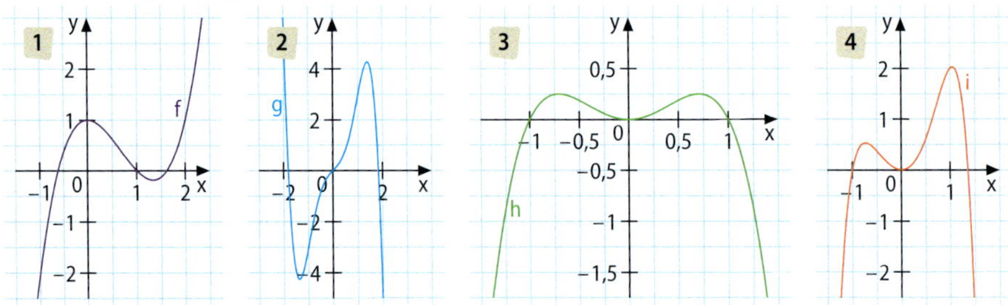


**a)** Geben Sie jeweils an, in welchen Intervallen die Funktion streng monoton steigt bzw. fällt.

**b)** Treffen Sie Aussagen bezüglich des Verhaltens der Funktion im Unendlichen und begründen Sie Ihre Aussagen.

**c)** Geben Sie an, welchen Grad die jeweilige Funktion haben könnte.

**d)** Geben Sie mit Hilfe eines MMS eine ganzrationale Funktion an, deren Verlauf in etwa dem des abgebildeten Graphen entspricht.

**8** Gegeben ist die Funktion f mit $f(x) = \frac{1}{5}x^4 - 4x^3 - \frac{1}{5}x^2 + 4x$.
Beschreiben Sie den Verlauf des Graphen und begründen Sie, dass die gelbe Kurve nur ein kleiner Ausschnitt des Graphen von f sein kann.

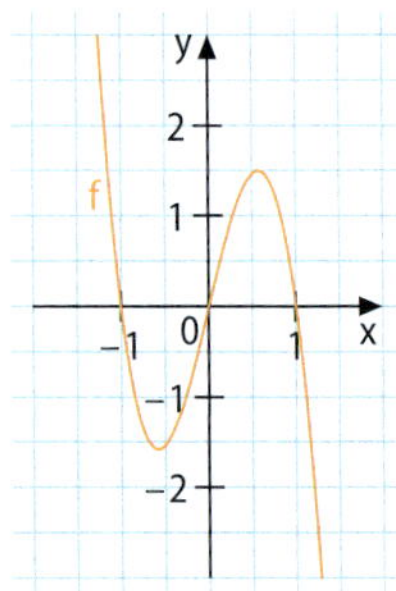


**9** Begründen Sie, welche der Aussagen richtig und welche falsch ist.

**a)** Der Grad einer ganzrationalen Funktion ermöglicht Aussagen über das Monotonieverhalten der Funktion.

**b)** Das Globalverhalten einer ganzrationalen Funktion ermöglicht Aussagen über den Grad.

**c)** Das Monotonieverhalten einer ganzrationalen Funktion ermöglicht Aussagen über den Grad der Funktion.

**10** Ordnen Sie die Graphen begründet der richtigen Funktionsgleichung zu.

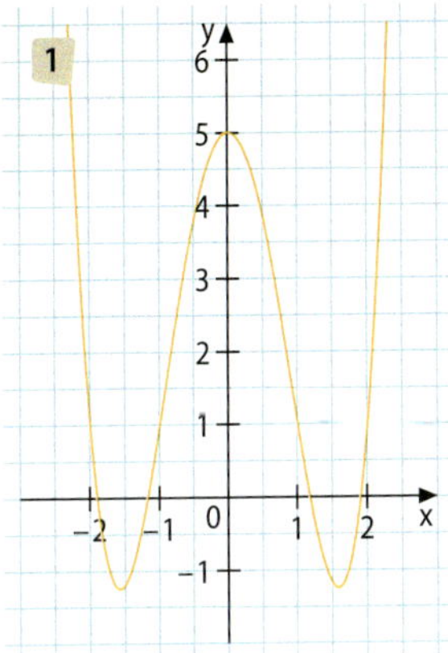


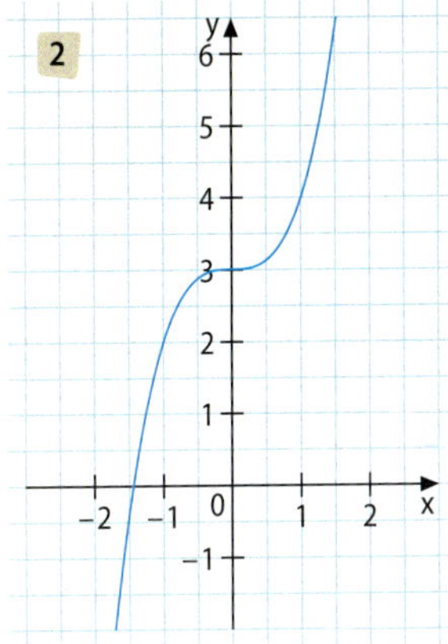


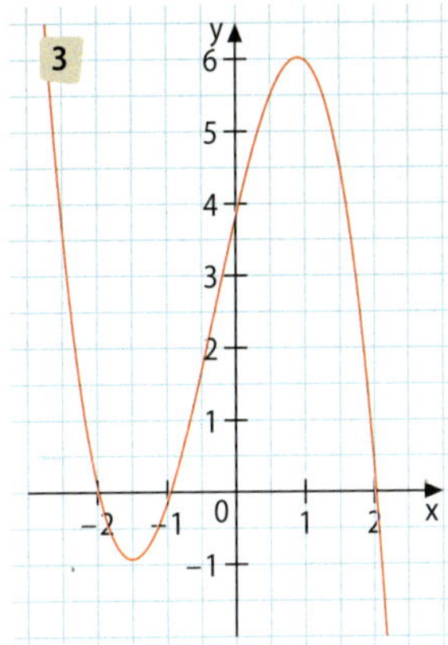


$f(x) = x^3 + 3$

$g(x) = x^4 - 5x^2 + 5$

$h(x) = -x^3 - x^2 + 4x + 4$

**11** Elisa behauptet, dass Funktionsgraphen, die das gleiche Globalverhalten aufweisen, auch die gleichen Monotonieintervalle haben. Nehmen Sie begründet Stellung dazu.

**12** Die Anzahl der Besucher in einem Kaufhaus zu seinen Öffnungszeiten wird in einem bestimmten Intervall durch eine Funktion f gegeben, deren Graph Sie rechts sehen.

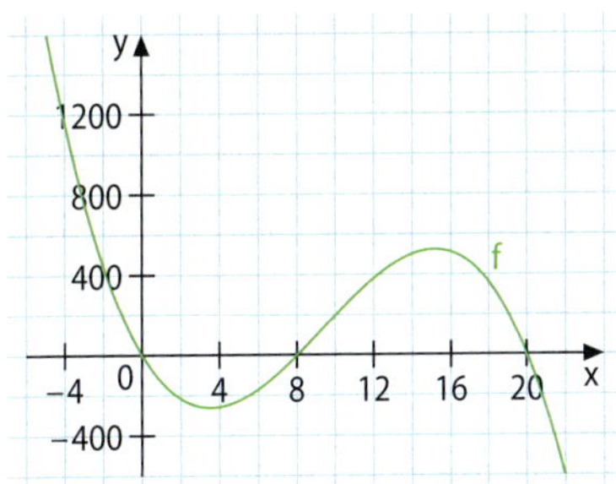


a) Geben Sie die Monotonieintervalle von f an.
b) Erläutern Sie, in welchen Zeiträumen der Sachzusammenhang sinnvoll durch den Funktionsgraphen beschrieben werden kann.
c) Beschreiben Sie das Monotonieverhalten im Sachzusammenhang.

**13** Geben Sie an, welche der folgenden Funktionen das gleiche Globalverhalten haben.

$k(x) = -0{,}2x^4 - x^2$ | $m(x) = -\frac{5}{8}x^6 + 9x^2$ | $w(x) = \frac{1}{10}x^{43} + x$ | $n(x) = x^4 - 5x^7 + 3x$

$f(x) = -x^3 + 4x - 3$ | $v(x) = x^8 + x^7 - x^3 + 12x$ | $r(x) = 98x^{54} - x^{23} + 100$ | $e(x) = 4 + \frac{1}{3}x$

**14** Geben Sie jeweils die Funktionsgleichung einer passenden Funktion f an.
a) f ist im gesamten Definitionsbereich monoton fallend.
b) f ist für $x < 2$ monoton steigend und für $x > 2$ monoton fallend.
c) f hat vier Monotonieintervalle und für $x \to \pm\infty$ dasselbe Globalverhalten.

**15** Für die Funktion f gilt: $f(x) \to +\infty$ sowohl für $x \to +\infty$ als auch für $x \to -\infty$. Untersuchen Sie den Globalverlauf der Funktion g.
a) $g(x) = 88 - f(x)$
b) $g(x) = -0{,}5 \cdot f(x)$
c) $g(x) = (f(x))^2$

## Entdecken

Die Abbildung zeigt das Höhenprofil des Hermannslaufs.

- Beschreiben Sie, welche Informationen sich aus dem Diagramm entnehmen lassen.
- Erläutern Sie, an welchen Stellen Sie einen besonders hohen bzw. tiefen Punkt vermuten.

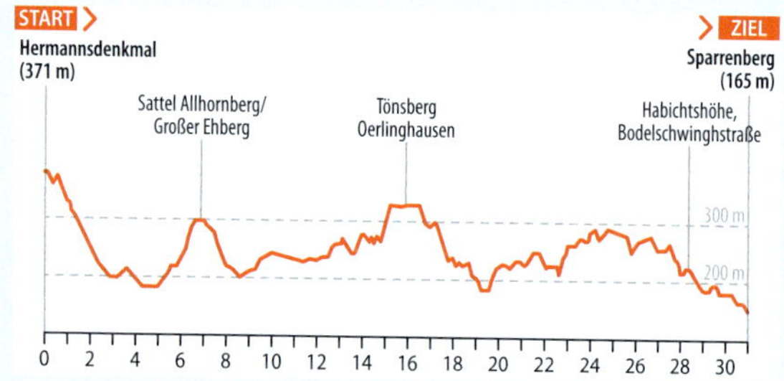


## Verstehen

Anhand eines Graphen lässt sich erkennen, an welchen Stellen Extrempunkte, also Hoch- oder Tiefpunkte, oder Wendepunkte vorliegen.

### Merke

*Statt lokales kann man auch relatives Maximum/Minimum sagen.*

**Lokales Extremum**
Ist ein Punkt in einer Umgebung der …
- höchste Punkt, heißt er **Hochpunkt** (HP), der zugehörige Funktionswert ist ein **lokales Maximum.**
- tiefste Punkt, heißt er **Tiefpunkt** (TP), der zugehörige Funktionswert ist ein **lokales Minimum.**

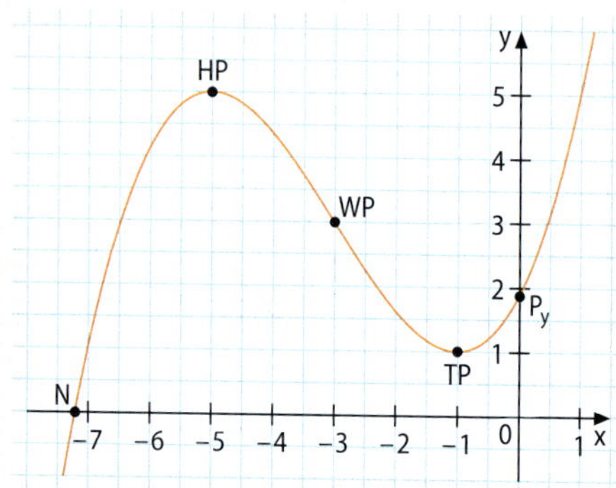


*Ein globales oder absolutes Extremum ist ein auf den kompletten Definitionsbereich bezogenes Extremum.*

**Globales Extremum**
Am höchsten Punkt eines Funktionsgraphen liegt ein **globales Maximum**, am tiefsten ein **globales Minimum** vor.

*An einem Wendepunkt ist die Steigung des Graphen in einer Umgebung extremal, d. h. am größten oder am kleinsten.*

**Wendepunkt**
Zwischen einem Hoch- und einem Tiefpunkt liegt (bei ganzrationalen Funktionen) immer ein **Wendepunkt** (WP). Bei einem Wendepunkt ändert sich das Krümmungsverhalten des Graphen von einer Rechts- in eine Linkskurve (oder umgekehrt).

*Es kann mehrere Nullstellen, aber höchstens einen Schnittpunkt mit der y-Achse geben.*

**Schnittpunkte mit den Koordinatenachsen**
- x-Achse: Eine Lösung $x_0$ der Gleichung $f(x) = 0$ heißt Nullstelle der Funktion. Aus ihr ergibt sich der Schnittpunkt **$N(x_0|0)$** des Funktionsgraphen mit der x-Achse.
- y-Achse: Ein Punkt **$P_y(0|f(0))$** ist der Schnittpunkt des Funktionsgraphen mit der y-Achse.

### Beispiel

Geben Sie an, an welchen Stellen der abgebildete Graph besondere Punkte hat.

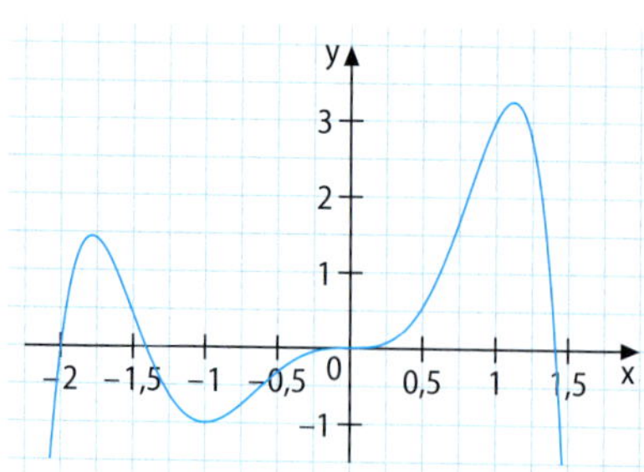


**Lösung:**
Nullstellen: $x_0 = -2$; $x_1 \approx -1{,}4$; $x_2 = 0$; $x_3 \approx 1{,}4$
Schnittpunkt mit der y-Achse: $P_y(0|0)$
Lokales Minimum bei $TP(-1|-1)$
Lokales Maximum bei $HP_1(-1{,}8|1{,}4)$; $HP_2(1{,}1|3{,}2)$
Wendepunkte $WP_1(-1{,}4|0{,}2)$; $WP_2(0|0)$

**Nachgefragt**

- Erklären Sie, wie viele Nullstellen eine ganzrationale Funktion, die genau zwei Hochpunkte und genau einen Tiefpunkt hat, haben kann.
- Eine ganzrationale Funktion hat zwei Wendepunkte. Erläutern Sie, welche Aussagen Sie hinsichtlich der Existenz und Anzahl von relativen Extrema machen können.

**Aufgaben**

**oHiMi**
1–3

**1** Betrachten Sie die folgenden Graphen und geben Sie besondere Punkte an.

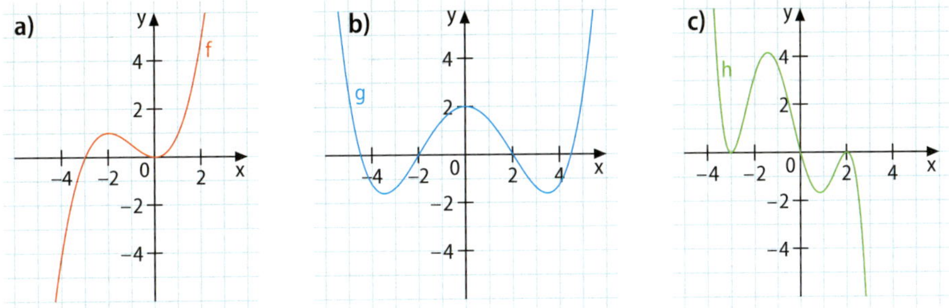


**2** Die Abbildung zeigt das Höhenprofil der Hochheideloipe im Sauerland.

a) Beschreiben Sie die Loipe anhand der Informationen aus der Abbildung.

b) Beschreiben Sie, an welchen Stellen Sie Hoch- bzw. Tiefpunkte sehen.

c) Geben Sie begründet die höchste (tiefste) Stelle der Loipe an.

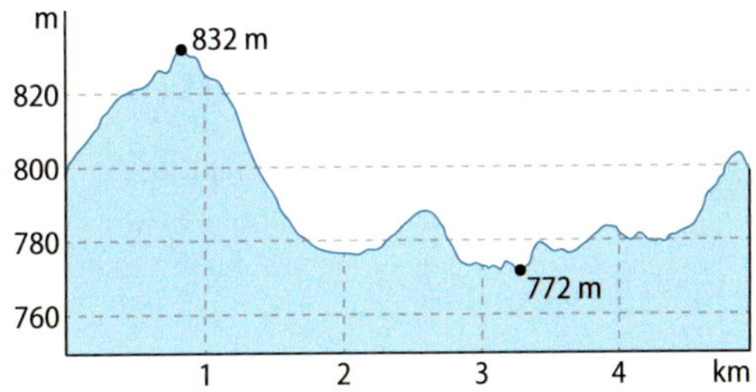


*Eine Loipe ist eine zum Skilanglaufen präparierte Strecke im Schnee.*

**3** Skizzieren Sie einen Funktionsgraphen mit den angegebenen Eigenschaften. Vergleichen Sie Ihre Skizze mit einer Lernpartnerin oder einem Lernpartner. Geben Sie gemeinsam weitere Koordinaten besonderer Punkte Ihrer Graphen an.

a) Hochpunkt bei HP $(0\,|\,3)$ und Tiefpunkt bei TP $(5\,|\,-1)$

b) Hochpunkt an der Stelle $x_{HP} = 2$, lokales Maximum bei $x_M = 5$

c) Tiefpunkt bei TP $(-1\,|\,-5)$, lokales Minimum bei $x_M = 3$

d) Lokales Maximum bei $x_{M_1} = 0$, globales Maximum bei $x_{M_2} = -5$, Tiefpunkt bei TP $(-2\,|\,-1)$

e) Nullstellen bei $x_0 = -3$ und $x_1 = 5$, Extremstelle bei $x_E = 1$, globales Maximum bei $x_M = 8$

**4** Zeichnen Sie die Graphen der Funktionen mit einem MMS und geben Sie die Koordinaten aller Extrempunkte, Nullstellen, Wendepunkte und des Schnittpunktes mit der y-Achse an.

a) $f(x) = x^2 - 6x + 11$ b) $f(x) = x^3 - 3x$ c) $f(x) = -\frac{1}{4}x^4 + x^3 - 4$

d) $f(x) = (x^2 - 1)^2$ e) $f(x) = x^6 - \frac{6}{5}x^5 - 2x^4 + 6$ f) $f(x) = (x^3 - 2x^2)^4$

**5** Zeichnen Sie die Graphen der Funktionen $f_1$ und $f_2$ mit $f_1(x) = x^4 - 4x^3 + 4x^2$ und $f_2(x) = -x^4 + 4x^3 - 4x^2$. Geben Sie alle besonderen Punkte an und nennen Sie Unterschiede und Gemeinsamkeiten beider Funktionen.

# 3.4 Symmetrie

## Entdecken

achsen-symme-trisch

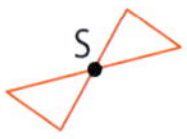


punkt-symme-trisch

Auch Graphen von Funktionen können symmetrisch sein.

- Beschreiben Sie, welche Symmetrien Sie an den Graphen erkennen.
- Geben Sie an, welche Graphen symmetrisch zur y-Achse sind.
- Nennen Sie Graphen, die punktsymmetrisch zum Koordinatenursprung O (0 | 0) sind.

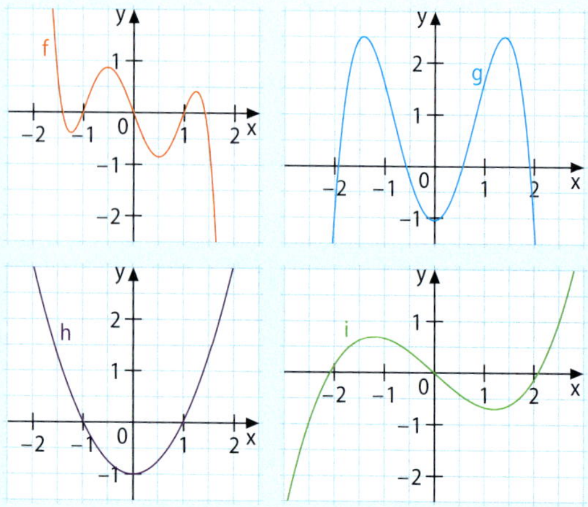


## Verstehen

Bei Funktionsgraphen sind Symmetrien von besonderer Bedeutung.

*Es können selbstverständlich andere Symmetrien vorliegen, allerdings können diese nicht auf die beschriebene Weise nachgewiesen werden.*

### Merke

Der Graph einer Funktion f mit der Definitionsmenge D ist genau dann …

- achsensymmetrisch zur y-Achse, wenn für alle $x \in D$ gilt: $f(-x) = f(x)$.

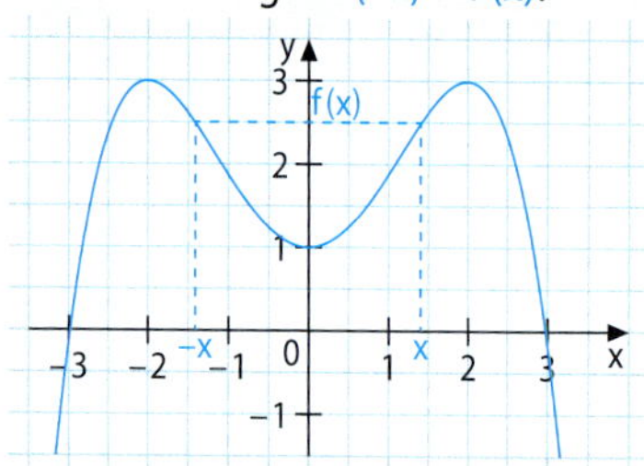


$f(x) = -\frac{1}{8}x^4 + x^2 + 1$

$f(-x) = -\frac{1}{8}(-x)^4 + (-x)^2 + 1$

$= -\frac{1}{8}x^4 + x^2 + 1 = f(x)$ ✓

- punktsymmetrisch zum Ursprung, wenn für alle $x \in D$ gilt: $f(-x) = -f(x)$.

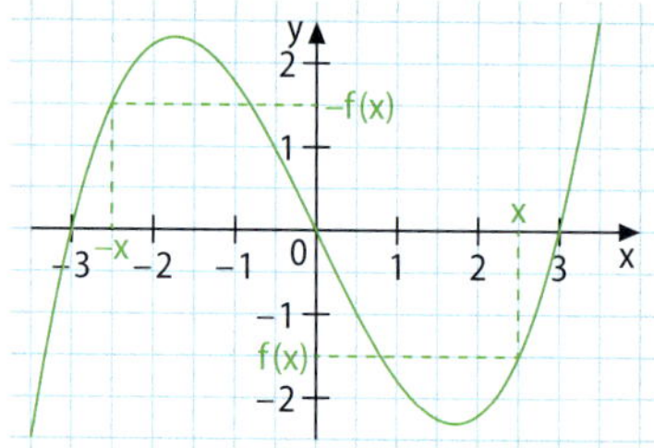


$f(x) = \frac{2}{9}x^3 - 2x$

$f(-x) = \frac{2}{9}(-x)^3 - 2(-x)$

$= -\frac{2}{9}x^3 + 2x = -\left(\frac{2}{9}x^3 - 2x\right) = -f(x)$ ✓

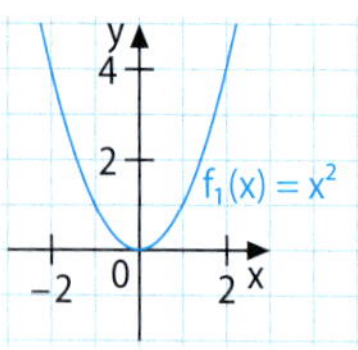


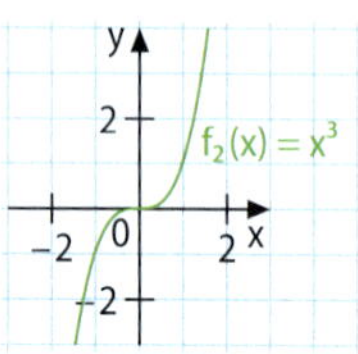


Bei ganzrationalen Funktionen lässt sich das Vorliegen einer derartigen Symmetrie bereits an der Funktionsgleichung erkennen. Offensichtlich ist dieses etwa beim Graphen von $f_1(x) = x^2$ (y-achsensymmetrisch) und von $f_2(x) = x^3$ (punktsymmetrisch zum Ursprung).

### Merke

Der Graph einer ganzrationalen Funktion f ist genau dann …

| | |
|---|---|
| **achsensymmetrisch zur y-Achse**, wenn die Funktionsgleichung **nur gerade Exponenten** hat. Eine Konstante kann auch vorkommen. | **punktsymmetrisch zum Ursprung** O (0 \| 0), wenn die Funktionsgleichung **nur ungerade Exponenten** (und keine Konstante) hat. |

**Beispiel**

Untersuchen Sie, ob der Graph der Funktion f achsensymmetrisch zur y-Achse oder punktsymmetrisch zum Ursprung ist.

**a)** $f(x) = 3x^7 + x^5 - 3x^3$ **b)** $f(x) = x^6 + 7x^2 + 1$ **c)** $f(x) = 12x^5 + 8x^2 - 15$

**Lösung:**

**a)** Ganzrationale Funktion mit nur ungeraden Exponenten: Punktsymmetrie zum Ursprung
Ausführlicher Nachweis: Gilt $f(-x) = -f(x)$?
$f(-x) = 3(-x)^7 + (-x)^5 - 3(-x)^3 = -3x^7 - x^5 + 3x^3 = -(3x^7 + x^5 - 3x^3) = -f(x)$

**b)** Ganzrationale Funktion mit nur geraden Exponenten: Achsensymmetrie zur y-Achse
Ausführlicher Nachweis: Gilt $f(-x) = f(x)$?
$f(-x) = (-x)^6 + 7(-x)^2 + 1 = x^6 + 7x^2 + 1 = f(x)$

**c)** Einsetzen zweier x-Werte liefert:
$f(1) = 12 + 8 - 15 = 5$ und $f(-1) = -12 + 8 - 15 = -19$
$f(-1) \neq f(1) \Rightarrow$ keine Achsensymmetrie zur y-Achse
$f(-1) \neq -f(1) \Rightarrow$ keine Punktsymmetrie zum Ursprung

Erklärvideo
*Mediencode 63051-025*

**Nachgefragt**

- Beurteilen Sie, ob der Graph einer achsensymmetrischen Funktion immer einen Extrempunkt hat.
- Erläutern Sie allgemein, warum der Graph einer Funktion mit nur geraden Exponenten achsensymmetrisch zur y-Achse ist.
- Wenn eine ganzrationale Funktion nur gerade Exponenten hat und keine Konstante im Funktionsterm vorkommt, ist der Funktionsgraph achsensymmetrisch zur y-Achse. Erklären Sie, dass „keine Konstante im Funktionsterm" durch die Forderung „nur gerade Exponenten" bereits abgedeckt ist.

**Aufgaben**

oHiMi
1, 4, 5, 7, 10

**1** Betrachten Sie die folgenden Graphen und geben Sie an, bei welchen eine Achsensymmetrie zur y-Achse und bei welchen eine Punktsymmetrie zum Ursprung vorliegt.

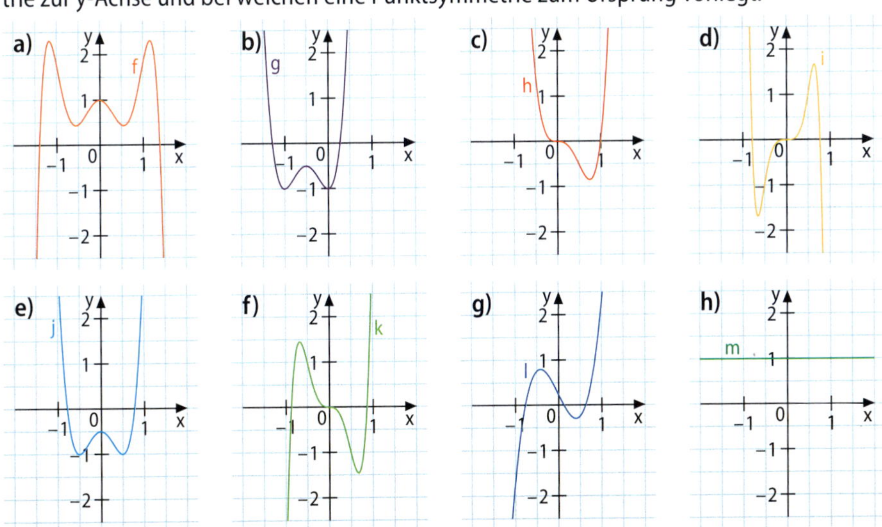

**2** Geben Sie an, ob eine Punktsymmetrie zum Ursprung oder eine Achsensymmetrie zur y-Achse vorliegt. Führen Sie in einigen Fällen auch den rechnerischen Nachweis durch.

**a)** $f(x) = 5x^4 - 3x^2 + 19$ **b)** $f(x) = 2x^7 - 4x^5 + 6x$ **c)** $f(x) = x^5 - 2x^4 + x^2 - 7$

**d)** $f(x) = 25x^{42} - 33x^{12} + 98$ **e)** $f(x) = \frac{1}{5}x^5 - \frac{3}{8}x^3 - 9$ **f)** $f(x) = \frac{5}{12}x^8 - \frac{3}{7}x^6 + \frac{1}{8}x^2$

**g)** $f(x) = \sqrt{5}x^7 - 3x^5 + \frac{x}{2}$ **h)** $f(x) = 6x^8 - 2x^5 + x^3 - \frac{7}{8}$ **i)** $f(x) = \sin(x)$

**3** Gegeben ist eine Funktion f mit $f(x) = x^4 - x^2$, deren Graph symmetrisch zur y-Achse ist. Weiterhin gegeben ist eine Funktion g, deren Graph durch Verschiebung des Graphen von f um 4 Einheiten nach rechts hervorgeht. Der Graph von g ist also symmetrisch zu $x = 4$.

**a)** Geben Sie die Funktionsgleichung von g an.

**b)** Zeigen Sie, dass gilt: $g(4 + x) = g(4 - x)$.

**Alles klar?**

**4** Ordnen Sie die Funktionsgleichungen den Funktionsgraphen ohne Berechnung zu und begründen Sie Symmetrieeigenschaften am Funktionsterm.

$f(x) = \frac{1}{5}x^3 - 2x$ $g(x) = \frac{1}{3}x^4 - \frac{1}{4}x^3 - 2x^2$

$h(x) = \frac{1}{12}x^5 - \frac{3}{2}x^2$ $i(x) = \frac{1}{100}x^4 - \frac{1}{5}x^2$

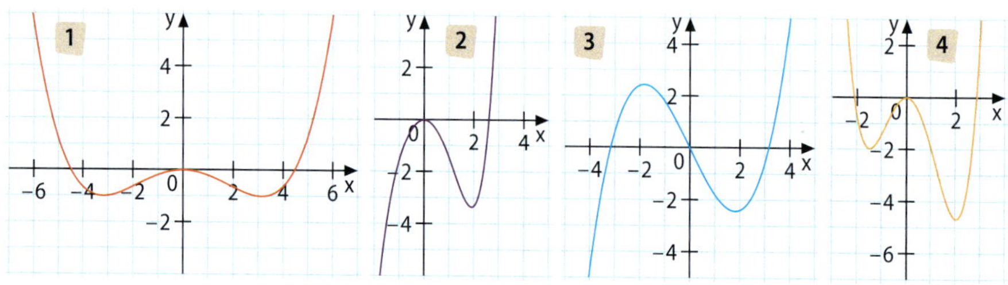


**5** Überprüfen Sie begründet die Aussagen und korrigieren Sie falsche Aussagen.

**a)** Ist ein Graph punktsymmetrisch zum Ursprung, muss er zwangsläufig durch den Ursprung verlaufen.

**b)** Marc sagt, dass der Graph der Funktion f mit $f(x) = 3x^7 + 2x^5 - 6$ punktsymmetrisch zum Ursprung verläuft, weil die Funktion nur ungerade Exponenten hat.

**c)** Der Graph einer zur y-Achse symmetrischen Funktion darf nicht durch den Ursprung verlaufen.

**6** Kombinieren Sie die Termbausteine so miteinander, dass …

**a)** eine zur y-Achse achsensymmetrische Funktion entsteht.

**b)** eine zum Ursprung punktsymmetrische Funktion entsteht.

Verwenden Sie dabei möglichst viele der Termbausteine.

$x^4$ | $2x^3$ | $3x^2$ | $4x$ | $5$

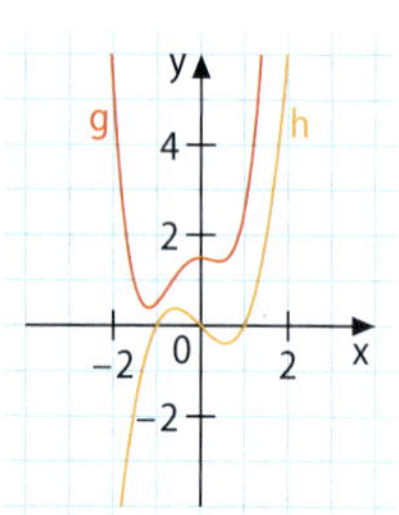


**7** Geben Sie jeweils an, welche Aussagen auf die Graphen g und h in der Randspalte zutreffen. Erläutern Sie Ihre Zuordnungen.

**a)** Der Graph ist punktsymmetrisch zum Ursprung.

**b)** Der Graph hat zwei Wendestellen.

**c)** Der Graph hat keine Nullstelle.

**d)** Im Funktionsterm kommen gerade und ungerade Exponenten vor.

**e)** Im Funktionsterm kommen nur ungerade Exponenten vor.

**8** Setzen Sie in das Kästchen ▢ einen Term so ein, dass der Graph von f achsensymmetrisch zur y-Achse bzw. punktsymmetrisch zum Ursprung ist. Begründen Sie Ihre Entscheidung.

**a)** $f(x) = x^5 + ▢$  **b)** $f(x) = x \cdot (x^2 + 2) + x^2 + ▢$  **c)** $f(x) = (x + 1)^2 + x^4 + ▢$

**9**

| x | −4 | −3 | −2 | −1 | 0 | 1 | 2 | 3 | 4 |
|---|---|---|---|---|---|---|---|---|---|
| f (x) | 10 | | | | | 2,5 | | | |

Vervollständigen Sie die Wertetabelle so, dass sie zu einer Funktion f passt, deren Graph …

**a)** punktsymmetrisch zum Ursprung ist.

**b)** achsensymmetrisch zur y-Achse ist.

**10** Marie behauptet, dass sie achsensymmetrische Funktionen gezeichnet hat. Nehmen Sie Stellung dazu.

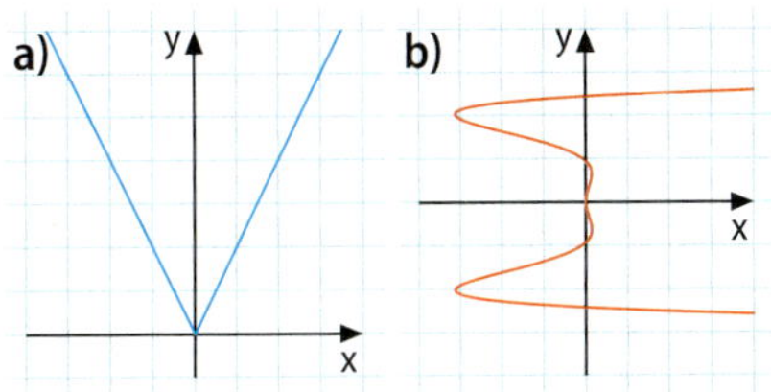


**11**

**1** $f_1(x) = 2x^2 - 1$  $f_2(x) = 2 \cdot (x - 3)^2 - 1$

**2** $g_1(x) = -3x^5 + 5x^3$  $g_2(x) = -3x^5 + 5x^3 + 3$

**3** $h_1(x) = -0{,}5x^2 + 2$  $h_2(x) = -0{,}5 \cdot (x + 2)^2 + 4$

**4** $k_1(x) = 0{,}25x^3 + 0{,}25x$  $k_2(x) = 0{,}25 \cdot (x - 2)^3$

**a)** Zeichnen Sie die Graphen der Funktionen mit einem MMS und beschreiben Sie sie.

**b)** Vergleichen Sie jeweils die Symmetrie der Funktionen.

**12** Gegeben sind sechs Funktionen, deren Graphen entweder punktsymmetrisch zum Ursprung oder achsensymmetrisch zur y-Achse verlaufen. Sie sehen jeweils die Hälfte der Graphen. Ordnen Sie die Paare einander begründet zu und treffen Sie ausgehend von Ihrer Zuordnung Aussagen zur Funktion. Erläutern Sie Ihr Vorgehen.

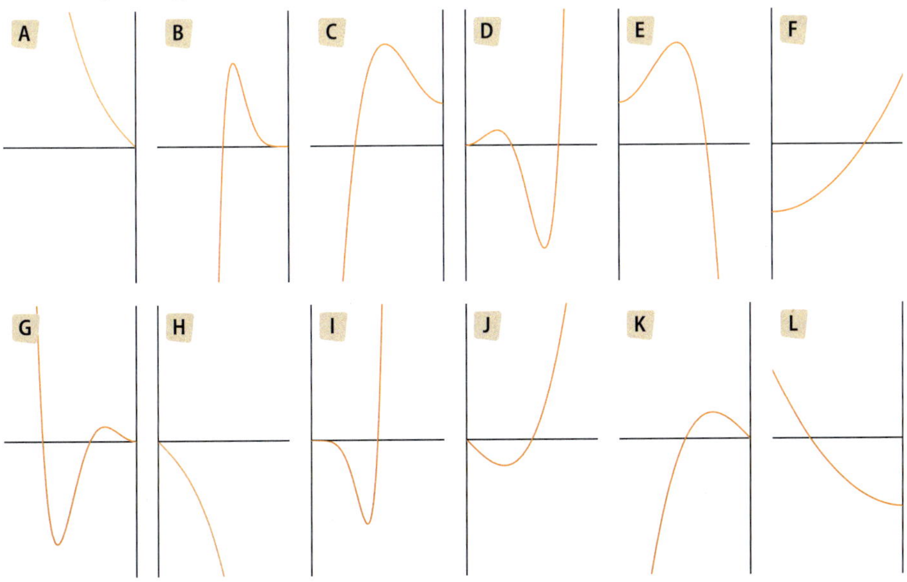

## Entdecken

Ganzrationale Funktionen können auch mehr als zwei Nullstellen haben.

- Betrachten Sie die Funktionsgraphen und beschreiben Sie, wie Sie die Nullstelle(n) einer linearen Funktion **A**, einer quadratischen Funktion (**B** oder **D**) bzw. einer Potenzfunktion **C** bestimmen.
- Erläutern Sie, welche Lösungsansätze Ihnen auf ganzrationale Funktionen (**E**) übertragbar erscheinen.

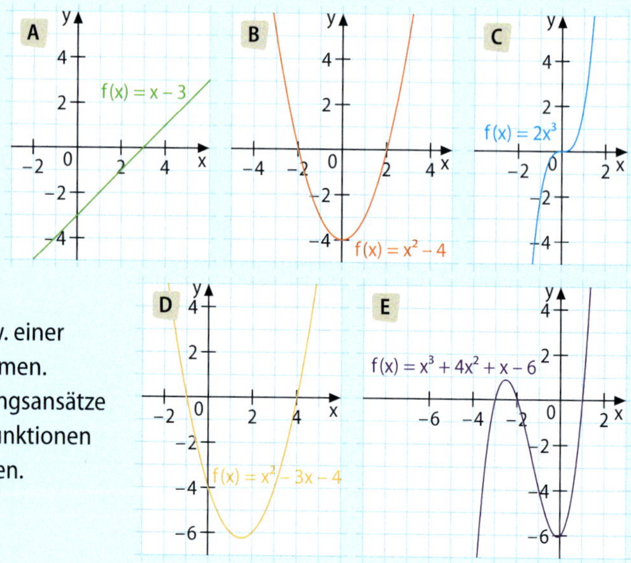


## Verstehen

Zum rechnerischen Bestimmen von Nullstellen einer Funktion f ist das Lösen der Gleichung $f(x) = 0$ erforderlich. Bei manchen Funktionen (z. B. linearen) kann man dieses durch einfaches Umformen erreichen. Bei quadratischen Funktionen gibt es die pq-Formel. Bei ganzrationalen Funktionen sind die Nullstellen meist nicht so einfach zu bestimmen. Hier sind je nach Art des Funktionsterms verschiedene Verfahren zu bedenken und anzuwenden.

*Der Satz vom Nullprodukt besagt, dass ein Produkt immer dann null ist, wenn mindestens ein Faktor null ist.*

### Merke

**Ausklammern**

Enthält der Funktionsterm in jedem Summanden eine Potenz von x, dann kann man diese **ausklammern.**

$ax^3 + bx^2 + cx = x \cdot (ax^2 + bx + c)$ oder $ax^4 + bx^3 + cx^2 = x^2 \cdot (ax^2 + bx + c)$

Eine Lösung der Gleichung $f(x) = 0$ ist dann nach dem **Satz vom Nullprodukt** die Stelle $x = 0$.

| Vorgehen | Beispiele | |
|---|---|---|
| Die Funktionsgleichung wird gleich null gesetzt.<br>Wenn man ausklammern kann, klammert man aus.<br>Dann ist eine Lösung $x = 0$.<br>Anschließend ist zu prüfen, ob der „Klammerterm“ null werden kann.<br>Nun hat man alle Nullstellen berechnet. | $f(x) = x^3 + 4x^2$<br>$f(x) = 0$<br>$x^3 + 4x^2 = 0$<br>$x^2 \cdot (x + 4) = 0$<br>Satz vom Nullprodukt:<br>$x = 0$ oder $x + 4 = 0$<br>zwei Nullstellen:<br>$x_1 = 0$ und $x_2 = -4$ | $f(x) = x^3 + x^2 - 0{,}75x$<br>$f(x) = 0$<br>$x^3 + x^2 - 0{,}75x = 0$<br>$x \cdot (x^2 + x - 0{,}75) = 0$<br>Satz vom Nullprodukt:<br>$x = 0$ oder $x^2 + x - 0{,}75 = 0$<br>Anwenden der pq-Formel:<br>$x = -0{,}5 \pm \sqrt{1}$<br>drei Nullstellen:<br>$x_1 = -1{,}5$; $x_2 = 0$ und $x_3 = 0{,}5$ |

Lässt sich eine ganzrationale Funktion in Linearfaktordarstellung überführen, d. h. in die Form $f(x) = a \cdot (x - x_1) \cdot (x - x_2) \cdot \ldots \cdot (x - x_n)$, kann man die Nullstellen mit Hilfe des Satzes vom Nullprodukt sofort ablesen.

Lässt sich die Gleichung nicht durch einfaches Umformen oder Ausklammern und beispielsweise Anwendung der pq-Formel lösen, kommt evtl. das Substitutionsverfahren in Frage.

Merke

**Substitution**

Ist der Funktionsterm in einer ähnlichen Form wie z. B. $f(x) = x^4 + dx^2 + e$, dann lässt sich das Verfahren der Substitution anwenden.

| Vorgehen | Beispiel |
|---|---|
| Die Funktionsgleichung wird gleich null gesetzt. In der Gleichung wird $x^2$ durch z ersetzt (substituiert). Anschließend wird die so erhaltene Gleichung mit Hilfe der pq-Formel gelöst. Zum Schluss muss man noch die Substitution rückgängig machen (resubstituieren) und erhält auf diese Weise die Nullstellen der Funktion. | $f(x) = x^4 + 3x^2 - 4$<br>$f(x) = 0$<br>$x^4 + 3x^2 - 4 = 0$ $\quad \vert x^2 = z$ (Substitution)<br>$z^2 + 3z - 4 = 0$<br>Anwenden der pq-Formel:<br>$z_1 = 1$ und $z_2 = -4$ $\quad \vert z = x^2$ (Resubstitution)<br>$1 = x^2 \quad \Rightarrow x_1 = -1$ und $x_2 = 1$<br>$-4 = x^2 \quad \Rightarrow$ nicht lösbar, also keine weiteren Lösungen<br>zwei Nullstellen:<br>$x_1 = -1$ und $x_2 = 1$ |

Beispiele

**I.** Berechnen Sie die Nullstellen der Funktion f mit $f(x) = 3x^5 + x^4 - \frac{35}{12}x^3$.

**Lösung:**

$f(x) = 0$

$3x^5 + x^4 - \frac{35}{12}x^3 = 0$

$x^3 \cdot \left(3x^2 + x - \frac{35}{12}\right) = 0$ Satz vom Nullprodukt:

$x = 0$ oder $\left(3x^2 + x - \frac{35}{12}\right) = 0$

$3x^2 + x - \frac{35}{12} = 0 \quad \vert :3$

$x^2 + \frac{1}{3}x - \frac{35}{36} = 0 \quad \vert$ pq-Formel

$x = -\frac{1}{6} \pm \sqrt{\frac{1}{36} + \frac{35}{36}} = -\frac{1}{6} \pm 1$

drei Nullstellen: $x_1 = -\frac{7}{6}$; $x_2 = 0$ und $x_3 = \frac{5}{6}$

**II.** Bestimmen Sie die Lösungen der Gleichung.

**a)** $(x + 1) \cdot (x - 2) \cdot (x - 3) = 0$ **b)** $4x^4 + 16x^2 - 20 = 0$

**Lösung:**

**a)** Nach dem Satz vom Nullprodukt: $x + 1 = 0$ oder $x - 2 = 0$ oder $x - 3 = 0$.
Damit sind die Lösungen $x_1 = -1$, $x_2 = 2$ und $x_3 = 3$.

**b)** $4x^4 + 16x^2 - 20 = 0 \quad \vert x^2 = z$ (Substitution)
$4z^2 + 16z - 20 = 0 \quad \vert :4$
$z^2 + 4z - 5 = 0 \quad \vert$ pq-Formel
$z_{1,2} = -2 \pm \sqrt{4 + 5} = -2 \pm 3$
$z_1 = -5$ und $z_2 = 1 \quad \vert z = x^2$ (Resubstitution)
Da $x^2 = -5$ keine Lösung hat, bleibt $x^2 = 1$ und damit also Lösungen $x_1 = -1$ und $x_2 = 1$.

*Wird eine Funktionsgleichung null gesetzt, entsteht eine Gleichung, die mit den gezeigten Lösungsstrategien zu lösen ist. Die Lösungen der Gleichung sind die Nullstellen der Funktion.*

**Nachgefragt**

- Erklären Sie anhand eines Beispiels, warum eine Nullstellenbestimmung einer Funktion in Linearfaktordarstellung einfacher ist als in der ausmultiplizierten Form.
- Erläutern Sie, wie sich das Substitutionsverfahren auch auf eine Gleichung der Form $x^6 + 2x^3 - 3 = 0$ anwenden lässt.

**Aufgaben**

oHiMi
1, 10

**1** Bestimmen Sie jeweils die Nullstellen der Funktion f. Beschreiben Sie Ihr Vorgehen.
**a)** $f(x) = x \cdot (x^2 - 1)$ **b)** $f(x) = x^2 + 4x$ **c)** $f(x) = (x - 1) \cdot (x + 3)$
**d)** $f(x) = (x + 2)^2$ **e)** $f(x) = x \cdot (x + 2)^2$ **f)** $f(x) = x^2 \cdot (x^2 - 6x + 9)$

**2** Ermitteln Sie die Schnittpunkte des Graphen der Funktion f mit der x-Achse.
**a)** $f(x) = 3x^2 - 3x - 2$ **b)** $f(x) = x^3 - 6x$ **c)** $f(x) = x^3 + 3x^2 - 2x$
**d)** $f(x) = x^2 \cdot (x^2 - 4)$ **e)** $f(x) = x^3 \cdot (x - 1)$ **f)** $f(x) = (x^2 + 2x + 1) \cdot (x^2 - 2x + 1)$

**Alles klar?**

**3** Bestimmen Sie jeweils die Nullstellen der ganzrationalen Funktion f.
**a)** $f(x) = -x^3 - x^2$ **b)** $f(x) = x^2 + 4x + 4$ **c)** $f(x) = (x^2 - 1) \cdot (x + 3)$
**d)** $f(x) = (x + 2) \cdot (x - 2) \cdot (x - 1)$ **e)** $f(x) = (x^2 - 4) \cdot (x^2 - 1)$ **f)** $f(x) = x^2 \cdot (x^3 - 6x)$

**4** **a)** Bestimmen Sie grafisch und rechnerisch die Nullstellen der Funktion …
**1** f mit $f(x) = x^4 - 4x^2$. **2** g mit $g(x) = -4x^2 + 1$.
**b)** Lösen Sie die Gleichung $x^4 - 4x^2 = -4x^2 + 1$.
**c)** Erläutern Sie die geometrische Bedeutung Ihrer Lösung von b).

**5** Ordnen Sie mit Hilfe der Nullstellen den Graphen die passende Funktionsgleichung zu.

$f(x) = 2x^4 - 2x^2$ $g(x) = (x^3 + x^2) \cdot x$ $h(x) = (x^2 - 1)^2 - 1$ $i(x) = -x^3 + 2$

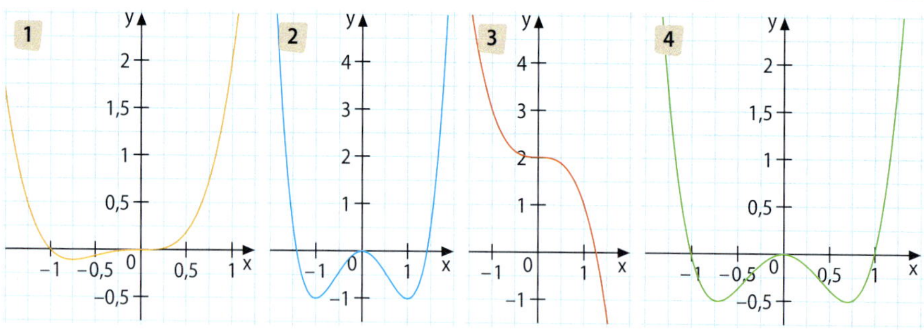


**6** Bestimmen Sie die Nullstellen der Funktion f. Skizzieren Sie anschließend den Graphen.
**a)** $f(x) = 2x^3 - 3x^2 + x$ **b)** $f(x) = x^4 - 16$ **c)** $f(x) = x^3 - 2x$
**d)** $f(x) = (x - 3) \cdot (x - 2)$ **e)** $f(x) = x^3 \cdot (x - 1)$ **f)** $f(x) = x^5 - 8x^2$

**7** Lösen Sie die Gleichung mit Hilfe des Substitutionsverfahrens.
**a)** $x^4 - 6x^2 + 9 = 0$ **b)** $9x^4 + 5x^2 - 4 = 0$ **c)** $x^4 - 13x^2 + 36 = 0$
**d)** $x^4 + 11x^2 + 10 = 0$ **e)** $x^6 + 3x^4 + 2x^2 = 0$ **f)** $2x^{10} + 2x^5 + 1 = 0$

**8** Berechnen Sie die Nullstellen der Funktion f.

a) $f(x) = x^3 - 5x^2 - 50x$ b) $f(x) = 2x^3 - 8x^2 + 10x$ c) $f(x) = 4x^4 + 4x^3 + 35x^2$
d) $f(x) = x^4 + 6x^3 + 5x^2$ e) $f(x) = x^3 - 7x^2 - x + 7$ f) $f(x) = 2x^4 - 8x^2 + 4$

**9** Geben Sie an, für welchen Wert des Parameters $t \in \mathbb{R}$ die Funktion f …

**1** keine Nullstellen hat. **2** genau eine Nullstelle hat. **3** zwei Nullstellen hat.

a) $f(x) = x^2 + 6x + t$ b) $f(x) = -x^2 - 4x + t$ c) $f(x) = (x - t)^2 - 1$
d) $f(x) = (x - t)^2$ e) $f(x) = x^3 - 2x + t$ f) $f(x) = x^4 + 2tx^2$

**10** Entscheiden Sie, ob die Aussage wahr ist, und begründen Sie Ihre Entscheidung.

a) Es gibt quadratische Funktionen mit drei Nullstellen.
b) Eine Funktion dritten Grades kann höchstens zwei Nullstellen haben.
c) Eine Funktion $f(x) = c$ besitzt keine Nullstelle.
d) Eine Funktion vierten Grades hat immer vier Nullstellen.
e) Eine ganzrationale Funktion vierten Grades, welche zur y-Achse symmetrisch ist und die Nullstelle $x_1 = -2$ besitzt, hat als weitere Nullstelle $x_2 = 2$.
f) Jede zum Koordinatenursprung symmetrische Funktion hat die Nullstelle $x = 0$.

**11** Gegeben ist der Graph einer ganzrationalen Funktion f mit $f(x) = x^4 + ax^2 + b$.

Erläutern Sie jeweils, ob die Aussagen richtig sind.

**12** **Argumentieren und Begründen**

Eine quadratische Funktion hat maximal zwei Nullstellen. Doch wie viele Nullstellen hat eine ganzrationale Funktion?
Zeigen Sie: Eine ganzrationale Funktion f vom Grad n mit $f(x) = a_n x^n + a_{n-1} x^{n-1} + \ldots + a_2 x^2 + a_1 x + a_0$ hat maximal n Nullstellen.

**Ideen:**

- Überlegen Sie sich Beispiele.
- Wählen Sie für die allgemeine Funktionsgleichung $n = 0$, $n = 1$, $n = 2$ und dann $n = 3$.
- Bedenken Sie, in welcher Darstellungsform sich leicht Nullstellen bestimmen lassen.
- Entwickeln Sie eine Argumentationskette bei einer schrittweisen Durchführung von Linearfaktorzerlegungen.

**13** Beweisen oder widerlegen Sie folgende Aussage: „Ist der Grad n einer ganzrationalen Funktion ungerade, dann hat die Funktion mindestens eine Nullstelle.“

## Entdecken

Die Abbildung zeigt den Graphen der Funktion f.

- Erstellen Sie mit Ihrem MMS eine Funktionsschar $f_a(x) = x \cdot (x - 1) \cdot (x + 2)^a$. Nutzen Sie dazu einen Schieberegler a (a von 1 bis 10 mit Schrittweite 1).
- Betrachten Sie die Nullstelle $x = -2$ und beschreiben Sie, welche Beobachtung Sie in Abhängigkeit von a machen.
- Überprüfen Sie Ihre Beobachtung an eigenen ähnlich gestalteten Beispielen.

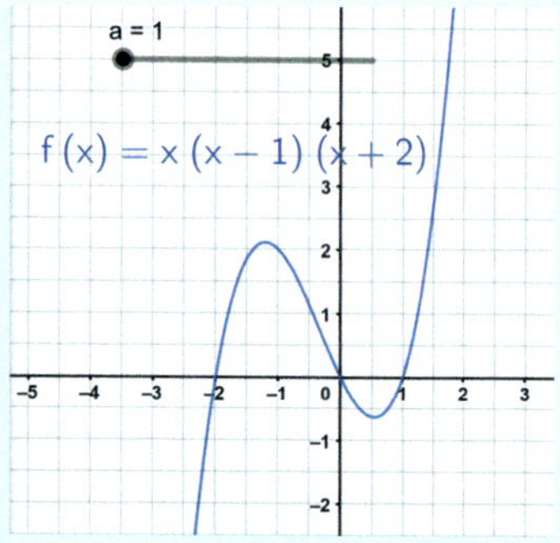


## Verstehen

Bei einer Linearfaktordarstellung erkennt man, wie das Potenzieren eines Faktors Auswirkungen auf den Graphen der Funktion, speziell bei der entsprechenden Nullstelle, haben kann.

**Merke**

Kann eine ganzrationale Funktion in Linearfaktoren dargestellt werden, kann man Nullstellen direkt ablesen. Die Funktion f mit $f(x) = (x - x_0) \cdot (x - x_1) \cdot \ldots \cdot (x - x_{n-1}) \cdot (x - x_n)$ mit $x_i \in \mathbb{R}$ hat die Nullstellen $x_0, x_1, \ldots, x_n$. Gibt es einen Faktor mehrfach, kann man ihn auch als Potenz schreiben, also z. B.: $(x - x_1) \cdot (x - x_1) \cdot (x - x_1) = (x - x_1)^3$.

*Eine zweifache Nullstelle wird auch doppelte Nullstelle genannt.*

Gibt es bei einer Funktion f einen **Linearfaktor $(x - x_i)$ k-fach**, also zum Beispiel $f(x) = (x - x_i)^k$ (mit $k \in \mathbb{N}$), dann hat die Funktion eine **k-fache Nullstelle** bei $x = x_i$.

Über den Verlauf der Funktion bzw. das Aussehen des Graphen an der Nullstelle $x_i$ zum Linearfaktor $(x - x_i)^k$ kann man nach der Potenz k unterscheiden.

**Merke**

**Ist die Potenz k** des Linearfaktors einer Nullstelle …

- **gerade, so berührt** der Graph an der Nullstelle die x-Achse.
- **ungerade, so schneidet** der Graph an der Nullstelle die x-Achse.

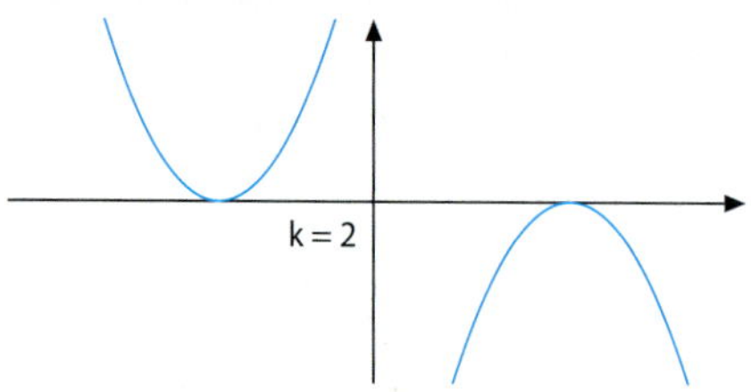


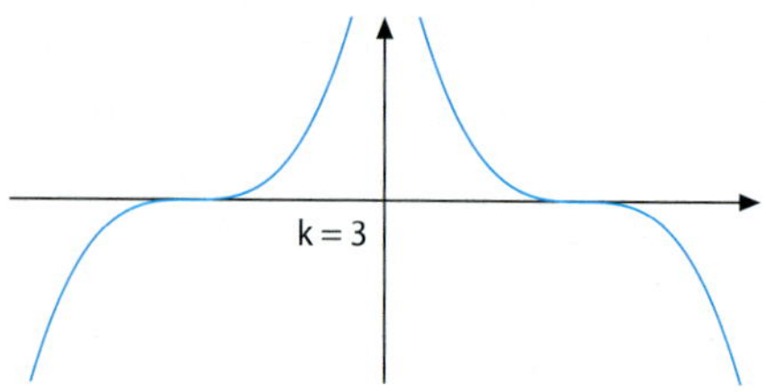


**Beispiele**

**I.** Geben Sie die Nullstellen der Funktion f und deren Häufigkeiten an.

**a)** $f(x) = x \cdot (x - 1) \cdot (x - 2)^2$ **b)** $f(x) = (x - 3)^2 \cdot (x - 4)^3$

**Lösung:**

**a)** einfache Nullstelle bei $x_0 = 0$ und $x_1 = 1$ sowie eine zweifache Nullstelle bei $x_2 = 2$

**b)** doppelte Nullstelle bei $x_0 = 3$ und eine dreifache Nullstelle bei $x_1 = 4$

**II.** Skizzieren Sie mit Hilfe der Nullstellen den Graphen der Funktion f.

**a)** $f(x) = x \cdot (x+1)^2 \cdot (x-2)^2$ **b)** $f(x) = (x-2)^2 \cdot (x-4)^3$ **c)** $f(x) = -x \cdot (x+2)^5$

**Lösung:**

a)

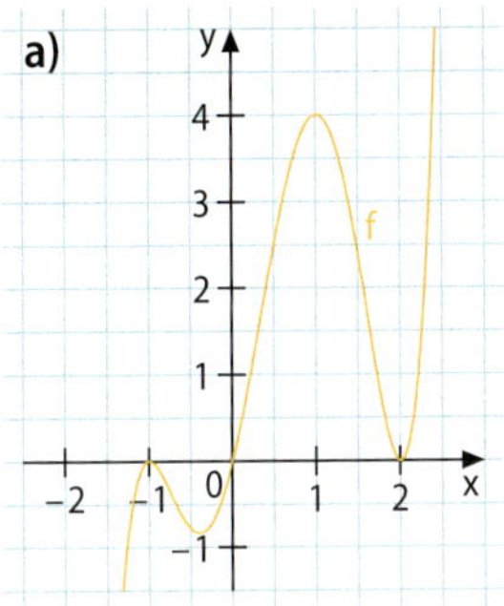


b)

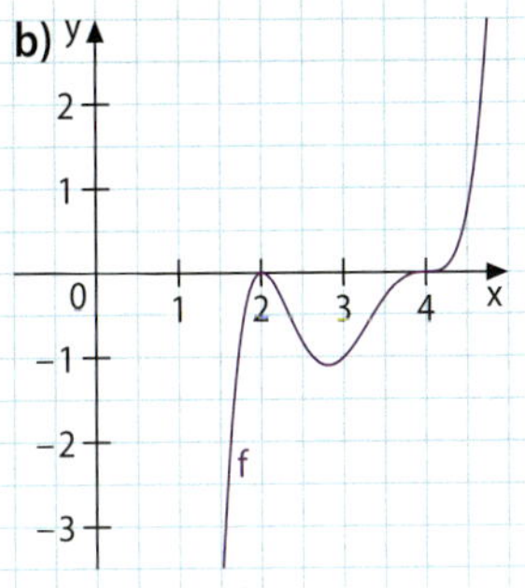


c)

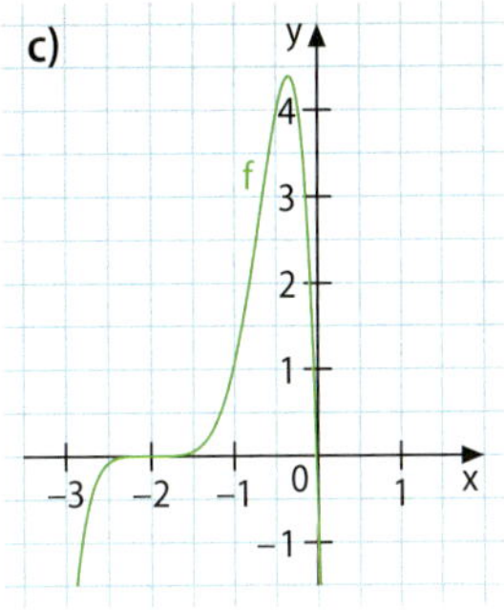


*Zum Skizzieren des Graphen sind auch weitere Überlegungen erforderlich, etwa das Verhalten der Funktion im Unendlichen. Auch Symmetrieüberlegungen können hilfreich sein.*

## Nachgefragt

- Tom behauptet: „Ob eine Funktion die x-Achse bei einer doppelten Nullstelle von oben oder von unten berührt, erkenne ich daran, ob in der Klammer des entsprechenden Linearfaktors ein minus oder ein plus steht." Beurteilen Sie Toms Aussage.
- Erläutern Sie, ob die folgende Aussage zutrifft: „Eine ganzrationale und zum Ursprung punktsymmetrische Funktion kann an der Stelle $x = 0$ keine doppelte Nullstelle haben."

## Aufgaben

**oHiMi** 1–4, 6, 7, 9

**1** Geben Sie einfache und mehrfache Nullstellen der Funktionen an.

**a)** $f(x) = (x-1) \cdot (x+2)^2$ **b)** $f(x) = (x-1)^2 \cdot (x+2)^3$

**c)** $f(x) = (x-1)^3 \cdot (x+2)^4$ **d)** $f(x) = (x^2 - 2x + 1) \cdot (x^2 + 2x + 1)$

**e)** $f(x) = (x^2 - 4) \cdot x$ **f)** $f(x) = (x^2 - 4) \cdot (x+2) \cdot (x-2)$

**2** Geben Sie jeweils zwei verschiedene Funktionsgleichungen an, die die angegebenen einfachen und doppelten Nullstellen haben.

| Nullstelle | a) | b) | c) | d) |
|---|---|---|---|---|
| einfach bei | $x_1 = 0$ | $x_1 = 1$ | $x_1 = -0{,}5;\ x_2 = 0{,}5$ | $x_1 = \sqrt{2}$ |
| doppelt bei | | $x_2 = 2$ | $x_3 = -1$ | $x_2 = -\sqrt{3};\ x_3 = \sqrt{3}$ |

**3** Entscheiden Sie, ob die Graphen der angegebenen Funktionen einfache und/oder mehrfache Nullstellen haben. Geben Sie diese jeweils an.

**a)** $f(x) = 2 \cdot (x-1) \cdot (x+2)^2$ **b)** $f(x) = 0{,}5 \cdot (x-1)^2 \cdot x$ **c)** $f(x) = (x^2 - 9) \cdot (x+2)$

**d)** $f(x) = (x^2 - 2x + 1) \cdot (x+2)^2$ **e)** $f(x) = (x-1)^2 \cdot (x-1)^3$ **f)** $f(x) = (x-1)^3 \cdot (x-1)^3$

**4** Skizzieren Sie zu den gegebenen Funktionsgleichungen jeweils einen passenden Graphen.

$f_1(x) = -(x-1) \cdot (x+3)^2$

$f_3(x) = (x-2)^2 \cdot (x+1)^3$

$f_2(x) = -x \cdot (x^2 - 1) \cdot (x^2 - 4)$

$f_4(x) = -x \cdot (x-2)^3$

**Alles klar?**

**5** Skizzieren Sie den Graphen der Funktion f anhand der Nullstellen.
**a)** $f(x) = (x - 1) \cdot (x + 2)^2 \cdot (x - 4)^2$ **b)** $f(x) = x \cdot (x + 3) \cdot (x - 4)^3$

**6** Begründen Sie, dass eine dreifache Nullstelle einer Funktion f gleichzeitig eine Wendestelle von f ist.

---

**7** Gegeben ist die Funktion f mit $f(x) = 0{,}5x^2 \cdot (x - 1)^2 \cdot (x + 2)^2$. Einer der untenstehenden Graphen ist der Graph der Funktion f. Ordnen Sie begründet zu.

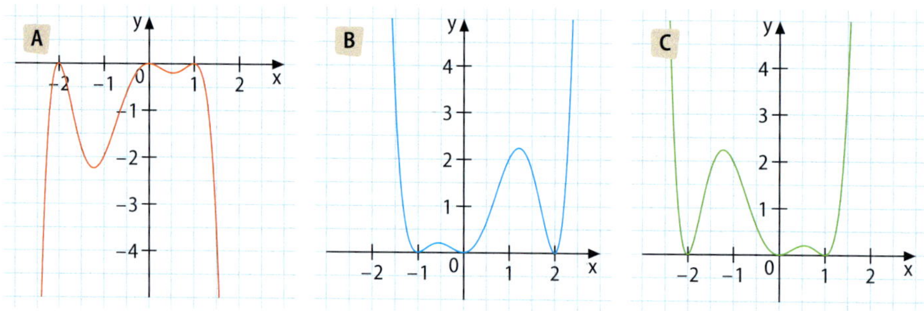


*Finden Sie verschiedene Möglichkeiten?*

**8** Gegeben ist die Funktion f mit $f(x) = a \cdot (x - b)^2 \cdot (x - c)$. Geben Sie Werte für a, b und c so an, dass f die Nullstellen −2 und 1 hat und der Graph von f durch den Punkt P(0|4) verläuft.

**9** Geben Sie an, welche der folgenden Funktionen genau die drei Nullstellen $x_1 = -2$, $x_2 = 0$ und $x_3 = 4$ haben.

**1** $f(x) = x \cdot (x + 2)^2 \cdot (x - 4)$
**2** $f(x) = x^2 \cdot (x - 2) \cdot (x + 4)$
**3** $f(x) = x^3 \cdot (x + 2)^3 \cdot (x - 4)$
**4** $f(x) = (x - 1) \cdot (x - 4) \cdot (x + 2)^2$
**5** $f(x) = x \cdot (x + 2) \cdot (x - 4)$
**6** $f(x) = 4x \cdot \left(\frac{1}{4}x + \frac{1}{2}\right) \cdot \left(2x - 8\right)$

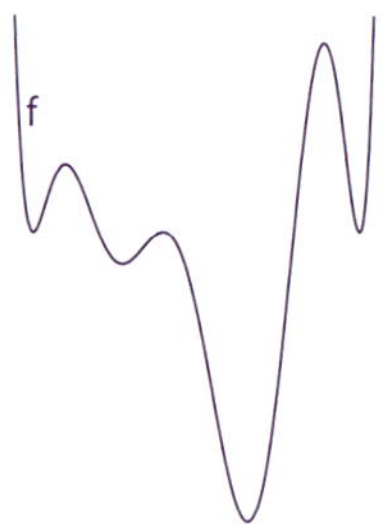


**Grafik**
*Mediencode 63051-026*

**10** In der Randspalte sehen Sie den Graphen der Funktion f mit
$f(x) = \frac{1}{20} \cdot (x - 2)^2 \cdot (x - 1) \cdot (x + 1)^2 \cdot (x + 2) \cdot (x + 3)^2$.
Erfassen Sie die Skizze mit Hilfe des QR-Codes. Ergänzen Sie eine Skala der x-Achse und zeichnen Sie passend die y-Achse ein, ohne ein MMS zu verwenden.

**11** Die Abbildungen zeigen den Ausschnitt des Graphen einer ganzrationalen Funktion mit sämtlichen Nullstellen. Geben Sie eine mögliche Funktionsgleichung an.

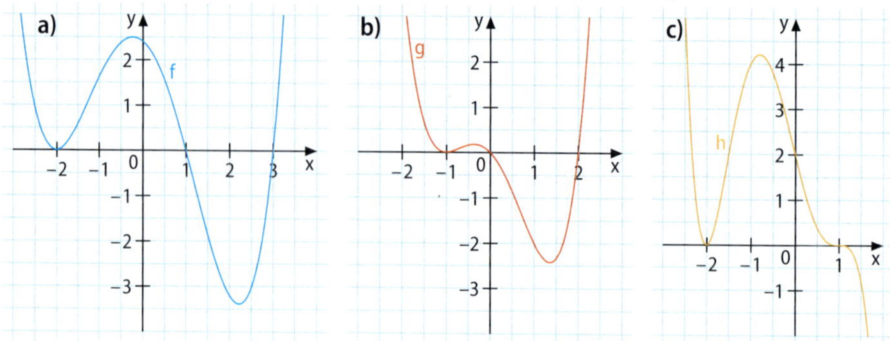

Medien & Werkzeuge

## Nullstellen bestimmen

Ein MMS eignet sich nicht nur zum Zeichnen von Graphen ganzrationaler Funktionen, sondern auch zur exakten oder näherungsweisen Berechnung von deren Nullstellen. Das ist vor allem dann hilfreich, wenn man die Gleichungen zur Nullstellenbestimmung mit keinem der bekannten Verfahren lösen kann.

**Beispiel:**

**a)** Nullstellen von f mit $f(x) = x^4 - 2x^3 - 2x^2 + x$

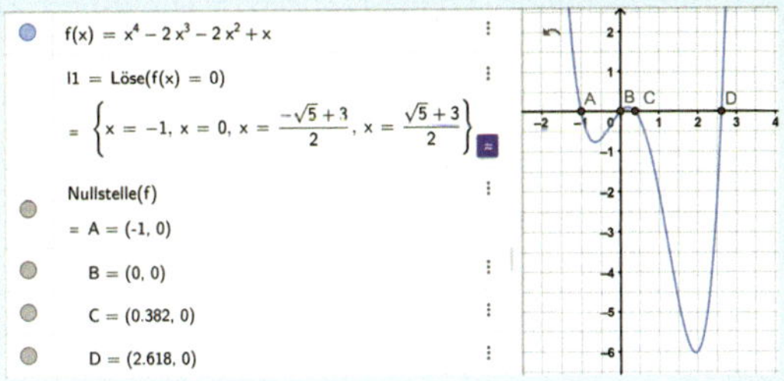


**Lösung:**

$x^4 - 2x^3 - 2x^2 + x = 0$ | ausklammern

$x \cdot (x^3 - 2x^2 - 2x + 1) = 0$ | Satz vom Nullprodukt

$x = 0$ oder $x^3 - 2x^2 - 2x + 1 = 0$

Für die Lösung von $x^3 - 2x^2 - 2x + 1 = 0$ steht kein Verfahren zur Verfügung. Über `löse(f(x)=0)` erhält man die Nullstellen – falls möglich in exakter Form, ansonsten numerisch. `Nullstelle(f)` gibt numerisch die Koordinaten der Schnittpunkte mit der x-Achse an.

**b)** Nullstellen von g mit $g(x) = 3x^4 + x^3 - 6x^2 + 1$

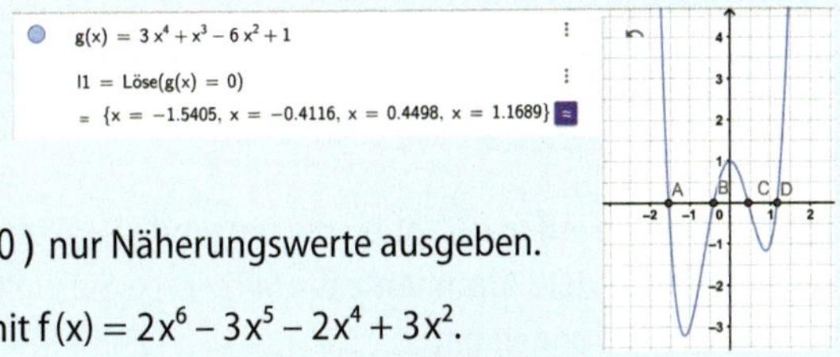


**Lösung:**

Auch hier steht kein händischer Lösungsweg zur Verfügung. Der Screen zeigt, dass auch MMS oft nicht in der Lage sind, die Lösungen exakt anzugeben, sondern auf `(löse(g(x)=0)` nur Näherungswerte ausgeben.

- Bestimmen Sie mit Ihrem MMS die Nullstellen der Funktion f mit $f(x) = 2x^6 - 3x^5 - 2x^4 + 3x^2$.
- Erstellen Sie selbst eigene Funktionen und lassen Sie eine Partnerin oder einen Partner die Nullstellen entsprechend bestimmen. Vergleichen Sie Ihre Ergebnisse.

## Terme in Linearfaktoren zerlegen

Ein MMS kann auch Funktionsgleichungen in Linearfaktoren zerlegen, so dass man direkt erkennen kann, ob mehrfache Nullstellen (im Bereich der rationalen Zahlen) vorliegen.

**Beispiel:**

Faktorisierung von f mit $f(x) = 2x^6 - 3x^5 - 2x^4 + 3x^2$

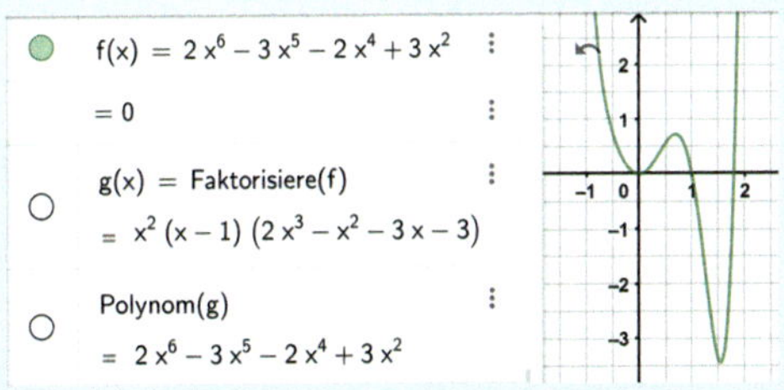


**Lösung:**

Über den Befehl `Faktorisiere(f)` erhält man die Zerlegung in Linearfaktoren. Dabei werden meist nur die rationalen Nullstellen als Linearfaktor abgespalten. Wie im Beispiel kann es weitere reelle Nullstellen geben.

Hinweis: Eine Linearfaktordarstellung lässt sich mit `Multipliziere()` oder `Polynom()` auch ausmultiplizieren.

- Führen Sie diese Aufgabe in Partnerarbeit durch:
  Partner A: Erstellen Sie eine ganzrationale Funktion mit mehrfachen Nullstellen in Linearfaktordarstellung. Multiplizieren Sie diese aus. Geben Sie die ausmultiplizierte Form Ihrem Partner mit einer Aufgabe, wie z. B. Nullstellenbestimmung, Linearfaktordarstellung erzeugen etc.
  Partner B: Erstellen Sie eine ganzrationale Funktion. Überlegen Sie sich eine Aufgabe für Ihren Partner dazu. Lösen Sie die Aufgabe zunächst selbst (ggf. mit MMS) und geben Sie sie dann Ihrem Partner.
- Überlegen Sie sich weitere Übungsmöglichkeiten für eine MMS-unterstützte Partnerarbeit. Beispielsweise könnten Sie die Art der Nullstellen oder den groben Verlauf des Funktionsgraphen vorgeben.

MMS-Applet
*Mediencode 63051-027*

# 3 Trainingsrunde

## Differenzierte Basisaufgaben

Die folgenden Aufgaben behandeln alle Themen dieses Kapitels. Die Basisaufgaben auf dieser Seite sind in zwei Spalten unterteilt. Die **grünen** Aufgaben auf der linken Seite sind etwas einfacher als die **blauen** auf der rechten. Entscheiden Sie selbst, welche Aufgaben Sie bearbeiten.

**1** Untersuchen Sie den Graphen der Funktion f auf Achsensymmetrie zur y-Achse bzw. auf Punktsymmetrie zum Ursprung.

a) $f(x) = x^2 + 3$
b) $f(x) = x^2 + 2x + 3$
c) $f(x) = (x-2)^2 - 4x$

a) $f(x) = (x+2)^2 - 1$
b) $f(x) = x^3 - 2x + 1$
c) $f(x) = (x^2+1)^2$

**2** Geben Sie möglichst viele Eigenschaften des Graphen der Funktion f an.

a) $f(x) = x^2 + 3$
b) $f(x) = x^3 + 3x$
c) $f(x) = (x-1) \cdot (x+2)$

a) $f(x) = x^2 + 4x + 4$
b) $f(x) = x^3 + 6x^2 + 9x$
c) $f(x) = -x^3 + x^4 - 2x$

**3** Ordnen Sie jedem Graphen die passende Funktionsgleichung zu. Begründen Sie Ihre Entscheidung und führen Sie möglichst viele Argumente an. Skizzieren Sie weiter den Graphen zu derjenigen Funktionsgleichung, die keinen Partner gefunden hat.

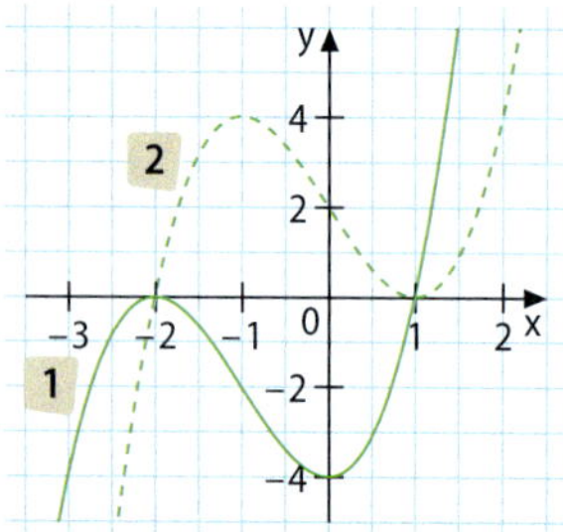


$f(x) = (x-1) \cdot (x+2)^2$

$g(x) = -(x+1) \cdot (x-2)^2$

$h(x) = (x-1)^2 \cdot (x+2)$

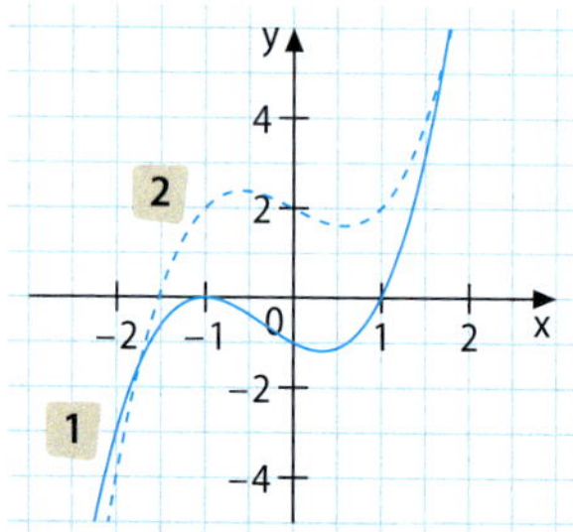


$f(x) = (x^2-1) \cdot x + 2$

$g(x) = (x^2-1) \cdot (x+1)$

$h(x) = -(x-1) \cdot (x+1)^2$

**4** Untersuchen Sie die Funktion f auf einfache und mehrfache Nullstellen.

a) $f(x) = x^2 + 8x + 16$
b) $f(x) = x^2 + 3x - 4$
c) $f(x) = (x^2-1) \cdot x$
d) $f(x) = 4x^3 - 9x$

a) $f(x) = 2x^2 - 12x + 18$
b) $f(x) = x^2 + 2x + 4$
c) $f(x) = (x^2-1) \cdot (-x-1)$
d) $f(x) = 2x^5 - 8x^3 + 8x^2$

**Weiterführende Aufgaben**

Dieser Teil der Trainingsrunde enthält weiterführende und vernetzende Aufgaben, die sich ebenfalls auf das gesamte Kapitel beziehen.

Lösungen

*Mediencode 63051-028*

**5** Sie sehen eine Vielzahl an Begriffen.

**a)** Bringen Sie passende Begriffe mit Hilfe eines Clusters zusammen.

**b)** Erklären Sie anhand einer Funktion oder eines Funktionsgraphen alle Begriffe.

Globalverhalten | Substitution | Extrempunkte | Krümmungsverhalten

Monotonie | lokal / global | ganzrationale Funktion | Symmetrie

Wendepunkt | faktorisierte Form | Koeffizient | Satz vom Nullprodukt

Tiefpunkt | Nullstellen | Grad | Hochpunkt | mehrfache Nullstellen

**6** Überprüfen Sie den Graphen der Funktion f auf Symmetrien.

**a)** $f(x) = 4x^5 + 2x$ **b)** $f(x) = x^3 - 3x$ **c)** $f(x) = x^3 - 3x^2$

**d)** $f(x) = 2x^4 - 3x^3 + 4x^2 - 5x$ **e)** $f(x) = (x^2 + 1)^2 - x^2 + 1$ **f)** $f(x) = (x + 1)^3 - 3x^2 - 1$

**7** Bestimmen Sie die Nullstellen der Funktion.

*Schaffen Sie die Berechnung ohne MMS-Unterstützung?*

**a)** $f(x) = 4x^4 + 2x^2$ **b)** $f(x) = x^4 - 4x^2 + 4$ **c)** $f(x) = 2x^6 - 4x^4$

**d)** $f(x) = 3x^2 - 9x$ **e)** $f(x) = -x^3 + 2x - x$ **f)** $f(x) = 2x^3 - 8x^2 + 8x$

**8** Untersuchen Sie die Funktion f auf mehrfache Nullstellen.

**a)** $f(x) = x \cdot (x - 1)^2 \cdot (x + 1)$ **b)** $f(x) = (x^2 - 1) \cdot (4 - x^2)$ **c)** $f(x) = (x^2 + 6x + 9) \cdot x^2$

**d)** $f(x) = (x^2 - 9) \cdot (x + 3)$ **e)** $f(x) = (2x + 1)^2 - 4x^2$ **f)** $f(x) = x^3 + 3x^2 + 3x + 1$

**9** Zerlegen Sie die Funktionsgleichung in möglichst viele Faktoren.

**a)** $f(x) = x^3 + 6x^2 + 9x$ **b)** $f(x) = x^2 - 5x + 6$ **c)** $f(x) = x^3 - 2x^2 - 8x$

**d)** $f(x) = x^5 - 9x^3$ **e)** $f(x) = 4x^4 - 16x^2$ **f)** $f(x) = x^4 + 3x^3 + 3x^2 + x$

**10** Überprüfen Sie folgende Aussagen für eine Funktion f mit $f(x) = x^3 - 2x^2 - 5x + 6$. Der Graph von f …

**a)** hat bei $x = -2$ eine Nullstelle. **b)** hat nur eine Nullstelle.

**c)** ist achsensymmetrisch. **d)** ist punktsymmetrisch.

**11** Gegeben sind die Funktionen f und g mit $f(x) = x^4 + x^3 - 3x^2 - 5x - 2$ und $g(x) = x^3 - 4x^2 - 3x + 18$.

**a)** Zeigen Sie, dass die Funktionen f und g auch durch $f(x) = (x + 1)^3 \cdot (x - 2)$ und $g(x) = (x + 2) \cdot (x - 3)^2$ dargestellt werden können.

**b)** Zeichnen Sie anhand aller Eigenschaften, die Sie aus den Funktionsgleichungen ablesen können, die Graphen der Funktionen und kontrollieren Sie mit Ihrem MMS.

**12** Ordnen Sie jeder Funktionsgleichung einen Graphen zu. Begründen Sie Ihre Entscheidung. Skizzieren Sie den Graphen derjenigen Funktionsgleichung, die keinen Partner hat.

$f(x) = -0{,}1 \cdot x^3 + 0{,}6x^2 - 0{,}9x$ $g(x) = -0{,}01 \cdot (x-4) \cdot (x-2) \cdot (x+1) \cdot (x+3)$

$h(x) = -x^4 - x^3$ $i(x) = -(x^2-4) \cdot (x+2)$

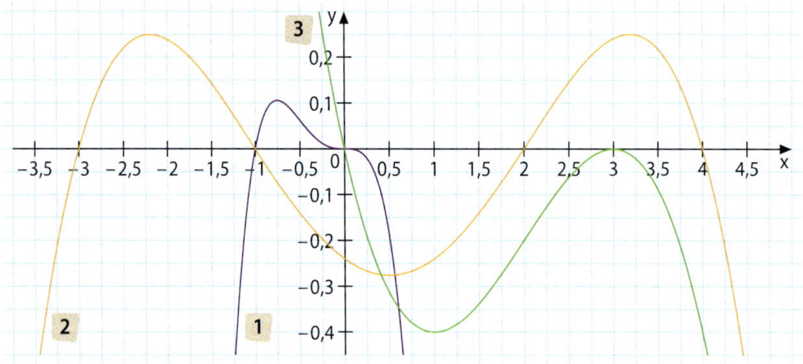


**13** a) Erläutern Sie anhand der Stichpunkte **1** bis **4**, wie man den Graphen der Funktion f mit $f(x) = (x^2 - 2x + 1) \cdot (x^2 + x)$ sukzessive nach folgender Vorgehensweise „entstehen" lassen kann:

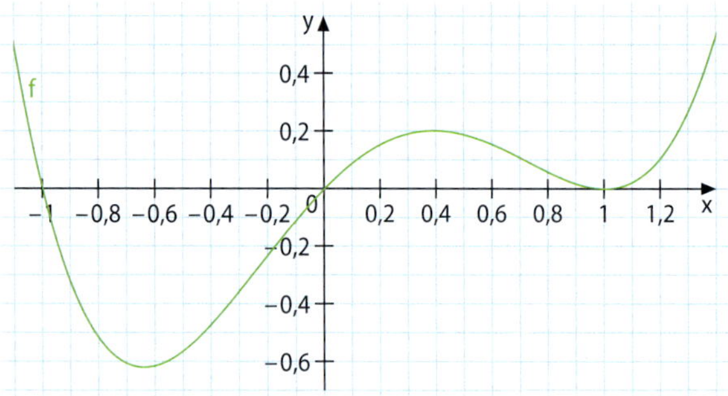


**1** Verhalten der Funktion für $x \to \pm\infty$

**2** Ermittlung mehrfacher Nullstellen

**3** Verhalten der Funktion um eine k-fache Nullstelle herum (k ungerade)

**4** Verhalten der Funktion um eine k-fache Nullstelle herum (k gerade)

b) Skizzieren Sie mit dem Vorgehen aus a) die Graphen folgender Funktionen:

$f_1(x) = (x^2 - 1) \cdot (x - 2)$ $f_2(x) = -(x^2 - 2) \cdot (x^2 + 1)$ $f_3(x) = x^4 + 3x^3 + 3x^2 + x$

**14** Gegeben ist die Funktion f mit $f(x) = \frac{1}{4}x^4 - 2x^2 - 1$.

a) Untersuchen Sie, ob der Graph von f symmetrisch ist.

b) Begründen Sie, dass es sich bei der Funktion f um eine ganzrationale Funktion handelt.

c) Geben Sie den Grad der Funktion f und die Koeffizienten an.

d) Berechnen Sie die Schnittpunkte von f mit den Koordinatenachsen.

e) Zeichnen Sie den Graphen von f mit einem MMS.

f) Beschreiben Sie das Monotonie- und das Globalverhalten der Funktion f.

g) Beschreiben Sie die Extrempunkte der Funktion f.

h) Treffen Sie begründet Aussagen zu möglichen Wendepunkten der Funktion f.

i) Geben Sie an, wie der Graph der Funktion f in y-Richtung verschoben werden muss, damit der Graph genau drei (genau zwei) Schnittpunkte mit der x-Achse hat.

**15** Durch $f_a(x) = 2x^3 - ax^2 + 8x$ ist für $a \in \mathbb{R}$ eine ganzrationale Funktion $f_a$ gegeben.

*Zum Beispiel gilt für a = 4:*
*$f_4(x) = 2x^3 - 4x^2 + 8x$*

**a)** Berechnen Sie die Nullstellen der Funktionen $f_{-5}$, $f_{-2}$, $f_5$ und $f_8$.

**b)** Bestimmen Sie ein a so, dass $f_a$ …

**1** drei verschiedene Nullstellen hat.

**2** eine Nullstelle hat.

**Aufgaben für Lernpartner**

1 Bearbeiten Sie die Aufgaben zuerst alleine.

2 Erklären Sie einer Partnerin oder einem Partner Ihre Lösungen. Tauschen Sie die Rollen.

3 Korrigieren Sie gegebenenfalls Ihre Antwort(en).

Entscheiden Sie begründet, ob die folgenden Aussagen korrekt oder falsch sind.

**A** Die Funktion f mit $f(x) = (x^2 + 2x + 1)^2$ hat keine mehrfache Nullstelle, da der Klammerausdruck kein Linearfaktor ist.

**B** Wenn der Graph einer ganzrationalen Funktion für $x \to \infty$ gegen $\infty$ strebt, dann ist der höchste Exponent des Funktionsterms gerade.

**C** Um die Gleichung $x^2 + 4x + 4 = 0$ zu lösen, muss man die Lösungsformel für quadratische Gleichungen anwenden.

**D** Jede ganzrationale Funktion vierten Grades besitzt höchstens vier Nullstellen.

**E** Der Graph einer ganzrationalen Funktion dritten Grades mit nur ungeraden Exponenten ist symmetrisch zum Koordinatenursprung.

**F** Der Graph der Funktion f mit $f(x) = x^3 + x + 1$ verläuft punktsymmetrisch zum Ursprung.

**G** Der Graph einer ganzrationalen Funktion kann nicht gleichzeitig symmetrisch zur y-Achse und symmetrisch zum Koordinatenursprung verlaufen.

**H** Graphen von Funktionen mit einem Funktionsterm der Form $f(x) = a_n x^n + \ldots + a_1 x$ verlaufen durch den Koordinatenursprung.

| Ich kann … | Aufgabe | Hilfe | Bewertung |
|---|---|---|---|
| ganzrationale Funktionen erkennen und den Grad und die Koeffizienten angeben. | 2, 3, 5, 11, 14 | S. 72 | ☺ 😐 ☹ |
| Transformationen bezüglich beider Achsen anwenden und zugehörige Parameter deuten. | 12, 13 | S. 72, 73 | ☺ 😐 ☹ |
| das Globalverhalten von ganzrationalen Funktionen erkennen und beschreiben. | 2, 5, 14, B | S. 78 | ☺ 😐 ☹ |
| das Monotonieverhalten von ganzrationalen Funktionen erkennen und beschreiben. | 2, 5, 14 | S. 78 | ☺ 😐 ☹ |
| Extrempunkte und Wendepunkte angeben und unterscheiden. | 2, 5, 14 | S. 82 | ☺ 😐 ☹ |
| ganzrationale Funktionen auf ihr Symmetrieverhalten untersuchen. | 1, 5, 6, 10, 14, E, F, G, H | S. 84 | ☺ 😐 ☹ |
| Nullstellen ganzrationaler Funktionen mit verschiedenen Strategien berechnen. | 2, 4, 5, 7, 9, 10, 14, 15, C, D | S. 88, 89 | ☺ 😐 ☹ |
| mehrfache Nullstellen erkennen und Graphen damit skizzieren. | 5, 8, 9, A | S. 92 | ☺ 😐 ☹ |

Seite 72

## Ganzrationale Funktionen

Addiert man die Terme verschiedener Potenzfunktionen, entsteht eine neue Funktionsklasse: Eine Funktion f der Form
$f(x) = a_n \cdot x^n + a_{n-1} \cdot x^{n-1} + \ldots + a_1 \cdot x + a_0$
nennt man **ganzrationale Funktion**.

Die reellen Zahlen $a_n$ ($a_n \neq 0$), $a_{n-1}, \ldots, a_1, a_0$ heißen **Koeffizienten**. Die höchste Potenz **n** (mit $n \in \mathbb{N}$) von x bezeichnet man als den **Grad** der Funktion. **Beispiel:**
$f(x) = 4x^3 + 5x^2 + 2x + 7$. Der Grad ist 3.

Seite 72, 73

## Parameter im Funktionsterm

Der Graph einer ganzrationalen Funktion g mit $g(x) = a \cdot f(x - c) + d$ entsteht aus dem Graphen von f durch:

- Streckung um $|a|$ in y-Richtung
  - Für $a < 0$ wird der Graph zusätzlich an der x-Achse gespiegelt.
- Verschiebung um $|c|$ in x-Richtung
  - $c > 0$: in positive x-Richtung
  - $c < 0$: in negative x-Richtung
- Verschiebung um $|d|$ in y-Richtung
  - $d > 0$: in positive y-Richtung
  - $d < 0$: in negative y-Richtung

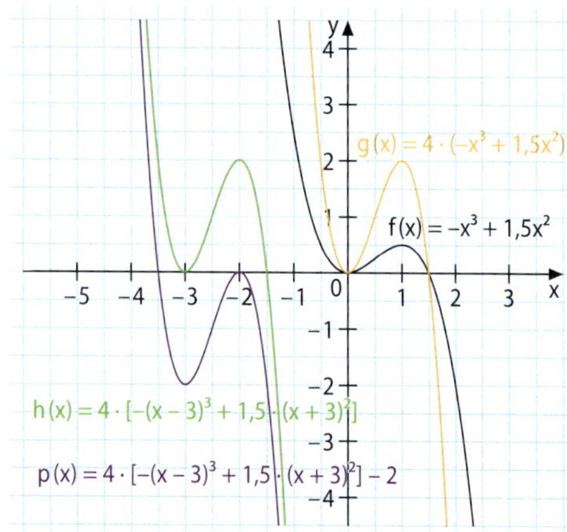


Seite 78

## Monotonie und Globalverhalten

Eine Funktion f ist im Intervall I …

- **streng monoton steigend**, wenn für alle $x_1 < x_2$ aus I gilt: $\mathbf{f(x_1) < f_2(x)}$.
- **streng monoton fallend**, wenn für alle $x_1 < x_2$ aus I gilt: $\mathbf{f(x_1) > f(x_2)}$.

Wenn statt des < bzw. > nur ≤ bzw. ≥ gilt, spricht man von **monoton steigend** bzw. **monoton fallend**.

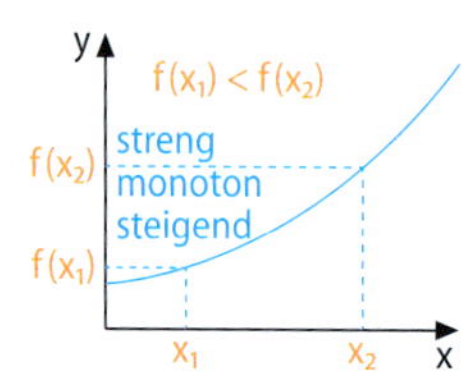


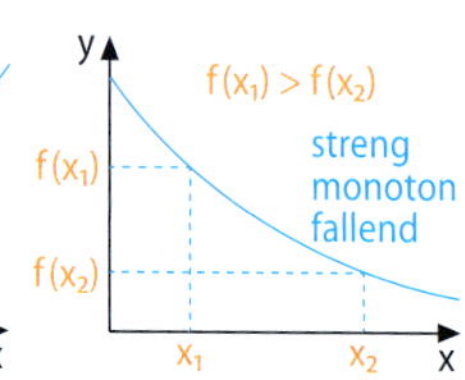


Das Verhalten des Graphen einer ganzrationalen Funktion für $x \to \pm\infty$ (**Globalverhalten**) wird vom Summanden $a_n \cdot x^n$ mit der größten Potenz bestimmt. Der Graph verläuft für …

- $a_n > 0$ und gerades n (z. B. $2x^4$) „von links oben nach rechts oben".
- $a_n < 0$ und gerades n (z. B. $-2x^4$) „von links unten nach rechts unten".
- $a_n > 0$ und ungerades n (z. B. $2x^3$) „von links unten nach rechts oben".
- $a_n < 0$ und ungerades n (z. B. $-2x^3$) von „links oben nach rechts unten".

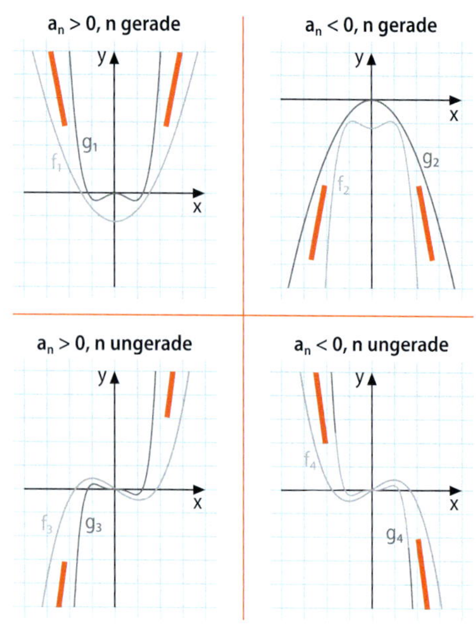

## Besondere Punkte

Seite 82

Der Graph einer Funktion f hat bei $x_E$ einen Hochpunkt (HP) bzw. Tiefpunkt (TP), wenn $f(x_E)$ in einer Umgebung von $x_E$ der größte bzw. kleinste Funktionswert ist. $f(x_E)$ heißt **lokales Maximum** bzw. **Minimum.**
Ist f (x) der größte bzw. kleinste Funktionswert im Definitionsbereich von f, so ist f (x) das **globale Maximum / Minimum** von f.
In Wendepunkten (WP) ändert der Graph seine Krümmungsrichtung.

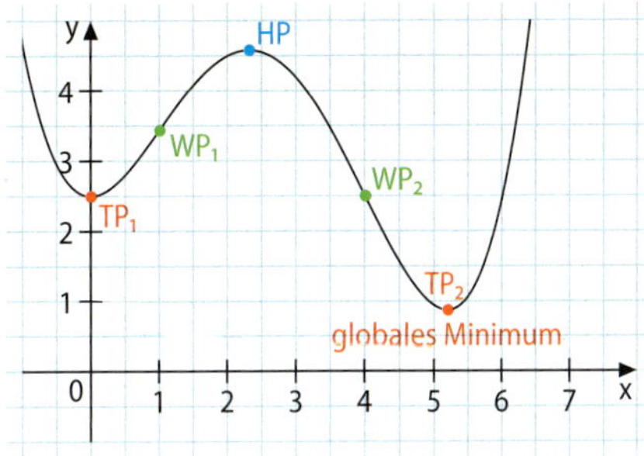


$f(x) = \frac{1}{16}x^4 - \frac{5}{8}x^3 + \frac{3}{2}x^2 + 2{,}5$

## Symmetrie

Seite 84

Der Graph einer ganzrationalen Funktion f ist …

- **achsensymmetrisch zur y-Achse**, wenn alle Exponenten gerade sind.
- **punktsymmetrisch zum Ursprung**, wenn alle Exponenten ungerade sind.

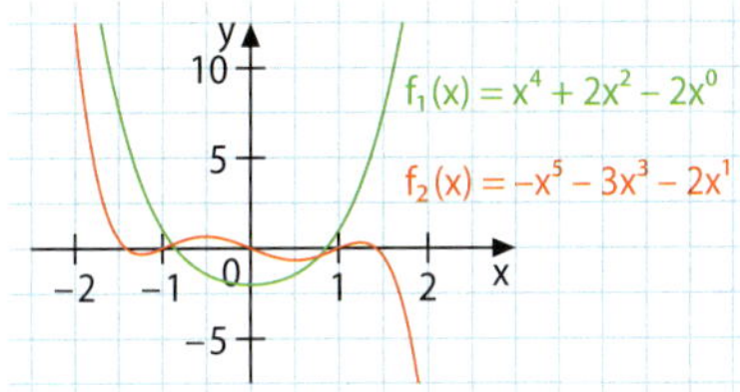


## Verfahren zur Nullstellenberechnung

Seite 88

**Ausklammern**
Bei Gleichungen, die in jedem Summanden eine Potenz von x enthalten, kann man diese ausklammern.
**Satz vom Nullprodukt**
Ein Produkt ist immer dann null, wenn mindestens einer der Faktoren null ist.
**pq-Formel**
Quadratische Gleichungen der Form $x^2 + px + q = 0$ haben die Lösungen:
$x_{1/2} = -\frac{p}{2} \pm \sqrt{\left(\frac{p}{2}\right)^2 - q}$

Nullstellen der Funktion f mit
$f(x) = x^4 - 9x^3 + 14x^2$
$x^4 - 9x^3 + 14x^2 = 0$
Ausklammern:
$x^2 \cdot (x^2 - 9x + 14) = 0$
Satz vom Nullprodukt:
$x = 0$ oder $x^2 - 9x + 14 = 0$
pq-Formel:
$x = -\frac{(-9)}{2} \pm \sqrt{\left(\frac{-9}{2}\right)^2 - 14}$
$x = 4{,}5 \pm \sqrt{6{,}25}$
$x_1 = 0$; $x_2 = 2$; $x_3 = 7$

## Mehrfache Nullstellen

Seite 92

Ganzrationale Funktionen kann man zuweilen in der Linearfaktordarstellung
$f(x) = (x - x_1) \cdot (x - x_2) \cdot (x - x_3) \cdot \ldots \cdot (x - x_n)$
schreiben ($x_i \in \mathbb{R}$). Dann sind $x_1, x_2, \ldots, x_n$ Nullstellen von f. Wird ein Linearfaktor $(x - x_i)$ mit k ($k \in \mathbb{N}$) potenziert, nennt man $x_i$ eine k-fache Nullstelle.
Ist die Potenz k gerade (ungerade), so berührt (schneidet) der Graph die x-Achse in $x_i$.

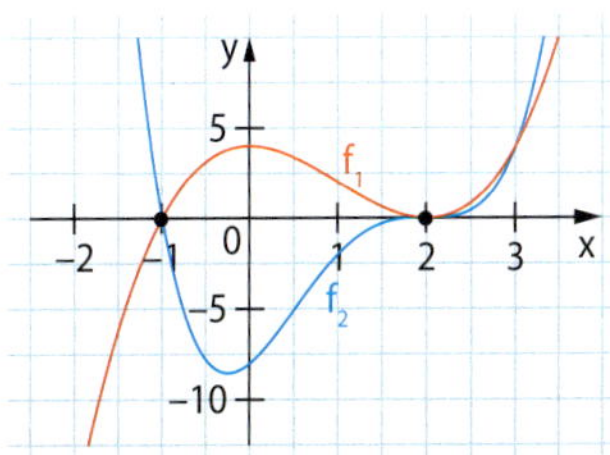


$f_1(x) = (x - 2)^2 \cdot (x + 1)$
$f_2(x) = (x - 2)^3 \cdot (x + 1)$

## Prüfungsteil A: Aufgaben ohne Hilfsmittel

**1** Ordnen Sie die Graphen der ganzrationalen Funktionen den Gleichungen zu.

**A** $y = 0{,}5x^4 - 2x^2 + 1$

**B** $y = 2$

**C** $y = -2x^2 + 3x + 1{,}5$

**D** $y = x + 2$

**E** $y = x^5 + x^3 - x$

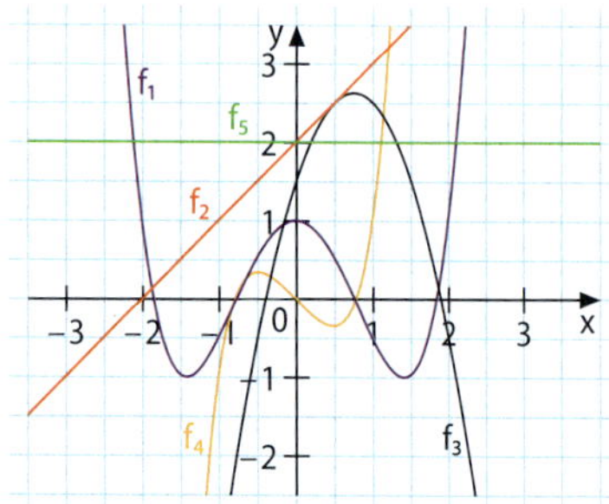


**2** Wählen Sie $a \in \mathbb{R}$ so, dass der Graph der Funktion f entweder achsensymmetrisch zur y-Achse oder punktsymmetrisch zum Koordinatenursprung verläuft. Begründen Sie, wenn diese beiden Symmetrien nicht möglich sind.

**a)** $f(x) = -0{,}5x^3 + a$ **b)** $f(x) = x^4 + 2x + a$ **c)** $f(x) = x^a + x^3$ **d)** $f(x) = x^2 \cdot (x^3 - 2a)$

**3** Berechnen Sie die Nullstellen der Funktion f.

**a)** $f(x) = 4x^3 - 16x$ **b)** $f(x) = x^4 - 2x^3 + x^2$ **c)** $f(x) = -(x-2) \cdot (2x+3) \cdot x$

**d)** $f(x) = x \cdot (2x-2)^2 \cdot x$ **e)** $f(x) = -(9x^3 - 4x) \cdot (x+1)^2$ **f)** $f(x) = -x^4 + 2x^2 - 1$

**4** Gegeben ist der Graph der Funktion f.

**a)** Geben Sie die Intervalle an, auf denen die abgebildete ganzrationale Funktion 4. Grades streng monoton steigend bzw. streng monoton fallend ist.

**b)** Geben Sie möglichst genau die Koordinaten der Hoch- und Tiefpunkte sowie der lokalen Maxima und Minima an.

**c)** Erläutern Sie, ob ein globales Maximum oder Minimum existiert.

**d)** Geben Sie eine Funktionsgleichung der Funktion f in Linearfaktordarstellung an.

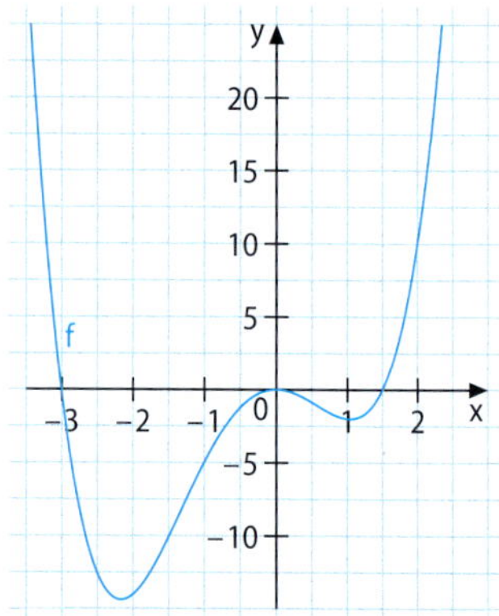


**5** Gegeben ist die ganzrationale Funktion f mit $f(x) = x^3 - 4x^2 + 3x$.

**a)** Berechnen Sie die Schnittpunkte des Graphen von f mit den Koordinatenachsen.

**b)** Bestimmen Sie das Symmetrieverhalten der Funktion f.

**c)** Treffen Sie begründet Aussagen zum Globalverhalten des Graphen der Funktion f.

**d)** Begründen Sie, dass die Funktion f eine ganzrationale Funktion ist, und geben Sie die Koeffizienten und den Grad der Funktion an.

**6** Gegeben ist die Funktion f mit $f(x) = (x^2 - 9) \cdot (x^2 - 16)$.

**a)** Erläutern Sie, welche Aussagen Sie über die Funktion f bezüglich Nullstellen, Globalverhalten und Symmetrie machen können.

**b)** Zeigen Sie, dass Sie die Funktion f auch in der Form $f(x) = x^4 - 25x^2 + 144$ darstellen können.

**c)** Geben Sie an, mit welchen Strategien Sie in beiden Darstellungsformen jeweils die Nullstellen berechnen können.

## Prüfungsteil B: Aufgaben mit Hilfsmitteln

**7** Gegeben ist der Graph der Funktion f mit $f(x) = \frac{1}{3}x^3 + 2x^2 - 5x$.

**a)** Weisen Sie rechnerisch nach, dass der Graph weder punktsymmetrisch zum Ursprung noch achsensymmetrisch zur y-Achse ist.

**b)** Bestimmen Sie die Nullstellen der Funktion.

**8** Der „Gateway Arch", das Wahrzeichen der Stadt St. Louis, kann annähernd durch die Funktion f mit der Gleichung $f(x) = -0{,}0213 \cdot (x^2 - 190x)$ beschrieben werden.

**a)** Erläutern Sie, wie das Koordinatensystem „gelegt" wurde, damit die Gleichung den Gateway Arch annähernd wiedergibt.

**b)** Bestimmen Sie, wie breit der Bogen am Boden ist.

**c)** Berechnen Sie die Höhe des Bogens.

**9** Die Anzahl der Besucher in einem Museum wird in einem bestimmten Intervall durch die Funktion m mit $m(x) = -\frac{1}{2}x^3 + 14x^2 - 80x$ angenähert (x ist die Uhrzeit in Stunden).

**a)** Erläutern Sie, in welchem Zeitraum die Funktion den Sachverhalt beschreiben kann und warum es keinen Sinn ergibt, über diesen Zeitraum hinauszugehen.

**b)** Ermitteln Sie rechnerisch die Öffnungszeiten des Museums.

**c)** Berechnen Sie die Anzahl der Besucher vier Stunden nach Öffnung.

**d)** Geben Sie an, in welchem Zeitraum mehr als 100 Besucher im Museum sind.

**e)** Lassen Sie sich den Graphen mit Ihrem MMS zeichnen und erklären Sie die Bedeutung des Hochpunktes im Sachzusammenhang.

**10** Die Abbildung zeigt den Graphen einer ganzrationalen Funktion f.

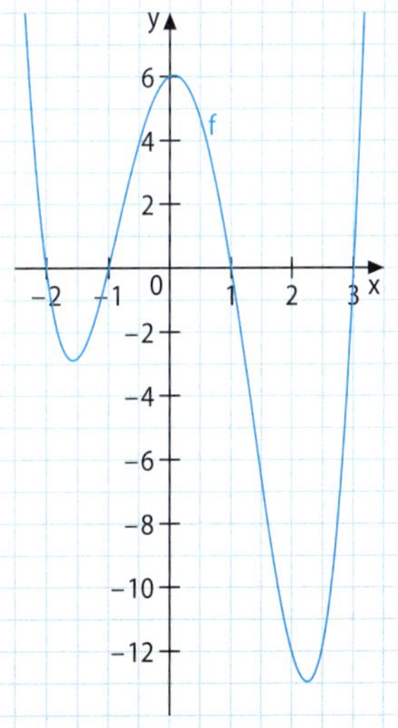


**a)** Geben Sie einen Funktionsterm in der Linearfaktordarstellung an, der zum Graphen von f passt.

**b)** Untersuchen Sie, ob die Nullstellen des zugehörigen Funktionsterms durch Substitution berechnet werden können.

**c)** Beschreiben Sie das Monotonieverhalten und das Globalverhalten der Funktion.

**11** Eine Tankstelle hat von 10:00 Uhr bis 21:30 Uhr geöffnet. Für die Statistik werden die Tankkunden über einen langen Zeitraum gezählt. Aus den Daten ergibt sich der Funktionsterm f mit $f(x) = -\frac{1}{12}x^3 + \frac{21}{8}x^2 - \frac{215}{12}x$, der die Anzahl der Tankkunden in Abhängigkeit von der Tageszeit beschriebt.

**a)** Zeichnen Sie den Graphen der Funktion mit einem MMS und markieren Sie den für den Sachzusammenhang notwendigen Definitionsbereich.

**b)** Geben Sie die Anzahl der Tankkunden zwei (vier, acht) Stunden nach Öffnung an.

**12** Die Fahrt einer Bahn kann durch die Weg-Zeit-Funktion f mit $f(t) = 5t^4 - 40t^3 + 80t^2$ modelliert werden (t in Stunden, f (t) in km, $t \in [0; 4]$).

**a)** Zeichnen Sie das Schaubild im Intervall und interpretieren Sie den Verlauf.

**b)** Bestimmen Sie die maximale Entfernung der Bahn vom Ausgangspunkt.

**c)** Berechnen Sie die mittlere Geschwindigkeit der Bahn in den Intervallen $I_1 = [0; 2]$ und $I_2 = [2; 4]$ und interpretieren Sie die Ergebnisse.

**13** Gegeben ist die ganzrationale Funktion f mit $f(x) = \frac{1}{6}x^4 - \frac{4}{3}x^2 - 1{,}5$.

**a)** Berechnen Sie die Nullstellen von f.

**b)** Untersuchen Sie die Funktion f auf Symmetrie.

**c)** Zeichnen Sie den Graphen der Funktion f im Intervall $[-3{,}5; 3{,}5]$.

**d)** Geben Sie an, wie der Graph in y-Richtung verschoben werden muss, damit f genau drei Nullstellen hat.

**e)** Zeigen Sie, dass der verschobene Graph aus d) eine doppelte Nullstelle aufweist.

**f)** Geben Sie die Koordinaten aller Extrempunkte von f an.

**g)** Geben Sie die Gleichung einer Geraden an, die durch die Punkte $P(0 \mid f(0))$ und $Q(-2 \mid f(-2))$ verläuft.

**14** Geben Sie drei verschiedene Werte für a an, für die die Funktion f mit der Gleichung $f(x) = x \cdot (x - 1) \cdot (x^2 - a)^2$ vier verschiedene Nullstellen hat. Ermitteln Sie weiterhin die Werte für a, für die f zwei oder drei verschiedene Nullstellen hat.

## Reflexion

| Arbeitsaufträge und Fragen zur Vorbereitung auf das Abitur | Hilfe |
|---|---|
| Beschreiben Sie den Unterschied zwischen einer Potenzfunktion und einer ganzrationalen Funktion und erklären Sie die Begriffe Koeffizient und Grad. | S. 72 |
| Beschreiben Sie, welches Globalverhalten der Graph einer ganzrationalen Funktion aufweisen kann. | S. 78 |
| Erklären Sie den Unterschied zwischen Monotonie und strenger Monotonie. | S. 78 |
| Beschreiben Sie mit der Skizze eines Graphen einer Funktion die Begriffe Extrempunkt, Hochpunkt, Tiefpunkt, lokales Maximum, lokales Minimum, globales Maximum und globales Minimum sowie Wendepunkt. | S. 82 |
| Erläutern Sie das rechnerische Verfahren zur Bestimmung einer Achsensymmetrie bezüglich der y-Achse und einer Punktsymmetrie zum Koordinatenursprung. Erklären Sie auch, ob es Möglichkeiten gibt, eine dieser Symmetrien ohne Rechnung anzugeben. | S. 84 |
| Beschreiben Sie, welche notwendige Bedingung für die Berechnung der Schnittpunkte mit den Koordinatenachsen jeweils gilt. | S. 82 |
| Überprüfen Sie, ob es Zusammenhänge zwischen der Anzahl der Nullstellen eines Graphen einer Funktion f und dem Grad von f gibt. | S. 88 |
| Nennen und erklären Sie alle Strategien, die Sie zur Berechnung von Nullstellen kennen. | S. 88, 89 |
| Erläutern Sie die Vorteile zur Nullstellenberechnung, wenn eine Funktion f in der Linearfaktordarstellung vorliegt. | S. 88, 92 |
| Nehmen Sie Stellung zu der Aussage, dass der Graph einer Funktion f mit Funktionsterm $f(x) = (x - a)^2 \cdot (x + b)^4$ die x-Achse nicht schneidet. | S. 92 |

## Einstieg

In einem Wasserpark gibt es ein Becken, in dem Wellen unterschiedlicher Höhen erreicht werden, auf denen man auf einem Wasserboard surfen kann.
Das Höhenprofil eines Streckenabschnitts der Wellen kann im Intervall $[-3; 3]$ durch den Graphen einer ganzrationalen Funktion f mit der Gleichung $f(x) = -\frac{1}{12}x^4 + \frac{3}{4}x^2 + 1$ beschrieben werden. Die x-Achse stellt den Boden des Beckens dar.

- Stellen Sie den Funktionsgraphen von f mit einem MMS dar.
- Geben Sie näherungsweise die Stellen an, an denen der Graph von f eine Steigung von 0 hat. Erläutern Sie die Bedeutung dieser Stellen für das Höhenprofil der Welle.
- Bestimmen Sie die durchschnittliche Steigung der Welle im Intervall $[-3; 2]$.

# 4 Steigung und Ableitung

## Ausblick

Am Ende dieses Kapitels haben Sie gelernt, …

- was die **mittlere** und die **lokale Änderungsrate** ist und wie man diese berechnet.
- wie die **Steigung** eines Funktionsgraphen **in einem Punkt** ermittelt werden kann.
- **Zusammenhänge** zwischen dem Graphen der **Ausgangsfunktion** und dem Graphen der **Ableitungsfunktion** zu erläutern.
- **Ableitungsfunktionen** mit Hilfe des Differentialquotienten **zu berechnen**.
- Ableitungen mit Hilfe der **Potenz-**, **Faktor-** oder **Summenregel** zu bestimmen.
- **Tangenten** und ihre **Steigungswinkel** sowie **Normalen** zu bestimmen.

# 4 Startklar

## Vorwissen 1

### Lineare Funktionen

Lineare Funktionen haben Funktionsgleichungen der Form $f(x) = m \cdot x + b$. Der Graph ist eine Gerade, wobei m deren Steigung angibt und b den y-Achsenabschnitt, d. h. die y-Koordinate des Schnittpunktes mit der y-Achse. Die Steigung kann mit Hilfe eines Steigungsdreiecks berechnet werden:

$$m = \frac{y_2 - y_1}{x_2 - x_1}$$

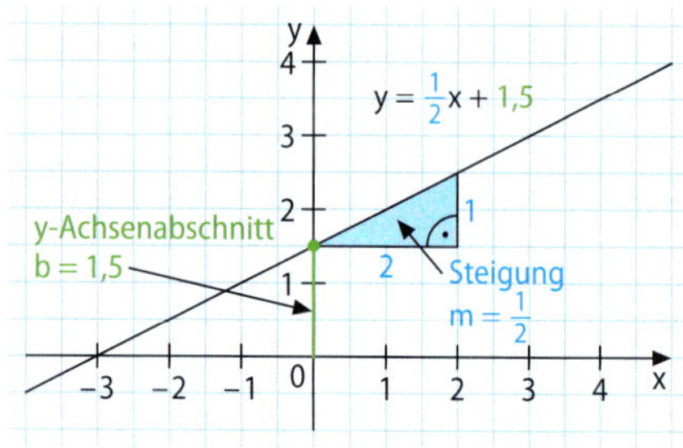


## Vorwissen 2

### Quadratische Funktionen

**Quadratische Funktionen** haben Funktionsgleichungen der Form $f(x) = a \cdot (x - d)^2 + e$ (**Scheitelpunktform**) oder $f(x) = ax^2 + bx + c$ (**allgemeine Form**) oder $f(x) = a \cdot (x - x_1) \cdot (x - x_2)$ (**faktorisierte Form**). Ihr Graph ist eine Parabel.

- Der Vorfaktor a bewirkt eine Streckung oder Stauchung der Parabel und macht eine Aussage über ihre Öffnung:

| $0 < a < 1$ | $a > 1$ | $-1 < a < 0$ | $a < -1$ |
|---|---|---|---|
| nach oben geöffnet, gestaucht | nach oben geöffnet, gestreckt | nach unten geöffnet, gestaucht | nach unten geöffnet, gestreckt |

- Der Parameter d bewirkt eine Verschiebung der Parabel in x-Richtung (für $d < 0$ nach links, für $d > 0$ nach rechts).
- Der Parameter e bewirkt eine Verschiebung der Parabel in y-Richtung (für $e < 0$ nach unten, für $e > 0$ nach oben).
- Der Scheitelpunkt hat die Koordinaten $S(d \mid e)$.

| **Darstellung** | **Scheitelpunktform** | **Allgemeine Form** | **Faktorisierte Form** |
|---|---|---|---|
| **Funktionsgleichung** | $f(x) = a \cdot (x - d)^2 + e$ | $f(x) = ax^2 + bx + c$ | $f(x) = a \cdot (x - x_1) \cdot (x - x_2)$ |
| **Beispiel** | $f(x) = 2 \cdot (x - 2{,}5)^2 - 4{,}5$ | $f(x) = 2x^2 - 10x + 8$ | $f(x) = 2 \cdot (x - 1) \cdot (x - 4)$ |
| **Direkt ablesbar** | Scheitelpunkt $S(2{,}5 \mid -4{,}5)$ Streckfaktor 2 | Schnittpunkt mit y-Achse $P_y(0 \mid 8)$; Streckfaktor 2 | Nullstellen $x_1 = 1$ und $x_2 = 4$; Streckfaktor 2 |

Hat eine Parabel zwei Nullstellen, liegt die x-Koordinate des Scheitels in der Mitte der Nullstellen.

## Vorwissen 3

*Ein Produkt aus Summen lässt sich gut mit einer Tabelle umformen:*

$(2x - 3) \cdot (-4x + 5)$

| $\cdot$ | $-4x$ | $+5$ |
|---|---|---|
| $2x$ | $-8x^2$ | $10x$ |
| $-3$ | $12x$ | $-15$ |

$(2x - 3) \cdot (-4x + 5)$
$= -8x^2 + 10x + 12x - 15$
$= -8x^2 + 22x - 15$

### Terme

Eine **Summe** gleicher Summanden lässt sich als Produkt schreiben: $a + a + a = 3 \cdot a = 3a$.
**Gleichartige Variablen** lassen sich zusammenfassen: $3x + y - 4x + 5y + 7x = 6x + 6y$.
Ein **Produkt** aus Termen mit Zahlen und Variablen wird vereinfacht, indem man Zahlen mit Zahlen und Variablen mit Variablen multipliziert: $3 \cdot x \cdot 4 \cdot y = 3 \cdot 4 \cdot x \cdot y = 12xy$
Distributivgesetz: $a \cdot (b + c) = ab + ac$; $a \cdot (b - c) = ab - ac$; $(b + c) : a = b : a + c : a$
Beispiele: $3 \cdot (2x + 4) = 6x + 12$; $-2 \cdot (3x - 12) = -6x + 24$; $(-18x + 12) : (-6) = 3x - 2$

1. Binomische Formel: $(a + b)^2 = a^2 + 2ab + b^2$ — Beispiel: $(2x + 3y)^2 = 4x^2 + 12xy + 9y^2$
2. Binomische Formel: $(a - b)^2 = a^2 - 2ab + b^2$ — Beispiel: $(r^2 - 5s)^2 = r^4 - 10r^2s + 25s^2$
3. Binomische Formel: $(a + b) \cdot (a - b) = a^2 - b^2$ — Beispiel: $(4v + w) \cdot (4v - w) = 16v^2 - w^2$

## Aufgaben 1

**1** Bestimmen Sie rechnerisch die Gleichung einer linearen Funktion, …
**a)** deren Graph durch den Punkt $P(3\,|\,-1)$ verläuft und die die Steigung $\frac{1}{4}$ hat.
**b)** die die Nullstelle 2,5 und den y-Achsenabschnitt $-1\frac{1}{5}$ hat.
**c)** deren Graph durch die Punkte $A(-2\,|\,-0{,}75)$ und $B(4{,}6\,|\,1{,}2)$ verläuft.
**d)** deren Graph durch $Q(-1\,|\,4)$ und orthogonal zum Graphen der Funktion $y = -\frac{1}{2}x$ verläuft.

Lösungen
*Mediencode 63051-029*

**2** Zeichnen Sie jeweils den Graphen zur angegebenen Funktionsgleichung.
**a)** $y = 1{,}5x + 2$ **b)** $y = -\frac{1}{2}x - 1$ **c)** $y = 2$ **d)** $y = 0{,}4x$

**3** Die Punkte A und B liegen auf dem Graphen der Funktion f. Bestimmen Sie die fehlenden Koordinaten von A und B.
**a)** $f(x) = -\frac{1}{4}x + 2$; $A(-12\,|\,\square)$; $B(2\,|\,\square)$ **b)** $f(x) = 3{,}5x + 1$; $A(\square\,|\,8)$; $B(\square\,|\,-20)$

## Aufgaben 2

**4** Berechnen Sie den Scheitelpunkt und die Nullstellen der quadratischen Funktion f.
**a)** $f(x) = -2x^2 + 4x - 6$ **b)** $f(x) = 3x^2 + 18x + 27$ **c)** $f(x) = -4x^2 + 4x + 24$

**5** Leiten Sie jeweils aus der Gleichung der Funktion f wesentliche Eigenschaften des zugehörigen Graphen ab.
**a)** $f(x) = x^2 + 7x + 12$ **b)** $f(x) = -(x+1)\cdot(-x-1)$ **c)** $f(x) = -2\cdot(x-5)^2 + 3$

**6** Weisen Sie nach, dass die Funktionen f, g und h identisch sind.
$f(x) = -2\left(x - \frac{1}{2}\right)^2 + 4{,}5$ $g(x) = -2(x+1)\cdot(x-2)$ $h(x) = -2x^2 + 2x + 4$

**7** Abgebildet sind die Graphen dreier Funktionen f, g und h. Geben Sie jeweils einen möglichen Funktionsterm an.

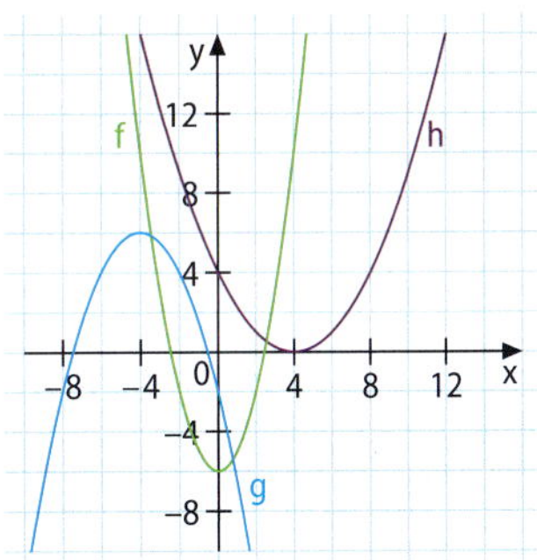


**8** Berechnen Sie die fehlenden Koordinaten der Punkte P und Q, die jeweils auf dem Graphen der Funktion f liegen.
**a)** $f(x) = -2x^2 + 3x - 8$; $P(-1\,|\,\square)$; $Q(3\,|\,\square)$
**b)** $f(x) = 0{,}5\cdot(x-2)^2 + 5$; $P(-2{,}5\,|\,\square)$; $Q\left(\frac{1}{3}\,|\,\square\right)$
**c)** $f(x) = -(x+6)\cdot(-x-2)$; $P(3\,|\,\square)$; $Q\left(-1\frac{1}{4}\,|\,\square\right)$

## Aufgaben 3

**9** Vereinfachen Sie so weit wie möglich.
**a)** $2x + 3xy - 4x + x - 5xy + 8$ **b)** $5a - 12b + 7a - 34b + 8 + 29a + 46b$
**c)** $4\cdot x\cdot 5\cdot y\cdot x\cdot(-2)$ **d)** $4a^2\cdot 2b\cdot(-3ab)\cdot(-b^2)$ **e)** $\frac{1}{4}u^2\cdot 0{,}2v\cdot(-3u)^2\cdot 1{,}2v$
**f)** $5\cdot(5x+5)$ **g)** $3x\cdot\left(5\frac{2}{3}x - \frac{1}{3}\right)$ **h)** $(2k - 3m):(-2)$

**10** Multiplizieren Sie aus.
**a)** $(x+3)\cdot(x+5)$ **b)** $\left(\frac{1}{2}u - \frac{1}{5}v\right)\cdot\left(\frac{3}{2}v + \frac{5}{7}u\right)$ **c)** $(1{,}4a + 1{,}8)\cdot(-a + b)$

**11** Lösen Sie die binomischen Formeln auf und fassen Sie so weit wie möglich zusammen.
**a)** $(2a+b)^2$ **b)** $(5w - 7v)^2 - (w+3v)\cdot(w-3v)$ **c)** $(6x - 8y)^2 - (x+2y)\cdot(x-2y)$

## Geschwindigkeiten ermitteln

Für die Messung von Geschwindigkeiten wird durch die Polizei üblicherweise die Momentangeschwindigkeit eines Fahrzeugs an einer bestimmten Stelle gemessen. Ein weiteres Verfahren besteht darin, auf einem bestimmten Streckenabschnitt die Durchschnittsgeschwindigkeit des Fahrzeugs zu ermitteln.

- Informieren Sie sich über die beiden Verfahren und erklären Sie, wie diese technisch umgesetzt werden.
- Vergleichen Sie die beiden Verfahren. Erläutern Sie deren Vor- und Nachteile an selbstgewählten Beispielen.

Der Graph zeigt das Zeit-Weg-Diagramm eines Fahrzeugs beim Beschleunigungsvorgang.

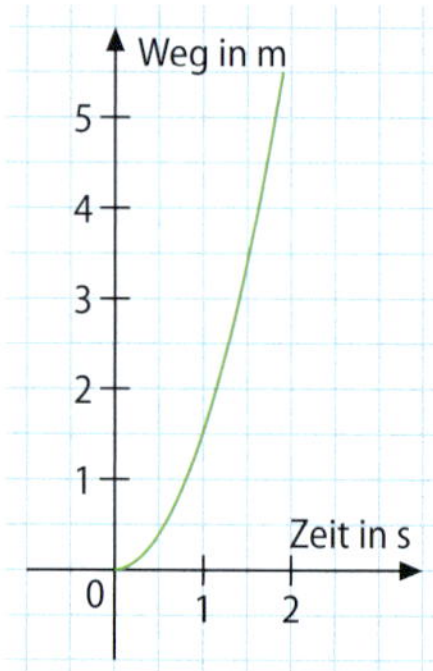


- Beschreiben Sie anhand des Graphen den Beschleunigungsvorgang des Fahrzeugs.
- Erklären Sie die Begriffe Durchschnitts- und Momentangeschwindigkeit anhand des Graphen.
- Übertragen Sie den Graphen möglichst genau in Ihr Heft. Bestimmen Sie die Durchschnittsgeschwindigkeit in der ersten Sekunde. Erläutern Sie, ob die Momentangeschwindigkeit 1 s nach dem Start nach Ihrer Einschätzung größer oder kleiner als die vorher errechnete Durchschnittsgeschwindigkeit ist.
- Nehmen Sie Stellung zur Aussage: „Die Durchschnittsgeschwindigkeit ist immer kleiner als die Momentangeschwindigkeit."

## Auf der Rennstrecke unterwegs

Auch bei einem Formel-1-Rennen müssen die Fahrer ihre Geschwindigkeit der Rennstrecke anpassen.
Ein Testauto fährt auf einer Rennstrecke. Für $0 < x < 5$ zeigt das Diagramm die Entfernung des Testautos vom Startpunkt.

- Skizzieren Sie eine mögliche Rennstrecke. Begründen Sie den Verlauf in Ihrer Skizze.
- Ermitteln Sie grafisch den Wert der momentanen Änderung für besondere Punkte des Graphen. Erklären Sie die Bedeutung dieses Werts.

Medien & Werkzeuge

## Geschwindigkeiten selbst ermitteln

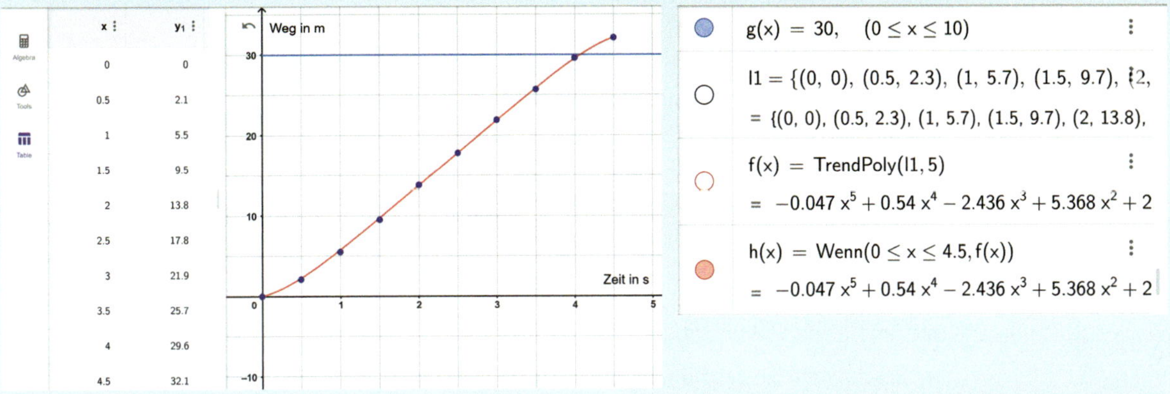


Die Bearbeitung der folgenden Aufgaben erfolgt zum Teil draußen. Sie benötigen dafür in Ihrer Dreiergruppe auf dem Schulgelände eine gerade Strecke von 30 m Länge, einen Zollstock oder ein Maßband, Klebeband oder Ähnliches für Markierungen auf dem Boden sowie ein digitales Endgerät.
Messen Sie auf dem Schulgelände eine gerade Strecke von 30 m Länge ab und markieren Sie Start und Ziel. Setzen Sie (beispielsweise mit dem Klebeband) alle zwei Meter eine deutliche Markierung auf dem Boden. Positionieren Sie eine Person mit einigem Abstand mittig zur Laufstrecke. Achten Sie darauf, dass die Kamera des digitalen Endgerätes die gesamte Laufstrecke filmen kann, ohne dabei bewegt werden zu müssen.
Bestimmen Sie einen Läufer oder eine Läuferin und filmen Sie den Lauf (Einverständnis einholen!).

Bearbeiten Sie mit Hilfe des Videos die folgenden Aufgaben.

- Legen Sie in Ihrem MMS eine Wertetabelle an, in der der Zeit $t$ (in s) der zurückgelegte Weg $s$ (in m) zugeordnet wird. Wählen Sie dabei Abschnitte von einer halben Sekunde.
- Berechnen Sie die Durchschnittsgeschwindigkeit des Läufers bzw. der Läuferin in den Intervallen [1; 1,5], [4; 4,5] sowie im gesamten Messzeitraum. Interpretieren Sie die Ergebnisse.
- Die angelegte Wertetabelle liefert Ihnen im Koordinatensystem eine sogenannte **Punktwolke**. Leiten Sie mit Hilfe einer **Regression** unter Zuhilfenahme Ihres MMS für Ihre Wertepaare die Funktionsgleichung einer ganzrationalen Funktion beliebigen Grades her.

- Begründen Sie die Wahl des Grades Ihrer Funktion.
- Erklären Sie, warum die von Ihnen bestimmte Funktion nicht geeignet ist, den gefilmten Lauf für immer größer werdende Werte von $t$ zu modellieren.
- Berechnen Sie mit Hilfe der durch Regression bestimmten Funktion die Durchschnittsgeschwindigkeit des Läufers bzw. der Läuferin im Intervall [4; 4,5]. Erläutern Sie die Abweichungen.
- Erläutern Sie, welche Bedeutung die Momentangeschwindigkeit des Läufers bzw. der Läuferin nach 4,5 s hat und wie man diese annäherungsweise bestimmen könnte.
- Ändern Sie Ihren Messversuch so ab, dass die Geschwindigkeitsbestimmung immer genauer wird.
- Führen Sie den veränderten Messversuch durch und erläutern Sie anschließend die Möglichkeiten und Grenzen des Verfahrens.

MMS-Applet
*Mediencode 63051-030*

4

# 4.1 Mittlere Änderungsrate

## Entdecken

Die Abbildung zeigt das Höhenprofil des Hermannslaufs, der einmal im Jahr Tausende Läuferinnen und Läufer vom Hermannsdenkmal in Detmold zur Sparrenburg nach Bielefeld führt. Vor dem Lauf legt der Veranstalter zur besseren Orientierung Richtzeiten fest. Die folgende Tabelle zeigt Richtzeiten für ambitionierte Hobbyläuferinnen und Hobbyläufer:

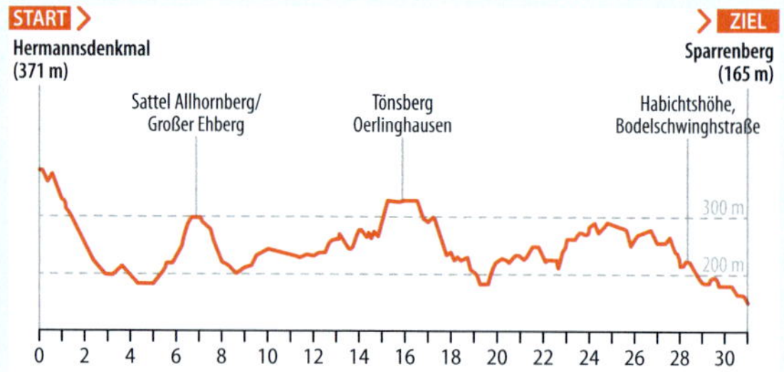


| Zeit in min | 32 | 48 | 78 | 106 | 152 | 180 |
|---|---|---|---|---|---|---|
| **zurückgelegte Strecke in km** | 5,2 | 8,3 | 13,5 | 18,4 | 26,2 | 31,1 |

- Beschreiben Sie das Höhenprofil und erläutern Sie, welchen Einfluss es auf die Geschwindigkeit der Läuferinnen und Läufer während des Laufes haben wird.
- Berechnen Sie die durchschnittliche Geschwindigkeit für jeden der angegebenen Streckenabschnitte (also Abschnitt 1: von 0 bis 5,2 km, usw.) sowie für die gesamte Strecke.
- Erläutern Sie, welche Aussagen Sie bezüglich der Maximalgeschwindigkeit der Teilnehmerinnen und Teilnehmer machen können.

## Verstehen

Lineare Funktionen können helfen, die durchschnittliche Steigung einer nicht-linearen Kurve in einem bestimmten Bereich oder Intervall zu berechnen. Allerdings ist die Steigung einer linearen Funktion an jeder Stelle gleich groß. Mit ihr kann man daher nur näherungsweise die Steigung einer nicht-linearen Kurve beschreiben.

*secare (lat.): schneiden*

*Statt mittlerer kann man auch durchschnittliche Änderungsrate sagen.*

*Die **Differenz** ist das Ergebnis einer Subtraktion, der **Quotient** das Ergebnis einer Division.*

### Merke

Sind $P(x_0 | f(x_0))$ und $Q(x_0 + h | f(x_0 + h))$ zwei Punkte des Graphen einer Funktion f, dann nennt man die Gerade $s_{PQ}$ Sekante des Graphen von f durch P und Q.

Die Steigung m dieser Sekante bezeichnet man als **mittlere Änderungsrate** der Funktion f zwischen P und Q.

$$m = \frac{f(x_0 + h) - f(x_0)}{(x_0 + h) - x_0} = \frac{f(x_0 + h) - f(x_0)}{h}$$

Man bezeichnet diesen Quotienten auch als **Differenzenquotienten im Intervall $[x_0; x_0 + h]$.**

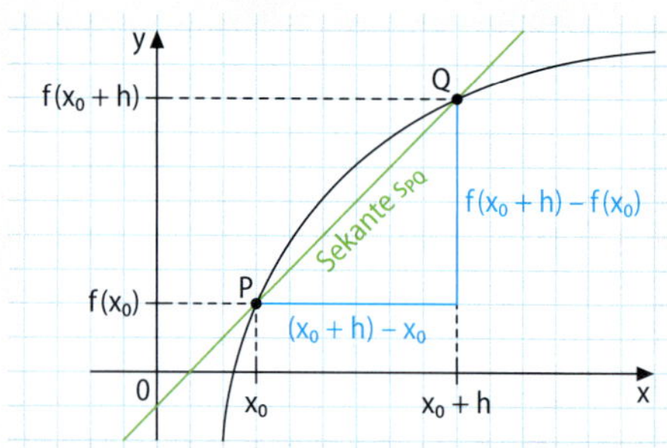


Erklärvideo

*Mediencode 63051-031*

### Beispiele

**I.** Gegeben ist die Funktion f mit $f(x) = \frac{1}{2}x^2 + 1$. Auf dem Funktionsgraphen liegen die beiden Punkte $P(0{,}5 | f(0{,}5))$ und $Q(2 | f(2))$.

**a)** Berechnen Sie den Differenzenquotienten im Intervall [0,5; 2] und erläutern Sie seine Bedeutung.

**b)** Berechnen Sie die Gleichung der Sekante $s_{PQ}$ und zeichnen Sie diese.

**Lösung:**

**a)** Für den y-Wert des Punktes P ergibt sich $f(0{,}5) = 1{,}125$, für Q entsprechend $f(2) = 3$.
Somit ergibt sich der Differenzenquotient $\frac{3 - 1{,}125}{2 - 0{,}5} = 1{,}25$.
Die Steigung der Sekante beträgt also $m = 1{,}25$. Dies entspricht der durchschnittlichen Steigung des Graphen von f im Intervall [0,5; 2].

**b)** Für die Gleichung der Sekante ergibt sich mit der Steigung m somit $y = 1{,}25x + b$. Einsetzen von $Q(2\,|\,3)$ liefert die Gleichung $3 = 1{,}25 \cdot 2 + b$, also $b = 0{,}5$. Die Gleichung der Sekante $s_{PQ}$ lautet: $y = 1{,}125x + 0{,}5$.

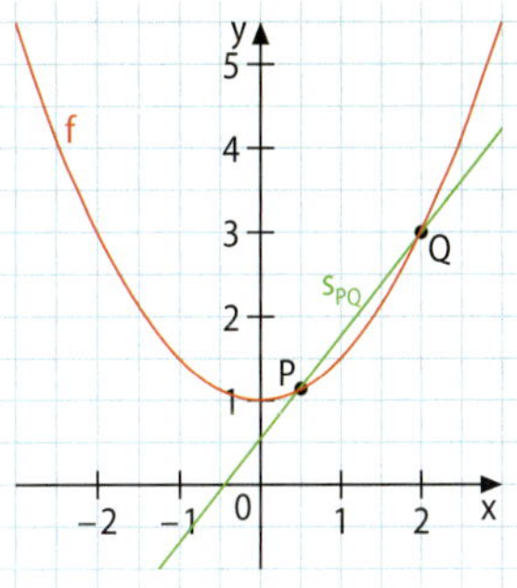


**II.** Berechnen Sie den Differenzenquotienten der Funktion f mit $f(x) = 2x^3 - 12x^2 + 18x$ im Intervall [1; 3].

**Lösung:**

$f(1) = 2 \cdot 1^3 - 12 \cdot 1^2 + 18 \cdot 1 = 2 - 12 + 18 = -10 + 18 = 8$

$f(3) = 2 \cdot 3^3 - 12 \cdot 3^2 + 18 \cdot 3 = 2 \cdot 27 - 12 \cdot 9 + 18 \cdot 3 = 54 - 108 + 54 = 0$

$\frac{f(3) - f(1)}{3 - 1} = \frac{0 - 8}{2} = \frac{-8}{2} = -4$

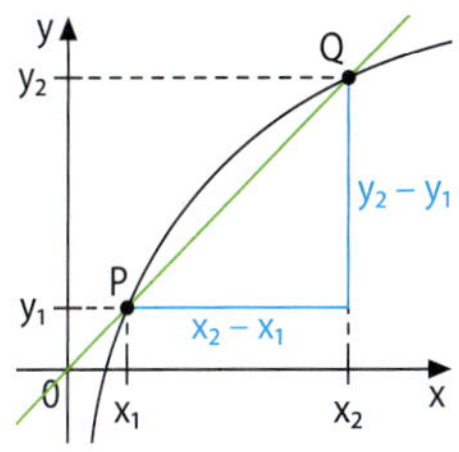


$m = \frac{y_2 - y_1}{x_2 - x_1}$

## Nachgefragt

- Erklären Sie die Bedeutung des Parameters h im Nenner des Differenzenquotienten.
- Lena behauptet: „Wenn ich mit dem Differenzenquotienten die Steigung der Sekante berechne, ist das ja nichts anderes als die Berechnung der Steigung m einer linearen Funktion – nur mit anderen Variablen." Erläutern Sie, was Lena damit meint. Begründen Sie Lenas Aussage anhand der Zeichnung in der Randspalte.

## Aufgaben

**oHiMi**
1, 3, 4–8, 10, 11

**1** Berechnen Sie für die Funktion f den Differenzenquotienten in den Intervallen **1** bis **4**.

**1** [−4; −2]  **2** [−0,5; 1]  **3** [0; 2]  **4** [2; 4,5]

**a)** $f(x) = x^2$  **b)** $f(x) = 2x^3 - 2x^2$  **c)** $f(x) = \frac{1}{2}x^3 + x - 3$

**2** Gegeben ist eine Funktion f. Bestimmen Sie die Gleichung der jeweiligen Sekante im gegebenen Intervall. Zeichnen Sie die Sekanten und den Funktionsgraphen.

**a)** $f(x) = x^2$  **1** [0; 2]  **2** [−2,5; −1]  **b)** $f(x) = x^3 - 2x^2$  **1** [−1; 0]  **2** [1; 2]

**3** Gegeben ist der Graph der Funktion f mit $f(x) = 0{,}25x^3 - 2x$.

**a)** Ermitteln Sie rechnerisch die mittlere Änderungsrate der Funktion in den Intervallen [−3; −2], [0; 1] und [2; 3].

**b)** Geben Sie ohne Rechnung ein Intervall an, in dem der Graph die gleiche mittlere Änderungsrate besitzt wie in [0; 2]. Erläutern Sie Ihr Vorgehen.

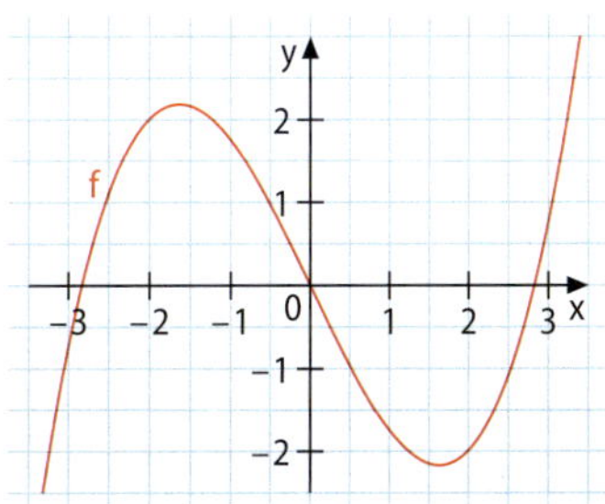

**4** Tessa soll die mittlere Änderungsrate der Funktion f mit $f(x) = 3x + 5$ im Intervall $[-3; 5]$ berechnen. Sie meint nur: „Super Sache, da kann ich mir die Rechnung ja sparen." Erläutern Sie, warum Tessa hier keine Rechnung braucht.

**5** Thea meint: „Wenn ein Graph in einem Intervall I den Differenzenquotienten null hat, dann verläuft er in diesem Intervall konstant." Nehmen Sie Stellung zu Theas Behauptung.

**Alles klar?**

**6** Bestimmen Sie mit Hilfe des Graphen den Differenzenquotienten der Funktion f im Intervall I.

**a)** $I = [1; 3]$ **b)** $I = [-1; 1]$ **c)** $I = [-2; -1]$

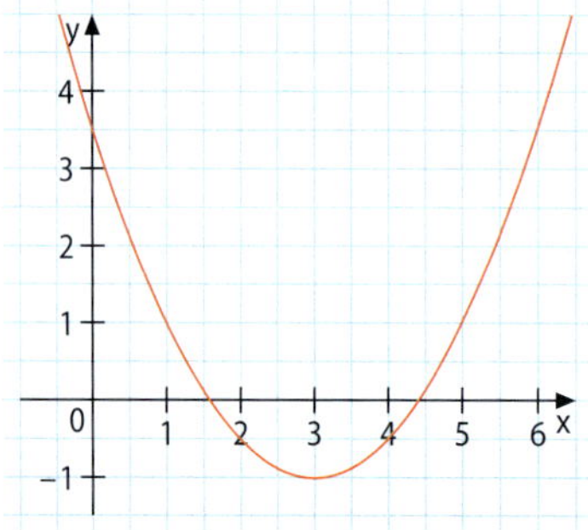


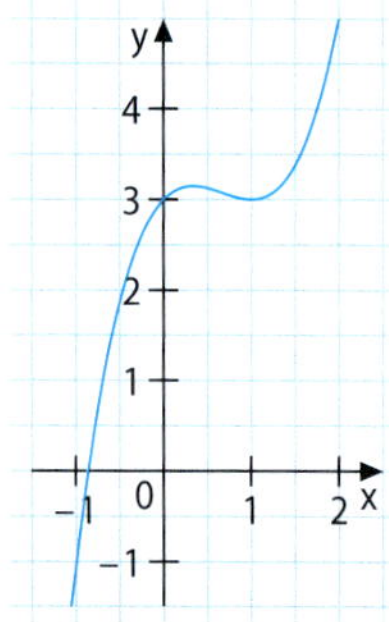


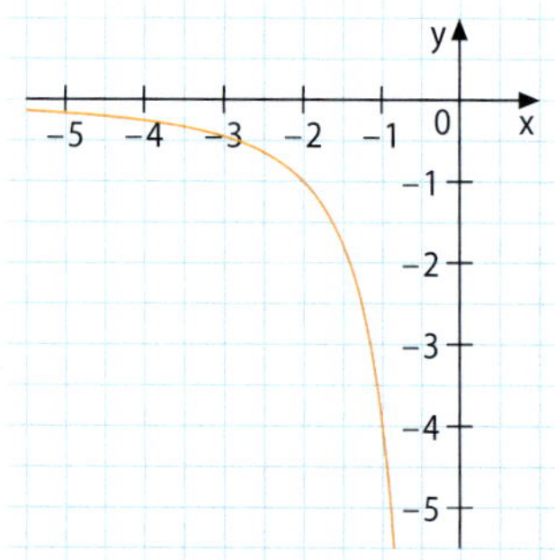


**7** Gegeben ist die Funktion f mit $f(x) = x^2 - 3x + 1$.

**a)** Berechnen Sie den Differenzenquotienten von f in den folgenden Intervallen.
**1** $I = [-3; -1]$ **2** $I = [-1; 1]$ **3** $I = [0; 3]$

**b)** Entscheiden Sie begründet mit dem Ergebnis aus a) **2**, in welche Richtung die Parabel der Funktion f im Vergleich zur Normalparabel mit $y = x^2$ verschoben ist.

**c)** Geben Sie begründet mit Hilfe Ihres Ergebnisses von a) **3** die Stelle des Scheitelpunktes an.

**8** Entscheiden Sie begründet, zu welchem Graphen die Differenzenquotienten passen.

**1** $\frac{2-(-1)}{2-0} = 1{,}5$ **2** $\frac{3-0}{4-(-1)} = 0{,}6$ **3** $\frac{-1{,}5-3}{1-(-2)} = -1{,}5$

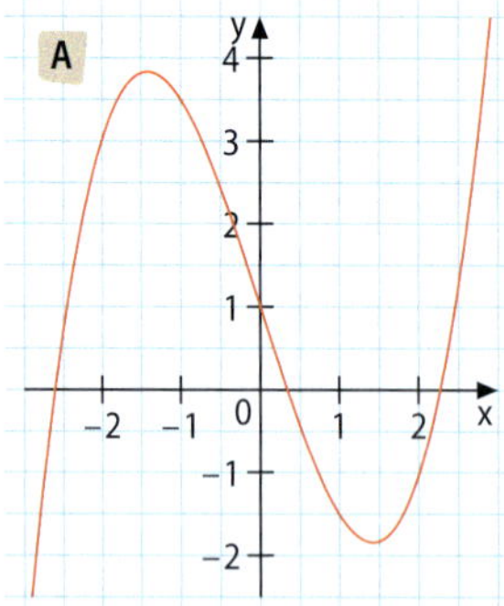


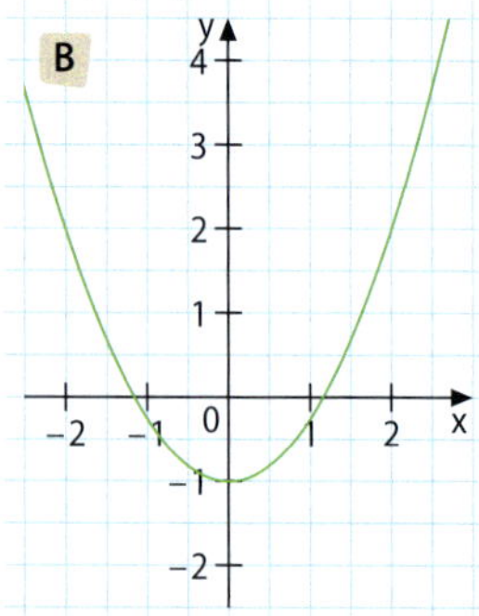


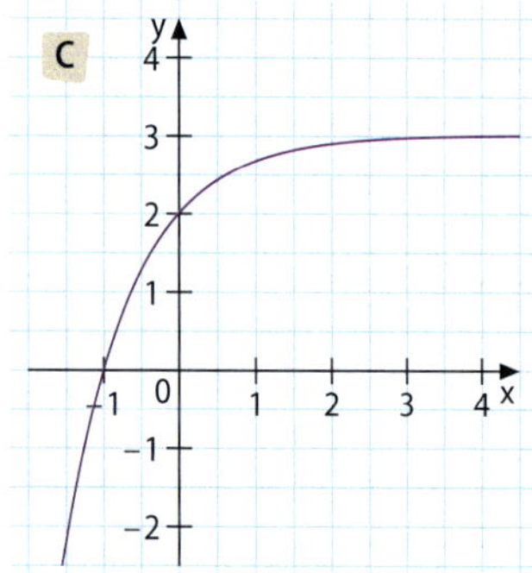


**9** Skizzieren Sie den Graphen einer nicht-linearen Funktion f in einem beliebigen Intervall $[x_0; x_0 + h]$, deren Differenzenquotient in diesem Intervall …

**a)** positiv ist. **b)** negativ ist. **c)** null ist.

**10** Erklären Sie die Bedeutung der durchschnittlichen Änderungsrate einer Funktion f, wenn …

**a)** f(t) die bis zum Zeitpunkt t zurückgelegte Strecke (in m) ist.

**b)** f(t) die Bevölkerungszahl in einem Land zum Zeitpunkt t angibt.

**c)** f(t) die Höhe einer Pflanze (in cm) zum Zeitpunkt t angibt.

**d)** f(x) den Inhalt des Benzintanks (in l) eines Autos nach x km Fahrstrecke seit dem letzten Tanken angibt.

**11** Geben Sie zum rechts abgebildeten Graphen je zwei Intervalle an, in denen der Differenzenquotient …

**a)** positiv ist.

**b)** negativ ist.

**c)** null ist.

Erläutern Sie jeweils Ihre Überlegungen.

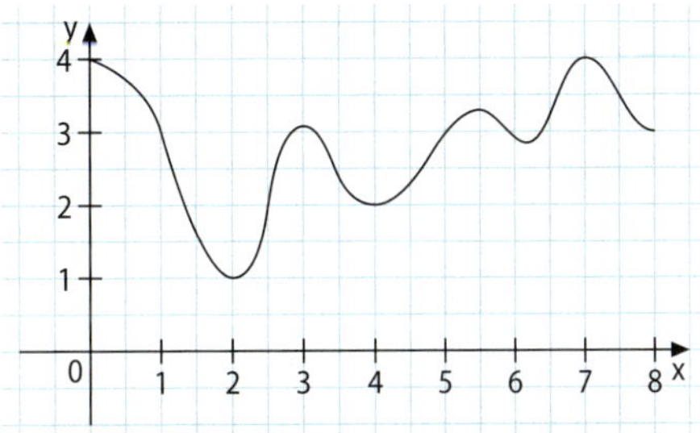


**12** In einer Bakterienkultur verdoppelt sich die Anzahl der Bakterien nach jeder Stunde. Zu Beginn der Beobachtung waren 1905 Bakterien vorhanden. Das Wachstum der Bakterien lässt sich durch die Funktion f mit $f(t) = 1905 \cdot 2^t$ modellieren, wobei t die Zeit in Stunden angibt.

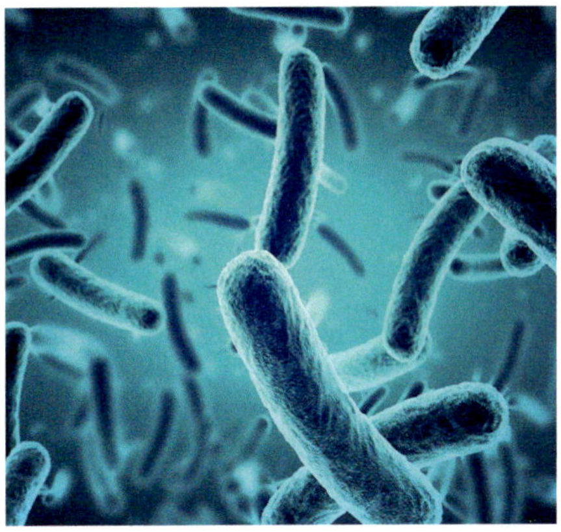

**a)** Berechnen Sie die mittlere Änderungsrate der Bakterienkultur in den folgenden Zeitintervallen I.

**1** $I = [3; 5]$ **2** $I = [1; 9]$ **3** $I = [0{,}5; 2]$

**b)** Interpretieren Sie Ihre Ergebnisse aus a) im Sachzusammenhang.

**13** Eine Glasglocke wird von einer Vakuumpumpe leergepumpt. Der abgebildete Graph der Funktion f zeigt die Restmenge an Luft, die unterhalb der Glasglocke verbleibt (in g), in Abhängigkeit von der abgelaufenen Zeit t (in min) an.

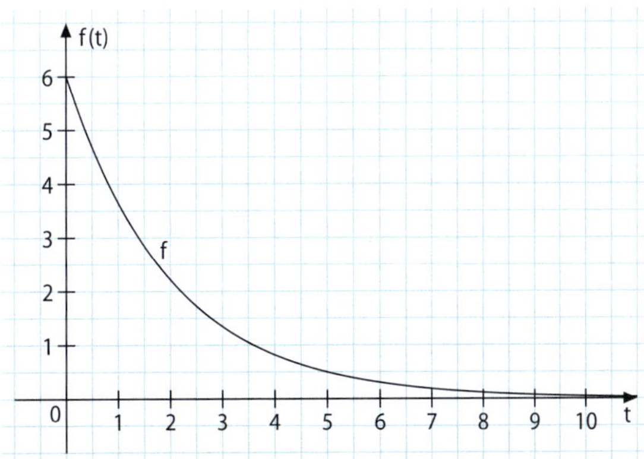


**a)** Geben Sie an, wie viel Luft zu Beginn unter der Glasglocke war.

**b)** Zeigen Sie, dass es sich näherungsweise um eine exponentielle Abnahme handelt.

**c)** Erläutern Sie, wie Sie die mittlere Änderungsrate in den ersten vier Minuten grafisch ermitteln können.

**d)** Interpretieren Sie die Bedeutung der mittleren Änderungsrate in diesem Sachkontext.

## Entdecken

*Sie können die Werte auch von einem MMS berechnen lassen.*

Eine Seifenkiste fährt eine Straße hinunter. Der dabei zurückgelegte Weg kann anfangs näherungsweise durch die Funktionsgleichung $s(t) = \frac{1}{4}t^2$ modelliert werden. Dabei steht t für die Zeit in Sekunden nach dem Start und s gibt die zurückgelegte Strecke in Metern an.

- Vervollständigen Sie die zweite Zeile der Tabelle und zeichnen Sie den Graphen von s im Intervall I [0; 20] mit einem MMS.

| t in s | 0 | 2 | 4 | 8 | 10 | 12 | 16 | 19 | 19,9 | 19,99 | 19,999 | 20 |
|---|---|---|---|---|---|---|---|---|---|---|---|---|
| s in m | 0 | 1 | 4 | 16 | | | | | | | | |
| | Mittlere Änderungsrate in [0; 20] = | | | | | | | | | | | |
| | | | | | in [10; 20] = | | | | | | | |
| | | | | | | | in [16; 20] = | | | | | |
| | | | | | | | | in [19; 20] = | | | | |
| | | | | | | | | | in [19,9; 20] = | | | |
| | | | | | | | | | | in [19,99; 20] = | | |
| | | | | | | | | | | | in [19,999; 20] = | |

- Berechnen Sie die mittleren Änderungsraten für die in der Tabelle angegebenen Intervalle (Zeilen 3 bis 9).
- Beschreiben Sie, wie sich die Intervalle ändern. Erläutern Sie die damit verbundenen Veränderungen der mittleren Änderungsraten im Sachzusammenhang.
- Tobi behauptet: „Bei diesem Verfahren der veränderten Intervalle wird ja aus der Sekante eine Tangente." Nehmen Sie Stellung zu der Aussage von Tobi.

*Während eine **Sekante** durch zwei Punkte des Graphen festgelegt ist, berührt eine **Tangente** den Graphen in einem Punkt.*

## Verstehen

Verkleinert man bei mittleren Änderungsraten die Intervalle, so nähern sich die Änderungsraten (meist) einem festen Wert.

*$h \to 0$ bedeutet, dass sich $Q(x_0 + h \mid f(x_0 + h))$ immer mehr dem Punkt $P(x_0 \mid f(x_0))$ annähert, weil der Abstand zwischen $x_0 + h$ und $x_0$ gegen 0 strebt.*

### Merke

Wenn sich der Wert des Differenzenquotienten $\frac{f(x_0 + h) - f(x_0)}{h}$ für $h \to 0$ einem festen Wert annähert, so heißt dieser Wert **Ableitung** der Funktion f an der Stelle $x_0$, kurz $\mathbf{f'(x_0)}$ („f Strich von $x_0$"). Er gibt die **lokale Änderungsrate** von f an der Stelle $x_0$ an. Die Ableitung $f'(x_0)$ entspricht der **Steigung der Tangente** von f an den Graphen im Punkt $P(x_0 \mid f(x_0))$.

Allgemeiner können wir den Grenzwert des Differenzenquotienten betrachten und untersuchen, ob für eine beliebige Funktion an einer Stelle $x_0$ die Ableitung existiert.

*Wenn man zeitliche Abhängigkeiten untersucht, kann man auch von momentaner statt lokaler Änderungsrate sprechen.*

### Merke

Die **Ableitung der Funktion f an einer Stelle $x_0$** kann man mit dem **Grenzwert (Limes) des Differenzenquotienten** berechnen. Den Grenzwert des Differenzenquotienten nennt man **Differentialquotient**.

Schreibweise: $f'(x_0) = \lim\limits_{h \to 0} \frac{f(x_0 + h) - f(x_0)}{h}$ („Limes für $h \to 0$")

Existiert die Ableitung $f'(x_0)$, so sagt man, die Funktion f ist an der Stelle $x_0$ **differenzierbar**.

Erklärvideo

*Mediencode 63051-032*

### Beispiele

**I.** Bestimmen Sie mit Hilfe einer Näherungstabelle die Ableitung der Funktion f mit $f(x) = x^2$ an der Stelle $x_0 = 4$.

**Lösung:**

**1. Näherungstabelle erstellen**

| $h$ | $\frac{f(x_0+h)-f(x_0)}{h}$ |
|---|---|
| 0,1 | 8,1 |
| 0,01 | 8,01 |
| 0,001 | 8,001 |
| 0,0001 | 8,0001 |

**2. Angaben einsetzen und vereinfachen**

$\frac{f(4+h)-f(4)}{h} = \frac{(4+h)^2-4^2}{h} = \frac{16+8h+h^2-16}{h} = \frac{h^2+8h}{h}$

**3. Werte für h einsetzen**

Setze $h = 0{,}1$ ein: $\frac{0{,}1^2+8\cdot 0{,}1}{0{,}1} = 8{,}1$

Setze $h = 0{,}01$ ein: $\frac{0{,}01^2+8\cdot 0{,}01}{0{,}01} = 8{,}01$

Setze $h = 0{,}001$ ein: $\frac{0{,}001^2+8\cdot 0{,}001}{0{,}001} = 8{,}001$

Setze $h = 0{,}0001$ ein: $\frac{0{,}0001^2+8\cdot 0{,}0001}{0000{,}1} = 8{,}0001$

**4. Schlussfolgerung**: Vermutlich gilt also: $f'(4) = 8$.

**II.** **a)** Berechnen Sie mit Hilfe des Differentialquotienten die Ableitung der Funktion f mit $f(x) = x^2$ an der Stelle $x_0 = 4$.

**b)** Bestimmen Sie die Gleichung der Tangente des Graphen von f im Punkt $P(4\,|\,f(4))$.

**Lösung:**

**a)** $f'(4) = \lim\limits_{h\to 0} \frac{(4+h)^2-4^2}{h} = \lim\limits_{h\to 0} \frac{4^2+8h+h^2-4^2}{h} = \lim\limits_{h\to 0} \frac{8h+h^2}{h} = \lim\limits_{h\to 0} \frac{h\cdot(8+h)}{h}$

$= \lim\limits_{h\to 0} (8+h) = 8$

**b)** Tangentengleichung: $t\colon y = m\cdot x + b$ $\qquad P(4\,|\,f(4));\ f(4) = 4^2 = 16$, also $P(4\,|\,16)$

$f'(4) = 8 = m$

$16 = 8\cdot 4 + b \Leftrightarrow b = -16$ $\qquad$ Damit: $t\colon y = 8x - 16$

## Nachgefragt

- Erläutern Sie den Zusammenhang zwischen mittlerer und momentaner Änderungsrate.
- Begründen Sie, ob es Funktionen gibt, bei denen die momentane Änderungsrate stets null ist.

## Aufgaben

**1** Mika versteht die Bildfolge „von der Sekante zur Tangente" nicht. Erklären Sie sie ihm ausführlich und benutzen Sie die Begriffe aus der Randspalte.

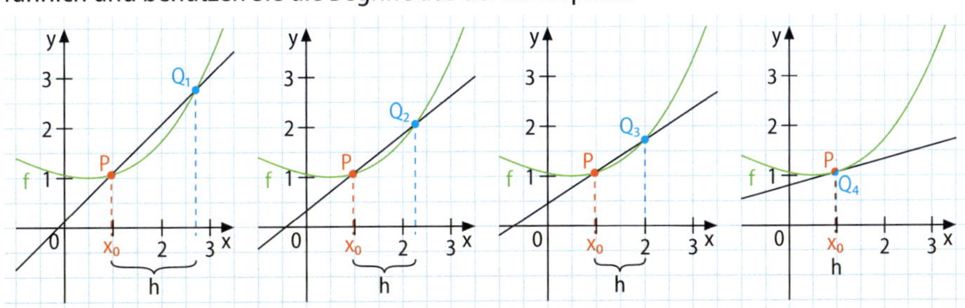


*Sekante* *Steigung*
*Punkt $Q_n$* *Abstand h*
*Graph* *Punkt P*
*unendlich klein*
*annähert* *Tangente*
*fester Wert*

**MMS-Applet**
*Mediencode 63051-033*

**2** Bestimmen Sie mit einer Näherungstabelle die Ableitung der Funktion f an der Stelle $x_0$.

**a)** $f(x) = x^2 + 2;\ x_0 = -2$ **b)** $f(x) = x^3;\ x_0 = 2$

**c)** $f(x) = x^2 + x;\ x_0 = 3$ **d)** $f(x) = x^3 + x^2;\ x_0 = -1$

**oHiMi**
**1, 6, 9, 12, 13, 15**

**3** Berechnen Sie mit Hilfe des Differentialquotienten jeweils den Wert der Ableitung der Funktion f an den Stellen $x_0$.

**1** $x_0 = 1$ **2** $x_0 = 3$ **3** $x_0 = \frac{1}{2}$ **4** $x_0 = a$

**a)** $f(x) = x^2$ **b)** $f(x) = 2x^2$ **c)** $f(x) = x^3$

**4** Geben Sie die Gleichung der Tangente t des Graphen von f im Punkt $P(x \mid f(x))$ an.

**a)** $f(x) = -\frac{1}{2}x^2 + 1$; $P(2 \mid f(2))$ **b)** $f(x) = 2x^2 + x$; $P(-2 \mid f(-2))$

**Alles klar?**

**5** Gegeben ist die Funktion f mit $f(x) = \frac{1}{2}x^2 + x - 2$.

**a)** Berechnen Sie die lokale Änderungsrate von f an der Stelle $x_0 = 4$.

**b)** Bestimmen Sie die Gleichung der Tangente des Graphen von f im Punkt P.

**6** Erläutern Sie, inwiefern man eine Tangente als „Grenzfall" einer Sekante verstehen kann.

*Die Ableitung $f'(x_0)$ entspricht der **Steigung der Tangente** an den Graphen im Punkt $P(x_0 \mid f(x_0))$.*

**7** Gegeben ist die Funktion f mit $f(x) = x^2 + x + 1$.

**a)** Skizzieren Sie den Funktionsgraphen.

**b)** Bestimmen Sie $f'(3)$. Stellen Sie damit die Gleichung der Tangente an den Graphen von f durch den Punkt $P(3 \mid f(3))$ auf. Ergänzen Sie die Tangente in der Skizze aus a).

**c)** Ermitteln Sie grafisch die Gerade, die die Tangente aus b) im Punkt P senkrecht schneidet. Geben Sie mit Hilfe des Graphen die zugehörige Gleichung an.

**8** Gegeben sind die Funktionen f und g mit $f(x) = x^2 + 3x$ und $g(x) = x^3 + 3x^2$.

**a)** Zeigen Sie rechnerisch, dass sich die Graphen von f und g im Punkt $P(1 \mid 4)$ schneiden.

**b)** Geben Sie jeweils die Tangentengleichung von f und g im Punkt P an.

**c)** Bestimmen Sie weitere Schnittpunkte der beiden Graphen und ermitteln Sie die Gleichungen der jeweiligen Tangenten.

**9** Arina hat Ableitungen berechnet. Geben Sie an, welche Fehler Arina gemacht hat, und korrigieren Sie diese.

a) $f(x) = -4x^2$ $\quad f'(1)$

$$f'(1) = \lim_{h \to 0} \frac{f(1+h) - f(1)}{h} = \lim_{h \to 0} \frac{-4 \cdot 1^2 + h - (-4 \cdot 1^2)}{h} = \lim_{h \to 0} \frac{h}{h} = \lim_{h \to 0} 1 = 1$$

b) $f(x) = x^2 - x$ $\quad f'(2)$

$$f'(x) = \lim_{h \to 0} \frac{f(2+h) - f(2)}{h} = \lim_{h \to 0} \frac{2^2 + h - 2 + h - 2^2 - 2}{h}$$

$$= \lim_{h \to 0} \frac{4 + h - 2 + h - 4 - 2}{h} = \lim_{h \to 0} \frac{2h - 4}{h} = \lim_{h \to 0} \frac{h \cdot (2 - 4)}{h}$$

$$= \lim_{h \to 0} -2 = -2$$

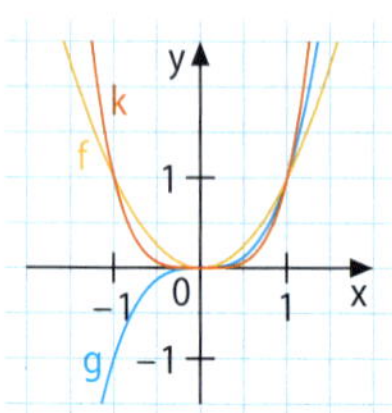


**10** Gegeben sind die Funktionen f, g und k mit $f(x) = x^2$, $g(x) = x^3$ und $k(x) = x^4$.

**a)** Berechnen Sie jeweils die lokalen Änderungsraten an den Stellen $x_1 = 0{,}5$ und $x_2 = 1$.

**b)** Interpretieren Sie die Ergebnisse und erklären Sie sie anhand der Graphen.

**11** **Argumentieren und Begründen**
Bei der Näherungstabelle in Beispiel I (S. 115) hatten wir uns der Stelle $x_0$ von rechts aus angenähert. Dabei näherte sich der Differenzenquotient einem bestimmten Wert, von dem wir dann angenommen haben, er sei $f'(x_0)$. Streng genommen müssen wir aber auch eine Annäherung von links untersuchen. Ergibt sich dabei derselbe Grenzwert, ist es vernünftig, diesen als $f'(x_0)$ anzusehen.
Zeigen Sie das Verfahren für $f(x) = \frac{1}{4}x^2$ und $x_0 = 2$. Erläutern Sie Ihr Vorgehen.

**Ideen:**
- Erklären Sie zunächst, was eine Annäherung von links bzw. rechts bedeutet.
- Erstellen Sie eine Näherungstabelle und führen Sie eine beidseitige Annäherung für die Beispielfunktion durch.
- Vergleichen Sie die beiden Näherungstabellen und erklären Sie Gemeinsamkeiten und Unterschiede bei der Annäherung von rechts bzw. links.

**12** Ferat behauptet, dass der abgebildete Funktionsgraph t keine Tangente an den Graphen der Funktion f im Punkt P ist, weil die beiden Graphen zwei gemeinsame Punkte haben. Beurteilen Sie seine Aussage.

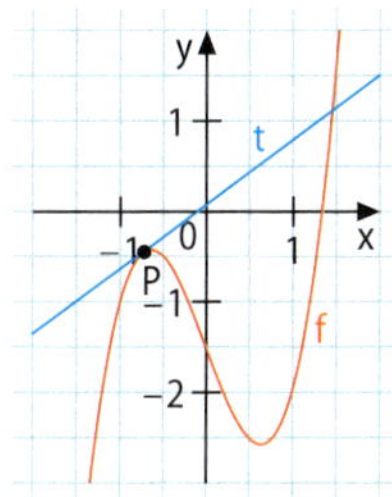


**13** Geben Sie jeweils an, welche Bedeutung die lokale bzw. momentane Änderungsrate im Sachzusammenhang hat.
**a)** Flugstrecke eines Flugzeugs in Abhängigkeit von der Zeit
**b)** Höhe des Wasserspiegels eines leerlaufenden Pools in Abhängigkeit von der Zeit
**c)** Geschwindigkeit eines E-Scooters in Abhängigkeit von der Zeit
**d)** Temperatur eines frisch gekochten Kaffees in Abhängigkeit von der Zeit

**14** Die Bewegung eines Rodelschlittens kann in Abhängigkeit von der Zeit t durch eine Funktion r beschrieben werden: $r(t) = 0{,}2t^2$ mit $t \geq 0$ in Sekunden, r in Metern.
**a)** Bestimmen Sie die Durchschnittsgeschwindigkeiten während der ersten fünf, der ersten zehn und der ersten 20 Sekunden.
**b)** Berechnen Sie die Momentangeschwindigkeit, also die lokale Änderungsrate, nach fünf, zehn und 20 Sekunden.

**15** „Ich weiß überhaupt nicht, was Limes heißt.", sagt Johann. „Limes heißt Grenzwert.", erklärt Jula. „Und was ist der Grenzwert?", fragt Johann.
Setzen Sie die Erklärung fort.

**16** Die Abbildung zeigt die Graphen der Funktionen f mit $f(x) = 0{,}25x^3 - 3x^2 + 9x$ und g mit $g(x) = -x^2 + 5x$.
**a)** Zeigen Sie rechnerisch, dass sich die beiden Graphen im Ursprung $O(0\,|\,0)$ schneiden und im Punkt B berühren. Ermitteln Sie die Koordinaten von B.
**b)** Ermitteln Sie mit Hilfe des Differentialquotienten eine Gleichung der gemeinsamen Tangente t an die Graphen von f und g im Punkt B.

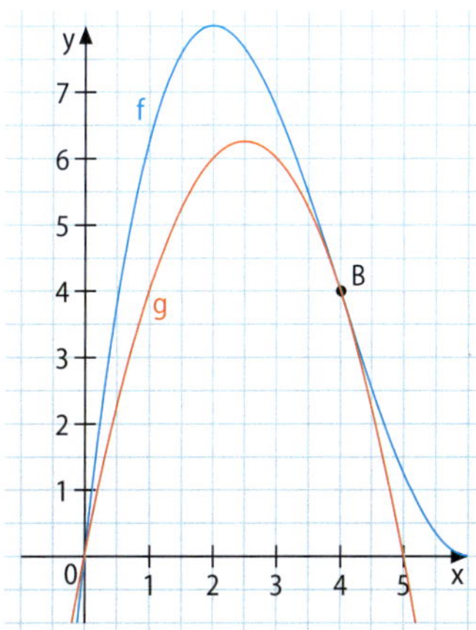

## Entdecken

Sabine behauptet: „Die Ableitung einer Funktion f an der Stelle $x_0$ gibt nicht nur die Tangentensteigung an, sondern sie gibt immer die Steigung der Funktion f an dieser Stelle an. Vielleicht gibt es ja sogar eine ‚Ableitungsfunktion'?"

- Erläutern Sie die Idee von Sabine. Nutzen Sie dabei folgende Begriffe: Stelle, Sekante, Sekantensteigung, Tangente und Tangentensteigung.
- Die Abbildung zeigt den Graphen einer Funktion f. Einer der Funktionsgraphen g oder h ist der Graph der Ableitung von f. Ordnen Sie zu und begründen Sie Ihre Entscheidung.

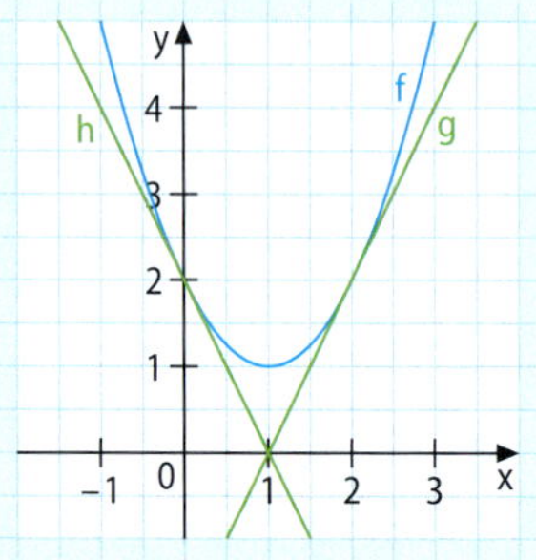


## Verstehen

Ordnet man jeder Stelle x, an der der Graph einer Funktion f eine Tangente besitzt, die Steigung dieser Tangente zu, so ist diese Zuordnung wieder eine Funktion – die Ableitungsfunktion. Der Funktionsterm dieser Funktion lässt sich in vielen Fällen berechnen.
In Kapitel 4.2 haben Sie mit Hilfe des Differentialquotienten bereits die Ableitung einer Funktion f an einer bestimmten Stelle $x_0$ berechnet. Um diese Berechnung nicht an jeder Stelle neu ausführen zu müssen, ist es hilfreich, die Ableitung f′(x) allgemein zu berechnen.

**Erklärvideo**

*Mediencode 63051-034*

| Ableitung von $f(x) = x^2$ an der Stelle $x_0 = 3$: | Ableitung von $f(x) = x^2$ an einer Stelle $x_0$: |
|---|---|
| $\frac{f(3+h)-f(3)}{h} = \frac{(3+h)^2-3^2}{h}$ $= \frac{3^2+2\cdot 3\cdot h+h^2-3^2}{h}$ $= \frac{9+6h+h^2-9}{h} = \frac{6h+h^2}{h}$ $f'(3) = \lim\limits_{h\to 0}\left(\frac{6h+h^2}{h}\right) = \lim\limits_{h\to 0}(6+h) = 6$ | $\frac{f(x_0+h)-f(x_0)}{h} = \frac{(x_0+h)^2-x_0^2}{h}$ $= \frac{x_0^2+2\cdot x_0\cdot h+h^2-x_0^2}{h}$ $= \frac{2x_0h+h^2}{h}$ $f'(x_0) = \lim\limits_{h\to 0}\left(\frac{2x_0h+h^2}{h}\right) = \lim\limits_{h\to 0}(2x_0+h) = 2x_0$ |
| Ableitung an der Stelle $x_0 = 3$: $f'(3) = 6$ | Ableitung an einer Stelle $x_0$: $f'(x_0) = 2x_0$ |

Da die Rechnung für eine beliebige Stelle $x_0$ durchgeführt wurde, erhält man für die Funktion f mit $f(x) = x^2$ die Ableitungsfunktion f′ mit $f'(x) = 2x$.

Einsetzen liefert dann die Ableitungen an beliebigen Stellen, beispielsweise für $x_0 = 5$: $f'(5) = 10$ oder, wie berechnet, für $x_0 = 3$: $f'(3) = 6$.

*Das Wort **differenzierbar** meint, dass die Funktion f an der Stelle x eine Tangente besitzt und somit ihre Ableitung an dieser Stelle bestimmt werden kann.*

### Merke

Ist eine Funktion f für alle x ∈ D differenzierbar, dann heißt die Funktion, die jeder Stelle x die Ableitung f′(x) zuordnet, **Ableitungsfunktion f′** oder kurz **Ableitung von f.**

Die Ableitungsfunktion f′ gibt an jeder Stelle x ∈ D die Steigung der Tangente (bzw. die lokale Änderungsrate) der Funktion f an.

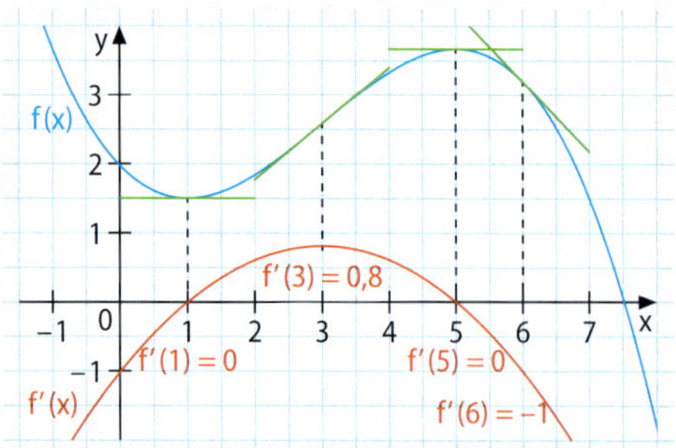

**Beispiele**

**I.** Die blaue Kurve zeigt den Graphen einer Funktion f. Entscheiden Sie begründet, welcher der drei Graphen **1** bis **3** der Funktionsgraph der Ableitungsfunktion f' ist. Begründen Sie auch, warum die anderen beiden Graphen nicht infrage kommen können.

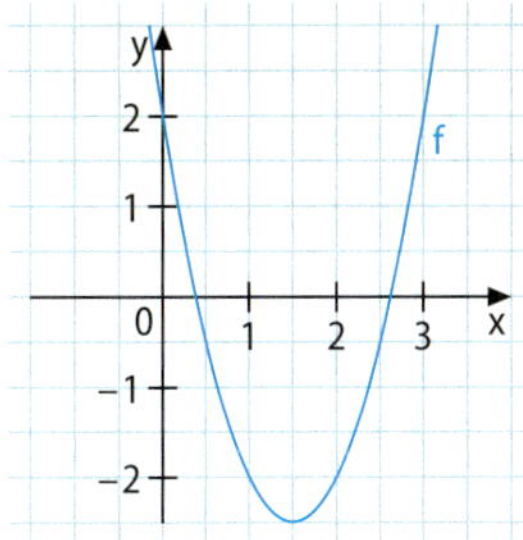


*Die Funktion f nennt man auch Ausgangsfunktion.*

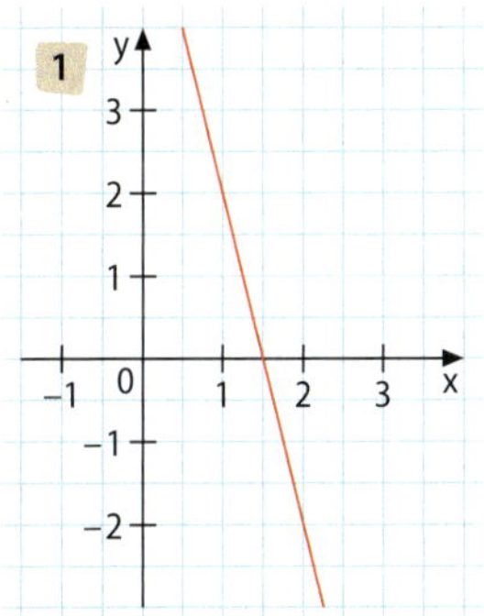


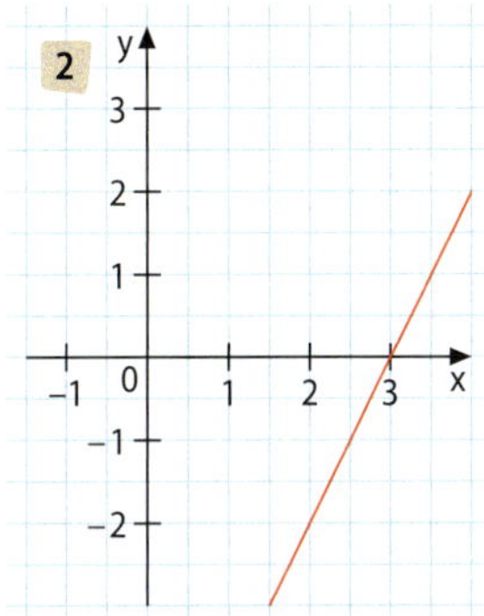


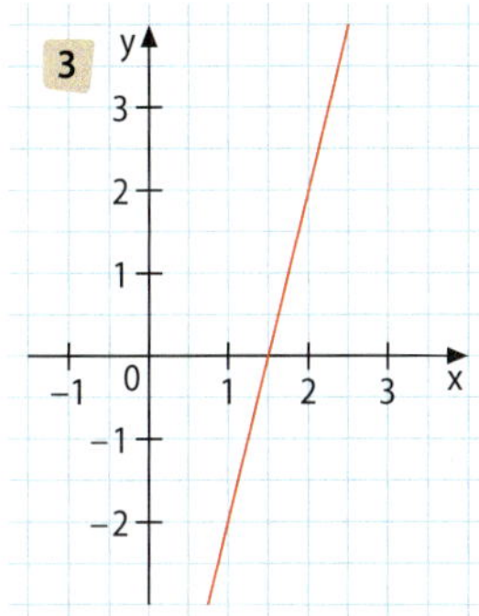


**Lösung:**
Die Ausgangsfunktion hat an der Stelle $x_0 = 1{,}5$ einen Tiefpunkt, die Steigung an dieser Stelle ist also 0. Somit muss der Graph der Ableitungsfunktion an dieser Stelle eine Nullstelle haben, was Graph **2** ausschließt. Da der Graph von f links von $x_0 = 1{,}5$ fällt und die Steigung somit negativ ist, muss die Ableitung links von der Nullstelle negative Werte haben, der Graph der Ableitungsfunktion also unterhalb der x-Achse verlaufen. Damit ist klar, dass der korrekte Graph der Ableitungsfunktion **3** ist und nicht **1**.

**II.** Gegeben ist die Funktion f mit $f(x) = 2x^2 + x$.

**a)** Bestimmen Sie die Funktionsgleichung der Ableitung f'.

**b)** Berechnen Sie $f'(-4)$ und $f'(3)$ und interpretieren Sie die Ergebnisse.

**c)** Prüfen Sie, für welches $x \in \mathbb{R}$ gilt: $f'(x) = 27$.

**Lösung:**

**a)** $$\frac{f(x_0+h)-f(x_0)}{h} = \frac{2\cdot(x_0+h)^2+(x_0+h)-(2x_0^2+x_0)}{h} = \frac{2\cdot(x_0^2+2x_0h+h^2)+x_0+h-2x_0^2-x_0}{h}$$
$$= \frac{(2x_0^2+4x_0h+2h^2+x_0+h-2x_0^2-x_0)}{h}$$
$$= \frac{4x_0h+2h^2+h}{h}$$
$$f'(x_0) = \lim_{h\to 0}\left(\frac{4x_0h+2h^2+h}{h}\right) = \lim_{h\to 0}(4x_0+2h+1) = 4x_0+1$$

Die Funktionsgleichung der Ableitungsfunktion f' ist $f'(x) = 4x + 1$.

**b)** $f'(-4) = 4\cdot(-4)+1 = -16+1 = -15$

$f'(3) = 4\cdot 3 + 1 = 12 + 1 = 13$

Der Graph der Funktion f hat an der Stelle $x = -4$ somit eine Steigung von $-15$, er fällt an dieser Stelle. An der Stelle $x = 3$ hat der Graph eine Steigung von 13, er steigt somit an.

**c)** Da $f'(x) = 27$ gelten soll, folgt mit der berechneten Ableitungsfunktion $4x + 1 = 27$. Umformen nach x liefert dann den Wert $x = 6{,}5$.

MMS-Applet

Mediencode 63051-035

## Nachgefragt

Dargestellt sind Zusammenhänge zwischen dem Graphen einer Ausgangsfunktion f und dem der zugehörigen Ableitungsfunktion f'. Erläutern Sie die Zusammenhänge **1** bis **3**.

**1** Die Extremstellen des Ausgangsgraphen sind die Schnittstellen des Ableitungsgraphen mit der x-Achse (Nullstellen).

**2** Wenn $f'(x) > 0$ ist, dann ist der Graph von f(x) monoton steigend.

**3** Wenn $f'(x) < 0$ ist, dann ist der Graph von f(x) monoton fallend.

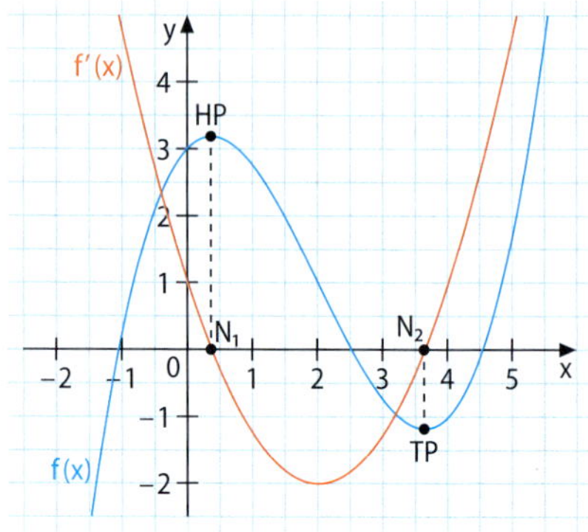


## Aufgaben

oHiMi
2, 6, 7–9

**1** Berechnen Sie mit Hilfe des Differentialquotienten die Ableitungsfunktion der Funktion f.
**a)** $f(x) = \frac{1}{2}x^2$ **b)** $f(x) = 3x^2 - 2x + 1$ **c)** $f(x) = x^2 - x$ **d)** $f(x) = x^3$

**2** Übertragen Sie den Funktionsgraphen möglichst genau in Ihr Heft und skizzieren Sie dann den Graphen der zugehörigen Ableitungsfunktion. Erläutern Sie jeweils Ihr Vorgehen.

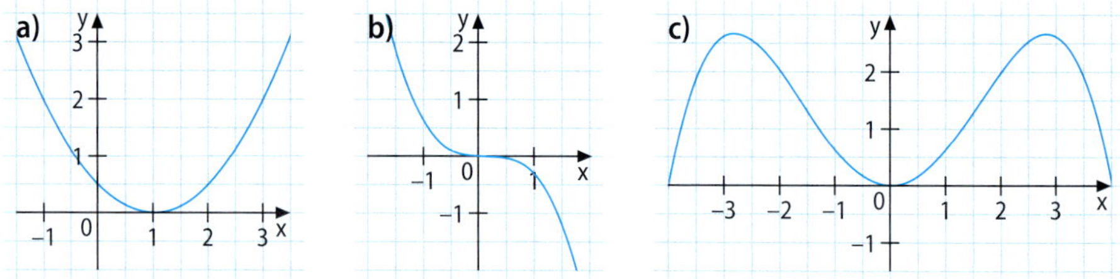


**3** Skizzieren Sie den Graphen der Ableitung der Funktion f mit $f(x) = x^3 - 3x$ und erläutern Sie Ihr Vorgehen.

**4** Bestimmen Sie die Ableitungsfunktion der Funktion f mit $f(x) = 1{,}5x^2 - 2x$ und berechnen Sie $f'(-3{,}5)$ sowie $f'(7)$.

## Alles klar?

**5** Gegeben ist die Funktion f mit $f(x) = -2x^2 + 2x - 3$.
**a)** Bestimmen Sie die Ableitungsfunktion f' und berechnen Sie $f'(-3)$ und $f'(5)$.
**b)** Bestimmen Sie die Stelle, an der der Graph von f' eine Steigung von 5 hat. Erläutern Sie Ihr Vorgehen.

**6** Ergänzen Sie die folgenden Sätze sinnvoll in Ihrem Heft.
**a)** Je größer die Steigung des Graphen einer Ausgangsfunktion f ist, desto …
**b)** Ist die Ausgangsfunktion f linear, dann verläuft der Graph der Ableitung …
**c)** Ist die Ausgangsfunktion eine quadratische Funktion, dann …
**d)** Verläuft der Graph der Ableitungsfunktion einer ganzrationalen Funktion durch die Quadranten II und IV, hat der Ausgangsgraph …

**7** In dieser Aufgabe sollen die Ableitungsfunktionen von linearen Funktionen genauer in den Blick genommen werden.

*Der Graph einer konstanten Funktion verläuft parallel zur x-Achse.*

**a)** Begründen Sie zunächst mit Hilfe des Begriffes „Steigung", warum die Ableitung einer linearen Funktion eine Konstante sein muss.

**b)** Bestimmen Sie die Ableitungsfunktion der linearen Funktionen f mit $f(x) = 8x$ und g mit $g(x) = -6x + 2$.

**c)** Berechnen Sie die Ableitungsfunktion der allgemeinen Geradengleichung $y = mx + b$ und erläutern Sie Ihr Ergebnis vor dem Hintergrund Ihrer Argumentation aus a).

**8** Die erste Abbildung zeigt jeweils den Graphen einer Ableitungsfunktion g'. Eine der Abbildungen **1** bis **3** stellt den Graphen der ursprünglichen Funktion g dar. Begründen Sie, welcher Graph dies ist.

**a)**

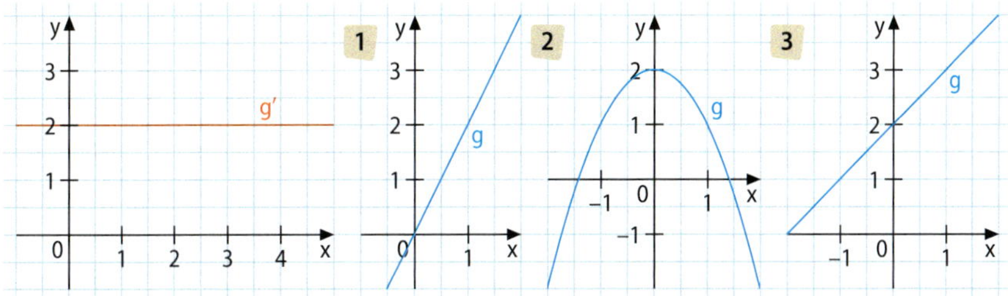


**b)**

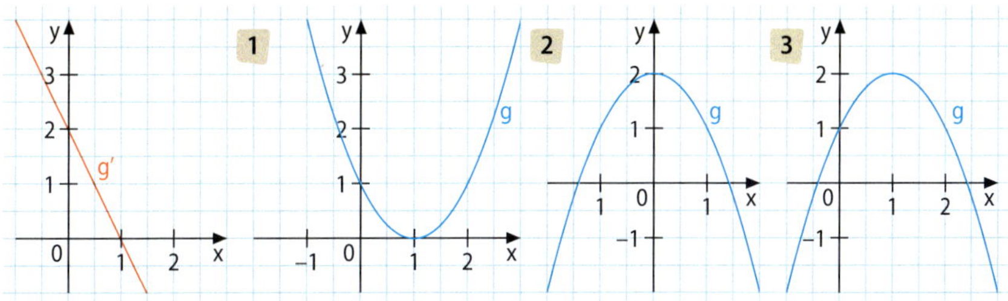


**9** Die erste Abbildung zeigt den Graphen einer Funktion f. Genau eine der vier Abbildungen **1** bis **4** stellt den Graphen der Ableitungsfunktion f' dar. Finden Sie heraus, welche der Abbildungen dies ist. Begründen Sie Ihre Entscheidung.

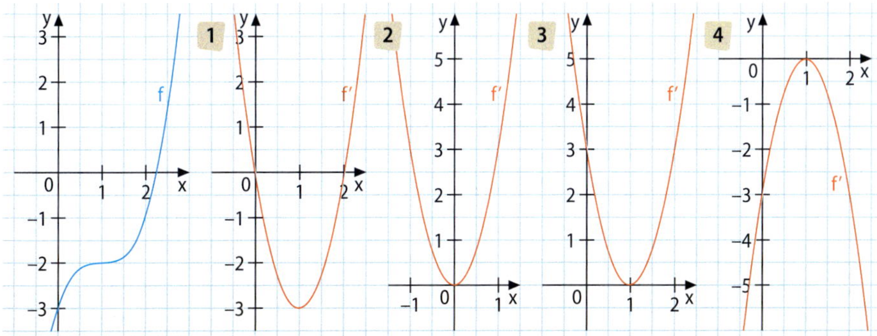


**10** Skizzieren Sie jeweils den Graphen einer nicht-linearen Funktion f, deren Ableitungsfunktion die angegebene Eigenschaft besitzt.

**a)** f' hat genau drei Nullstellen.

**b)** f' hat stets negative Funktionswerte.

## 4.4 Ableitungsregeln: Potenz- und Faktorregel

**Entdecken**

Einige Schülerinnen und Schüler haben mit Hilfe des Differentialquotienten die Terme der Ableitungsfunktionen von Potenzfunktionen ermittelt. Diese Berechnung ist allerdings sehr aufwendig, weshalb in der Tabelle zwei Ableitungsfunktionen fehlen.

| **Funktion** | $f(x) = x$ | $f(x) = x^2$ | $f(x) = x^3$ | $f(x) = x^4$ | $f(x) = x^5$ | $f(x) = x^6$ |
|---|---|---|---|---|---|---|
| **Ableitung** | $f'(x) = 1$ | $f'(x) = 2x$ | $f'(x) = 3x^2$ | $f'(x) = 4x^3$ | ??? | ??? |

- Fassen Sie anhand der gegebenen Funktionen und Ableitungsfunktionen Ihre Beobachtungen für die Ableitung von Potenzfunktionen mit natürlichem Exponenten zusammen.
- Ergänzen Sie die fehlenden Ableitungsfunktionen aufgrund Ihrer Zusammenfassung.
- Formulieren Sie Ihre Vermutung für eine allgemeine Regel für die Ableitung von Potenzfunktionen mit natürlichen Exponenten.

**Verstehen**

Bei der Ableitung einer Potenzfunktion mit natürlichem Exponenten zeigt sich: Der ursprüngliche Exponent wird zum Vorfaktor und gleichzeitig verringert sich der Exponent um 1.

**Merke**

**Potenzregel**
Für jede natürliche Zahl n als Exponent ist die Potenzfunktion f mit $f(x) = x^n$ differenzierbar und für die Ableitung f′ gilt: $\mathbf{f'(x) = n \cdot x^{n-1}}$.

Wird eine differenzierbare Funktion noch mit einem konstanten Faktor multipliziert, so kann man für die entstandene Funktion ebenfalls eine Ableitungsregel herleiten.

**Merke**

**Faktorregel**
Für jede natürliche Zahl n als Exponent ist die Funktion f mit $f(x) = a \cdot x^n$ differenzierbar und für die Ableitung f′ gilt: $\mathbf{f'(x) = a \cdot n \cdot x^{n-1}}$.
Der konstante Faktor a bleibt beim Ableiten also erhalten.

**Beispiele**

**I.** Bestimmen Sie mit der Potenz- und Faktorregel die Ableitungsfunktion f′.

**a)** $f(x) = x^{12}$ **b)** $f(x) = 4x^8$ **c)** $f(x) = 10x^{58}$ **d)** $f(x) = 5$

**Lösung:**

*$x^1 = x$*
*$x^0 = 1$*

**a)** $f'(x) = 12 \cdot x^{11}$ **b)** $f'(x) = 32x^7$ **c)** $f'(x) = 580x^{57}$ **d)** $f'(x) = 0$

**II.** Gegeben ist die Ableitungsfunktion f′ einer Funktion f. Geben Sie eine Funktion f an.

**a)** $f'(x) = 22x^{21}$ **b)** $f'(x) = 668x^{333}$ **c)** $f'(x) = 144x^{11}$ **d)** $f'(x) = 1$

**Lösung:**

**a)** $f(x) = x^{22}$ **b)** $f(x) = 2x^{334}$ **c)** $f(x) = 12x^{12}$ **d)** $f(x) = x$

**Nachgefragt**

- Erklären Sie, warum der Grad der Ableitung kleiner als der Grad der Ausgangsfunktion ist.
- Erläutern Sie die Potenz- und die Faktorregel in eigenen Worten.

**Aufgaben**

**oHiMi**
1, 2, 4–8

**1** Erklären Sie die einzelnen Schritte zur Bestimmung der Ableitung der Funktion f mit $f(x) = 3x^2$ und ergänzen Sie, was fehlt.

$$f'(x) = \lim_{h \to 0} \frac{f(x+h) - f(x)}{h} = \lim_{h \to 0} \frac{3(x+h)^2 - 3x^2}{h} = \square$$
$$= \lim_{h \to 0} \frac{6xh + 3h^2}{h} = \lim_{h \to 0} \frac{3h(2x+h)}{h} = \square$$

**2** Bestimmen Sie mit Hilfe der Potenz- und Faktorregel die Ableitungsfunktion.

**a)** $f(x) = 35x^{13}$ **b)** $f(x) = -x^{12}$ **c)** $f(x) = \sqrt{2}x^4$ **d)** $f(x) = 3x^{2n}$
**e)** $f(x) = ax^{24}$ **f)** $f(x) = x^{101}$ **g)** $f(x) = -4x^{25}$ **h)** $f(x) = 2x^{n+1}$

**3** Gegeben ist die Ableitungsfunktion f′ einer Funktion f. Geben Sie eine Funktion f an.

**a)** $f'(x) = 88x^{87}$ **b)** $f'(x) = -75x^{14}$ **c)** $f'(x) = 33bx^{32}$
**d)** $f'(x) = 440x^7$ **e)** $f'(x) = -\frac{3}{4}x$ **f)** $f'(x) = (3n+3) \cdot x^n$

**4** Berechnen Sie den Wert der Ableitung an der Stelle $x_0$.

**a)** $f(x) = x^5; x_0 = 2$ **b)** $f(x) = 4x^{10}; x_0 = \frac{1}{2}$ **c)** $f(x) = -6x^6; x_0 = -1$
**d)** $f(x) = \frac{1}{4}x; x_0 = 1$ **e)** $f(x) = \frac{1}{2}x^4; x_0 = \frac{3}{2}$ **f)** $f(x) = \frac{3}{8}x^8; x_0 = 1$

**5** Gegeben ist eine Potenzfunktion f mit $f(x) = x^n$, $n \in \mathbb{N}$ mit $n \geq 1$. Begründen Sie:

**a)** Ist der Graph von f achsensymmetrisch zur y-Achse, so ist der Graph der Ableitungsfunktion punktsymmetrisch zum Ursprung. Umgekehrt gilt Entsprechendes.
**b)** Für jedes $n \geq 2$ hat der Graph von f genau eine Stelle mit waagrechter Tangente.

*Eine waagrechte Tangente verläuft parallel zur x-Achse.*

**6** Bestimmen Sie alle Stellen, an denen die Funktion f die Steigung m hat.

**a)** $f(x) = \frac{1}{5}x^2; m = 10$ **b)** $f(x) = 8x; m = 8$ **c)** $f(x) = 4x^3; m = 12$
**d)** $f(x) = \frac{3}{2}x^4; m = 48$ **e)** $f(x) = \frac{1}{2}x^5; m = \frac{5}{2}$ **f)** $f(x) = x; m = 1$

**7** Begründen Sie mit Hilfe der Ableitungsregeln:

**a)** Die Ableitung einer konstanten Funktion ist immer null: $f(x) = c \Rightarrow f'(x) = 0$.
**b)** Die Ableitungsfunktion einer proportionalen Funktion ist immer eine konstante Funktion: $f(x) = m \cdot x \Rightarrow f'(x) = m$.

*Beispiele:*
*konstante Funktion*
*$f(x) = 5 \Rightarrow f'(x) = 0$*
*proportionale Funktion*
*$f(x) = 8x \Rightarrow f'(x) = 8$*

**8** Begründen Sie, ob die Aussagen wahr oder falsch sind.

**a)** Für die Ableitung f′ der Funktion f mit $f(x) = x^4 \cdot x^2$ gilt $f'(x) = 4x^3 \cdot 2x$.
**b)** Eine Ableitungsfunktion f′ hat eine Nullstelle weniger als die zugehörige ganzrationale Ausgangsfunktion f.
**c)** Die Ableitung einer Potenzfunktion ist wieder eine Potenzfunktion.

**9** Ermitteln Sie jeweils den Funktionsterm einer möglichen Potenzfunktion.

**a)** Der Graph meiner Ableitung ist eine Gerade.

**b)** Meine Ableitung an der Stelle $x_0 = -1$ hat den Wert 20.

**c)** Meine Tangente im Punkt $P(2|f(2))$ hat die Steigung 512.

**d)** Von mir ist bekannt: $f(2) = -40$ und $f'(1) = -15$.

## 4.5 Ableitungsregeln: Summenregel

**Entdecken**

Marcel soll für die ganzrationale Funktion f mit $f(x) = 2x^3 + 4x^2$ die Steigung der Tangente an der Stelle $x_0 = 2$ bestimmen. Arina hat einen Tipp für ihn: „Die Funktion f kann man als Summe der Funktionen g mit $g(x) = 2x^3$ und h mit $h(x) = 4x^2$ auffassen."

- Erklären Sie, was Arina damit meint.
- Erläutern Sie, inwiefern der Tipp Marcel beim Ableiten der Funktion f helfen kann.
- Formulieren Sie eine allgemeine Regel für die Ableitung derartiger Funktionen.

**Verstehen**

Werden zwei ganzrationale Funktionen addiert, so addieren sich an jeder Stelle nicht nur die Funktionswerte, sondern auch die Steigungen.

*Da sich beispielsweise die Funktion f mit $f(x) = 2x^3 - 3x^2$ auch schreiben lässt als $f(x) = 2x^3 + (-3x^2)$, gilt für die Ableitung einer Differenz ebenso die Summenregel.*

**Merke**

**Summenregel**
Sind die ganzrationalen Funktionen g und h differenzierbare Funktionen, ist auch die Funktion f mit $f(x) = g(x) + h(x)$ differenzierbar und für die Ableitung gilt:
$\mathbf{f'(x) = g'(x) + h'(x)}$
Eine ganzrationale Funktion wird summandenweise abgeleitet. Um die einzelnen Summanden abzuleiten, benutzt man die Potenz- und Faktorregel.

Wird eine differenzierbare Funktion f abgeleitet, ist das Ergebnis wieder eine Funktion (Ableitungsfunktion). Diese Funktion lässt sich mit den Ableitungsregeln wieder ableiten.

*Ab der vierten Ableitung werden römische Zahlzeichen benutzt: $f^{IV}(x)$.*

*Bedeutung und Anwendung der höheren Ableitungen lernen Sie in Kapitel 5.*

**Merke**

Wird die Ableitungsfunktion f′ einer Funktion f noch einmal abgeleitet, erhält man die **zweite Ableitung f″(x)** („f zwei Strich von x") **der Funktion f**. Entsprechend kann f″(x) wieder abgeleitet werden und man erhält f‴(x) („f drei Strich von x"). Man spricht hierbei von **höheren Ableitungen**.

**Beispiele**

**Erklärvideo**
*Mediencode 63051-036*

**I.** Bestimmen Sie die ersten beiden Ableitungen der Funktion f.

**a)** $f(x) = 5x^3 + x + 1$ **b)** $f(x) = \frac{1}{2}x^4 - 2x^3 + x$ **c)** $f(x) = -\frac{2}{5}x^5 + 2x^3 - 6x$

**Lösung:**

**a)** $f'(x) = 15x^2 + 1$
$f''(x) = 30x$

**b)** $f'(x) = 2x^3 - 6x^2 + 1$
$f''(x) = 6x^2 - 12x$

**c)** $f'(x) = -2x^4 + 6x^2 - 6$
$f''(x) = -8x^3 + 12x$

**II.** Bilden Sie die Ableitungsfunktion von f und geben Sie an, welche Ableitungsregel Sie dabei verwenden.

**a)** $f(x) = 6x^4 - 3x^2 + \frac{1}{2}x - 7$ **b)** $f(x) = -2x \cdot (x^3 - 5) + 8$

**Lösung:**

**a)** $f(x) = 6x^4 + (-3) \cdot x^2 + \frac{1}{2} \cdot x^1 + (-7)$ (Summenregel, Faktorregel, Potenzregel)

$f'(x) = 6 \cdot 4x^3 + (-3) \cdot 2x^1 + \frac{1}{2} \cdot 1x^0 + 0$, damit: $f'(x) = 24x^3 - 6x + \frac{1}{2}$

*Tipp zu b): erst den Funktionsterm umformen, dann ableiten*

**b)** $f(x) = -2x^4 + 10x + 8$, für jeden Summanden muss die Faktor- und Potenzregel angewandt werden: $f'(x) = -8x^3 + 10$.

## Nachgefragt

- Es gibt unendlich viele Funktionsgleichungen, die alle dieselbe Ableitungsfunktion haben. Geben Sie zwei Beispiele an und erläutern Sie, worin sie sich unterscheiden.
- Beurteilen Sie: „Der Graph der Ableitungsfunktion einer ganzrationalen Funktion ist eine Gerade."

## Aufgaben

oHiMi
1, 2, 4–6

**1** Bilden Sie die ersten beiden Ableitungsfunktionen der Funktion f.

**a)** $f(x) = -x^6 + x^5 - x^4$ **b)** $f(x) = 2x^4 - 3x^3 + x^2$ **c)** $f(x) = 21x^3 - 14x + 7$
**d)** $f(x) = 7x^5 + 6x^3 + 0{,}5x^2$ **e)** $f(x) = x^4 + x^3 - x^2 - 3$ **f)** $f(x) = \frac{2}{3}x^3 + 1$

**2** Formen Sie zunächst die Funktionsgleichung so um, dass Sie die Summen-, Faktor- und Potenzregel anwenden können, und leiten Sie anschließend ab.

**a)** $f(x) = (x + 1) \cdot (x - 4)$ **b)** $f(x) = x^2 \cdot (2 - x)$ **c)** $f(x) = -3x \cdot (x^4 + x^5)$

**3** Gegeben ist die Ableitungsfunktion f′ einer Funktion f. Bestimmen Sie eine Funktionsgleichung von f und begründen Sie, ob Ihr Ergebnis eindeutig ist.

**a)** $f'(x) = x + 4x^2$ **b)** $f'(x) = 4$ **c)** $f'(x) = 0$
**d)** $f'(x) = 2 + 0{,}5x$ **e)** $f'(x) = (1 - x)^2$ **f)** $f'(x) = (x - 1)^2$

**4** Die Hausaufgaben von Merle und Videl enthalten Fehler. Beschreiben Sie jeweils die Fehler, korrigieren Sie sie und geben Sie einen Tipp, diese Fehler zu vermeiden.

a) $f(x) = x^2 + 8$ b) $f(x) = x^2 \cdot (3x - 1)$ c) $f(x) = x^3 + a^2$

$f'(x) = 2x + 8$ $f'(x) = 2x \cdot (3) = 6x$ $f'(x) = 3x^2 + 2a$

**5** Beurteilen Sie die folgenden Aussagen und begründen Sie.

**a)** Wenn der Graph einer ganzrationalen Funktion durch den Ursprung verläuft, verläuft der Graph ihrer Ableitungsfunktion auch durch den Ursprung.
**b)** Wenn der Graph einer ganzrationalen Funktion in y-Richtung verschoben wird, verändert das die Ableitung nicht.
**c)** Wenn eine ganzrationale Funktion mit einem Faktor a gestaucht wird, verändert das die Ableitung nicht.

**6** Die Funktionsvariable muss nicht immer x sein. Bestimmen Sie die Ableitung.

**a)** $f(t) = t^2 - 3tx - 5$ **b)** $h(s) = -4s^3 + 3s^2 - x^4$ **c)** $g(r) = ar^3 + br^2 + cr$

**7** Gegeben sind die beiden linearen Funktionen f und g mit $f(x) = 5x - 8$ und $g(x) = 2x + 7$.

**a)** Bilden Sie die Ableitungsfunktionen $f'(x)$ und $g'(x)$.
**b)** Für die Funktion k gilt $k(x) = f(x) + g(x)$. Bestimmen Sie die Ableitung $k'(x)$ rechnerisch und erläutern Sie daran die Summenregel.
**c)** Erläutern Sie die Summenregel an zwei selbst gewählten Beispielen.

**8** Begründen Sie: „Wenn man den Graphen einer ganzrationalen Funktion an der y-Achse spiegelt, so spiegelt sich auch der Graph der zugehörigen Ableitung an der y-Achse."

# 4.6 Tangente und Normale

## Entdecken

Gegeben ist die Funktion f mit $f(x) = \frac{1}{2}x^2 - x + 1$. Im Punkt $P(2|1)$ soll die Gerade t Tangente an den Graphen von f sein und den Funktionsgraphen also berühren.

- Erläutern Sie, warum für die Steigung m der Tangente t gilt: $m = f'(2)$. Berechnen Sie m.
- Berechnen Sie die Funktionsgleichung der Tangente t.
- Geben Sie die Gleichung einer Geraden an, die parallel (orthogonal) zur Tangente verläuft.

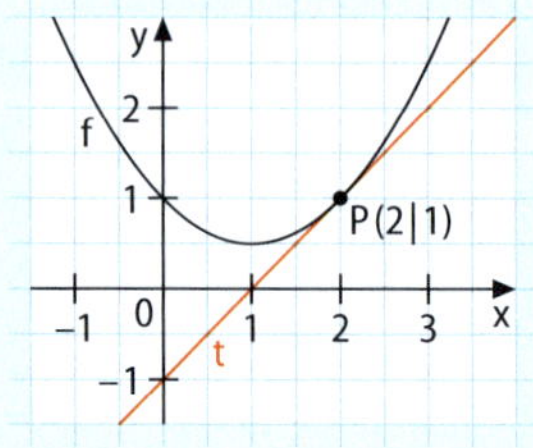


## Verstehen

Mit Hilfe der Ableitung lässt sich die Steigung einer Tangente bestimmen. Mit den Koordinaten des Berührpunktes lässt sich dann die Tangentengleichung ermitteln.

### Merke

Eine Tangente ist eine Gerade mit einer Funktionsgleichung der Form $y = m \cdot x + b$.
Für die Steigung der Tangente an den Graphen einer Funktion f im Punkt $P(x_0 | f(x_0))$ gilt dabei: $\mathbf{m = f'(x_0)}$.
Setzt man die Koordinaten des Berührpunktes P sowie die berechnete Steigung m in die Tangentengleichung $t: y = m \cdot x + b$ ein, erhält man den y-Achsenabschnitt b.

Vielfach möchte man neben der Steigung in einem Punkt des Graphen auch den Steigungswinkel der zugehörigen Tangente ermitteln.

*Tangens im rechtwinkligen Dreieck:*
$\tan = \frac{\text{Gegenkathete}}{\text{Ankathete}}$

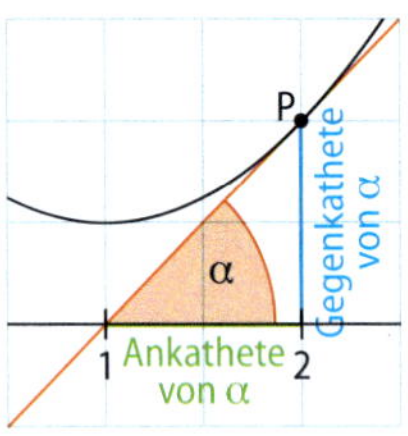


### Merke

Verläuft eine Tangente t an den Graphen einer differenzierbaren Funktion f nicht parallel zur x-Achse, dann ist die Größe des **Steigungswinkels α** die Größe des spitzen Winkels, den die Tangente mit der x-Achse einschließt. Allgemein gilt: $m = \tan \alpha$ und somit $\boldsymbol{\alpha = \tan^{-1} m}$
Verläuft die Tangente parallel zur x-Achse, dann ist ihre Steigung $m = 0$ und der Steigungswinkel α beträgt 0°.

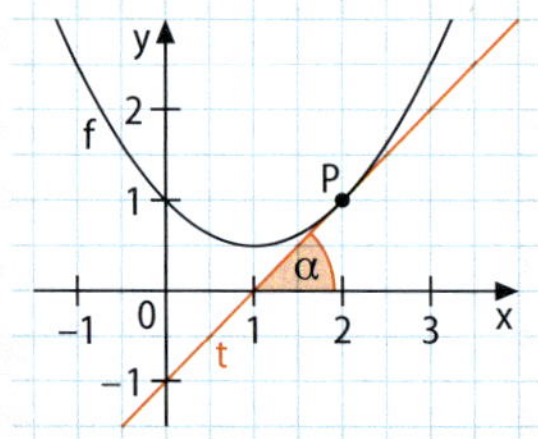


Manchmal ist es hilfreich, eine Gerade zu bestimmen, die orthogonal zur Tangente verläuft.

*Die Taste $\tan^{-1}$ finden Sie im MMS. Es ist die Umkehrfunktion des Tangens in einem entsprechend eingeschränkten Bereich.*

*angulus normalis (lat.): rechter Winkel*

### Merke

Eine Gerade n, die orthogonal (senkrecht) zu einer Tangente t (mit Steigung $m_t$) im Berührpunkt P durch diesen Punkt P verläuft, heißt **Normale**.
Da für zwei Geraden mit den Steigungen $m_1$ und $m_2$, die sich senkrecht schneiden, die Gleichung $m_1 \cdot m_2 = -1$ gilt, gilt für die Steigung $m_n$ der Normalen: $m_n = -\frac{1}{m_t}$.

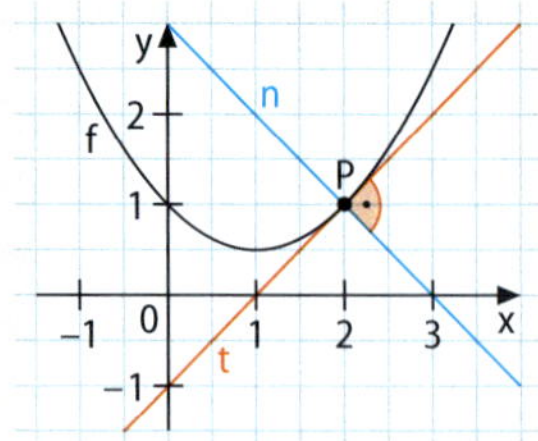

**Beispiel**

Erklärvideo
Mediencode 63051-037

Gegeben ist die Funktion f mit $f(x) = 3x^2$.

**a)** Berechnen Sie die Gleichung der Tangente t im Punkt $P(3\,|\,f(3))$.

**b)** Berechnen Sie den Steigungswinkel $\alpha$ der Tangente t.

**c)** Berechnen Sie die Gleichung der Normalen n durch P.

**Lösung:**

**a)** **1** Für die y-Koordinate von P gilt $y = f(3) = 3 \cdot 3^2 = 27$, also $P(3\,|\,27)$.

**2** Die Ableitung von f kann mit der Faktorregel berechnet werden: $f'(x) = 6x$.
Durch Einsetzen der x-Koordinate von P erhält man die Steigung der Tangente:
$m_t = f'(3) = 6 \cdot 3 = 18$

**3** Das Einsetzen von P und $m_t$ in die allgemeine Geradengleichung $y = m \cdot x + b$ liefert die Gleichung $27 = 18 \cdot 3 + b$ bzw. $b = -27$.

**4** Die Gleichung der Tangente t an f im Punkt P lautet also $y = 18x - 27$.

**b)** Für den Steigungswinkel $\alpha$ ergibt sich somit $\alpha = \tan^{-1} 18 \approx 86{,}8\,°$.

**c)** Bestimmung der Steigung $m_n$ der Normalen mit $m_n = -\frac{1}{m_t} = -\frac{1}{18}$.
Einsetzen in die allgemeine Geradengleichung $y = m \cdot x + b$ liefert $27 = -\frac{1}{18} \cdot 3 + b$,
also $b = 27\frac{1}{6}$. Die Gleichung der Normalen n ist somit: $y = -\frac{1}{18}x + 27\frac{1}{6}$.

**Nachgefragt**

- Nehmen Sie Stellung zu folgender Aussage: „Eine Tangente hat immer genau einen Punkt mit dem Funktionsgraphen einer Funktion f gemeinsam."
- Begründen Sie, ausgehend vom Funktionsbegriff, warum die Größe des Steigungswinkels einer Tangente nicht 90° betragen kann.

**Aufgaben**

oHiMi
1 a) – c), 2 a) und b), 4, 7

**1** Berechnen Sie die Gleichung der Tangente t und der entsprechenden Normalen n an den Graphen der Funktion f im Punkt P.

**a)** $f(x) = 2x^2$; $P(1\,|\,f(1))$

**b)** $f(x) = x^3 - 3x$; $P(2\,|\,f(2))$

**c)** $f(x) = x^4 - x^2$; $P(-1\,|\,f(-1))$

**d)** $f(x) = x^3 - 2x^2 + x$; $P\left(\frac{1}{2}\,\middle|\,f\left(\frac{1}{2}\right)\right)$

**2** Gegeben ist die Funktion f mit $f(x) = \frac{1}{2}x^3 + 2x$.

**a)** Berechnen Sie die Gleichung der Tangente t an den Graphen von f im Punkt $P(2\,|\,f(2))$.

**b)** Berechnen Sie die Gleichung der Normalen n durch den Punkt P.

**c)** Berechnen Sie den Steigungswinkel $\alpha$ der Tangente t.

**d)** Die Tangente t schneidet den Graphen von f noch in einem weiteren Punkt Q. Berechnen Sie seine Koordinaten. Nutzen Sie Ihr MMS.

**e)** Begründen Sie mit dem Globalverlauf von t, dass es keine parallele Gerade zu t geben kann, die den Graphen von f nicht schneidet.

**3** Bestimmen Sie die Gleichung der Tangente t an den Graphen von f an der Stelle $x_0$ sowie die Gleichung der Normalen n. Berechnen Sie anschließend den Steigungswinkel $\alpha$ der Tangente t.

**a)** $f(x) = 1{,}5x^2$; $x_0 = 2$

**b)** $f(x) = -2x^2$; $x_0 = 3$

**c)** $f(x) = -2x^3 + x^2 - 4$; $x_0 = -1$

**d)** $f(x) = -2x^4 + x^3$; $x_0 = -2$

**4** Tilda soll die Gleichung der Tangente t an den Graphen einer Funktion f berechnen. Ihr Lehrer gibt ihr die Funktionsgleichung von f mit $f(x) = 2412x + 2021$ vor. Daraufhin meint Tilda: „Das reicht mir schon, ich brauche keinen Punkt und keine Stelle mehr, danke." Erläutern Sie, was Tilda damit meint, und geben Sie die Tangentengleichung an.

**Alles klar?**

*Normale, Steigung, Stelle, Berührpunkt, Ableitung, Tangente, Funktionswert, lineare Funktion, Funktionsgleichung, Schnittpunkt, negativer Kehrwert, y-Achsenabschnitt*

**5** Bestimmen Sie die Gleichung der Tangente t sowie der Normalen n an den Graphen von f mit $f(x) = -\frac{1}{2}x^3 + 2$ an der Stelle $x_0$ und den zugehörigen Steigungswinkel $\alpha$ von t.
**a)** $x_0 = -2$ **b)** $x_0 = 0$ **c)** $x_0 = 4$

**6** Erläutern Sie, wann der Steigungswinkel $\alpha$ einer Tangente t gleich 0° ist, und welche Bedeutung das für die Normale n hat.

**7** Formulieren Sie einen Text, der das Verfahren der Berechnung einer Tangente und Normale an den Graphen einer Funktion beschreibt. Nutzen Sie die Begriffe der Randspalte.

**Medien & Werkzeuge**

### Ein „Funktionenmikroskop" bauen

**MMS-Applet**
*Mediencode 63051-038*

Zwei Aussagen lassen sich mit Hilfe eines „Funktionenmikroskops" gut veranschaulichen.
**1** „Ein Ausschnitt einer Kurve erscheint unter entsprechender Vergrößerung wie eine Gerade."
**2** „Eine Tangente ist der ‚Grenzfall' einer Sekante."

Zur Veranschaulichung bauen wir ein „Funktionenmikroskop" für die Funktion f mit $f(x) = x^3 + 3x^2$.
- Geben Sie die Funktionsgleichung in Ihr MMS ein.
- Die Bildfolge ergibt sich als „hineinzoomen" in den Graphen von f im Bereich um den Punkt $P(0{,}5 \,|\, f(0{,}5))$.

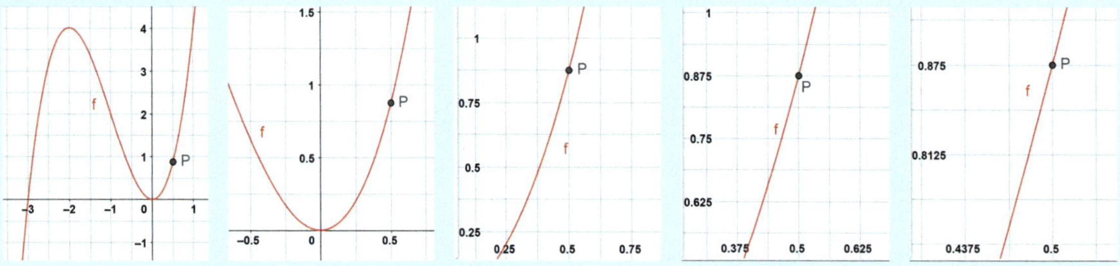


- Erstellen Sie eine Sekante, indem Sie durch zwei Punkte P und Q auf dem Graphen von f eine Gerade zeichnen.
- Bewegen Sie nun P so, dass er sich an der Stelle $x_0 = 0{,}5$ befindet, und fixieren Sie ihn (Befehl: `Objekt fixieren`). Bewegen Sie Q so, dass er sich an der Stelle 1 befindet.

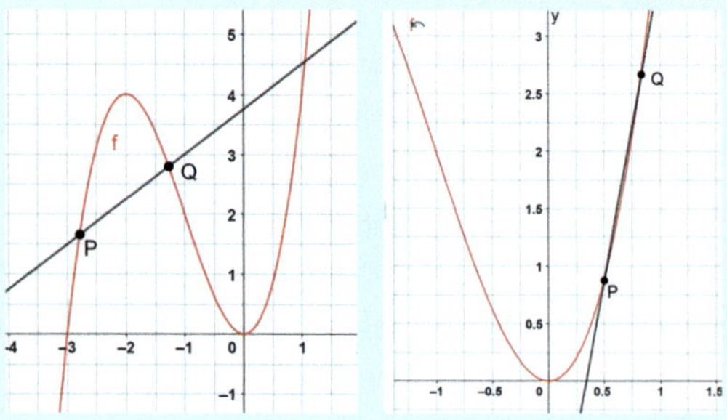


**Begründung der beiden Aussagen**
- Zoomen Sie den Ausschnitt so, dass Sie den Bereich mit den Punkten P und Q immer sehen.
- Schieben Sie den Punkt Q in Richtung P und zoomen Sie ran.
- Erstellen Sie eine Bildfolge und erläutern Sie daran die Aussagen **1** und **2**.

**8** Bestimmen Sie jeweils den Flächeninhalt des Dreiecks, das die Tangente an den Graphen von f im Punkt P mit den Koordinatenachsen einschließt.

**a)** $f(x) = 3x^2 - 2x + 3$ mit $P(0|3)$ **b)** $f(x) = -0{,}5x^3 + 2x^2 + 3x + 6$ mit $P(0|6)$

**9** **a)** Zeigen Sie, dass sich die Graphen der Funktionen f und g mit $f(x) = 0{,}25x^3 - 3x^2 + 9x$ und $g(x) = -x^2 + 5x$ in einem Punkt schneiden und in einem Punkt berühren. Ermitteln Sie jeweils die Koordinaten der Punkte.

**b)** Bestimmen Sie die Gleichung der gemeinsamen Tangente der Graphen von f und g.

**10** Bestimmen Sie die Koordinaten des Punktes $P(x_0|f(x_0))$ so, dass die Tangente t an den Graphen von f mit $f(x) = 2x^2 + 6x - 3$ parallel zur Geraden g mit $g(x) = 2x + 5$ verläuft. Erläutern Sie Ihr Vorgehen.

**11** Ein Heuhaufen kann mit der Funktionsgleichung $f(x) = -x^2 + 4$ modelliert werden. An den Haufen soll als Wetterschutz eine Holzwand wie abgebildet so angelehnt werden, dass sie ihn in einer Höhe von 3 m vom Boden aus berührt.

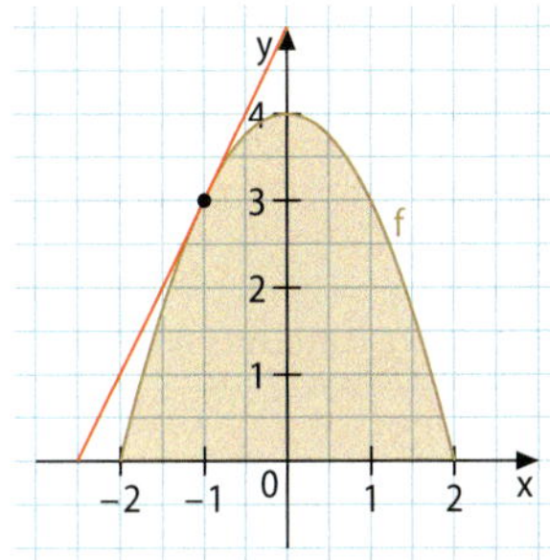


**a)** Berechnen Sie die Koordinaten des Berührpunktes.

**b)** Bestimmen Sie, unter welchem Winkel zum Boden die Wand dazu angelegt werden muss.

**c)** Erläutern Sie, wie weit vom Fuß des Heuhaufens die Wand auf dem Boden aufgesetzt werden muss.

**12** Die Abbildung zeigt den Graphen einer Ableitungsfunktion f′.

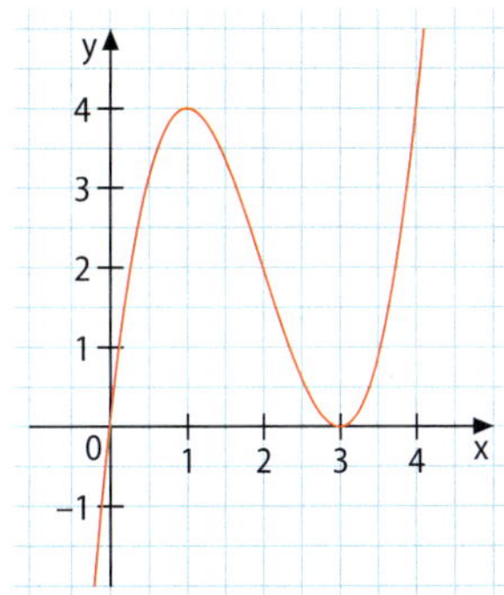


**a)** Geben Sie begründet Intervalle an, in denen die …

**1** Tangenten eine positive bzw. negative Steigung haben.

**2** Normalen eine positive bzw. negative Steigung haben.

**b)** Begründen Sie, warum man an den Stellen, an denen die Tangenten eine Steigung von null haben, keine Funktionsgleichung einer Normalen angeben kann. Wählen Sie dabei grafische und algebraische Argumente.

**13** Ein Auto rutscht bei spiegelglatter Fahrbahn aus der Kurve, die durch den Graphen der Funktion f mit $f(x) = 4 - 0{,}5x^2$ beschrieben werden kann.
Das Auto rutscht im Punkt $(-1{,}5|2{,}875)$ von der Strecke. Prüfen Sie rechnerisch, ob das Auto gegen einen Felsen, der bei $F(0|5)$ liegt, prallt. Erläutern Sie Ihr Ergebnis im Sachzusammenhang.

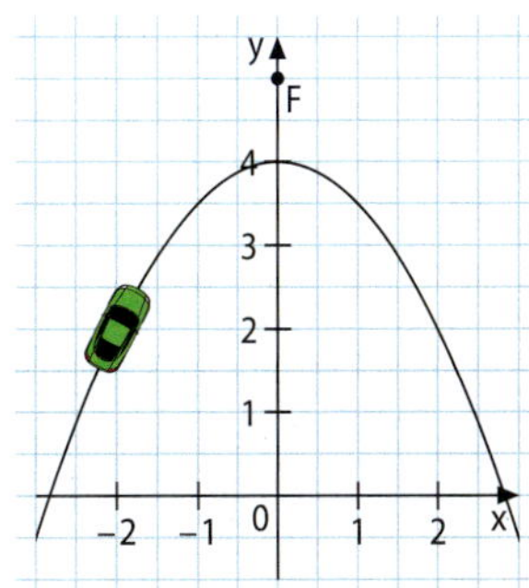

# 4 Trainingsrunde

## Differenzierte Basisaufgaben

Die folgenden Aufgaben behandeln alle Themen dieses Kapitels. Die Basisaufgaben auf dieser Seite sind in zwei Spalten unterteilt. Die **grünen** Aufgaben auf der linken Seite sind etwas einfacher als die **blauen** auf der rechten. Entscheiden Sie selbst, welche Aufgaben Sie bearbeiten.

**1** Gegeben ist eine Funktion f mit $f(x) = \frac{3}{4}x^2 - 3x;\ x \in \mathbb{R}$.

a) Berechnen Sie die mittlere Änderungsrate im Intervall [2; 5].
b) Zeichnen Sie den Graphen der Funktion f.
c) Interpretieren Sie die in a) ermittelte Änderungsrate im Zusammenhang mit dem Graphen aus b).

Berechnen Sie die mittlere Änderungsrate in den folgenden Intervallen.
a) [2; 5]
b) [2; t]
c) [3; 3 + h]

**2** Bestimmen Sie die lokale Änderungsrate der Funktion f an der Stelle $x_0$.

$f(x) = x^2 + 1;\ x_0 = 1$

$f(x) = -x^3 + x;\ x_0 = -2$

**3** Bestimmen Sie die Ableitungsfunktion der Funktion f.

$f(x) = 2x^2$

$f(x) = ax^2 + bx$

**4** Ordnen Sie begründet dem Graphen der Funktion f den Graphen **1**, **2** oder **3** seiner Ableitungsfunktion zu.

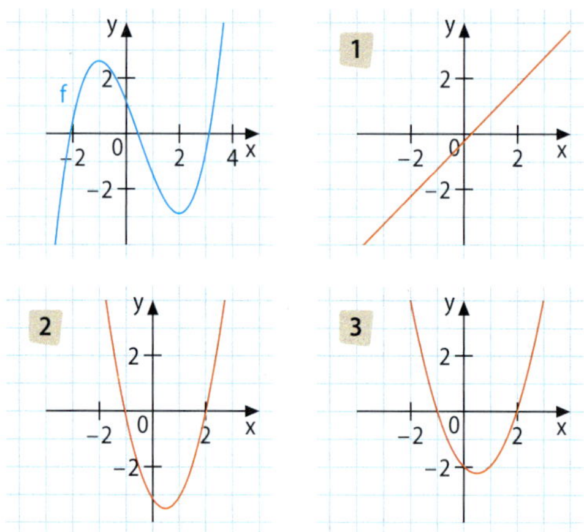


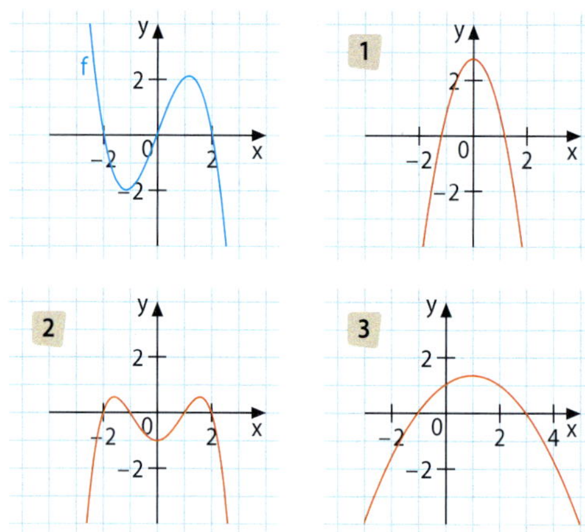


**5** Bilden Sie mit Hilfe der Ableitungsregeln jeweils die Ableitungsfunktion f'.

a) $f(x) = 2x + x^3$
b) $f(x) = \frac{1}{2}x^2 + 5$
c) $f(x) = 5x - \frac{1}{5}x^5$
d) $f(x) = 4x^6 - 1$

a) $f(x) = \frac{1}{5}x^5 - \frac{x^4}{4} + x$
b) $f(x) = c \cdot x^a$
c) $f(t) = x^2 \cdot t^3 - 3t^2x$
d) $f(x) = \frac{ax}{b} - a^4x^4$

**6** Geben Sie die Gleichung der Tangente und der Normale an den Graphen der Funktion f in den Punkten P (1 | f(1)) und Q (−1 | f(−1)) an.

a) $f(x) = -\frac{1}{2}x^2 + 2{,}5$
b) $f(x) = 2x^2 - 3x$

a) $f(x) = x^3 - 4x^2 + x$
b) $f(x) = ax^2 + 1$

## Weiterführende Aufgaben

Dieser Teil der Trainingsrunde enthält weiterführende und vernetzende Aufgaben, die sich ebenfalls auf das gesamte Kapitel beziehen.

Lösungen

*Mediencode 63051-039*

**7** Skizzieren Sie den Graphen einer nicht-linearen Funktion g, deren Differenzenquotient im Intervall $[-1; 2]$ den Wert 4 annimmt, und für die $g'(5) = -2$ gilt.

**8** Berechnen Sie mit Hilfe des Differentialquotienten die Ableitung von f an der Stelle $x_0$.

**a)** $f(x) = 0{,}5x^2$; $x_0 = -1$ **b)** $f(x) = -x^3$; $x_0 = 1$

**9** Ein Fahrzeug wird abgebremst. Der zurückgelegte Weg kann mit der Funktion s mit $s(t) = 20t - t^2$ modelliert werden (s in m, t in s). Betrachtet wird das Intervall I $[0; 10]$.

**a)** Berechnen Sie den zurückgelegten Weg nach 4 s und nach 9 s.

**b)** Bestimmen Sie die lokale Änderungsrate von s bei $t = 5$ und $t = 10$. Interpretieren Sie ihre Bedeutung.

**c)** Erklären Sie die Betrachtung der Sachsituation im gegebenen Intervall.

**10** Beurteilen Sie die folgenden Aussagen.

**a)** Wenn die mittlere Änderungsrate einer Funktion f im Intervall $[a; b]$ einen positiven Wert hat, dann ist der Graph von f im ganzen Intervall steigend.

**b)** Bei einer linearen Funktion f mit $f(x) = m \cdot x + b$ ist der Wert des Differenzenquotienten in jedem Intervall gleich.

**c)** Je größer das Intervall $[a; b]$, desto größer ist die Steigung der Sekante durch die Punkte $A(a \mid f(a))$ und $B(b \mid f(b))$.

**11** Erläutern Sie am Beispiel der Funktion f mit $f(x) = 2{,}5x^2$ die Begriffe Sekante, Sekantensteigung, Differenzenquotient, Tangente und Grenzwert des Differenzenquotienten.

**12** Die Scheitelpunktform einer quadratischen Funktion f lautet $f(x) = a \cdot (x - d)^2 + e$.

**a)** Hanien behauptet: „Anhand des Vorfaktors a kann ich bereits Rückschlüsse auf den Verlauf des Graphen der Ableitung f′ ziehen." Erläutern Sie, was Hanien meint.

**b)** Leiten Sie die Funktion f mit $f(x) = a \cdot (x - d)^2 + e$ ab. Erläutern Sie, wie Ihr Ergebnis die Rückschlüsse aus Aufgabenteil a) stützt.

**c)** Prüfen Sie für folgende quadratischen Funktionen Ihre Ergebnisse aus a) und b).

**1** $f(x) = 13 \cdot (x - 4)^2 + 40$ **2** $f(x) = -12 \cdot (x + 12)^2 - 46$

**13** Die Abbildungen zeigen jeweils den Graphen einer Funktion f. Skizzieren Sie den Graphen der Ableitungsfunktion. Beschreiben Sie Ihr Vorgehen.

**a)**

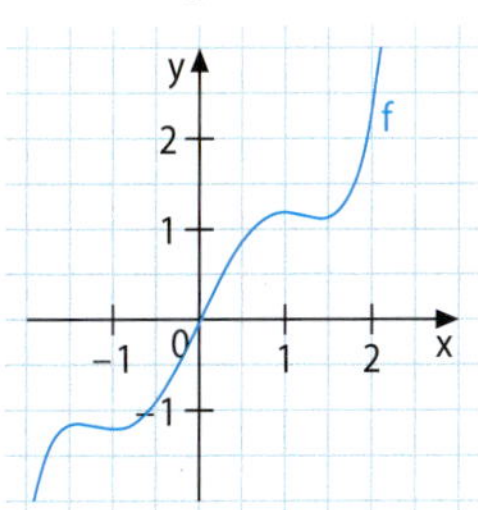


**b)**

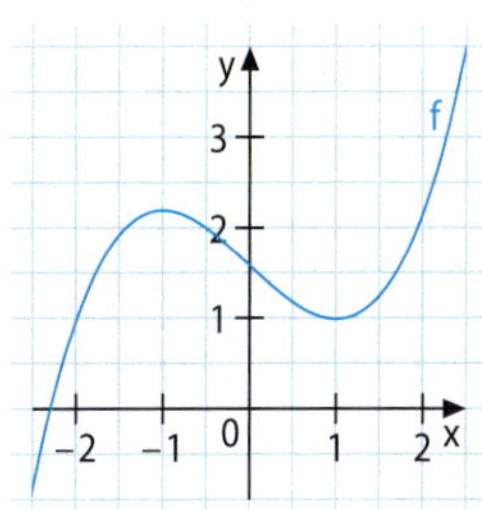


**c)**

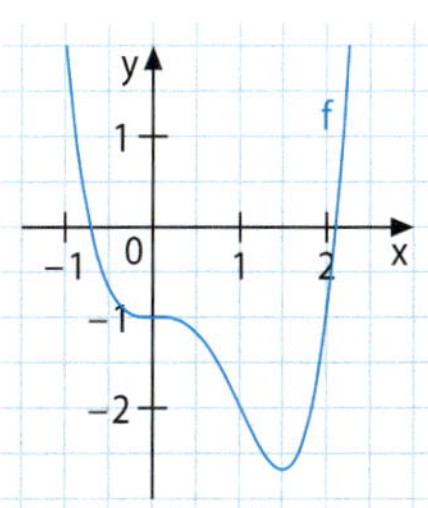

**14** Die Abbildungen zeigen Graphen von Ableitungsfunktionen f' von ganzrationalen Funktionen. Übertragen Sie die Graphen in Ihr Heft und skizzieren Sie möglichst genau den Graphen einer Ausgangsfunktion f. Erläutern Sie jeweils Ihr Vorgehen.

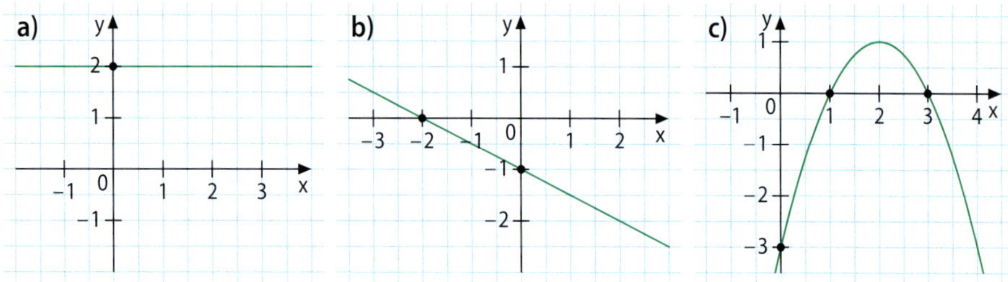


**15** Berechnen Sie mit Hilfe des Differentialquotienten die Ableitungsfunktion f' der Funktion f mit $f(x) = 2x^2 - 3x + 5$ und erläutern Sie anhand Ihrer Rechnung, warum das absolute Glied einer Funktion beim Ableiten wegfällt.

**16** Berechnen Sie jeweils die Ableitung der Funktion f.

**a)** $f(x) = \frac{1}{4}x^4 - 0{,}6x^3 - 2x^2 + 8$ **b)** $f(x) = 5x^8 - x + \sqrt{\frac{1}{2}}$

**c)** $f(a) = -\frac{3}{8}a^6 + a^4 - a$ **d)** $f(t) = 2x^2t^3 - \frac{1}{4}t^2 + x^5 - t$

**17** Gegeben ist die Ableitungsfunktion f'. Bestimmen Sie eine zugehörige Funktion f.

**a)** $f'(x) = 16x^3 - x^2 + 2x - 1$ **b)** $f'(x) = 3x^2 + 2x - 1$

**c)** $f'(x) = 4nx^3 + \frac{2n}{3}x^2 - 6x$ **d)** $f'(x) = \frac{5}{8}x^4 + 4ax^3 - 1{,}8x^2 + x^{n-1}$

**18** Berechnen Sie jeweils die Ableitung f' der Funktion f.

**a)** $f(x) = (x+1)^2$ **b)** $f(x) = \frac{1}{3}(x-3)^2$ **c)** $f(x) = x \cdot (x+1)$

**d)** $f(x) = x \cdot (x-3)^2 + 2x$ **e)** $f(a) = \left(a + \frac{1}{4}\right) \cdot \left(a - \frac{1}{4}\right)$ **f)** $f(r) = \frac{1+r}{2}$

**19** Gegeben ist die Funktion h mit $h(x) = x^2 - 4x$.

**a)** Bestimmen Sie die Steigung von h an den Schnittpunkten mit den Koordinatenachsen.

**b)** Geben Sie diejenigen Stellen der Funktion h an, an denen die Steigung die folgenden Werte annimmt.

**1** $m_1 = -2$ **2** $m_2 = 3$ **3** $m_3 = 6$

**20** Die Bewegung eines Schlittens kann durch die Funktion s mit $s(t) = \frac{1}{2}t^2$ modelliert werden ($t \geq 0$ in s, s in m).

**a)** Berechnen Sie, welche Streckenlänge der Schlitten nach 5 s zurückgelegt hat.

**b)** Berechnen Sie die Durchschnittsgeschwindigkeit des Schlittens während der ersten 5 s und für die Intervalle $I_1$ [4; 5], $I_2$ [4,9; 5] und $I_3$ [4,99; 5].

**c)** Geben Sie die Momentangeschwindigkeit nach 2 s, nach 3 s und nach 5 s an.

**d)** Christina behauptet: „Die Funktion s ist nicht geeignet, den Sachverhalt für immer größer werdende t zu modellieren." Nehmen Sie Stellung zur Behauptung von Christina.

**21** Ermitteln Sie jeweils die Gleichung der Tangente t und der Normalen n an den Graphen von f an der Stelle $x_0$. Berechnen Sie anschließend den Steigungswinkel $\alpha$ der Tangente t.

**a)** $f(x) = 2x^2 - 3x$ mit $x_0 = 3$ **b)** $f(x) = -\frac{1}{2}x^3 + 2x^2$ mit $x_0 = -2$

**22** Gegeben sind Funktionsterme und Ableitungswerte an der Stelle 2. Ordnen Sie zu.

**A** $f(x) = -2x^3 + \frac{1}{5}x^2 + 1{,}2x$

**B** $f(x) = \frac{1}{4}x^7 - \frac{1}{2}x^3 + 8x$

**C** $f(x) = (x-4)^2 + 2x^2$

**D** $f(x) = 5x^2 \cdot \left(-\frac{1}{4}x^2 + 3x - 4\right)$

**E** $f(x) = \frac{3}{8}x^5 - 0{,}5x^3 + 3x^2 - 4x$

**1** $f'(2) = 114$

**2** $f'(2) = 4$

**3** $f'(2) = 32$

**4** $f'(2) = -22$

**5** $f'(2) = 60$

**Aufgaben für Lernpartner**

1. Bearbeiten Sie die Aufgaben zuerst alleine.
2. Erklären Sie einer Partnerin oder einem Partner Ihre Lösungen. Tauschen Sie die Rollen.
3. Korrigieren Sie gegebenenfalls Ihre Antwort(en).

Entscheiden Sie begründet, ob die folgenden Aussagen korrekt oder falsch sind.

**A** Die mittlere Änderungsrate eines Wachstumsvorgangs gibt an, wie lineares Wachstum mit gleichem Anfangs- und Endpunkt verlaufen würde.

**B** Kennt man Anfangs- und Endpunkt des Graphen einer Funktion, so kann mit der mittleren Änderungsrate jeder Zwischenwert bestimmt werden.

**C** Die mittlere Änderungsrate einer Funktion ist genau dann 0, wenn die Funktion konstant ist.

**D** Die Größe des Steigungswinkels einer Tangente kann alle Werte zwischen 0° und 90° annehmen.

**E** Eine Tangente berührt eine Funktion an genau einer Stelle.

**F** Verläuft der Graph der Ableitungsfunktion ausschließlich unterhalb der x-Achse, dann ist die Steigung der Ausgangsfunktion immer negativ.

**G** Beim Differenzieren einer Funktion f bestimmt man den Grenzwert des Differenzenquotienten an einer bestimmten Stelle $x_0$.

**H** Wenn eine Funktion f das Wachstum einer Pflanze im Zeitraum $[t_1; t_2]$ beschreibt, dann ist die lokale Änderungsrate die Wachstumsgeschwindigkeit zu einem bestimmten Zeitpunkt.

**I** Werden an den Graphen einer Funktion f an zwei verschiedenen Stellen Tangenten angelegt, so schneiden sich diese Tangenten immer.

| Ich kann … | Aufgabe | Hilfe | Bewertung |
|---|---|---|---|
| Differenzenquotienten berechnen und diese geometrisch am Graphen und im Sachzusammenhang interpretieren. | 1, 10, 11, 20, A, B, C | 110 | ☺ 😐 ☹ |
| Differentialquotienten berechnen und diese geometrisch am Graphen und im Sachzusammenhang interpretieren. | 2, 8, 9, 11, 15, 19, 20, 21, G, H | 114 | ☺ 😐 ☹ |
| Funktionen grafisch differenzieren. | 4, 7, 12, 13, 14, F | 118 | ☺ 😐 ☹ |
| die Ableitungen ganzrationaler Funktionen berechnen. | 3, 5, 16, 17, 18 | 122, 124 | ☺ 😐 ☹ |
| die Gleichungen von Tangenten und Normalen berechnen. | 6, 22, E, I | 126 | ☺ 😐 ☹ |
| Steigungswinkel von Tangenten berechnen. | 22, D | 126 | ☺ 😐 ☹ |

Seite 110

## Mittlere Änderungsrate

Die **mittlere Änderungsrate** einer Funktion f in einem Intervall $[x_0; x_0 + h]$ entspricht der **Steigung der Sekante** zwischen zwei Punkten $P(x_0 | f(x_0))$ und $Q(x_0 + h | f(x_0 + h))$.
Für die Sekantensteigung m gilt:

$$m = \frac{f(x_0 + h) - f(x_0)}{(x_0 + h) - x_0} = \frac{f(x_0 + h) - f(x_0)}{h}$$

Dieser Quotient heißt auch **Differenzenquotient** im Intervall $[x_0; x_0 + h]$.

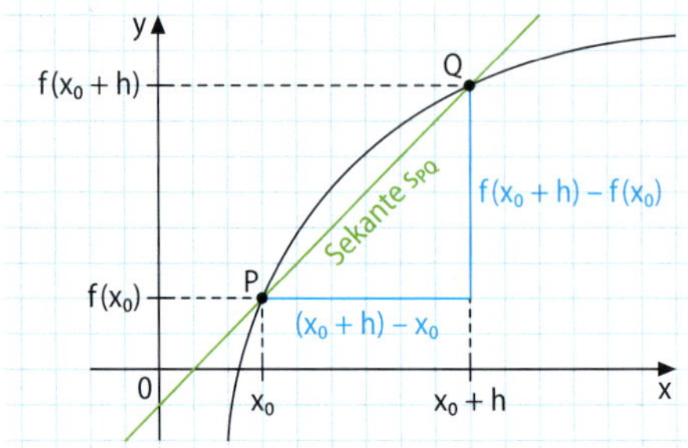


Steigung m der Sekante $s_{PQ}$ durch die Punkte $P(0,5 | 1,125)$ und $Q(2 | 3)$:

$$m = \frac{3 - 1,125}{2 - 0,5} = 1,25$$

Seite 114

## Lokale Änderungsrate

Wenn sich der Wert des Differenzenquotienten $\frac{f(x_0 + h) - f(x_0)}{h}$ für $h \to 0$ einem festen Wert annähert, so heißt dieser Wert **Ableitung $f'(x_0)$**. Er gibt die **lokale Änderungsrate** der Funktion an der Stelle $x_0$ an. Die Ableitung $f'(x_0)$ entspricht der **Steigung $m_t$ der Tangente** an den Graphen im Punkt $P(x_0 | f(x_0))$.
Kurz: $\mathbf{m_t = f'(x_0)}$

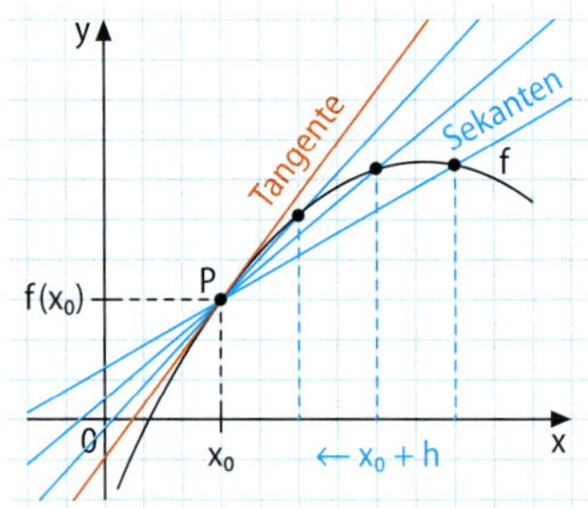


Seite 114

## Grenzwert und Ableitung

Die Ableitung der Funktion f an der Stelle $x_0$ kann man mit dem **Grenzwert (Limes) des Differenzenquotienten** berechnen.

Schreibweise: $f'(x_0) = \lim\limits_{h \to 0} \frac{f(x_0 + h) - f(x_0)}{h}$

Existiert die Ableitung $f'(x_0)$, so nennt man die Funktion an dieser Stelle **differenzierbar**.

Ableitung der Funktion f mit $f(x) = x^2$ an der Stelle $x_0 = 4$:

$$f'(4) = \lim_{h \to 0} \frac{(4 + h)^2 - 4^2}{h}$$
$$= \lim_{h \to 0} \frac{4^2 + 8h + h^2 - 4^2}{h}$$
$$= \lim_{h \to 0} \frac{8h + h^2}{h} = \lim_{h \to 0} \frac{h \cdot (8 + h)}{h}$$
$$= \lim_{h \to 0} (8 + h) = 8$$

$f'(4) = 8$

Seite 118

## Ableitungsfunktion

Ist eine Funktion f für alle $x \in D$ differenzierbar, dann heißt die Funktion, die jeder Stelle x ihre Ableitung $f'(x)$ zuordnet, **Ableitungsfunktion f'** oder kurz **Ableitung von f**.
Die Ableitungsfunktion f' gibt an jeder Stelle $x \in D$ die Steigung der Tangente (bzw. die lokale Änderungsrate) von f an.

Bestimmung der Ableitungsfunktion zur Funktion f mit $f(x) = x^2 + 4$:

$$f'(x) = \lim_{h \to 0} \frac{(x+h)^2 + 4 - (x^2+4)}{h}$$
$$= \lim_{h \to 0} \frac{x^2 + 2xh + h^2 + 4 - x^2 - 4}{h}$$
$$= \lim_{h \to 0} \frac{2xh + h^2}{h} = \lim_{h \to 0} \frac{h \cdot (2x+h)}{h}$$
$$= \lim_{h \to 0} (2x + h) = 2x$$
$$f'(x) = 2x$$

Seite 122, 124

## Ableitung ganzrationaler Funktionen und Ableitungsregeln

Die Funktion f mit $f(x) = x^n$, $n \in \mathbb{N}$, ist differenzierbar und wird mit der **Potenzregel** abgeleitet:
$f'(x) = n \cdot x^{n-1}$

$f(x) = x^9$ $\quad f'(x) = 9x^8$

$f(x) = x^{58}$ $\quad f'(x) = 58x^{57}$

Die Funktion f mit $f(x) = a \cdot x^n$, $n \in \mathbb{N}$, ist differenzierbar und wird mit der **Faktorregel** abgeleitet:
$f'(x) = a \cdot n \cdot x^{n-1}$

$f(x) = 4x^7$ $\quad f'(x) = 28x^6$

$f(x) = -\frac{3}{4}x^4$ $\quad f'(x) = -3x^3$

Die Funktion $f = g + h$ wird (sofern g und h differenzierbar sind) mit der **Summenregel** abgeleitet:
$f'(x) = g'(x) + h'(x)$

$f(x) = 5x^4 + 0{,}4x^2 + 3$ $\quad f'(x) = 20x^3 + 0{,}8x$

$f(x) = \frac{1}{3}x^3 - x + 8$ $\quad f'(x) = x^2 - 1$

Eine ganzrationale Funktion wird summandenweise mit Hilfe der Potenz- und Faktorregel abgeleitet.

Seite 126

## Tangente und Normale

Die Funktionsgleichung einer **Tangente** an den Graphen einer Funktion f im Punkt $P(x_0 | f(x_0))$ entspricht der einer linearen Funktion mit $y = m \cdot x + b$. Für die Steigung der Tangente gilt dabei $m_t = f'(x_0)$.
Für den **Steigungswinkel α** gilt:
$\boldsymbol{\alpha = \tan^{-1} m_t}$
Eine Gerade n, die orthogonal (senkrecht) zur Tangente t mit der Steigung $m_t$ an den Graphen einer Funktion f im Punkt P verläuft, heißt **Normale**.
Für die Steigung $m_n$ der Normalen gilt:
$\boldsymbol{m_n = -\frac{1}{m_t}}$

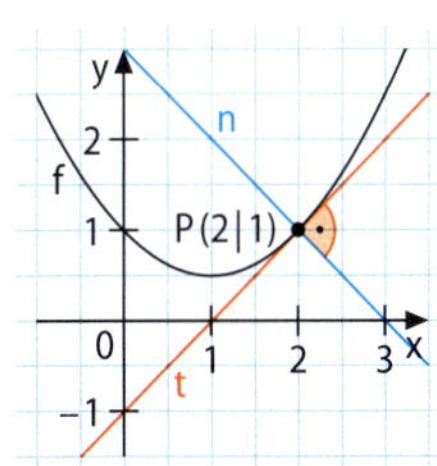


Gleichung der Tangente an die Funktion f mit $f(x) = 0{,}5x^2 - x + 1$ im Punkt P (2 | 1):
$f'(x) = x - 1$
$f'(2) = 2 - 1 = 1 = m_t$
Mit $y = 1$, $m_t = 1$ und $x = 2$:
$1 = 1 \cdot 2 + b$, also $b = -1$, damit lautet die Gleichung der Tangente: $y = x - 1$
Steigung der Normalen: $m_n = -\frac{1}{1} = -1$

# 4 Auf dem Weg zum Abitur

## Prüfungsteil A: Aufgaben ohne Hilfsmittel

**1** Die Abbildung zeigt den Graphen der Funktion f mit $f(x) = x^3 + x^2 - 2x$.

**a)** Berechnen Sie die mittlere Änderungsrate von f im Intervall $[-1; 1]$ und erläutern Sie deren grafische Bedeutung.

**b)** Berechnen Sie $f'(2)$ und erklären Sie die Bedeutung dieses Wertes.

**c)** Berechnen Sie die Nullstellen der Funktion f.

**d)** Angenommen die Funktion f ist die Ableitung einer Funktion F. Erläutern Sie die Bedeutung der Nullstellen für die Ausgangsfunktion F.

**e)** Entscheiden Sie begründet, ob die Behauptung korrekt ist: „Die Ableitung der Funktion f hat einen Hochpunkt."

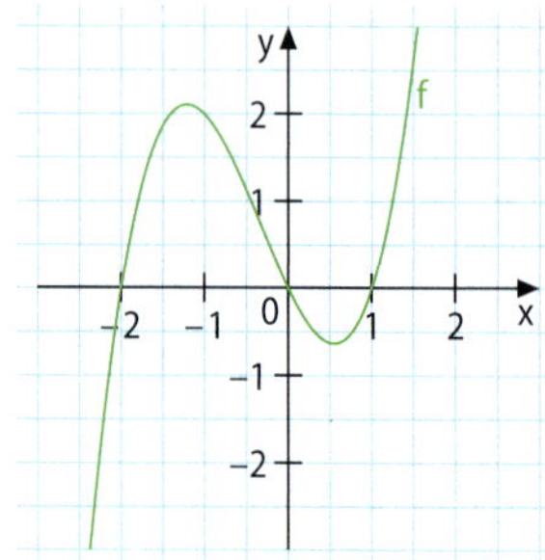


**2** Gegeben ist die ganzrationale Funktion f mit $f(x) = -2x^3 + 3x^2 + 0{,}5$.

**a)** Berechnen Sie die Gleichung der Tangente t an den Graphen im Punkt $P(1{,}5 \mid f(1{,}5))$.

**b)** Bestimmen Sie die Gleichung der Normalen n in P.

**c)** Geben Sie einen Punkt C an, in dem der Graph von f die Steigung null hat. Erläutern Sie Ihre Überlegungen.

**d)** Geben Sie jeweils einen Punkt D an, an dem der Funktionswert der Ableitung von f …

**1** negativ ist. **2** positiv ist.

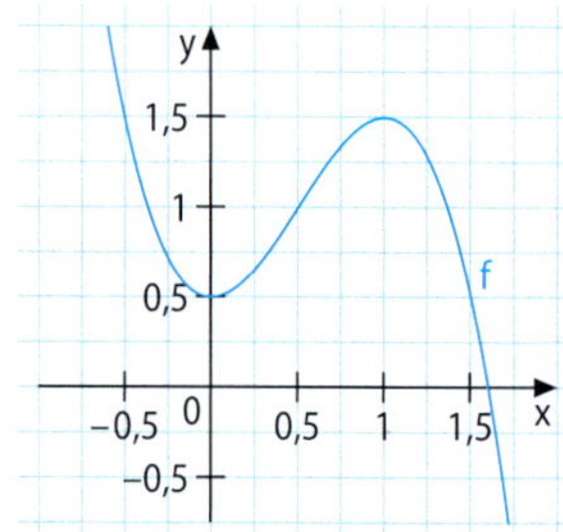


**3** Gegeben ist die ganzrationale Funktion f mit $f(x) = \frac{1}{3}x^3 + \frac{1}{2}x^2 - x + 1{,}5$.

**a)** Bestimmen Sie die ersten beiden Ableitungen der Funktion f.

**b)** Bestimmen Sie die Gleichung der Sekante, die durch die Punkte $A(-3 \mid 0)$ und $B(3 \mid 12)$ verläuft.

**c)** Berechnen Sie alle Stellen der Funktion f, an denen sie eine Steigung von 1 hat. Erläutern Sie Ihr Vorgehen.

**d)** Ricarda behauptet, dass die Ableitungsfunktion von f eine nach oben geöffnete Parabel sein muss. Nehmen Sie Stellung.

**e)** Skizzieren Sie den Funktionsgraphen der Ableitung f′ und erklären Sie Ihr Vorgehen.

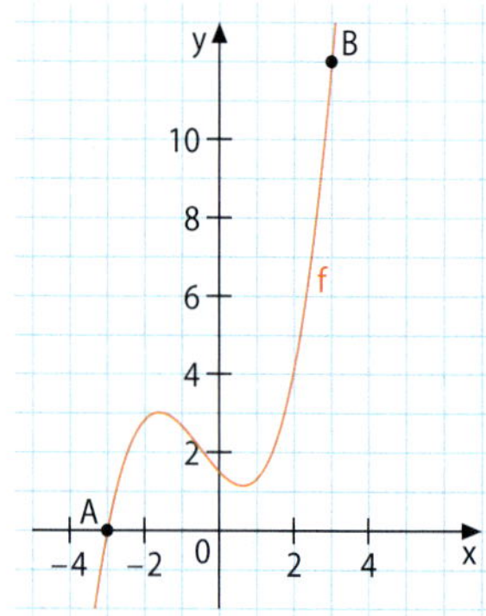


**4** Die Abbildung zeigt drei Paare eines Funktionsgraphen und seiner Ableitung. Finden Sie die entsprechenden Paare, indem Sie dem Funktionsgraphen den Graphen seiner Ableitung zuordnen. Begründen Sie Ihre Entscheidung.

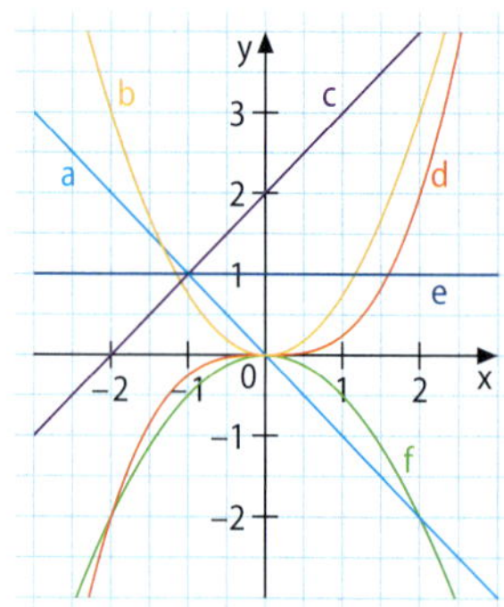

## Prüfungsteil B: Aufgaben mit Hilfsmitteln

**5** Gegeben ist die Funktion f mit $f(x) = -\frac{1}{10}x^3 - \frac{3}{20}x^2 + 1{,}8x + 3{,}05$.

**a)** Bestimmen Sie die Nullstellen der Funktion f und geben Sie diese auf drei Nachkommastellen genau an.

**b)** Berechnen Sie die ersten drei Ableitungen der Funktion f.

**c)** Ermitteln Sie rechnerisch die Gleichung der Geraden g, die durch die beiden Punkte $P(-3\,|\,-1)$ und $Q\left(2\,\middle|\,\frac{21}{4}\right)$ verläuft.

**d)** Der Graph der Funktion f hat genau zwei Stellen, an denen er Tangenten besitzt, die parallel zu g verlaufen.

**1** Bestimmen Sie diese Stellen auf zwei Nachkommastellen genau.

**2** Berechnen Sie für die Stelle $x \approx 0{,}94$ die Gleichung der Tangente t an den Graphen der Funktion f.

**e)** Berechnen Sie den Steigungswinkel $\alpha$ der Tangente t.

**6** In deutschen Städten wird seit einigen Jahren die Feinstaubkonzentration gemessen. Als Feinstaub ($PM_{10}$) bezeichnet man dabei den Staub, dessen Korngröße kleiner als zehn Mikrometer ist. Julius hat mit Hilfe von in Bielefeld gemessenen Daten die Funktion k mit $k(t) = -\frac{857}{700}t^3 + \frac{3347}{350}t^2 - \frac{533}{140}t + 7$ ermittelt, die die Feinstaubkonzentration in einer Silvesternacht modelliert. Dabei gibt k(t) die Feinstaubkonzentration in $\frac{\mu g}{m^3}$ an und t die Zeit in Stunden ab 20 Uhr des 31. Dezember.

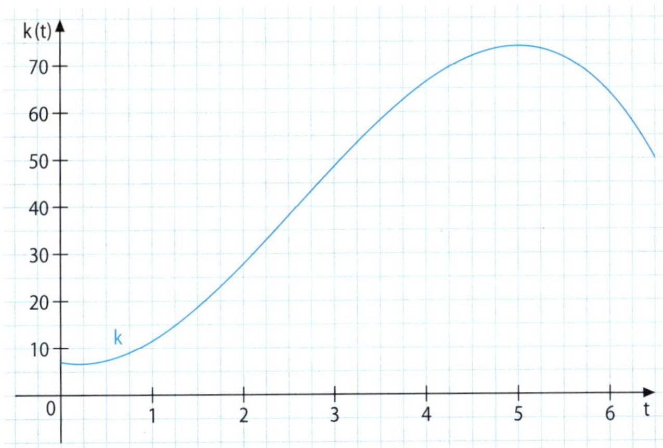


**a)** Beschreiben Sie den Verlauf des Graphen von k im Sachzusammenhang.

**b)** Geben Sie die Feinstaubkonzentration um 20 Uhr an.

**c)** Berechnen Sie die Feinstaubkonzentration am Neujahrstag um 1 Uhr.

**d)** Bestimmen Sie den Wert des Terms $\frac{k(5) - k(2)}{3}$ und erläutern Sie seine Bedeutung im Sachzusammenhang.

**e)** Ermitteln Sie k'(3) und interpretieren Sie diesen Wert.

**f)** Marco behauptet, dass sich die Funktion k für größere Werte von t nicht eignet, um den Sachverhalt sinnvoll darzustellen. Nehmen Sie Stellung.

**7** Sie haben sich mit Ihrem Auto in den Bergen verirrt und kommen an einen Tunnel. Die maximale Höhe des Tunnels wird mit 3 m angegeben, die maximale Breite am Boden ebenfalls mit 3 m. Ihr Auto ist 1,70 m breit und 1,50 m hoch.

**a)** Stellen Sie den Funktionsterm einer quadratischen Funktion auf, mit der Sie die Tunnelwände modellieren können.

**b)** Skizzieren Sie den Graphen der Ableitungsfunktion f'.

**c)** Berechnen Sie den Winkel, den die Tunnelwände mit dem Boden einschließen.

**d)** Beurteilen Sie, ob Ihr Auto durch den Tunnel passt.

## Reflexion

| Arbeitsaufträge und Fragen zur Vorbereitung auf das Abitur | Hilfe |
|---|---|
| Erläutern Sie, was man unter einer Sekante versteht, und wie sie sich von einer Tangente unterscheidet. | S. 110 |
| Erklären Sie den Unterschied von mittlerer und lokaler Änderungsrate. | S. 110, 114 |
| Beschreiben Sie Anwendungskontexte, in denen das Bestimmen der Ableitung eine Rolle spielt. | S. 118 |
| Nennen Sie drei Beispiele im Sachzusammenhang, in denen es sinnvoll sein kann, die mittlere Änderungsrate zu berechnen. | S. 110 |
| Erklären Sie die Potenzregel anhand eines Beispiels. | S. 122 |
| Erklären Sie den Unterschied von Tangente und Normale. | S. 126 |
| Begründen Sie, warum ein absolutes Glied, also der Teil eines Terms, der mit keinem x verknüpft ist, beim Ableiten wegfällt. | S. 122 |
| Erklären Sie die Faktorregel anhand eines Beispiels. | S. 122 |
| Beschreiben Sie, wie man die Ableitung einer Funktion an einer Stelle ohne Ableitungsregeln ermitteln kann. | S. 114, 118 |
| Erläutern Sie den Unterschied von Differenzenquotient und Differentialquotient. | S. 110, 114 |
| Erläutern Sie am Funktionsterm, weshalb die Ableitung einer linearen Funktion konstant ist. | S. 118, 122 |
| Erklären Sie den Begriff Grenzwert im Zusammenhang mit der Berechnung der Ableitung an einer bestimmten Stelle. | S. 118 |
| Erklären Sie, was die Ableitung an einer Stelle des Graphen über die Funktion aussagt. | S. 114, 118 |
| Beschreiben Sie die Zusammenhänge zwischen dem Graphen einer Ausgangsfunktion und dem der Ableitung. | S. 118 |
| Erläutern Sie, auf welchen Wegen die Steigung einer Funktion f bestimmt werden kann. | S. 114, 118 |
| Erläutern Sie, wie man aus der Tangentensteigung einer Tangente t die Steigung der Normalen n herleiten kann. | S. 126 |
| Erläutern Sie ausgehend vom Funktionsgraphen einer linearen Funktion, warum deren Ableitung eine Konstante ist. | S. 118, 122 |
| Erläutern Sie die Summenregel anhand eines Beispiels. | S. 124 |

## Einstieg

Um den Verlauf einer Straße zu beschreiben, kann man sie mathematisch beispielsweise anhand folgender Aspekte untersuchen: Steigung / Gefälle in einem bestimmten Bereich, Art der Kurven, Übergang von einer Links- in eine Rechtskurve, …

- Entwickeln Sie eigene Fragestellungen.
- Erläutern Sie, welche Aspekte Sie bereits mathematisch untersuchen können.
- Erklären Sie, wie der Einsatz eines MMS hilfreich sein kann.

5

# Funktionsuntersuchung

## Ausblick

Am Ende dieses Kapitels haben Sie gelernt, …

- **Extrempunkte** und **Wendepunkte** zu bestimmen.
- das **Monotonieverhalten** einer Funktion **intervallweise zu beschreiben.**
- eine vollständige **Funktionsuntersuchung – auch mit einem MMS – durchzuführen.**
- reale Prozesse mit Hilfe von **Funktionsuntersuchungen zu modellieren.**

Vorwissen 1

## Schnittpunkte mit den Koordinatenachsen

**Schnittpunkt mit der y-Achse**
Zur Bestimmung der Koordinaten des Schnittpunktes mit der y-Achse bestimmt man mit **f (0)** den **y-Achsenabschnitt**. Dieser Wert entspricht der y-Koordinate des gesuchten Punktes.
Eine Funktion hat höchstens einen Schnittpunkt mit der y-Achse.

$f(x) = 2x^3 - 6x + 4$

$x = 0$:
$f(0) = 2 \cdot 0^3 - 6 \cdot 0 + 4 = 4$

Der Graph der Funktion f schneidet die y-Achse im Punkt $P_y(0|4)$.

**Schnittpunkt mit der x-Achse**
Zur Bestimmung der Koordinaten der Schnittpunkte mit der x-Achse bestimmt man die **Nullstellen** der Funktion, also die Lösungen der Gleichung **f (x) = 0**. Diese Werte sind die x-Koordinaten der gesuchten Punkte.
Eine Funktion kann beliebig viele Schnittpunkte mit der x-Achse haben.
**Lösungsstrategien zur Nullstellenbestimmung**: Ausprobieren, Ausklammern, Ablesen, pq-Formel, Substitution, MMS

$f(x) = x^3 - 4x^2 + 3x$
$f(x) = 0$
$x^3 - 4x^2 + 3x = 0$ | x ausklammern
$x \cdot (x^2 - 4x + 3) = 0$
Satz vom Nullprodukt:
$x = 0$ oder $(x^2 - 4x + 3) = 0$
Anwenden der pq-Formel:
$x = 2 \pm \sqrt{4 - 3} = 2 \pm 1$
drei Nullstellen
$x_1 = 0; x_2 = 1; x_3 = 3$
f hat drei Schnittpunkte mit der x-Achse:
$P_1(0|0); P_2(1|0); P_3(3|0)$

Vorwissen 2

## Ableitungen

Ist eine Funktion **mehrfach differenzierbar**, kann man die **Ableitung einer Ableitung** bilden, sodass höhere Ableitungen entstehen. Ab der 4. Ableitung verwendet man römische Zahlen bei der Schreibweise. Ist man beim Ableiten bei einer Konstanten angekommen, sind die darauffolgenden Ableitungen stets null.

$f(x) = x^3 - 4x^2 + 3x$
$f'(x) = 3x^2 - 8x + 3$
$f''(x) = 6x - 8$
$f'''(x) = 6$
$f^{IV}(x) = 0$

Vorwissen 3

## Steigung an einer bestimmten Stelle ermitteln

Die Ableitungsfunktion f' gibt die Steigung einer Ausgangsfunktion f an einer beliebigen Stelle an.

- Setzt man einen bestimmten Wert in die Funktionsgleichung von f' ein, so erhält man den Wert der Steigung der Funktion f an dieser Stelle.
- Umgekehrt kann man zu einem gegebenen Steigungswert auch diejenigen Stellen bestimmen, an denen die Funktion f diese Steigung aufweist.

$f(x) = x^5 - 4x^3 + 3x$
$f'(x) = 5x^4 - 12x^2 + 3$

Steigung an der Stelle $x_s = 2$: $f'(2)$
$f'(2) = 5 \cdot 2^4 - 12 \cdot 2^2 + 3 = 35$
An der Stelle $x_s = 2$ hat f die Steigung 35.

Stellen mit Steigung 3: $f'(x) = 3$
$5x^4 - 12x^2 + 3 = 3$
$x_1 = -\sqrt{2{,}4}; x_2 = 0; x_3 = \sqrt{2{,}4}$
Es gibt insgesamt drei Stellen, an denen f die Steigung 3 hat.

## Aufgaben 1

*Sie können ein MMS zum Überprüfen Ihrer Ergebnisse nutzen.*

Lösungen
Mediencode 63051-040

**1** Bestimmen Sie jeweils die Schnittpunkte des Graphen von f mit den Koordinatenachsen.

**a)** $f(x) = x^3 - 2x^2 + x$ **b)** $f(x) = \frac{1}{4}x^4 - 2x^2$ **c)** $f(x) = 2x^2 + 4x + 2$
**d)** $f(x) = x^2 + 3x + 4$ **e)** $f(x) = -4x^2 + 12$ **f)** $f(x) = (x-1)\cdot(x+1)\cdot(x+2)$

**2** Bestimmen Sie die Nullstellen der Funktion. Nutzen Sie bei Bedarf ein MMS.

**a)** $f(x) = 2x^4 - 12x^2 + 16$ **b)** $f(x) = \frac{1}{2}x^3(x^2 - 6x + 9)$
**c)** $f(x) = \frac{1}{2}x^4 - 6x^3 + 9x^2$ **d)** $f(x) = x^4 - 8x^2 + 16$
**e)** $f(x) = x^3 + x^2 - 2x$ **f)** $f(x) = (x+2)\cdot(x^2-1)\cdot(x^2-2)^2$
**g)** $f(x) = 5x^4 - 5x^3 - \frac{5}{2}x^2 + 2x$ **h)** $f(x) = 3x^4 - ax^2$ (mit $a \in \mathbb{R}$)
**i)** $f(x) = x^5 - 8x^3 + 12x$ **j)** $f(x) = x^4 + 5x^3 + 5x^2 - 5x - 6$

## Aufgaben 2

**3** Bilden Sie die ersten vier Ableitungen der Funktion.

**a)** $f(x) = \frac{1}{3}x^3 - 2x^2 + 12x - 8$ **b)** $f(x) = \frac{1}{2}x^4 + 3x^3 - 2x^2 + x + 2$
**c)** $f(x) = 2x^5 - x^4 + 2x^3 - 3x^6 + 12$ **d)** $f(x) = x^{10} + \frac{1}{9}x^9 - \frac{1}{4}x^8 + x^6 - 33$

**4** Leiten Sie so lange ab, bis die Ableitung eine Konstante ist.

**a)** $f(x) = -x^7 + \frac{1}{6}x^6 - 2x^5 + \frac{1}{2}x^4 - x^3$ **b)** $f(x) = 22x^{10} + \frac{4}{3}x^9 + \frac{1}{2}x^8$
**c)** $f(a) = 2x^2a^5 - xa^4 + x^3a^3 - a - x$ **d)** $f(r) = x^4ar^4 + 5ax^2r^3 + 15x^2r^2 + ar$

## Aufgaben 3

**5** Bestimmen Sie die Steigung der Funktion f an der Stelle $x_0$.

**a)** $f(x) = 3x^3 - 2x^2 + 1;\ x_0 = 1$ **b)** $f(x) = \frac{1}{2}x^3 + 3x^2 - 2x - 7;\ x_0 = 2$
**c)** $f(x) = x^4 - 3x^3 + \frac{1}{2}x^2;\ x_0 = -1$ **d)** $f(x) = x^4 - 5x^2 - 13;\ x_0 = \frac{1}{2}$

**6** Berechnen Sie, ob es eine Stelle x gibt, an der die Steigung der Funktion f den Wert m annimmt.

**a)** $f(x) = \frac{1}{3}x^3 - x^2 + x - 2;\ m = 1$ **b)** $f(x) = 5x^2 + 3x - 2;\ m = -7$
**c)** $f(x) = 2x^5 - x^3 + 12;\ m = 0$ **d)** $f(x) = -\frac{1}{4}x^3 + x^2 - 3;\ m = -3$

**7** Überprüfen Sie, ob die Ableitung der Funktion f Nullstellen hat.

**a)** $f(x) = x^3 - x^2 + x$ **b)** $f(x) = \frac{1}{4}x^4 - \frac{1}{4}x^2$ **c)** $f(x) = x^5 - 2x^3 + 12x$

**8** Überprüfen Sie, ob die zweite Ableitung der Funktion f Nullstellen hat.

**a)** $f(x) = 2x^3 - 12x^2 + 18$ **b)** $f(x) = x^4 - 2x^3 + 3x^2$ **c)** $f(x) = x^4 - x^2 + 8x - 12$

**9** Entscheiden Sie, welche Funktionsgleichung zu welchem Graphen gehört.

**A** $f(x) = x^4 - 5x^2 + 1$ **B** $g(x) = x^6 - 3x^3 + 1$ **C** $i(x) = x^4 - 3x^3 + 2x^2$

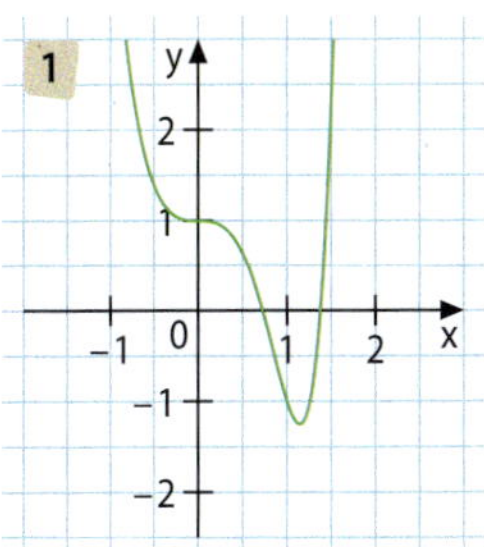


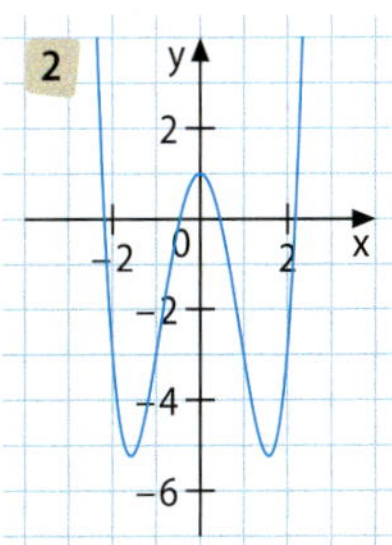


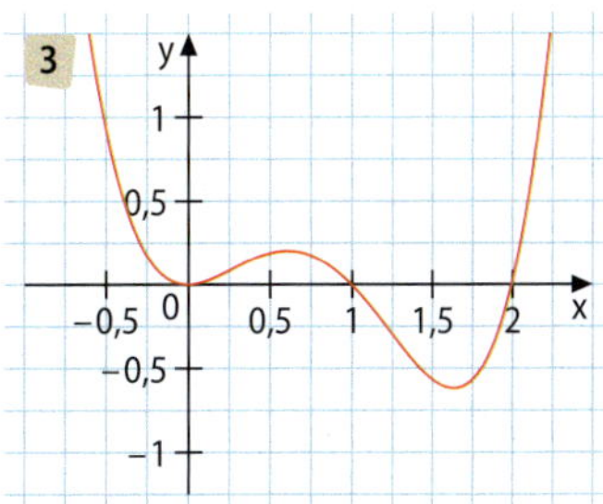

## Wege und Streckenverläufe mit Funktionen beschreiben und untersuchen

In vielen Bereichen des Alltags, der Natur und der Technik lassen sich beobachtete Phänomene mathematisch beschreiben. So können Zusammenhänge strukturiert erfasst werden.

In Gebirgsregionen werden zur Überwindung großer Höhenunterschiede Straßen in Serpentinen angelegt. Die dabei durchfahrenen Kurven sind häufig sogenannte Haarnadelkurven.

- Erläutern Sie Vor- und Nachteile dieser Bauweise gegenüber einer gerade von unten nach oben verlaufenden Straße.
- Fertigen Sie eine für Sie passende Skizze an.
- Vergleichen Sie Ihre Skizze mit der Ihres Sitznachbarn oder Ihrer Sitznachbarin und stellen Sie Gemeinsamkeiten und Unterschiede zusammen.
- Beschreiben Sie sich gegenseitig Ihren Graphen im Sachkontext.
- Erläutern Sie, was für Sie besondere Punkte des Graphen sind.

Um Täler zu überwinden, werden häufig Brücken gebaut. Ein bekanntes Beispiel ist die Wushan-Brücke über den Jangtsekiang in China. Bei Brückenbögen werden zur Modellierung mit einer Funktion meist Parabeln verwendet.

- Übertragen Sie den Brückenbogen in ein selbstgewähltes Koordinatensystem.
- Erläutern Sie Ihre Wahl des Koordinatensystems.
- Entwickeln Sie in Partnerarbeit Ideen, welche Angaben Sie benötigen würden, um tatsächlich eine Funktionsgleichung aufstellen zu können.
- Recherchieren Sie die erforderlichen Daten und erstellen Sie eine Funktionsgleichung.
- Erläutern Sie Ihr Vorgehen und fassen Sie dieses als Ihre „Modellierungsstrategie“ zusammen.

Medien & Werkzeuge

## Achterbahn

Achterbahnen sind Attraktionen auf Volksfesten und in Freizeitparks. Üblicherweise werden die Wägen der Bahn nach oben gezogen, während die Talfahrt aufgrund der Schwerkraft selbstständig erfolgt.

- Recherchieren Sie über die historische Entwicklung von Achterbahnen und präsentieren Sie Ihre Ergebnisse im Kurs.

Das erste Teilstück des Seitenprofils einer Achterbahn lässt sich im Koordinatensystem durch die Funktion f mit dem Funktionsterm $f(x) = 0{,}001x^4 - 0{,}044x^3 + 0{,}484x^2 + 2$ im Intervall [0; 25] modellieren. Dabei ist x die horizontale Entfernung vom Startpunkt und f(x) die Höhe über dem Erdboden (1 LE ≙ 1 m).

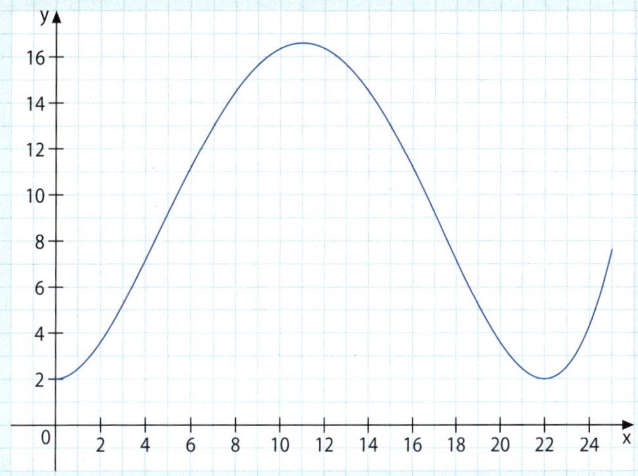


- Zeichnen Sie den abgebildeten Graphen von f mit Ihrem MMS.
- Bilden Sie die erste Ableitung der Funktion und erläutern Sie ihre Bedeutung mit Blick auf den Sachzusammenhang.
- Bilden Sie nun die Ableitung der Ableitungsfunktion und erklären Sie, welche Informationen Sie dieser entnehmen können.
- Die Bahn ruht auf Metallstützen, die im Abstand von jeweils 5 m angebracht sind. Bestimmen Sie die Längen der Metallstützen.
- Berechnen Sie die Größe des Steigungswinkels der Bahn am Ende dieses Teilstücks.
- Beschreiben Sie das Steigungsverhalten der Bahn möglichst genau.
- Entwickeln Sie eine Strategie, wie Sie den Punkt mit dem steilsten Anstieg bzw. mit dem größten Gefälle ermitteln können.

MMS-Applet

*Mediencode 63051-041*

# 5

## 5.1 Monotonie und erste Ableitung

### Entdecken

Die Abbildung zeigt den Graphen der Funktion f mit $f(x) = x^4 - 2x^2 + 2$ und den ihrer Ableitungsfunktion f' mit $f'(x) = 4x^3 - 4x$.

- Betrachten Sie die relativen Extrema von f und geben Sie an, welchen Wert die Ableitung f' an diesen Stellen hat.
- Erläutern Sie, welche Informationen sich aus dem Verlauf des Graphen der Ableitungsfunktion entdecken lassen.
- Bestimmen Sie f'(0,5) und erläutern Sie die Bedeutung des Wertes anhand des Graphen.

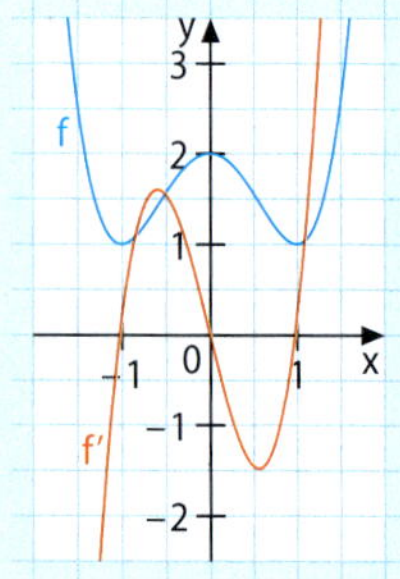


### Verstehen

Das Monotonieverhalten einer Funktion wurde bereits in Kapitel 3 beschrieben:

positive Steigung

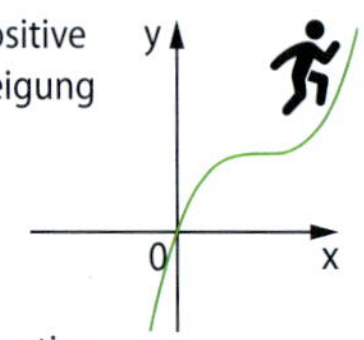


negative Steigung

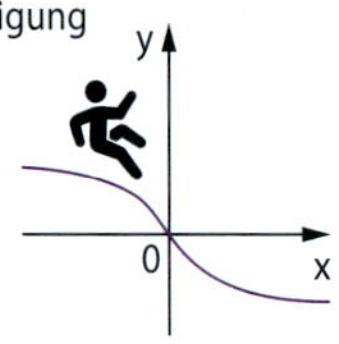


**Merke**

Eine Funktion f ist auf einem Intervall I …

- streng monoton steigend, wenn für alle $x_1 < x_2$ aus I gilt: $f(x_1) < f(x_2)$.
- monoton steigend, wenn für alle $x_1 < x_2$ aus I gilt: $f(x_1) \leq f(x_2)$.
- streng monoton fallend, wenn für alle $x_1 < x_2$ aus I gilt: $f(x_1) > f(x_2)$.
- monoton fallend, wenn für alle $x_1 < x_2$ aus I gilt: $f(x_1) \geq f(x_2)$.

Das Monotonieverhalten einer Funktion hängt mit ihrer Ableitung zusammen.

**Merke**

Ist eine Funktion f im Intervall I differenzierbar, so gilt der **Monotoniesatz**:

- Falls $f'(x) > 0$ für alle $x \in I$, so ist die Funktion f streng monoton steigend in I.
- Eine Funktion f ist genau dann monoton steigend in I, wenn $f'(x) \geq 0$ für alle $x \in I$.
- Falls $f'(x) < 0$ für alle $x \in I$, so ist die Funktion f streng monoton fallend in I.
- Eine Funktion f ist genau dann monoton fallend in I, wenn $f'(x) \leq 0$ für alle $x \in I$.

**Beispiel**

Erklärvideo

*Mediencode 63051-042*

Abgebildet ist eine Funktion f mit $f(x) = \frac{1}{3}x^3 + \frac{1}{2}x^2 - 2x + 2$ und ihre Ableitungsfunktion f'.

a) Nutzen Sie den Monotoniesatz, um Aussagen über das Monotonieverhalten von f zu treffen.
b) Berechnen Sie die Nullstellen der Ableitungsfunktion f'(x).
c) Erstellen Sie eine zusammenfassende Monotonietabelle.

**Lösung:**

a) Anhand des Graphen der Ableitungsfunktion lässt sich erkennen, dass für seine y-Werte bis zur ersten Nullstelle $f'(x) > 0$ gilt, zwischen den beiden Nullstellen gilt $f'(x) < 0$ und nach der zweiten Nullstelle gilt wieder $f'(x) > 0$. Daher gilt nach dem Monotoniesatz, dass die Funktion f zunächst streng monoton steigt, dann streng monoton fällt und dann wieder streng monoton steigt.

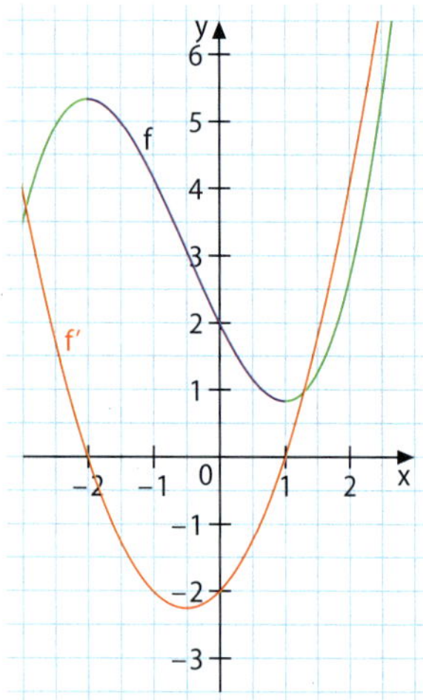

b) $f'(x) = x^2 + x - 2$; $x^2 + x - 2 = 0$; $x_1 = -\frac{1}{2} - \sqrt{\frac{1}{4} + \frac{8}{4}} = -\frac{1}{2} - \frac{3}{2} = -2$; $x_2 = -\frac{1}{2} + \frac{3}{2} = 1$

c)

| x | $x < -2$ | $x_1 = -2$ | $-2 < x < 1$ | $x_2 = 1$ | $x > 1$ |
|---|---|---|---|---|---|
| f' | $f'(x) > 0$ | $f'(x_1) = 0$ | $f'(x) < 0$ | $f'(x_2) = 0$ | $f'(x) > 0$ |
| f | streng monoton steigend | Steigung 0; waagrechte Tangente | streng monoton fallend | Steigung 0; waagrechte Tangente | streng monoton steigend |

**Nachgefragt**

- Erklären Sie anschaulich den Unterschied zwischen „streng monoton" und „monoton".
- Begründen Sie anhand eines Beispiels, dass sich das Monotonieverhalten einer Funktion nicht zwingend in einem Punkt mit waagrechter Tangente ändern muss.

**Aufgaben**

**oHiMi** 1 a)

**1** 1 $f(x) = (x-1)^2 - 1$; $D = \mathbb{R}$   2 $g(x) = x^3 - 2x^2$; $D = \mathbb{R}$

a) Ordnen Sie beiden Funktionen den passenden Graphen zu. Begründen Sie Ihre Zuordnung.

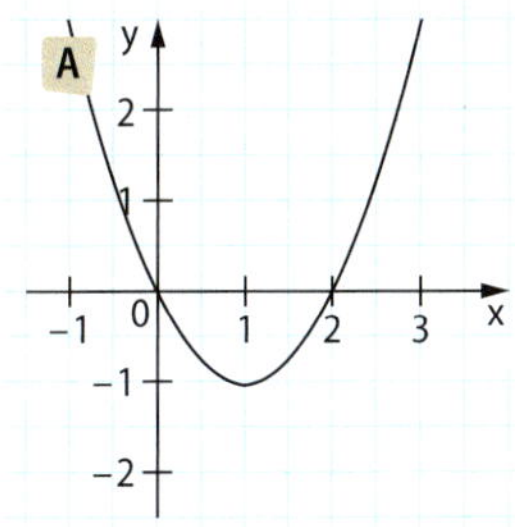


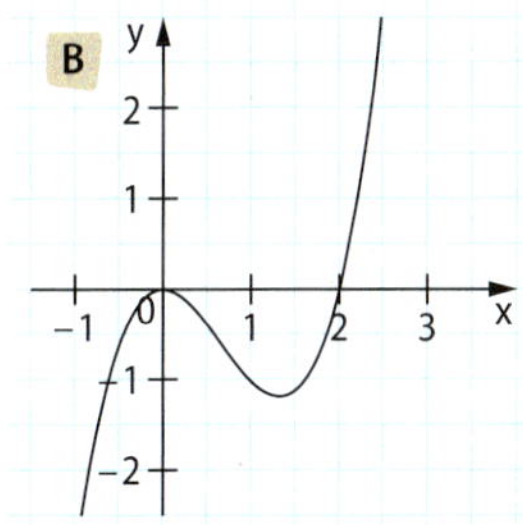


b) Ermitteln Sie rechnerisch die größtmöglichen Intervalle, in denen die jeweilige Funktion streng monoton fallend bzw. streng monoton steigend ist.

**2** Gegeben sind vier für alle reellen Zahlen definierten Ableitungsfunktionen $f'_1$, $f'_2$, $f'_3$, und $f'_4$ durch die Funktionsterme …

1 $f'_1(x) = -4 \cdot (x+1) \cdot (x-2)$   2 $f'_2(x) = 6 \cdot (1-x) \cdot (x-2)$

3 $f'_3(x) = 6 \cdot (x-1) \cdot (x-2)$   4 $f'_4(x) = 4 \cdot (x+1) \cdot (x+2)$

a) Ordnen Sie die Tabelle der passenden Ableitungsfunktion zu und begründen Sie.

| x | $x < 1$ | $x_1 = 1$ | $1 < x < 2$ | $x_2 = 2$ | $x > 2$ |
|---|---|---|---|---|---|
| f'(x) | $f'(x) > 0$ | $f'(x) = 0$ | $f'(x) < 0$ | $f'(x) = 0$ | $f'(x) > 0$ |

b) Erstellen Sie zu den übrigen Ableitungsfunktionen jeweils eine Monotonietabelle.

**3** **Argumentieren und Begründen**

Begründen Sie den Monotoniesatz mit Hilfe des Differenzenquotienten.

**Ideen:**

- Fertigen Sie eine geeignete Skizze an.
- Erklären Sie den Begriff streng monoton steigend/fallend anhand Ihrer Skizze.
- Erläutern Sie, wann der Differenzenquotient positiv/negativ ist.

## 5.2 Lokale Extrempunkte und Sattelpunkte

**Entdecken**

- Beurteilen Sie anhand der Graphen die Aussagen zu ganzrationalen Funktionen und vergleichen Sie anschließend Ihre Ergebnisse mit einer Mitschülerin oder einem Mitschüler.
  1. Wenn der Graph von f an der Stelle $x_0$ einen Hochpunkt hat, dann gilt $f'(x_0) = 0$.
  2. Wenn $f'(x_0) = 0$ ist, dann hat der Graph von f bei $x_0$ einen Hoch- oder Tiefpunkt.
  3. Wenn die Ableitungsfunktion f′ an der Stelle $x_0$ einen Vorzeichenwechsel hat, dann hat der Graph von f an der Stelle $x_0$ einen Hochpunkt.

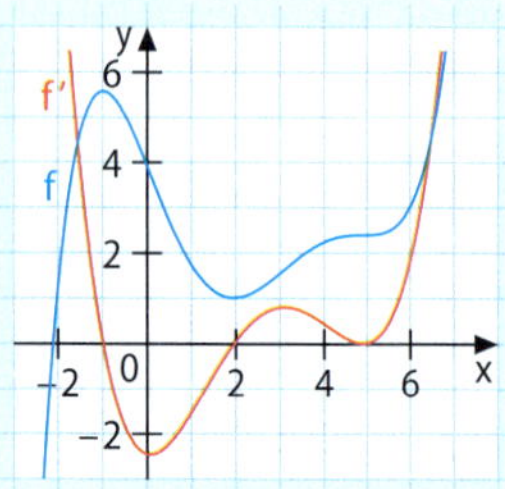


**Verstehen**

Bei der Bestimmung von Extremstellen hilft die Ableitung.

*Notwendige Bedingung für Extremstellen: $f'(x_0) = 0$*

*1. hinreichende Bedingung für Extremstellen: $f'(x_0) = 0$ und Vorzeichenwechsel (VZW) von f′*

*Das Monotonieverhalten einer Funktion ändert sich in ihren Extremstellen.*

*Die y-Koordinate eines Hochpunktes nennt man Maximum, die eines Tiefpunktes Minimum.*

**MMS-Applet**

*Mediencode 63051-043*

**Merke**

**Extrempunkte** eines Funktionsgraphen sind diejenigen Punkte, die in einer Umgebung entweder der höchste Punkt (Hochpunkt) oder der tiefste Punkt (Tiefpunkt) sind. Die Nullstellen der Ableitungsfunktion sind mögliche Extremstellen.

**1** Hat eine differenzierbare Funktion f eine Extremstelle $x_0$, dann besitzt der Graph von f dort eine waagrechte Tangente, d. h. $f'(x_0) = 0$.

**2** **Vorzeichenwechselkriterium (1. hinreichende Bedingung):**
- Ein Hochpunkt HP $(x_0 \mid f(x_0))$ liegt vor, wenn $f'(x_0) = 0$ **und** f′ in $x_0$ mit steigenden x-Werten von positiven zu negativen Werten wechselt.
- Ein Tiefpunkt TP $(x_0 \mid f(x_0))$ liegt vor, wenn $f'(x_0) = 0$ **und** f′ in $x_0$ mit steigenden x-Werten von negativen zu positiven Werten wechselt.

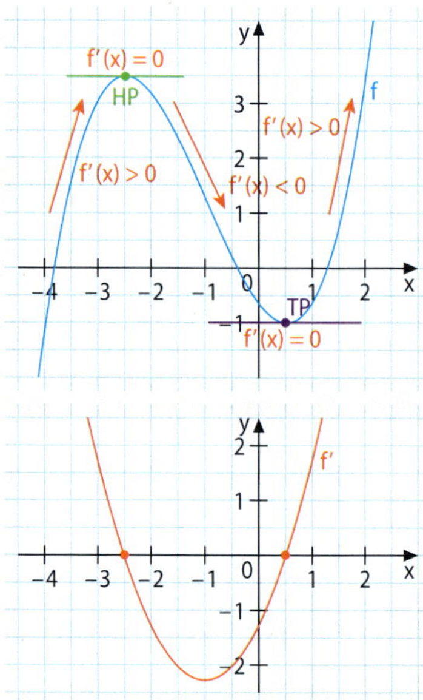


Nicht alle Stellen mit waagrechter Tangente markieren Extrempunkte.

*Hinreichende Bedingung für Sattelpunkte: $f'(x_0) = 0$ und kein VZW von f′*

**Merke**

Unter **Sattelpunkten** (SP) versteht man diejenigen Punkte auf dem Graphen einer Funktion, an denen eine waagrechte Tangente, aber kein Extrempunkt vorliegt. Die Funktion ändert also ihr Steigungsverhalten nicht.

Für einen **Sattelpunkt** gilt $f'(x_0) = 0$, es liegt aber kein Vorzeichenwechsel von f′ vor.

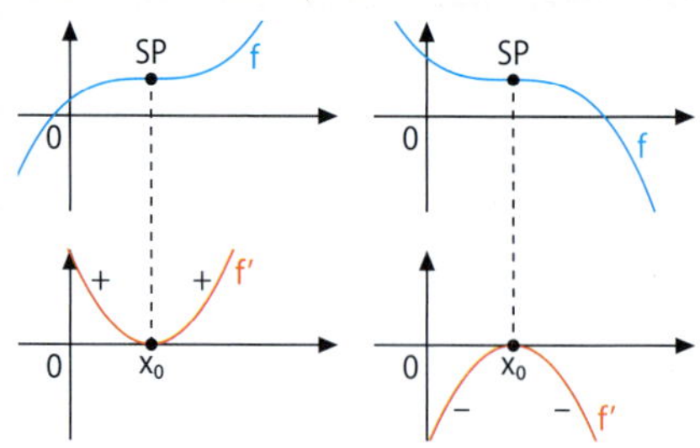

## Beispiele

**I.** Untersuchen Sie die Funktion f mit $f(x) = x^3 - 3x^2$ auf Extrempunkte und zeichnen Sie den Graphen von f.

**Lösung:**

**1** $f'(x) = 3x^2 - 6x = 3x \cdot (x - 2)$

**2** Notwendiges Kriterium:
$f'(x) = 0$: $3x \cdot (x - 2) = 0 \Rightarrow x_1 = 0; x_2 = 2$

**3** Hinreichendes Kriterium: $f'(x) = 0$ und VZW mit Hilfe einer Monotonietabelle:

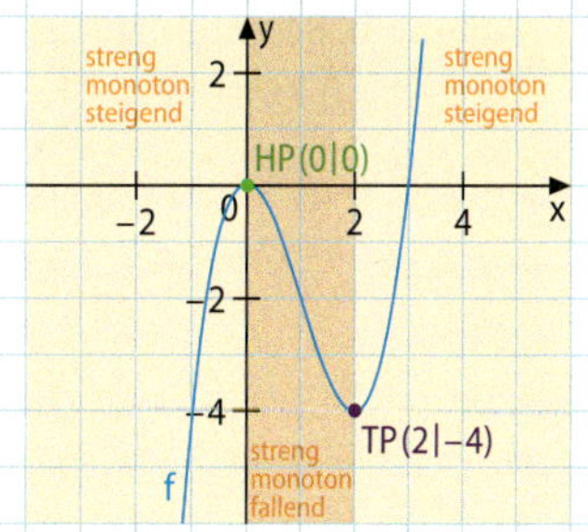


| x | x < 0 | $x_1 = 0$ | 0 < x < 2 | $x_2 = 2$ | x > 2 |
|---|---|---|---|---|---|
| f' | $f'(-1) = 9 > 0$ <br> + | 0 <br> VZW von + nach – | $f'(1) = -3 < 0$ <br> – | 0 <br> VZW von – nach + | $f'(3) = 9 > 0$ <br> + |
| f | ↗ | HP (0 \| 0) | ↘ | TP (2 \| –4) | ↗ |

**Erklärvideo**

*Mediencode 63051-044*

*Kurzschreibweisen:*
*↗: streng monoton steigend*
*↘: streng monoton fallend*

**II.** Zeigen Sie anhand der Funktion f mit $f(x) = \frac{3}{8}x^4 - x^3$ und ihres Graphen, dass $f'(x_0) = 0$ eine **1** notwendige, aber **2** keine hinreichende Bedingung für das Vorliegen einer Extremstelle ist.

**Lösung:**

**1** Ist die Bedingung $f'(x_0) = 0$ nicht erfüllt, so ist $f'(x) < 0$ (oder $f'(x) > 0$) in einer Umgebung von $x_0$. Damit ist der Graph von f in dieser Umgebung von $x_0$ streng monoton fallend (oder steigend). Dann liegt aber an der Stelle $x_0$ nicht der höchste oder tiefste Punkt in dieser Umgebung vor. Der Punkt $(x_0 | f(x_0))$ ist also kein Extrempunkt.

Ableitung: $f'(x) = \frac{3}{2}x^3 - 3x^2 = \frac{3}{2}x^2 \cdot (x - 2)$

Notwendige Bedingung: $f'(x) = 0 \Leftrightarrow \frac{3}{2}x^2 \cdot (x - 2) = 0$

$\Rightarrow x_1 = 0; x_2 = 2$

An den Stellen $x_1$ und $x_2$ hat der Graph von f jeweils eine waagrechte Tangente.

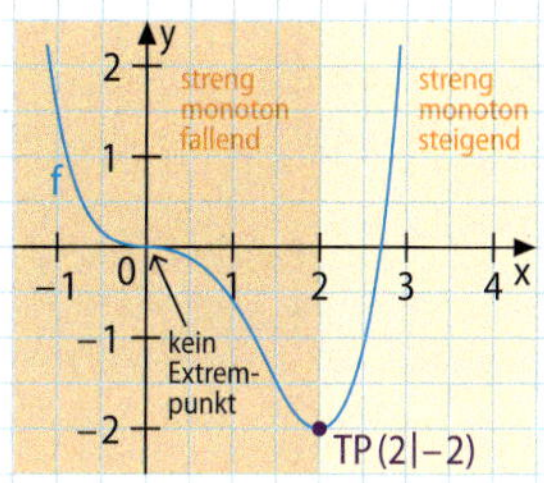


**2** Dennoch sind diese Stellen nicht zwangsläufig Extremstellen, wie die Monotonietabelle zeigt.

| x | x < 0 | $x_1 = 0$ | 0 < x < 2 | $x_2 = 2$ | x > 2 |
|---|---|---|---|---|---|
| f' | $f'(-1) = -4{,}5 < 0$ <br> – | 0 <br> kein VZW | $f'(1) = -1{,}5 < 0$ <br> – | 0 <br> VZW von – nach + | $f'(3) = 13{,}5 > 0$ <br> + |
| f | ↘ | kein Extrempunkt | ↘ | TP (2 \| –2) | ↗ |

Die Bedingung $f'(x_0) = 0$ ist nicht hinreichend für das Vorliegen einer Extremstelle.

## Nachgefragt

- Begründen oder widerlegen Sie: Ist $x_0$ eine Nullstelle der Ableitung f' einer Funktion f, so ist $x_0$ eine relative Extremstelle des Graphen von f.
- In einem relativen Extremum hat der Graph in einem Intervall immer einen höchsten bzw. tiefsten Wert.

**Aufgaben**

**oHiMi**
3, 5, 6, 7

**1** Bestimmen Sie die Extrempunkte des Graphen der Funktion f mit dem Vorzeichenwechselkriterium. Beschreiben Sie Ihr Vorgehen.

a) $f(x) = 0{,}2x^2 - 1{,}6x + 1$
b) $f(x) = -\frac{1}{4}x^2 + 2x - 3$
c) $f(x) = \frac{1}{12}x^3 - 0{,}75x^2 + \frac{5}{4}x$
d) $f(x) = x^3 - 6x$
e) $f(x) = \frac{1}{24}x^4 - \frac{1}{6}x^3$
f) $f(x) = 3x^4 - 16x^2 + 24x$

**2**
1 $f(x) = x^2 - 6x + 9;\ x_0 = 3$
2 $f(x) = x^3 + 3x^2 - 9x + 0{,}5;\ x_0 = -3$
3 $f(x) = x^4 + x^2;\ x_0 = 0$
4 $f(x) = x^3 - 3x^2;\ x_0 = 2$
5 $f(x) = 3x^3 - x^2;\ x_0 = 3$
6 $f(x) = x^4 - 3x^3 + 3x^2 + 3x;\ x_0 = 1$

a) Untersuchen Sie, ob der Punkt $P(x_0 \mid f(x_0))$ ein Extrempunkt des Graphen von f ist.
b) Entscheiden Sie, falls ein Extrempunkt vorliegt, ob es sich um einen Hochpunkt oder einen Tiefpunkt handelt. Begründen Sie.

**3** Die Abbildungen 1 bis 3 zeigen jeweils den Graphen einer Funktion f. Begründen Sie, zu welcher dieser Funktionen der Graph der Ableitungsfunktion f' gehört.

a)
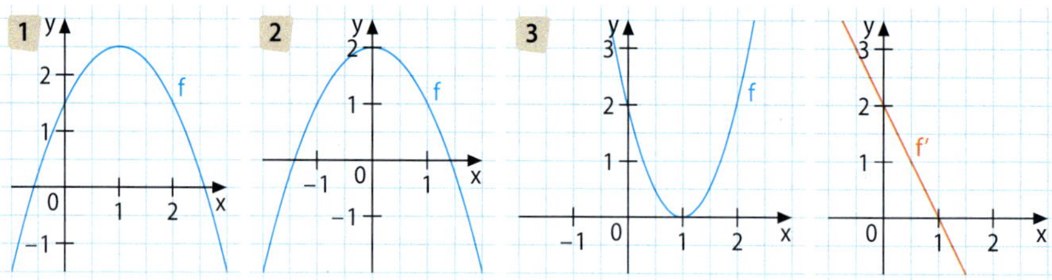


b)
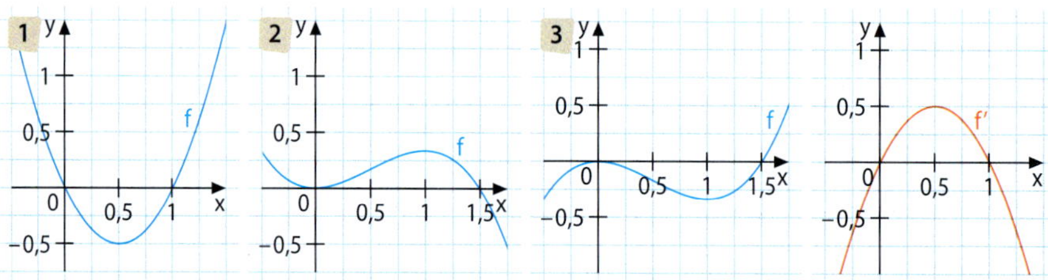


**Alles klar?**

**4** Ermitteln Sie die Koordinaten der Hoch- und Tiefpunkte des Graphen der Funktion f.

a) $f(x) = 0{,}5x^3 - 3x$
b) $f(x) = x^3 - 6x + 2$
c) $f(x) = x^4 - 5x^2 + 4$
d) $f(x) = x^3 - 3x + 2$
e) $f(x) = x^2 \cdot (x^2 - 2)$
f) $f(x) = (x^2 - 1)^2$

**5** Begründen oder widerlegen Sie folgende Aussagen über eine ganzrationale Funktion f.

a) Hat der Graph von f genau einen Hochpunkt HP $(x_0 \mid f(x_0))$, so ist $f(x_0)$ der größte Funktionswert von f.
b) Hat die Funktion f zwei verschiedene Nullstellen, muss sie eine Extremstelle besitzen.
c) Besitzt die Funktion f keine Nullstelle, so hat sie auch keine Extremstelle.
d) Liegen zwei Nullstellen der Funktion f symmetrisch bezüglich der y-Achse, so hat der Graph von f einen Extrempunkt auf der y-Achse.

**6** Untersuchen Sie, ob die Aussage wahr ist, und stellen Sie falsche Aussagen richtig. Ersetzen Sie dann „hinreichend" durch „notwendig" und untersuchen Sie die Aussage erneut.

**a)** Hinreichend für die Teilbarkeit einer Zahl durch 6 ist, dass die Zahl durch 3 teilbar ist.

**b)** Hinreichend dafür, dass ein Dreieck (Seitenlängen a, b, c mit $a > b \geq c$) rechtwinklig ist, ist, dass $a^2 = b^2 + c^2$.

*Überlegen Sie sich zunächst den Unterschied zwischen „hinreichend" und „notwendig".*

**7** Die Abbildung zeigt den Graphen einer Funktion f. Skizzieren Sie den Graphen der zugehörigen Ableitungsfunktion.

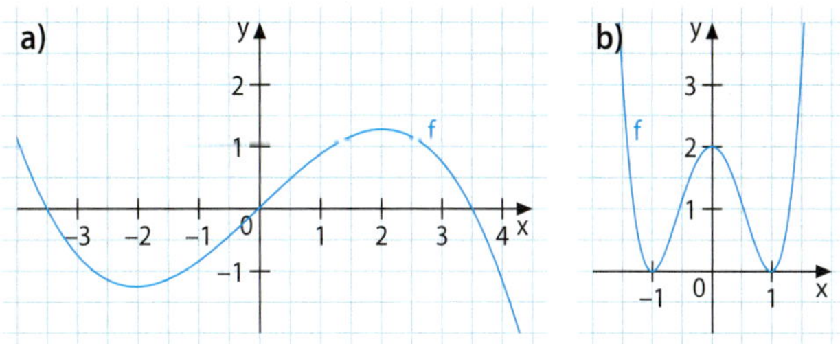


**8** Peter fährt während einer Radtour eine 30 Kilometer lange Strecke, deren Geländeprofil mit Hilfe der Funktion h mit $h(x) = \frac{1}{200\,000} x \cdot (x-8)^2 \cdot (x-15) \cdot (x-27)^3$, $D = [0; 30]$, modelliert werden kann (x in Kilometern, h (x) in Metern).

**a)** Zeichnen Sie den Graphen von h mit einem MMS. Stellen Sie dabei die Skalierung auf den Achsen so ein, dass der Graph im gesamten Definitionsbereich sichtbar ist.

**b)** Erstellen Sie eine Tabelle, aus der ersichtlich ist, in welchen Teilstrecken Peter bergauf bzw. bergab fährt. Lesen Sie die erforderlichen Koordinaten näherungsweise ab.

**c)** Zeichnen Sie ebenfalls den Graphen von f' und bestimmen Sie die Nullstellen. Deuten Sie das Ergebnis im Sachzusammenhang.

**9** Zeigen Sie, dass die Ableitungsfunktion f' der Funktion f eine Nullstelle besitzt, die jedoch keine lokale Extremstelle von f ist. Skizzieren Sie den Graphen von f.

**a)** $f(x) = 0{,}5 \cdot (x^3 + 3x^2 + 3x + 2)$ **b)** $f(x) = -x^5 - 3x^3 + 1$

**10** Bei einem Regenschauer wird die momentane Regenmenge (in $\frac{mm}{h}$) durch die im Intervall [0; 4] definierte Funktion f mit $f(t) = 0{,}5t^3 - 4t^2 + 8t$ modelliert (t: Zeit in Stunden). Bestimmen Sie den Zeitpunkt, an dem am meisten Regen fällt.

**11** Ein Baseballspieler schlägt den Ball 1 m über dem Rasen ab. 20 m vom Abschlagpunkt in horizontaler Richtung entfernt erreicht der Ball mit 15 m seine maximale Höhe. Die Flugbahn kann mit Hilfe einer Funktion h mit $h(x) = ax^2 + bx + c$ modelliert werden.

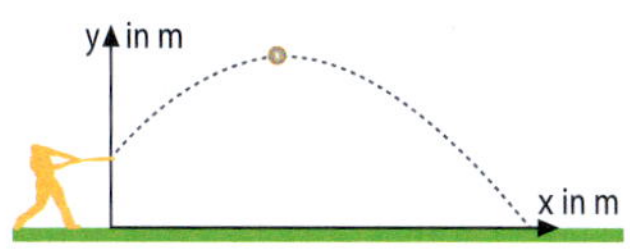


**a)** Begründen Sie, dass für die Funktion h folgende Bedingungen gelten:

**1** $h(0) = 1$ **2** $h(20) = 15$ **3** $h'(20) = 0$

Ermitteln Sie einen Funktionsterm h (x).

**b)** Bestimmen Sie, wie weit der Ball fliegt und unter welchem Winkel gegenüber der Horizontalen er am Boden auftrifft.

**MMS-Applet**

*Mediencode 63051-045*

## 5.3 Extrempunkte mit Hilfe der zweiten Ableitung

**Entdecken**

Die Ableitung einer Funktion gibt ihre Steigung an. Neben der ersten soll nun auch die zweite Ableitung, also die Ableitung der Ableitungsfunktion, betrachten werden. Die Graphen dreier Funktionen f, f′ und f″ sind abgebildet.

- Erläutern Sie grafisch mit Hilfe der ersten Ableitung und dem VZW-Kriterium, warum A und B Extrempunkte sind.
- Erklären Sie die Bedeutung von f″ an diesen Stellen.
- Formulieren Sie eine hinreichende Bedingung für einen Hoch- bzw. Tiefpunkt mit Hilfe der zweiten Ableitung.

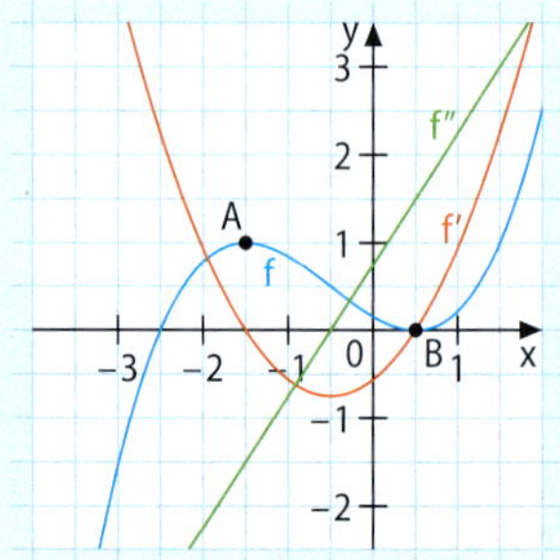


**Verstehen**

Extrempunkte lassen sich nicht nur mit Hilfe des VZW-Kriteriums finden, sondern auch unter Verwendung der zweiten Ableitung.

*Wenn an einer möglichen Extremstelle $x_0$ die zweite Ableitung $f''(x_0) = 0$ ist, dann ist keine Aussage möglich. Verwenden Sie dann die 1. hinreichende Bedingung (VZW) von Seite 146.*

**Erklärvideo**
Mediencode 63051-046

**Merke**

Um zu prüfen, ob bei einer differenzierbaren Funktion f an einer Nullstelle der Ableitungsfunktion f′ tatsächlich eine Extremstelle vorliegt, kann man statt des VZW-Kriteriums auch auf die 2. Ableitung zurückgreifen:

**2. hinreichende Bedingung:**
Der Graph einer differenzierbaren Funktion f hat einen …

- **Hochpunkt** HP $(x_0 \mid f(x_0))$, wenn $f'(x_0) = 0$ und $f''(x_0) < 0$.
- **Tiefpunkt** TP $(x_0 \mid f(x_0))$, wenn $f'(x_0) = 0$ und $f''(x_0) > 0$.

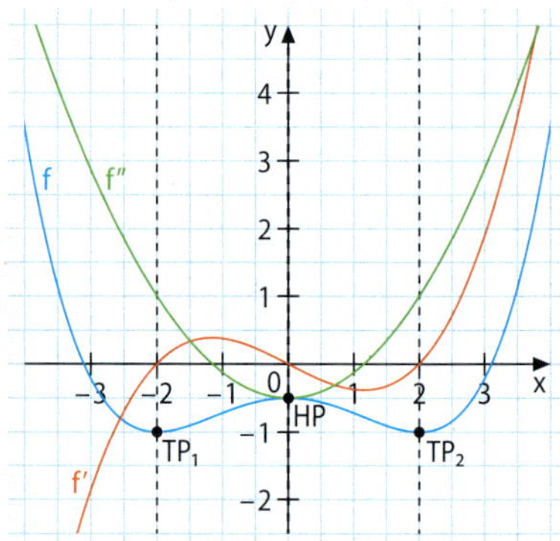


Die Beispielabbildung zeigt:
$f'(-1) = f'(0) = f'(1) = 0$
Da $f''(-2) > 0$ und $f''(2) > 0$: Tiefpunkte $TP_1$ und $TP_2$ von f an den Stellen −2 und 2
Da $f''(0) < 0$: Hochpunkt HP von f an der Stelle 0

**Beispiel**

Untersuchen Sie die Funktion f mit $f(x) = x^4 - 4x^2 + 2$ mit Hilfe der ersten und zweiten Ableitung auf Extrempunkte. Überprüfen Sie Ihr Ergebnis grafisch mit Hilfe eines MMS.

**Lösung:**

Bestimmung der ersten und zweiten Ableitung:
$f'(x) = 4x^3 - 8x$
$f''(x) = 12x^2 - 8$
Nullstellen der ersten Ableitung: $4x^3 - 8x = 0$
$x \cdot (4x^2 - 8) = 0$
$x_1 = 0$ und $4x^2 - 8 = 0$
$x_2 = -\sqrt{2}$ und $x_3 = \sqrt{2}$

$f'(0) = 0$ und $f''(0) = -8 < 0$: Hochpunkt
$\Rightarrow$ mit $f(0) = 2$ ergibt sich: HP $(0|2)$

$f'(-\sqrt{2}) = 0$ und $f''(-\sqrt{2}) = 16 > 0$: Tiefpunkt
$\Rightarrow$ mit $f(-\sqrt{2}) = -2$ ergibt sich: $TP_1$ $(-\sqrt{2}|-2)$

$f'(\sqrt{2}) = 0$ und $f''(\sqrt{2}) = 16 > 0$: Tiefpunkt
$\Rightarrow$ mit $f(\sqrt{2}) = -2$ ergibt sich: $TP_2$ $(\sqrt{2}|-2)$

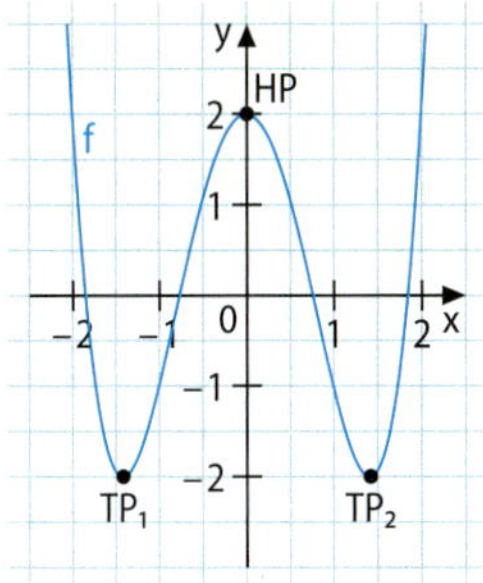


**Nachgefragt**

- Erläutern Sie, wie eine Funktion und deren erste beiden Ableitungsfunktionen aussehen könnten, wenn an einer Stelle $x_0$ gilt: $f(x_0) = 0$, $f'(x_0) = 0$ und $f''(x_0) = 0$.
- Erklären Sie, wann man mit der zweiten Ableitung nicht direkt entscheiden kann, ob ein Hoch- oder Tiefpunkt vorliegt, sodass man noch das VZW-Kriterium anwenden muss.

**Aufgaben**

**1** Bestimmen Sie die Lage und Art der Extrempunkte des Graphen der Funktion f. Verwenden Sie das Kriterium der zweiten Ableitung.

**a)** $f(x) = \frac{1}{3}x^3 - 4x$ **b)** $f(x) = 0{,}25 \cdot (x^4 - 8x^2)$ **c)** $f(x) = x^3 - 3x^2$
**e)** $f(x) = \frac{2}{3}x^3 - 13x^2 + 72x - 101$ **f)** $f(x) = -\frac{1}{2}x^3 + \frac{9}{2}x^2 - 12x + 13$ **g)** $f(x) = 2^{-8}(x^6 - 24x^4)$

**2** Ermitteln Sie jeweils die Koordinaten der Hoch- und Tiefpunkte des Graphen der Funktion f ($D = \mathbb{R}$) mit einem Kriterium Ihrer Wahl.

**a)** $f(x) = 0{,}5x^3 - 3x$ **b)** $f(x) = x^3 - 6x + 2$ **c)** $f(x) = x^4 - 5x^2 + 4$
**d)** $f(x) = x^3 - 3x + 2$ **e)** $f(x) = x^2 \cdot (x^2 - 2)$ **f)** $f(x) = (x^2 - 1)^2$

**3** Die Abbildung zeigt den Graphen der Funktion f mit $f(x) = \frac{1}{10}x^5 - \frac{1}{2}x^4 + \frac{1}{3}x^3 + x^2 - \frac{3}{2}x + 1$; $D = \mathbb{R}$.

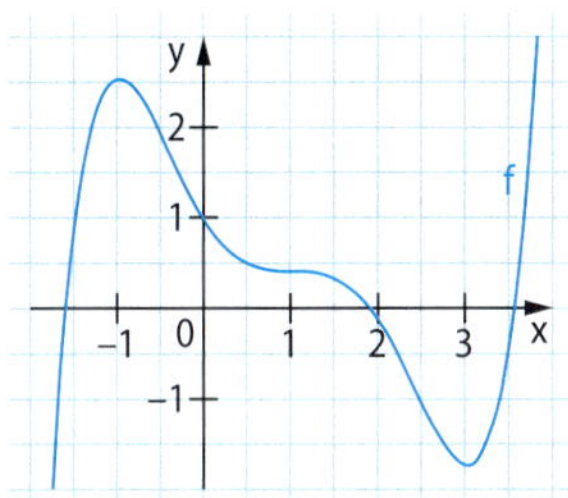


**a)** Zeichnen Sie den Graphen von f mit einem MMS.
**b)** Bestimmen Sie die erste und zweite Ableitung der Funktion.
**c)** Zeichnen Sie die Ableitungen auch mit einem MMS und erläutern Sie grafisch, welche Extrempunkte f hat.
**d)** Zeigen Sie rechnerisch, dass der Punkt …
  **1** HP $(-1|f(-1))$ Hochpunkt des Graphen von f ist.
  **2** TP $(3|f(3))$ Tiefpunkt des Graphen von f ist.
  **3** WP $(1|f(1))$ Sattelpunkt des Graphen von f ist.

**4** Gegeben ist die Funktion f mit $f(x) = -x^3 + 6x^2 - 9x$.
**a)** Berechnen Sie die Koordinaten der Schnittpunkte des Funktionsgraphen mit den Koordinatenachsen.
**b)** Begründen Sie anhand des Graphen, dass $f'(x) < 0$ für $x > 3$ gilt.
**c)** Bestimmen Sie rechnerisch die Koordinaten der Extrempunkte des Funktionsgraphen.
**d)** Untersuchen Sie rechnerisch das Monotonieverhalten der Funktion.

## Entdecken

Abgebildet ist der Graph einer Funktion f dritten Grades.

- Erklären Sie, warum der Punkt HP (0 | 4) als Hochpunkt und TP (2 | 0) als Tiefpunkt des Graphen bezeichnet werden, obwohl es Funktionswerte gibt, die größer als 4 bzw. kleiner als 0 sind.
- Beurteilen Sie, ob HP ein lokales Extremum ist.
- Betrachten Sie nun die zweite Abbildung und erläutern Sie, ob es sich beim Punkt P um einen Extrempunkt handelt.
- Erklären Sie die Besonderheit des Punktes P in eigenen Worten.

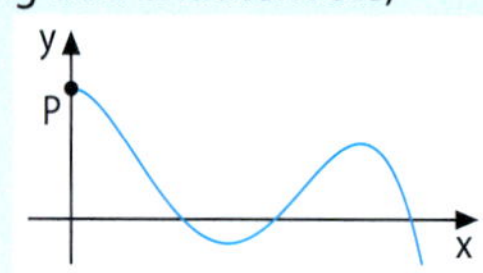


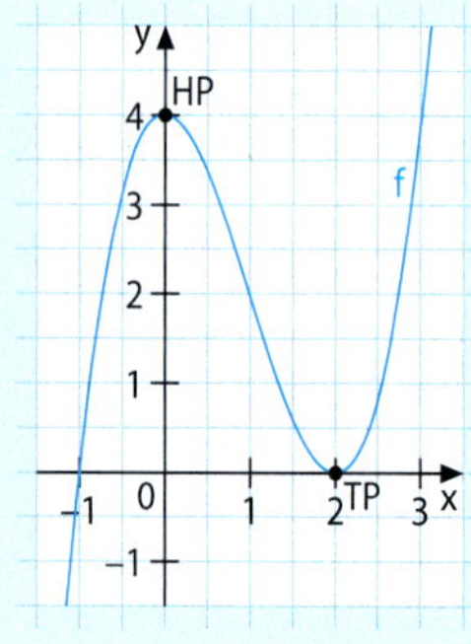


## Verstehen

In Kapitel 3 wurde bereits der Unterschied zwischen einem lokalen und einem globalen Extremum dargestellt. Hier soll dies weiter systematisiert werden.

*Statt globales sagt man auch absolutes Extremum.*
*Statt lokales sagt man auch relatives Extremum.*

**Merke**

Ist der Extrempunkt der höchste bzw. tiefste Punkt des gesamten Graphen, spricht man von einem **globalen Extrempunkt**. Andernfalls liegt ein **lokaler Extrempunkt** vor.

Besonders in Anwendungssituationen werden Funktionen in einem bestimmten Intervall betrachtet. Hier müssen auch die Funktionswerte am Rand des Intervalls, die sogenannten **Randwerte**, betrachtet werden: Sie sind möglicherweise größer / kleiner als die der lokalen Extrempunkte der Funktion.

**Merke**

Um **globale Extrempunkte** des Graphen einer Funktion f in einem abgeschlossenen Intervall [a; b] zu **bestimmen**, geht man folgendermaßen vor:

1. Bestimmung der Extrempunkte $E_1(x_1 | f(x_1)), \ldots, E_n(x_n | f(x_n))$ im Intervall ]a; b[
2. Bestimmung der Randpunkte $R_a(a | f(a))$ und $R_b(b | f(b))$
3. Vergleich der Funktionswerte der Randpunkte mit den Extrema aus 1.
4. Der globale Hochpunkt (Tiefpunkt) des Graphen von f im Intervall [a; b] ist der höchste (tiefste) der Punkte aus Schritt 3.

**Erklärvideo**
*Mediencode 63051-047*

**Beispiele**

**I.** Gegeben ist die Funktion f mit $f(x) = \frac{1}{2}x^4 - 3x^3 + 4x^2 + x + 2$. Bestimmen Sie alle Extrempunkte des Graphen von f und unterscheiden Sie lokale von globalen Extrempunkten.

**Lösung:**

Die Analyse mit einem MMS ergibt folgende Extrempunkte:
$TP_1(-0{,}11 | 1{,}94)$; HP $(1{,}41 | 4{,}93)$; $TP_2(3{,}2 | 0{,}28)$

$TP_1$ ist ein lokaler Tiefpunkt, HP ein lokaler Hochpunkt und $TP_2$ ist ein globaler Tiefpunkt, da es sich um eine Funktion 4. Grades handelt.

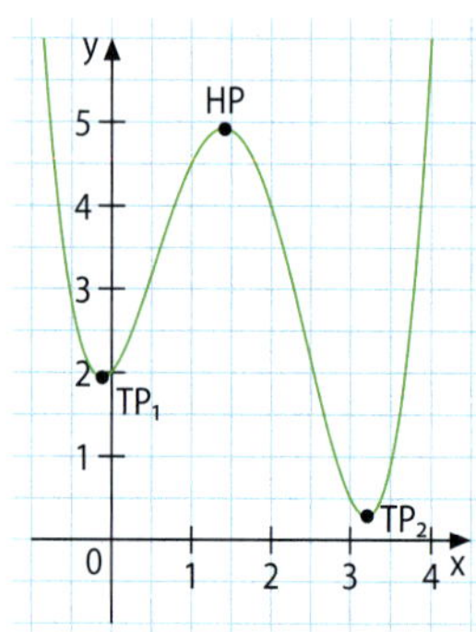

**II.** Ein Hund hat eine normale Körpertemperatur von 37,5 °C bis 39 °C. Wenn er gespielt hat oder gerannt ist, kann die Temperatur auf 40 °C ansteigen.
Die Funktion f mit $f(t) = -0{,}001t^4 + 0{,}031t^3 - 0{,}324t^2 + 1{,}364t + 38$ beschreibt die Körpertemperatur eines Hundes in einem Beobachtungszeitraum von 16 Stunden, t ist die Zeit ab Beginn der Beobachtung und f(t) gibt die Temperatur in °C an.

*Die Lösung erarbeitet man am besten mit einem MMS.*

**a)** Zeichnen Sie den Graphen von f.

**b)** Ermitteln Sie, wann die Körpertemperatur des Hundes im Beobachtungszeitraum zum ersten Mal ein Maximum erreicht, und geben Sie auch die Temperatur an.

**c)** Bestimmen Sie die maximale und minimale Körpertemperatur des Hundes während des Beobachtungszeitraums.

**Lösung:**

**a)**

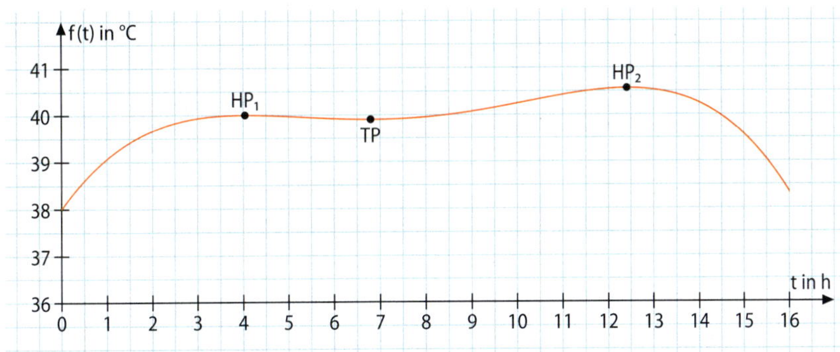


**b)** $f'(4{,}04) = 0$ und $f''(4{,}04) < 0 \Rightarrow HP_1\,(4{,}04\,|\,40)$: 4 Stunden und 2 Minuten nach Beobachtungsbeginn erreicht die Körpertemperatur des Hundes das erste Maximum von 40 °C.

**c)** Ein weiterer Hochpunkt ist $HP_2\,(12{,}4\,|\,40{,}6)$. Denn $f'(12{,}4) = 0$ und $f''(12{,}4) < 0$. Also: Nach 12 Stunden und 24 Minuten erreicht der Hund mit 40,6 °C seine maximale Körpertemperatur im Beobachtungszeitraum.
Da $f'(6{,}8) = 0$ und $f''(6{,}8) > 0$ ist, liegt bei $TP\,(6{,}8\,|\,39{,}9)$ ein Tiefpunkt vor.
Die Überprüfung der Randwerte ergibt: $f(0) = 38$ und $f(16) = 38{,}3$. Damit hat der Hund mit 38 °C am Beobachtungsbeginn seine niedrigste Köpertemperatur (globales Minimum). Der Hochpunkt $HP_2$ liefert gleichzeitig auch das globale Maximum.

### Nachgefragt

- Beurteilen Sie die folgende Aussage: „Jede ganzrationale Funktion 4. Grades besitzt einen globalen Extrempunkt."
- Begründen oder widerlegen Sie die folgende Aussage: „Ganzrationale Funktionen, deren höchster Exponent eine ungerade Zahl ist, besitzen nur lokale Extrempunkte."

## Aufgaben

*Mit einem MMS kann man sich zur Kontrolle die Graphen und alle lokalen Extrema anzeigen lassen.*

**oHiMi** 2, 5, 8

**1** Gegeben ist eine Funktion f.

**1** $f(x) = \frac{x^3}{4} - \frac{3}{2}x^2 + \frac{9}{4}x - 2$ **2** $f(x) = 0{,}25x^4 + x^3 + x^2 + 1$

**3** $f(x) = x^2 - 7x + 13$ **4** $f(x) = -3x^5 + 10x^3 - 15x$

**5** $f(x) = \frac{1}{4}x^4 - \frac{1}{3}x^3 - \frac{1}{2}x^2$ **6** $f(x) = (x^2 - 1)^2$

**7** $f(x) = 0{,}5x^4 - 4x^3 + 3x^2 + 20x$ **8** $f(x) = x \cdot (x-2)^2 \cdot (x+1)^2$

**a)** Ermitteln Sie die lokalen und globalen Extrempunkte des Graphen von f, sofern diese existieren. Beschreiben Sie Ihr Vorgehen.

**b)** Skizzieren Sie den Graphen von f.

**2** Der Graph einer Funktion f geht durch die Punkte A (−3|2) und B (5|4). Skizzieren Sie einen möglichen Graphen von f so, dass dieser zwischen den Punkten A und B …

**a)** einen globalen Hochpunkt besitzt.

**b)** sowohl einen lokalen Hochpunkt als auch einen lokalen Tiefpunkt besitzt.

**3** **a)** Untersuchen Sie jeweils, ob die Funktion f mit $f(x) = -0{,}25x^3 + 3x$ im ganzen Definitionsbereich D einen größten (bzw. kleinsten) Funktionswert besitzt.

**1** $D = \mathbb{R}$ **2** $D = [-3; 3]$ **3** $D = [0; +\infty[$

**4** $D = [-1; 1]$ **5** $D = [0; 3]$ **6** $D = ]-\infty; 3]$

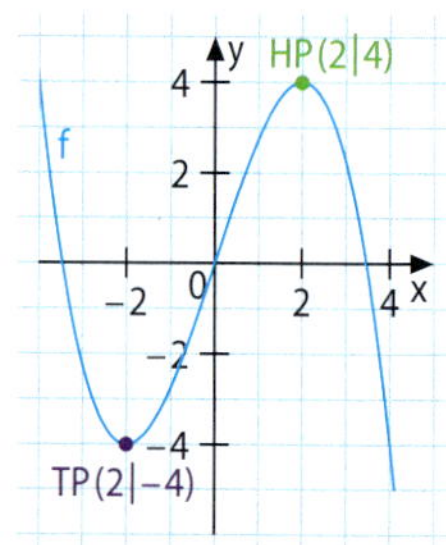


**b)** Geben Sie jeweils Beispiele für Funktionen an, …

**1** die keinen größten Funktionswert besitzen.

**2** deren größter Funktionswert am Rand des Definitionsbereichs angenommen wird.

**3** deren größter Funktionswert der y-Wert eines Hochpunktes ist.

Kontrollieren Sie Ihre Ergebnisse mit einem MMS.

## Alles klar?

**4** Bestimmen Sie alle lokalen und globalen Extrempunkte des Graphen der Funktion f im angegebenen Intervall.

**a)** $f(x) = x^3 - 3x^2;\ I = [-1; 3]$ **b)** $f(x) = x^3 - 9x^2 + 24x - 19;\ I = [-3; 4]$

**c)** $f(x) = \frac{1}{4} \cdot (x^3 - 6x^2 + 9x - 8);\ I = [0; 5]$ **d)** $f(x) = x^2 - 4x + 5;\ I = \left[-1; \frac{5}{2}\right]$

**5** Begründen Sie: Eine Extremstelle in einem abgeschlossenen Intervall kann auch am Rand des Intervalls liegen.

**6** Der Temperaturverlauf an einem bestimmten Tag wird durch die Funktion f mit $f(t) = -0{,}002t^3 + 0{,}009t^2 + 0{,}78t + 16$ mit $D = [0; 24]$ beschrieben (t: Zeit in Stunden; f(t): Temperatur in °C).

**a)** Ermitteln Sie die höchste und die niedrigste Temperatur an diesem Tag und beschreiben Sie Ihr Vorgehen.

**b)** Erläutern Sie, ob es sich wohl um einen Sommer- oder Wintertag handelt.

*Die Wertemenge ist die Menge aller y-Werte einer Funktion.*

**7** Gegeben ist die Funktion f mit $f(x) = \frac{4}{9}x^4 - \frac{4}{3}x^2 + 2$ mit $x \in \mathbb{R}$.

**a)** Geben Sie die Wertemenge der Funktion f an.

**b)** Bestimmen Sie rechnerisch alle lokalen Extrempunkte der Funktion.

**c)** Weisen Sie nach, dass der lokale Hochpunkt HP (0 | 2) kein globaler Hochpunkt von f ist.

**8** Entscheiden Sie, ob die folgenden Aussagen richtig sind. Begründen Sie Ihre Antwort.

**a)** „Es gibt ganzrationale Funktionen f mit $D = \mathbb{R}$, deren Graphen keine lokalen Extrempunkte besitzen."

**b)** „Ein Tiefpunkt des Graphen einer Funktion f kann höher liegen als ein Hochpunkt derselben Funktion."

**9** Immer häufiger sind in Zeitungen Schlagzeilen wie diese zu lesen.

**Zwei Tage Frühsommer in NRW**

**Warme Luft bringt erneut Saharastaub**

In einem Ort in NRW wurde zwischen 8:00 Uhr und 16:00 Uhr die Feinstaubbelastung durch den Saharastaub gemessen. Sie lässt sich annähernd durch die Funktion $f(x) = -0{,}075x^4 - 1{,}03x^3 + 0{,}218x^2 + 28{,}579x + 4$ angeben.
Dabei ist $x \in [0; 8]$ die Zeit in Stunden und f(x) die Feinstaubkonzentration in $\frac{\mu g}{m^3}$.

**a)** Betrachten Sie zunächst die Funktion f für $x \in \mathbb{R}$ und geben sie alle Hoch- und Tiefpunkte des Graphen an.

**b)** Bestimmen Sie nun im Zeitraum von 8:00 Uhr bis 16:00 Uhr die minimale und die maximale Konzentration des Saharastaubs in der Luft.

**c)** Für Menschen mit Asthma kann der Saharastaub zu Beschwerden führen. Deshalb sollen die Bürgerinnen und Bürger des Ortes über eine App informiert werden, wenn die Konzentration des Staubs in der Luft einen Wert von 30 $\frac{\mu g}{m^3}$ überschreitet. Ermitteln Sie, in welchem Zeitraum zwischen 8:00 Uhr und 16:00 Uhr dies der Fall ist.

**10** Das Wachstum einer Hefekultur wird im Zeitintervall [0; 2,3] durch die Funktion f mit $f(x) = 9x^3 - x^5$ beschrieben. Dabei beschreibt x die Zeit nach Beobachtungsbeginn in Tagen und f(x) die Größe der von der Kultur bedeckten Fläche in $mm^2$.
Untersuchen Sie, wann die Änderungsrate des bedeckten Flächeninhalts maximal ist.

**11** Die Abbildung zeigt den Graphen einer Funktion f im Intervall [a; b].

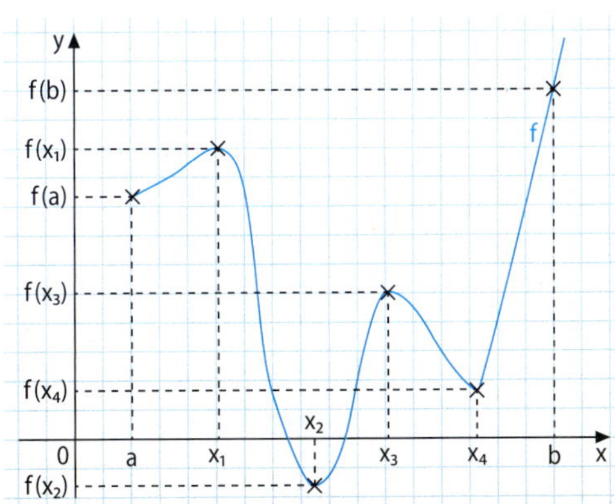


**a)** Beschreiben Sie die Lage aller lokalen und globalen Extrempunkte.

**b)** Ist es möglich, dass eine Funktion mehrere globale Hoch- und Tiefpunkte besitzt? Begründen Sie.

**c)** Erklären Sie, wie viele lokale Extrempunkte eine ganzrationale Funktion n-ten Grades mit $n \geq 2$ höchstens besitzen kann.

## 5.5 Krümmungsverhalten und Wendepunkte

### Entdecken

*Die zweite Ableitung f″ einer Funktion f ist die Ableitung der ersten Ableitung f′.*

Die Abbildung zeigt die Graphen der Funktion f mit $f(x) = \frac{1}{6}x^3 + x^2$, der Ableitungsfunktion f′ mit $f'(x) = \frac{1}{2}x^2 + 2x$ und der zweiten Ableitungsfunktion f″ mit $f''(x) = x + 2$.

- Untersuchen Sie die Zusammenhänge zwischen den Graphen der Funktionen f, f′ und f″ an der markierten Stelle $x = -2$.
- Erklären Sie die Bedeutung von f″ für f′.
- Untersuchen Sie die Bedeutung positiver und negativer Werte von f″ für den Graphen von f.

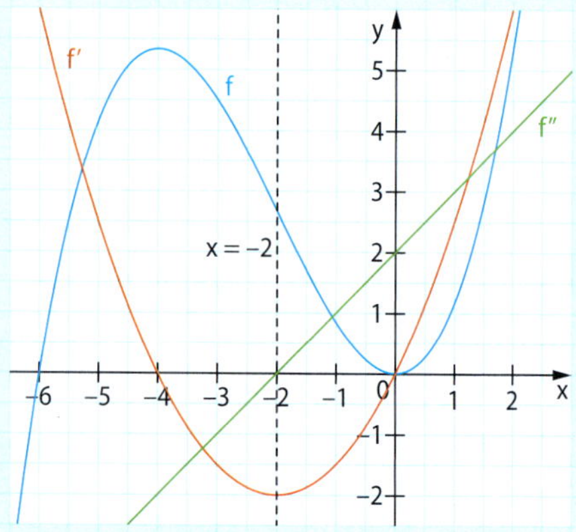


### Verstehen

Mit Hilfe der zweiten Ableitung f″, also der Ableitung f′ einer Funktion f, kann die Krümmung eines Funktionsgraphen untersucht werden: Ein Funktionsgraph ist gekrümmt, wenn sich seine Steigung kontinuierlich ändert.

*Notwendige Bedingung für Wendestellen: $f''(x_W) = 0$*
*1. hinreichende Bedingung für Wendestellen: $f''(x_W) = 0$ und Vorzeichenwechsel (VZW) von f″*

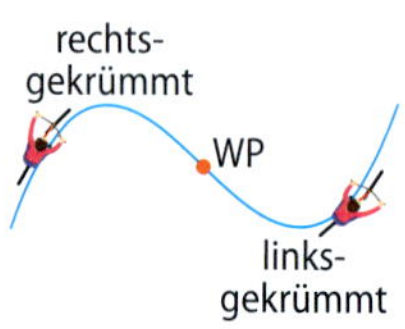


**Merke**

Die **zweite Ableitung f″** einer zweimal differenzierbaren Funktion f gibt Auskunft über das **Krümmungsverhalten** des Graphen von f. Gilt in einem Intervall I für alle $x \in I$ …

- stets $f''(x) > 0$, so ist der Graph von f auf diesem Intervall **linksgekrümmt**.
- stets $f''(x) < 0$, so ist der Graph von f auf diesem Intervall **rechtsgekrümmt**.

Ändert sich das Krümmungsverhalten eines Graphen von einer Links- in eine Rechtskurve (oder umgekehrt), liegt ein **Wendepunkt WP** vor. Die Nullstellen der 2. Ableitung, also die Extremstellen der 1. Ableitung, sind mögliche Wendestellen.

**1** Hat eine zweimal differenzierbare Funktion f eine Wendestelle $x_W$, dann gilt $f''(x_W) = 0$.

**2** **Vorzeichenwechselkriterium (1. hinreichende Bedingung):**
Ein Wendepunkt WP $(x_W \mid f(x_W))$ liegt vor, wenn $f''(x_W) = 0$ gilt und zusätzlich die 2. Ableitung f″ in $x_W$ mit steigenden x-Werten ihr Vorzeichen ändert.

Bei einem Sattelpunkt liegt ebenfalls ein relatives Extremum von f′ vor. Außerdem ist dort auch $f'(x_W) = 0$. Daher gilt für Sattelpunkte:

**Merke**

**Sattelpunkte** sind Wendepunkte mit waagrechter Tangente.

*Die Ableitung f′ der Funktion f ist an der Stelle $x_W = 0$, es liegt aber kein Vorzeichenwechsel vor. Hier hat die Funktion f einen Sattelpunkt.*

**Beispiele**

**I.** Untersuchen Sie das Krümmungsverhalten des Graphen der Funktion f mit $f(x) = \frac{1}{8}x^4 - \frac{1}{2}x^3 + 1$ und geben Sie die Koordinaten der Wende- bzw. Sattelpunkte an.

**Lösung:**

**1** $f'(x) = \frac{1}{2}x^3 - \frac{3}{2}x^2$; $f''(x) = \frac{3}{2}x^2 - 3x = \frac{3}{2}x \cdot (x - 2)$

**2** Notwendige Bedingung $f''(x) = 0$: $\frac{3}{2}x \cdot (x - 2) = 0 \Rightarrow x_1 = 0; x_2 = 2$

**3** Hinreichende Bedingung $f''(x) = 0$ und Vorzeichenwechsel von $f''$:

| x | $x < 0$ | $x_1 = 0$ | $0 < x < 2$ | $x_2 = 2$ | $x > 2$ |
|---|---|---|---|---|---|
| $f''$ | $f''(-1) = 4{,}5 > 0$<br>+ | 0<br>VZW von + nach − | $f''(1) = -1{,}5 < 0$<br>− | 0<br>VZW von − nach + | $f''(3) = 4{,}5 > 0$<br>+ |
| f | linksgekrümmt | $WP_1\,(0\,|\,1)$ | rechtsgekrümmt | $WP_2\,(2\,|\,-1)$ | linksgekrümmt |

Erklärvideo
*Mediencode 63051-048*

**4** $f'(0) = 0 \quad \Rightarrow$ $WP_1$ ist Sattelpunkt.
$f'(2) = -2 \neq 0 \;\Rightarrow$ $WP_2$ ist kein Sattelpunkt.

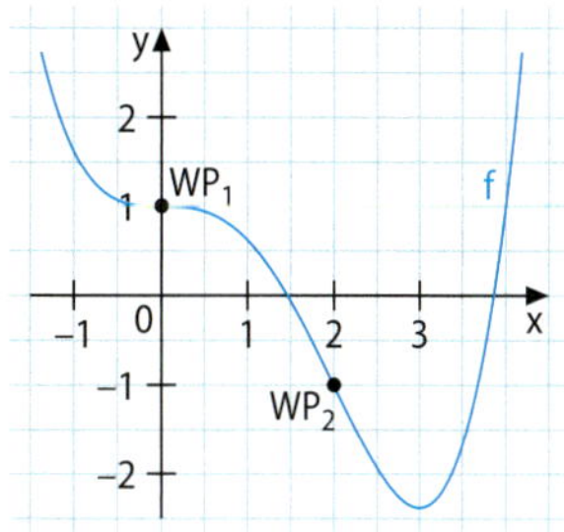


**II.** Der Querschnitt eines Grabens kann durch die Funktion f mit $f(x) = \frac{1}{1000} \cdot (x^4 - 150x^2)$, $x \in D = [0; 5\sqrt{6}]$, beschrieben werden. Berechnen Sie das größte Gefälle des Grabens links von seinem tiefsten Punkt.

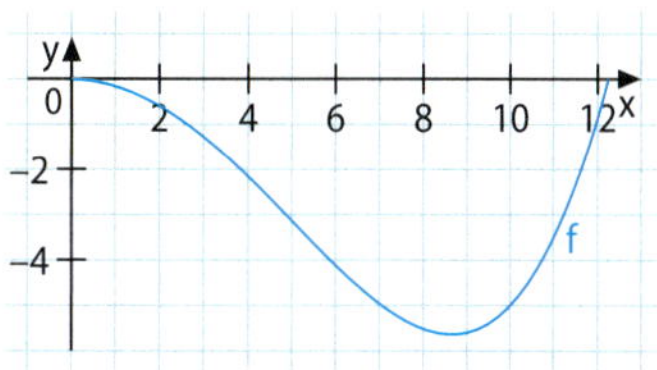


MMS-Applet
*Mediencode 63051-049*

**Lösung:**
Bestimmung des Minimums der Steigung von f durch Ermittlung der Wendestelle:

Ableitungen: $f'(x) = \frac{1}{1000} \cdot (4x^3 - 300x) = \frac{1}{250} \cdot (x^3 - 75x)$;

$f''(x) = \frac{1}{250} \cdot (3x^2 - 75) = \frac{3}{250} \cdot (x^2 - 25)$

Notwendige Bedingung für Wendestellen $f''(x) = 0$: $x^2 - 25 = 0$
$\Rightarrow x_1 = 5;\ x_2 = -5 \notin D$
Hinreichende Bedingung für Wendestellen $f''(x) = 0$ und VZW von $f''$:
$f''(4) = -\frac{27}{250} < 0$ und $f''(6) = \frac{33}{250} > 0$, also liegt ein Vorzeichenwechsel von − nach + und damit eine Wendestelle bei $x_1 = 5$ vor.
Das steilste Gefälle ist bei $x_1 = 5$ erreicht und beträgt $f'(5) = -1$.

## Nachgefragt

- Begründen Sie, dass es sich bei den Wendepunkten des Graphen einer Funktion f um die Extrempunkte des Graphen von f′ handelt.
- Erklären Sie anschaulich am Beispiel eines selbstgewählten Graphen die Links- und Rechtskrümmung einer Funktion.
- Begründen Sie mit Hilfe des Krümmungsverhaltens, dass an einem Wendepunkt $WP\,(x_W\,|\,f(x_W))$ immer die Bedingung $f''(x_W) = 0$ gelten muss.

## Aufgaben

**1** Untersuchen Sie das Krümmungsverhalten des Graphen der Funktion f und geben Sie die Koordinaten der Wende- bzw. Sattelpunkte an.

**a)** $f(x) = \frac{1}{8}x^3 - \frac{9}{4}x^2 + 12x - 15$ **b)** $f(x) = -x^4 + 10x^3 - 36x^2 + 54x - 25$

**c)** $f(x) = \frac{1}{2}x^4 - 4x^3 + 9x^2 - 4x + \frac{1}{2}$ **d)** $f(x) = \frac{1}{32}x^3 + \frac{9}{32}x^2 - \frac{81}{32}x - \frac{425}{32}$

oHiMi
3, 4, 10, 11

**2** Bestimmen Sie die Wendepunkte und untersuchen Sie das Krümmungsverhalten des Graphen der Funktion f wie im Beispiel. Die Lösungen für die Wendepunkte ergeben in der Reihenfolge der Aufgaben ein Lösungswort.

**1** $f(x) = x^3 + 1$
**2** $f(x) = x^4 - 2x^3$
**3** $f(x) = -3x^3 + 12x + 3$
**4** $f(x) = 3x^3 + 9x^2 - 27x + 3$
**5** $f(x) = -3x^2 + 2x + x^3$
**6** $f(x) = 2 + x - 6x^2 + x^4$
**7** $f(x) = \frac{1}{3}x^3 - 2x^2 + 3x$

I $W_1(-1|4); W_2(1|-2)$ N $W(1|0)$
E $W_1(0|0); W_2(1|-1)$ L $W(1|0)$
Z $W\left(2\middle|\frac{2}{3}\right)$ I $W(0|3)$ B $W(-1|36)$

**3** Die Abbildung zeigt den Streckenverlauf des Hockenheimrings nach dem Umbau im Jahr 2002. Rot gekennzeichnet sind Streckenabschnitte, auf denen die Fahrzeuge geradeaus fahren und deshalb die Lenkung keinen Einschlag nach links oder nach rechts aufweist.

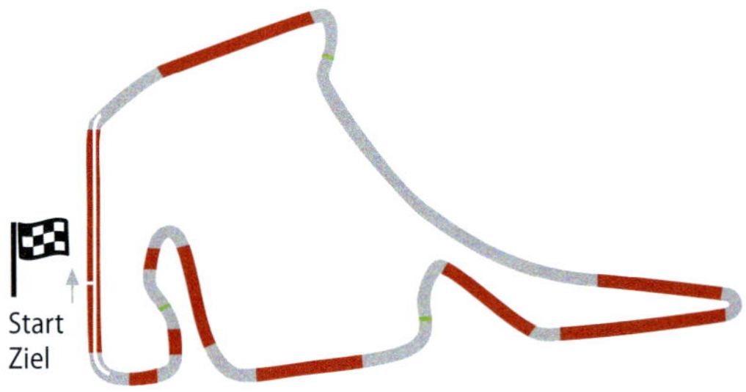


a) Nehmen Sie an, Sie sitzen in einem Auto und fahren den Hockenheimring. Beschreiben Sie, welche und wie viele Streckenabschnitte Sie mit Rechts- bzw. Linkseinschlag des Lenkrads durchfahren.

b) Beschreiben Sie die Lage derjenigen Punkte auf dieser Strecke, bei denen der Fahrer direkt von einer Rechts- in eine Linkskurve (oder umgekehrt) wechselt.

**4** Die Abbildungen zeigen die Graphen der zweiten Ableitungsfunktionen f″ von ganzrationalen Funktionen f.

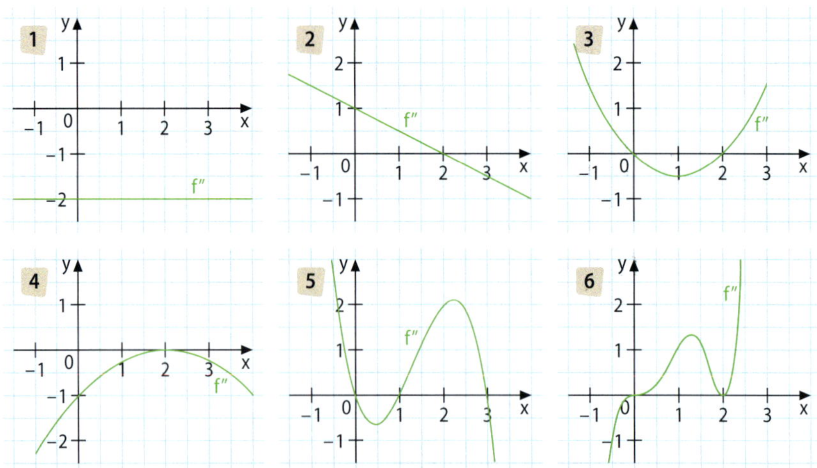


a) Geben Sie jeweils die Intervalle an, in denen der Graph von f rechtsgekrümmt ist, sowie die Intervalle, in denen der Graph von f linksgekrümmt ist.

b) Erklären Sie, ob bzw. an welchen Stellen der Graph von f einen Wendepunkt hat. Geben Sie an, in welchen Fällen Sattelpunkte vorliegen.

**Alles klar?**

**5** Gegeben ist eine Funktion f mit $f(x) = x^4 - 6x^3 + 12x^2 - 8x + 1$.

**a)** Untersuchen Sie den Graphen der Funktion f auf Wendepunkte.

**b)** Bestimmen Sie jeweils die Steigung und die Gleichung der Wendetangente.

**6**

1 $f(x) = \frac{1}{6}x^3 - x^2$

2 $f(x) = \frac{1}{4}x^3 - 3x^2 + 9x$

3 $f(x) = -\frac{1}{2}x^3 + 3x^2 + 4{,}5x$

4 $f(x) = -4 + 11x + x^3 - 6x^2$

**a)** Skizzieren Sie den Graphen der Funktion f.

**b)** Geben Sie die Intervalle an, in denen der Graph der Funktion links- bzw. rechtsgekrümmt ist.

**7** $f(x) = x^3 - 6x^2 + 9x - 4$ $g(x) = x^4 - 6x^2 + 4$ $h(x) = \frac{1}{8} \cdot (x^4 + 4x^3 + 6x^2 + 4x + 1)$

**a)** Bestimmen Sie die Extrempunkte und die Wendepunkte der Graphen der gegebenen Funktionen. Untersuchen Sie weiter das Krümmungsverhalten.

**b)** Berechnen Sie jeweils die Steigungen der Tangenten an den Wendepunkten. Skizzieren Sie die Graphen der Funktionen und zeichnen Sie die Wendetangenten ein.

*Tangenten haben Funktionsgleichungen der Form $y = m \cdot x + b$ mit m als Steigung. Wendetangenten berühren den Graphen einer Funktion in deren Wendepunkt.*

**8** Untersuchen Sie jeweils die Funktion f mit $x \in \mathbb{R}$ auf Wendepunkte und stellen Sie ihr Krümmungsverhalten in einer Tabelle dar. Entscheiden Sie bei jedem Wendepunkt, ob dort die Tangentensteigung ein Maximum oder ein Minimum besitzt.

**a)** $f(x) = x^2 - 3x + 1$ **b)** $f(x) = x^3 - 3x^2$

**c)** $f(x) = x^4 - x^3 - 3x^2 + 1$ **d)** $f(x) = x^6 - 2x^4 - 3x^2$

*Kontrollieren Sie Ihre Ergebnisse mit einem MMS.*

**9** Die Funktion f mit $f(x) = x^3 - 6x^2 + 15x + 2$ beschreibt für $x \in [0; 4]$ modellhaft die Produktionskosten eines Produkts in Abhängigkeit von der hergestellten Stückzahl x (in 100 Stück; f(x) in Euro). Die Abbildung zeigt den Graphen von f.

**a)** Interpretieren Sie den Verlauf des Graphen von f im Sachzusammenhang.

**b)** Bestimmen Sie die Stückzahl, bei der die Produktionskosten pro Stück am geringsten sind. Beschreiben Sie Ihr Vorgehen.

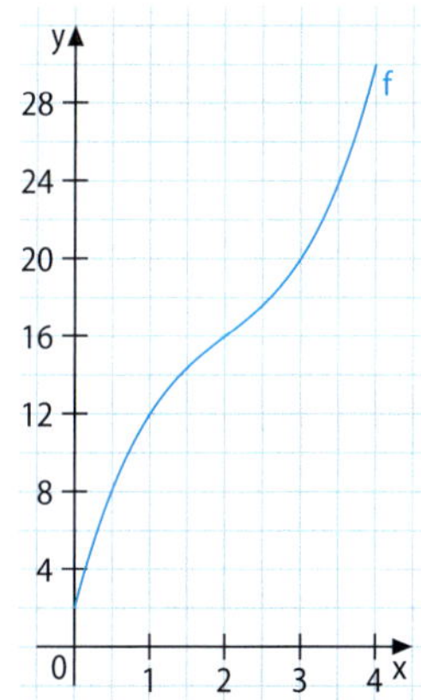


**10** Die Abbildung zeigt den Graphen der Ableitungsfunktion f′ einer ganzrationalen Funktion f. Erläutern Sie, …

**a)** in welchem Intervall der Graph von f rechtsgekrümmt ist.

**b)** in welchem Intervall der Graph von f linksgekrümmt ist.

**c)** ob (und an welcher Stelle) f eine Wendestelle besitzt.

**d)** ob (und an welchen Stellen) f Extremstellen besitzt.

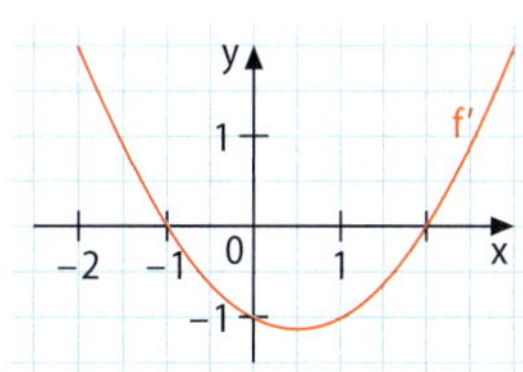


**11** Bestätigen oder widerlegen Sie die folgenden Aussagen über Funktionen.

**a)** Jede ganzrationale Funktion dritten Grades hat genau eine Wendestelle.

**b)** Jede ganzrationale Funktion vierten Grades hat genau zwei Wendestellen.

**c)** Ist der Graph einer Funktion in ganz $\mathbb{R}$ linksgekrümmt, so ist er in ganz $\mathbb{R}$ monoton steigend.

# 5.6 Wendepunkte mit Hilfe der dritten Ableitung

## Entdecken

Erstellen Sie mit Hilfe eines MMS den Graphen der Funktion f mit $f(x) = \frac{8}{125} \cdot (x+3)^3 \cdot (x-2)$.

- Erläutern Sie, welche Aussagen Sie bezüglich der Existenz eines Wendepunktes machen können.
- Bilden Sie die ersten drei Ableitungen und erläutern Sie die jeweiligen Zusammenhänge der vier Funktionen.

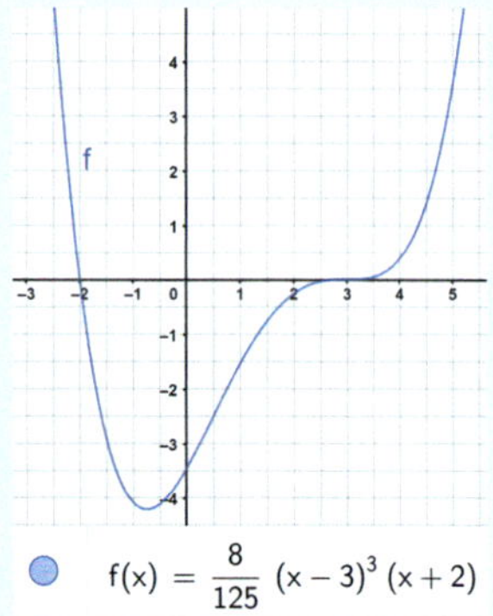


## Verstehen

Wendepunkte lassen sich nicht nur mit Hilfe des VZW-Kriteriums ermitteln, sondern auch unter Verwendung der dritten Ableitung.

### Merke

Um zu prüfen, ob bei einer differenzierbaren Funktion f an einer Nullstelle der zweiten Ableitung f″ tatsächlich eine Wendestelle vorliegt, kann man statt des VZW-Kriteriums auch auf die 3. Ableitung zurückgreifen.

**2. hinreichende Bedingung:**
Der Graph einer differenzierbaren Funktion f hat einen **Wendepunkt** WP $(x_W \mid f(x_W))$, wenn $f''(x_W) = 0$ und $f'''(x_W) \neq 0$.

Die Beispielabbildung zeigt: $f''\left(\frac{8}{3}\right) = 0$

Da $f'''\left(\frac{8}{3}\right) = 1{,}5 > 0$: Wendepunkt WP $\left(\frac{8}{3} \mid 3{,}2\right)$.

Für $x < x_W = \frac{8}{3}$ ist der Graph von f rechtsgekrümmt (da $f'' < 0$), für $x > x_W$ ist der Graph linksgekrümmt (da $f'' > 0$).

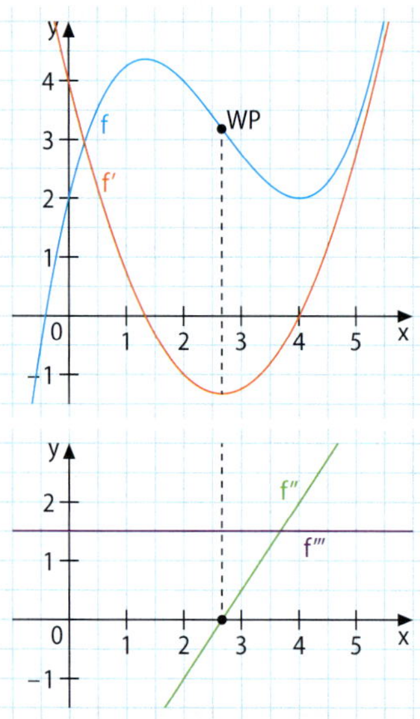


*Wenn an einer möglichen Wendestelle $x_W$ die dritte Ableitung $f'''(x_W) = 0$ ist, dann ist keine Aussage möglich. Verwenden Sie dann die 1. hinreichende Bedingung (VZW) von Seite 156.*

### Beispiel

**Erklärvideo**
*Mediencode 63051-050*

Untersuchen Sie die Funktion f mit $f(x) = \frac{1}{2}x^3 - \frac{3}{2}x^2 - \frac{7}{8}x + \frac{23}{8}$ auf Wendepunkte. Zeichnen Sie den Graphen mit Hilfe eines MMS.

**Lösung:**
Bestimmung der ersten drei Ableitungen:
$f'(x) = \frac{3}{2}x^2 - 3x - \frac{7}{8}$; $f''(x) = 3x - 3$; $f'''(x) = 3$
Notwendige Bedingung $f''(x_W) = 0$: $3x_W - 3 = 0 \Rightarrow x_W = 1$
Hinreichende Bedingung: $f''(x_W) = 0$ und $f'''(x_W) \neq 0$:
Da $f''' = 3$ ist die hinreichende Bedingung erfüllt, also Wendepunkt an der Stelle $x_W = 1$: WP $(1 \mid 1)$.

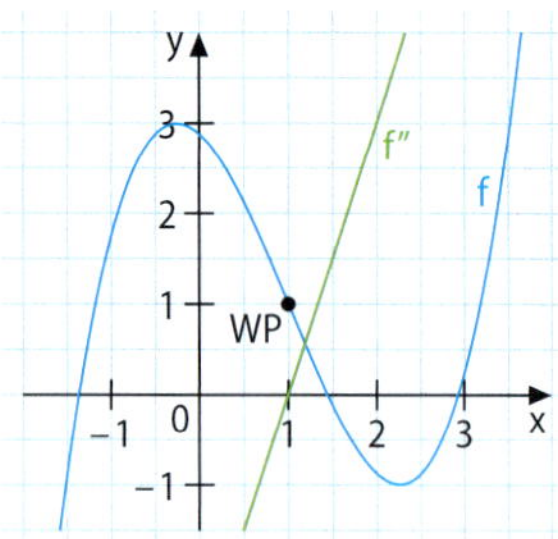

**Nachgefragt**

- Erläutern Sie, wie die Funktionsgleichung einer Funktion lauten könnte, bei der gilt: $f(x_0) = 0$, $f'(x_0) = 0$, $f''(x_0) = 0$ und $f'''(x_0) = 0$
- Erklären Sie, wann man mit der dritten Ableitung nicht unmittelbar entscheiden kann, ob ein Wendepunkt vorliegt, sodass man noch das VZW-Kriterium anwenden muss.

**Aufgaben**

oHiMi 2, 3

**1** Untersuchen Sie die Funktion f mit der zweiten und dritten Ableitung auf Wendepunkte.

**a)** $f(x) = 2x^3 - 3x^2$ **b)** $f(x) = x^3 + 3x^2 - 4x - 5$ **c)** $f(x) = x^3 - 3x + 2$
**d)** $f(x) = \frac{1}{6}x^4 - 4x^2 + 8\frac{1}{3}$ **e)** $f(x) = \frac{1}{3}x^4 - 2x^2 - \frac{1}{3}$ **f)** $f(x) = \frac{1}{3780}x^5 - \frac{2}{63}x^3$

**2** Zeigen Sie, dass eine ganzrationale Funktion 3. Grades immer genau eine Wendestelle hat.

**3** Die Abbildung zeigt den jeweiligen Graphen einer Funktion und ihrer ersten drei Ableitungen. Erklären Sie begründet, bei welchem Graphen es sich um die Ausgangsfunktion, die erste, zweite und dritte Ableitung handelt.

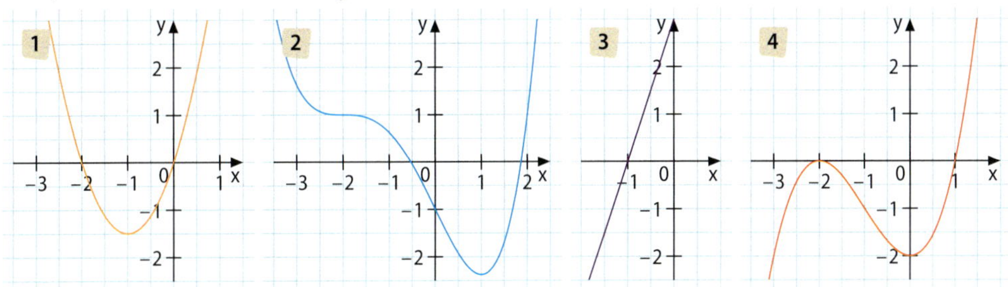


**4** Erstellen Sie mit Hilfe eines MMS eine Abbildungsfolge wie in Aufgabe 3 und lassen Sie Ihren Sitznachbarn eine begründete Zuordnung der Graphen vornehmen.

**5**

1 $f(x) = x^2 - 3x + 1;\ x \in \mathbb{R}$

2 $f(x) = x^3 - 3x^2;\ x \in \mathbb{R}$

3 $f(x) = x^4 - x^3 - 3x^2 + 1;\ x \in \mathbb{R}$

4 $f(x) = x^6 - 2x^4 - 3x^2;\ x \in \mathbb{R}$

**a)** Bestimmen Sie jeweils die Intervalle, in denen der Graph der Funktion f rechtsgekrümmt ist, und die Intervalle, in denen der Graph der Funktion f linksgekrümmt ist. Ermitteln Sie dann die Koordinaten aller Wendepunkte des Graphen von f.
**b)** Untersuchen Sie für jeden Wendepunkt die Steigung der Wendetangente.
**c)** Skizzieren Sie den Funktionsgraphen.

**6** Weisen Sie nach, dass alle drei Wendepunkte des Graphen der Funktion f mit $f(x) = -0{,}15x^5 + 2x^3 - 5x - 2$; $D = \mathbb{R}$, auf einer Geraden liegen.

**7** Gegeben ist die Funktion f mit $f(x) = x^4 - 2x^3$. Ermitteln Sie die Koordinaten der Wendepunkte $WP_1$ und $WP_2$ ($x_{W_2} > x_{W_1}$) und berechnen Sie die Länge der Strecke, die die beiden Koordinatenachsen aus der Wendetangente im Wendepunkt $WP_2$ herausschneiden.

5

# 5.7 Funktionsuntersuchung

## Entdecken

Der Querschnitt einer Berg-See-Landschaft kann modellhaft in einem vorgegebenen Intervall durch den abgebildeten Graphen beschrieben werden.

- Lesen Sie die Koordinaten der Hoch- und Tiefpunkte ab. Erläutern Sie die Bedeutung dieser Extrempunkte im Sachzusammenhang.
- Interpretieren Sie die Bedeutung der Nullstellen im Zusammenhang des Höhenprofils der Landschaft.

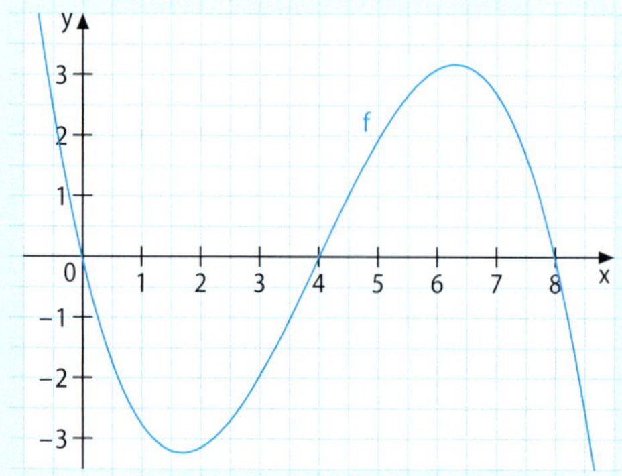


## Verstehen

Wird eine reale Situation mit Hilfe einer ganzrationalen Funktion modelliert oder ist eine solche Funktion vorgegeben, können Eigenschaften von Funktionen untersucht werden.

*Statt Definitions- und Wertebereich sind auch die Begriffe Definitions- und Wertemenge gebräuchlich.*

*Viele der hier genannten Eigenschaften lassen sich auch direkt mit einem MMS bestimmen.*

*Manchmal spricht man statt von Funktionsuntersuchung auch von Kurvendiskussion.*

### Merke

**Funktionsuntersuchung**

| | |
|---|---|
| **Definitionsbereich** | ▪ Menge D aller zulässigen x-Werte |
| **Wertebereich** | ▪ Menge W aller y-Werte |
| **Symmetrie** | ▪ Punktsymmetrie zum Ursprung: $f(-x) = -f(x)$<br>▪ Achsensymmetrie zur y-Achse: $f(-x) = f(x)$ |
| **Verhalten im Unendlichen** | ▪ Verhalten des Graphen von f für $x \to -\infty$ bzw. für $x \to \infty$ |
| **Schnittpunkte mit den Koordinatenachsen** | ▪ In Nullstellen schneidet der Graph von f die x-Achse, d. h. $f(x) = 0$.<br>▪ Für den Schnittpunkt des Graphen von f mit der y-Achse gilt $x = 0$. |
| **Ableitungen** | ▪ Für die Untersuchung auf relative Extrempunkte und Wendepunkte werden die Ableitungen $f'$, $f''$ und $f'''$ benötigt. |
| **Relative Extrema: Hochpunkt (HP) oder Tiefpunkt (TP)** | ▪ Notwendige Bedingung für eine Extremstelle: $f'(x_0) = 0$<br>▪ 1. hinreichende Bedingung: $f'(x_0) = 0$ und Vorzeichenwechsel von $f'$:<br>HP: Die Steigung wechselt von positiv zu negativ, also von $f' > 0$ zu $f' < 0$.<br>TP: Die Steigung wechselt von negativ zu positiv, also von $f' < 0$ zu $f' > 0$.<br>oder mit Hilfe der 2. Ableitung:<br>▪ 2. hinreichende Bedingung: $f'(x_0) = 0$ und $f''(x_0) \neq 0$<br>Hochpunkt bei $f''(x_0) < 0$ Tiefpunkt bei $f''(x_0) > 0$ |
| **Monotonie** | ▪ $f' > 0$ ($\geq 0$) streng monoton steigend (monoton steigend)<br>▪ $f' < 0$ ($\leq 0$) streng monoton fallend (monoton fallend) |
| **Wendepunkte WP** | ▪ Notwendige Bedingung für eine Wendestelle: $f''(x_W) = 0$<br>▪ 1. hinreichende Bedingung: $f''(x_W) = 0$ und Vorzeichenwechsel von $f''$<br>oder mit Hilfe der 3. Ableitung:<br>▪ 2. hinreichende Bedingung: $f''(x_W) = 0$ und $f'''(x_W) \neq 0$ |
| **Krümmung** | ▪ $f'' > 0$ linksgekrümmt<br>▪ $f'' < 0$ rechtsgekrümmt |
| **Graph** | ▪ Anhand der berechneten Eigenschaften kann ein Graph skizziert werden. |

**Beispiel**

Gegeben ist die Funktion f mit $f(x) = x^5 - 4x^3$ mit $x \in \mathbb{R}$. Führen Sie eine Funktionsuntersuchung durch und zeichnen Sie anschließend den Graphen.

**Lösung:**

**Definitionsbereich**

$D = \mathbb{R}$

**Wertebereich**

$W = \mathbb{R}$

**Symmetrie**

Der Graph von f ist punktsymmetrisch zum Ursprung O (0 | 0), denn alle auftretenden Exponenten sind ungerade. Alternativ kann man die Punktsymmetrie auch anhand des allgemeinen Kriteriums feststellen: $f(-x) = (-x)^5 - 4 \cdot (-x)^3 = -x^5 + 4x^3 = -(x^5 - 4x^3) = -f(x)$ für alle $x \in D$.

**Verhalten im Unendlichen**

$f(x) = x^5 - 4x^3 \longrightarrow \infty$ für $x \longrightarrow \infty$; $f(x) = x^5 - 4x^3 \longrightarrow -\infty$ für $x \longrightarrow -\infty$

**Schnittpunkte mit den Koordinatenachsen**

- Nullstellen: $f(x) = 0$
  $x^5 - 4x^3 = 0 \;\Leftrightarrow\; x^3 \cdot (x^2 - 4) = 0 \;\Leftrightarrow\; x^3 = 0$ oder $x^2 - 4 = 0$
  $x_{N_1} = -2;\ x_{N_2} = 0;\ x_{N_3} = 2$
- Schnittpunkte mit der y-Achse: $x = 0$; $f(0) = 0$; $P_y\,(0 \mid 0)$

**Ableitungen**

$f'(x) = 5x^4 - 12x^2;\ f''(x) = 20x^3 - 24x;\ f'''(x) = 60x^2 - 24$

**Extrempunkte und Monotonie**

- Notwendige Bedingung für Extremstellen: $f'(x) = 0$
  $5x^4 - 12x^2 = 0 \;\Leftrightarrow\; x^2 \cdot (5x^2 - 12) = 0 \;\Leftrightarrow\; x^2 = 0$ oder $5x^2 - 12 = 0$
  $x_1 = -\sqrt{\frac{12}{5}};\ x_2 = 0;\ x_3 = \sqrt{\frac{12}{5}}$
- Hinreichende Bedingung für Extremstellen: $f'(x) = 0$ und Vorzeichenwechsel von f'

*Sie können auch das Kriterium der 2. Ableitung verwenden:*
*$f''(x_1) < 0$*
*$f''(x_3) > 0$*

| x | $x < -\sqrt{\frac{12}{5}}$ | $x_1 = -\sqrt{\frac{12}{5}}$ | $-\sqrt{\frac{12}{5}} < x < 0$ | $x_2 = 0$ | $0 < x < \sqrt{\frac{12}{5}}$ | $x_3 = \sqrt{\frac{12}{5}}$ | $x > \sqrt{\frac{12}{5}}$ |
|---|---|---|---|---|---|---|---|
| f' | $f'(x) > 0$ | $f'(x_1) = 0$ | $f'(x) < 0$ | $f'(x_2) = 0$ | $f'(x) < 0$ | $f'(x_3) = 0$ | $f'(x) > 0$ |

Hochpunkt HP (−1,5 | 6) — kein Extrempunkt Sattelpunkt SP (0 | 0) — Tiefpunkt TP (1,5 | −6)

- Monotonieverhalten (siehe Tabelle):
  streng monoton steigend auf $\left]-\infty; -\sqrt{\frac{12}{5}}\right]$ und $\left[\sqrt{\frac{12}{5}}; \infty\right[$
  streng monoton fallend auf $\left[-\sqrt{\frac{12}{5}}; \sqrt{\frac{12}{5}}\right]$

*Beachten Sie die Punktsymmetrie.*

**Wendepunkte und Krümmung**

- Notwendige Bedingung für Wendestellen: $f''(x) = 0$
  $20x^3 - 24x = 4x \cdot (5x^2 - 6) = 0 \;\Leftrightarrow\; 4x = 0$ und $5x^2 - 6 = 0$, d. h.: $x_{W_1} = -\sqrt{\frac{6}{5}};\ x_{W_2} = 0;\ x_{W_3} = \sqrt{\frac{6}{5}}$
- Hinreichende Bedingung für Wendestellen: $f''(x) = 0$ und Vorzeichenwechsel von f''

*Sie können auch das Kriterium der 3. Ableitung verwenden:*
*$f'''(x) = 60x^2 - 24$*
*$f''' \neq 0$ an den Stellen $x_{W_1}$, $x_{W_2}$ und $x_{W_3}$*

| x | $x < -\sqrt{\frac{6}{5}}$ | $x_{W_1} = -\sqrt{\frac{6}{5}}$ | $-\sqrt{\frac{6}{5}} < x < 0$ | $x_{W_2} = 0$ | $0 < x < \sqrt{\frac{6}{5}}$ | $x_{W_3} = \sqrt{\frac{6}{5}}$ | $x > \sqrt{\frac{6}{5}}$ |
|---|---|---|---|---|---|---|---|
| f'' | $f''(x) < 0$ | $f''(x_{W_1}) = 0$ | $f''(x) > 0$ | $f''(x_{W_2}) = 0$ | $f''(x) < 0$ | $f''(x_{W_3}) = 0$ | $f''(x) > 0$ |

Wendepunkt $WP_1$ (−1,1 | 3,7) — Wendepunkt $WP_2$ (0 | 0) — Wendepunkt $WP_3$ (1,1 | −3,7)

*Nutzen Sie beim Zeichnen die Punktsymmetrie.*

- Krümmungsverhalten (siehe Tabelle):
  linksgekrümmt auf $\left[-\sqrt{\frac{6}{5}}; 0\right]$ und $\left[\sqrt{\frac{6}{5}}; \infty\right[$
  rechtsgekrümmt auf $\left]-\infty; -\sqrt{\frac{6}{5}}\right]$ und $\left[0; \sqrt{\frac{6}{5}}\right]$

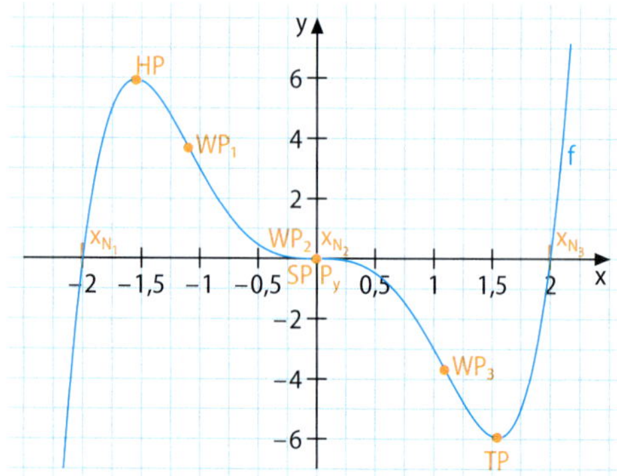


**Nachgefragt**

- Erklären Sie, wie Sie die Symmetrie des Graphen einer Funktion bei der Kurvendiskussion nutzen können.
- Für eine zweimal differenzierbare Funktion f gilt an der Stelle $x_0$: $f'(x_0) = 0$, $f''(x_0) = 0$ und $f''$ wechselt das Vorzeichen in $x_0$. Erklären Sie, was Sie über den Punkt $P(x_0 | f(x_0))$ aussagen können.

**Aufgaben**

**1** Führen Sie für die Funktion f eine Funktionsuntersuchung durch.

**a)** $f(x) = -\frac{1}{2}x^3 + \frac{3}{2}x$ **b)** $f(x) = x^3 - 4x^2 + 4x$ **c)** $f(x) = 3x^4 - 4x^3 - 12x^2$

**2** Gegeben ist die Funktion f mit $f(x) = \frac{1}{20}x^5 - \frac{2}{3}x^3$.

**a)** Geben Sie an, welche Aussagen bezüglich der in einer Kurvendiskussion zu untersuchenden Eigenschaften Sie sofort anhand der Funktionsgleichung machen können.

**b)** Erläutern Sie, inwiefern Ihre Überlegungen zum Aufgabenteil a) Ihnen die Durchführung einer Kurvendiskussion erleichtern können.

**c)** Führen Sie die Kurvendiskussion nun vollständig durch.

**3** Untersuchen Sie jeweils den Graphen der Funktion f mit $x \in \mathbb{R}$ auf Extrem- und Wendepunkte. Kontrollieren Sie Ihr Ergebnis mit einem MMS.

**a)** $f(x) = x^3 - 6x^2 + 9x - 4$ **b)** $f(x) = x^4 - 6x^2 + 4$

**c)** $f(x) = \frac{1}{8} \cdot (x^4 + 4x^3 + 6x^2 + 1)$ **d)** $f(x) = x^5 + 2x^3 + 1$

**e)** $f(x) = \frac{1}{9}x^4 - 2x^2 - 2$ **f)** $f(x) = \frac{1}{20}x^5 - \frac{1}{3}x^4 + \frac{1}{2}x^3$

**Alles klar?**

**4** Führen Sie eine Kurvendiskussion für die Funktion f mit $f(x) = \frac{1}{2}x^4 - 4x^2 + 6$ durch.

**5** Führen Sie eine Funktionsuntersuchung der Funktion aus Aufgabe 2 mit einem MMS durch und erläutern Sie, wie Sie hier Aussagen über Symmetrie und Globalverhalten der Funktion machen können.

**6** Geben Sie jeweils an, welche besonderen Punkte des Graphen einer ganzrationalen Funktion f Sie mit Hilfe der Bedingung(en) bestimmen können.

**a)** $f(x_0) = 0$ **b)** $f'(x_0) = 0$ **c)** $f''(x_0) = 0$

**d)** $f(x_0) = 0$ und $f'(x_0) = 0$ **e)** $f'(x_0) = 0$ und $f''(x_0) > 0$ **f)** $f'(x_0) = 0$ und VZW von $f'$ bei $x_0$

**7** Gegeben ist jeweils die Gleichung einer Funktion f und eine dazugehörige Eigenschaft. Ordnen Sie jeweils eine Karte mit einer Eigenschaft einer Funktionsgleichung zu und begründen Sie Ihre Entscheidung. Zeichnen Sie anschließend den Graphen.

1 $f(x) = \frac{1}{15}(x^3 - 3x^2 - 24x + 45)$; $D = \mathbb{R}$

3 $f(x) = x^3 - 6x^2 + 9x - 4$; $D = \mathbb{R}$

A Die Funktion f ist im Intervall $I_1 = [2; \infty[$ streng monoton steigend und im Intervall $I_2 = ]-\infty; 2]$ streng monoton fallend.

B Die Funktion f besitzt ein lokales Maximum in $x = -2$ und ein lokales Minimum in $x = 4$.

C Der Punkt WP $(0 | 0)$ ist ein Wendepunkt von f mit der x-Achse als waagrechter Wendetangente. Die Funktion f besitzt keine Extremstellen.

6 $f(x) = x^2 - 4x + 4$; $D = \mathbb{R}$

4 $f(x) = 0{,}25x^3$; $D = \mathbb{R}$

D Die Funktion f hat zwei Schnittpunkte mit der x-Achse: $N_1(-3 | 0)$ und $N_2(0 | 0)$. Einer der beiden Punkte ist ein lokaler Tiefpunkt.

E Der Graph der Funktion ist in $]-\infty; 2]$ rechtsgekrümmt und in $[2; \infty[$ linksgekrümmt. $x_0 = 2$ ist also eine Wendestelle des Graphen von f.

F Die Funktion f hat einen Tiefpunkt in TP $(3 | 1)$ und die Steigung der Tangente im Punkt P $(0 | 1)$ beträgt 3.

2 $f(x) = 0{,}4x^3 + 1{,}2x^2$; $D = \mathbb{R}$

5 $f(x) = \frac{1}{3}x^3 - 2x^2 + 3x + 1$; $D = \mathbb{R}$

**8** Viele Phänomene in unserer Umwelt lassen sich durch Funktionen modellieren. Die Mittel der Kurvendiskussion können ein tieferes Verständnis für Zusammenhänge ermöglichen. Diabetespatientinnen und -patienten haben die Möglichkeit, mit Hilfe sogenannter CGM-Geräte ihren Glukosewert, d. h. die Konzentration der Glukose im Blut, ständig zu messen. Für $0 \leq x \leq 240$ kann die Funktion f mit

$f(x) = -\frac{1}{10^6}x^4 + \frac{4}{9375}x^3 - \frac{13}{250}x^2 + \frac{8}{5}x + 140$

modellhaft die Entwicklung des Glukosewerts eines Patienten beschreiben. Dabei ist x die seit Beobachtungsbeginn vergangene Zeit in Minuten und f (x) der Glukosewert in Milligramm pro Deziliter $\left(\frac{mg}{dl}\right)$.

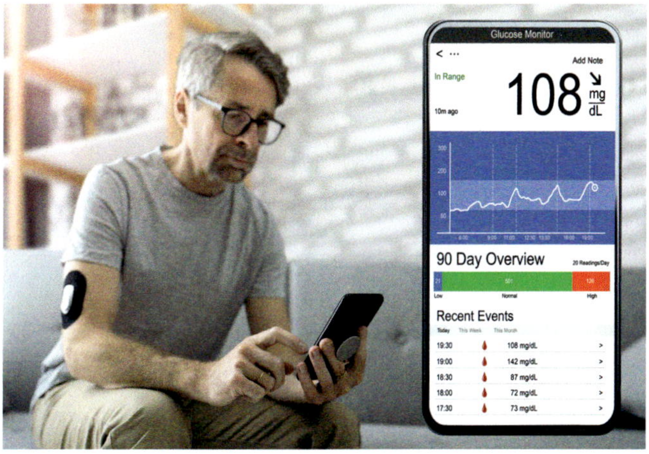


a) Lassen Sie den Funktionsgraphen von einem MMS anzeigen.
b) Erklären Sie den Verlauf des Graphen im Sachzusammenhang während des Beobachtungszeitraumes für $0 \leq x \leq 240$. Gehen Sie dabei auch auf die relativen Extrema ein.
c) Ermitteln Sie die relativen Extrema der Funktion und bestimmen Sie die Art der relativen Extrema. Erläutern Sie auch, ob es globale Extremwerte gibt.
d) Bestimmen Sie für den betrachteten Zeitraum denjenigen Zeitpunkt, zu dem der Glukosewert am stärksten ansteigt. Achten Sie dabei auch auf die Randwerte.

**9** Die Funktion f mit $f(t) = \frac{1}{2000}t^4 - \frac{1}{75}t^3 + \frac{1}{10}t^2$ und $t \in [0; 24]$ beschreibt modellhaft die seit Mitternacht gefallene Niederschlagsmenge (in $l/m^2$) im Verlauf eines Tages (t in Stunden).

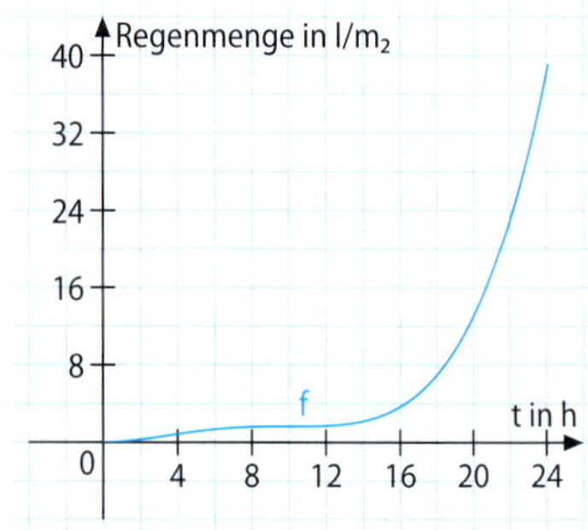


a) Berechnen Sie die Stellen, an denen der Graph von f eine horizontale Tangente besitzt, und interpretieren Sie die Stellen im Sachkontext.

b) Erklären Sie, wie Sie am Graphen erkennen können, wann der Regen besonders stark zu- oder abnimmt. Berechnen Sie diese Zeitpunkte.

**10** Ein Rasenmähroboter bewältigt Steigungen bzw. Gefälle bis zu 36 %. Die Funktion f mit $f(x) = 0{,}0002x^4 - 0{,}0086x^3 + 0{,}104x^2 - 0{,}24x + 0{,}5$ und $x \in [0; 20]$ beschreibt modellhaft das mit Rasen bewachsene Geländeprofil eines Gartens. Untersuchen Sie, ob der Roboter für den Garten geeignet ist.

**11** Eine Firma stellt Monitore her. Die bei der Herstellung von x Monitoren entstehenden Kosten (in €) sind $f(x) = 0{,}001x^3 - 1{,}29x^2 + 600x + 12\,000$ mit $x > 0$. Die Monitore werden zu einem Preis von je 300 € zur Weiterverarbeitung abgegeben; der dabei erzielte Gewinn (in €) wird durch die Funktion g angegeben.

a) Untersuchen Sie f auf Monotonie und Extrempunkte. Berechnen Sie die Koordinaten des Wendepunktes und interpretieren Sie ihn unter dem Aspekt der Kostenentwicklung.

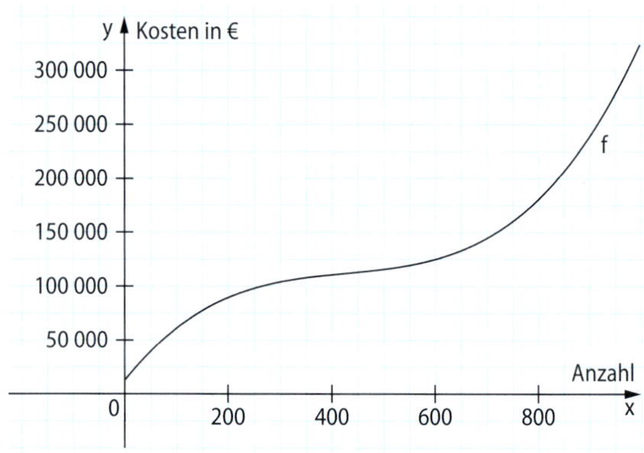


b) Geben Sie g (x) für $x > 0$ an. Zeigen Sie, dass $x_1 \approx 357{,}8$ und $x_2 \approx 966{,}9$ Nullstellen der Funktion g sind.

c) Ermitteln Sie die Extrempunkte des Graphen der Funktion g. Interpretieren Sie den Graphen von g hinsichtlich Gewinn und Verlust. Geben Sie den maximalen Gewinn an.

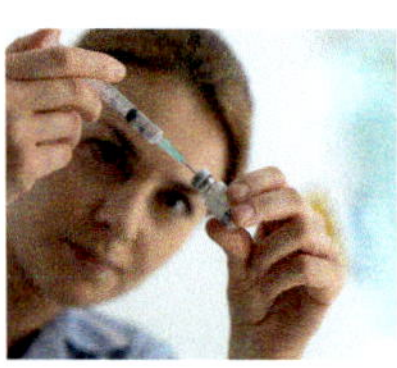

**12** Einem Patienten wird ein Medikament verabreicht, dessen Konzentration im Blut (in mg/l) bis zum Zeitpunkt $t = 10$ (Zeit t in Minuten ab Verabreichung des Medikaments) linear ansteigt. Dann beginnt der Körper, das Medikament abzubauen.
Der zeitliche Verlauf der Konzentration ab $t = 10$ wird durch die Funktion f mit $f(t) = \frac{1}{40} \cdot \left(\frac{3}{100}t^3 - \frac{31}{10}t^2 + 85t - 250\right)$ beschrieben.

a) Ermitteln Sie eine lineare Funktion, die den Verlauf im Intervall [0; 10] beschreibt.

b) Berechnen Sie folgende Größen und beschreiben Sie Ihr Vorgehen. Kontrollieren Sie Ihre Ergebnisse mit einem MMS. Zeitpunkt, an dem das Medikament …

**1** seine höchste Konzentration erreicht und die Höhe der Konzentration

**2** am stärksten abgebaut wird

**3** vollständig abgebaut ist

**13** Ein Schlittschuhläufer fährt mit vollem Tempo auf die Bande (Gleichung: g: $y = 0{,}5x - 4$) zu. Im letzten Augenblick gelingt es ihm, eine Kurve einzuschlagen, die durch die Funktion f mit $f(x) = 0{,}25x^2 - x$ beschrieben wird (x und f(x) bzw. g(x) in Metern). Ermitteln Sie, wie nahe er der Bande kommt. Kontrollieren Sie Ihr Ergebnis mit einem MMS.

**MMS-Applet**
*Mediencode 63051-051*

Medien & Werkzeuge

## Funktionsuntersuchung mit einem MMS

| | Algebra-Fenster | Grafik-Fenster |
|---|---|---|
| **Funktionsgleichung eingeben** und **Graph** (mit Enter) **zeichnen**, hier: $f(x) = \frac{1}{3}x^3 - 3x^2 + \frac{27}{4}x - \frac{5}{2}$ | $f(x) = \frac{1}{3}x^3 - 3x^2 + \frac{27}{4}x - \frac{5}{2}$ | 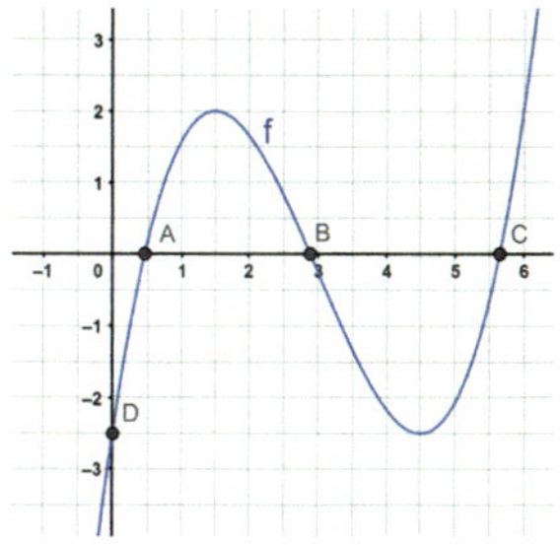  |
| **Achsenschnittpunkte …** mit der x-Achse bestimmen: `Nullstelle(f)` mit der y-Achse bestimmen: `Schnittpunkt(f,x=0)` | Nullstelle(f) = A = (0.45937, 0)<br>B = (2.88868, 0)<br>C = (5.65194, 0)<br>D = Schnittpunkt(f, x = 0) = (0, -2.5) | |
| **Ableitungen** bestimmen: `Ableitung(f,x,1)` Die letzte Zahl in der Klammer steht für die 1., 2., 3., … Ableitung. Die Variable „x" kann evtl. entfallen, falls der Funktionsterm keine Parameter enthält. | $f'(x)$ = Ableitung(f, x, 1) = $x^2 - 6x + 6.75$<br>$f''(x)$ = Ableitung(f, x, 2) = $2x - 6$<br>$f'''(x)$ = Ableitung(f, x, 3) = 2 | 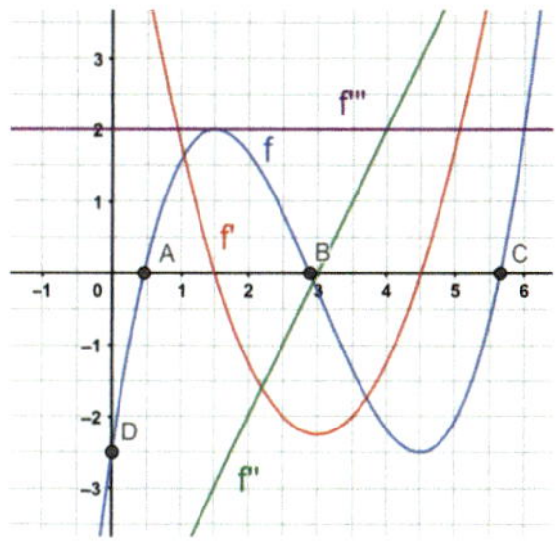  |
| **Extrempunkte** finden: `Extremum(f)` Ob es ein Hoch- oder Tiefpunkt ist, muss man anhand des Graphen entscheiden. | Extremum(f) = E = (1.5, 2)<br>F = (4.5, -2.5) | 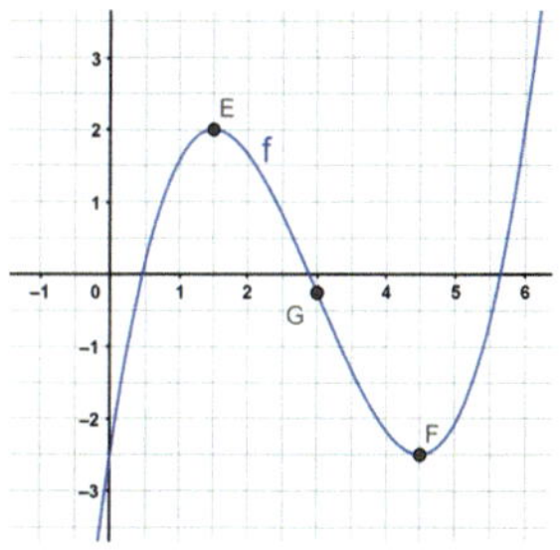  |
| **Wendepunkte** finden: `Wendepunkt(f)` | G = Wendepunkt(f) = (3, -0.25) | |
| Manchmal kann man sich über ein Dreipunkt-Menü spezielle Punkte anzeigen lassen (Schnittpunkte mit den Achsen, Extrempunkte). | $f(x) = \frac{1}{3}x^3 - 3x^2 + \frac{27}{4}x - \frac{5}{2}$<br>Wertetabelle<br>Spezielle Punkte<br>Eingabe duplizieren<br>Löschen<br>Einstellungen | |
| **Wertetabelle** anlegen: Über das Dreipunkt-Menü kann man „Wertetabelle" auswählen und sich damit im Reiter „Tabelle" eine Wertetabelle ausgeben lassen. Die entsprechenden Punkte werden im Graphen markiert. | $f(x) = \frac{1}{3}x^3 - 3x^2 + \frac{27}{4}x - \frac{5}{2}$<br>Wertetabelle<br>Spezielle Punkte<br>Eingabe duplizieren<br>Löschen<br>Einstellungen | 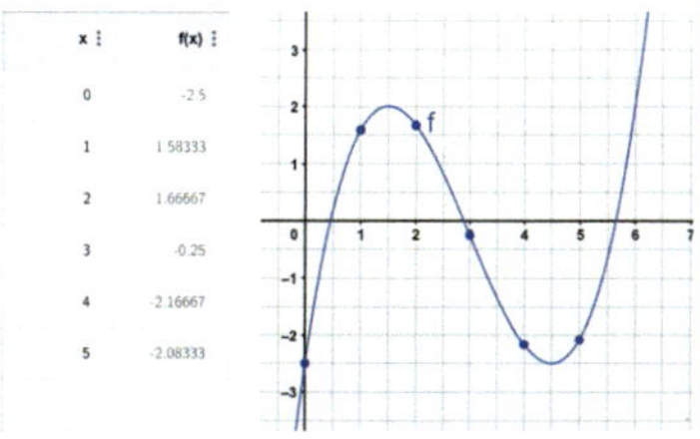  |

## Differenzierte Basisaufgaben

Die folgenden Aufgaben behandeln alle Themen dieses Kapitels. Die Basisaufgaben auf dieser Seite sind in zwei Spalten unterteilt. Die grünen Aufgaben auf der linken Seite sind etwas einfacher als die blauen auf der rechten. Entscheiden Sie selbst, welche Aufgaben Sie bearbeiten.

**1** Die Abbildung zeigt den Graphen einer ganzrationalen Funktion f. Beschreiben Sie das Monotonieverhalten.

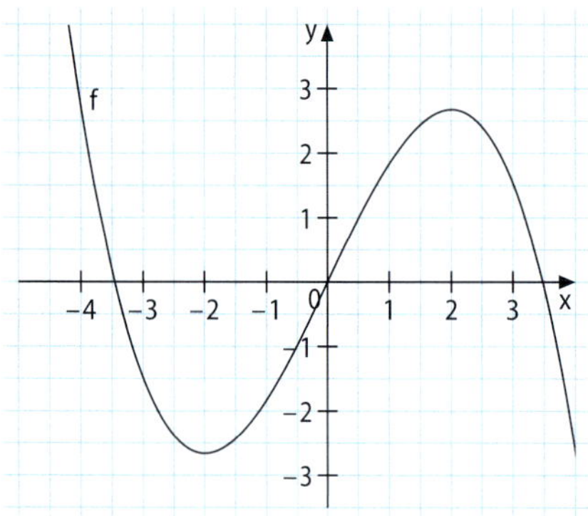


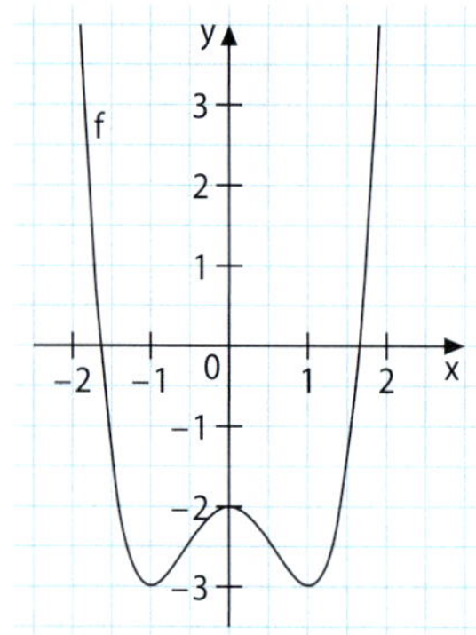


**2** Ermitteln Sie jeweils die Intervalle, in denen die Funktion f streng monoton steigt, und die Intervalle, in denen die Funktion f streng monoton fällt. Geben Sie die Lage und Art der Extrempunkte des Graphen von f an.

$f(x) = 4x^2;\ D = \mathbb{R}$

$f(x) = -x^2 - 2x - 3;\ D = \mathbb{R}$

**3** Untersuchen Sie, ob der Graph der Funktion f Wendestellen besitzt. Geben Sie – falls vorhanden – die Koordinaten der Wendepunkte an.

$f(x) = \frac{1}{3}x^3 - 2x^2 - 5x;\ D = \mathbb{R}$

$f(x) = \frac{3}{4}x^4 - x^3 - 3x^2;\ D = \mathbb{R}$

**4** Skizzieren Sie den Graphen einer Funktion f, welcher genau …

a) zwei Wendepunkte, einen lokalen Hochpunkt und zwei lokale Tiefpunkte hat.
b) einen Sattelpunkt, einen lokalen Hochpunkt und einen lokalen Tiefpunkt hat.

a) zwei Wendepunkte, aber keinen Extrempunkt hat.
b) zwei Hochpunkte, einen Tiefpunkt, drei Wendepunkte und einen Sattelpunkt hat.

**5** Gegeben ist jeweils der Term der Ableitungsfunktion f′ einer ganzrationalen Funktion f. Begründen Sie, dass der Graph von f jeweils Punkte mit waagrechter Tangente besitzt, die keine Extrempunkte sind.

$f'(x) = x^2 - 8x + 16 = (x - 4)^2$

$f'(x) = x^4 - x^2$

**6** Führen Sie eine Funktionsuntersuchung durch und skizzieren Sie den Graphen der Funktion f ($D = \mathbb{R}$).

a) $f(x) = 3x^4 - 4x^3$
b) $f(x) = x^2 - 6x + 12$

a) $f(x) = \frac{1}{8} \cdot (x - 1)^3 + 2$
b) $f(x) = \frac{x}{4} \cdot (4x^2 - 12x + 9)$

## Weiterführende Aufgaben

Dieser Teil der Trainingsrunde enthält weiterführende und vernetzende Aufgaben, die sich ebenfalls auf das gesamte Kapitel beziehen.

Lösungen

*Mediencode 63051-052*

**7** Beschreiben Sie das Krümmungsverhalten des Graphen einer Funktion f, deren Ableitungsfunktion f′ die folgenden Eigenschaften hat. Fertigen Sie auch eine passende Skizze an. Der Graph von f′ ist streng monoton …

**1** steigend für $x < 2$. **2** fallend für $2 < x < 4$. **3** steigend für $x > 4$.

**8** Ein Team folgert aus dem abgebildeten, mit einem Computerprogramm erstellten Graphen der Funktion f mit $f(x) = 0{,}2x^3 - x^2 + 1{,}6x$, dass f nirgends in D monoton fallend ist. Zeigen Sie rechnerisch, dass diese Folgerung falsch ist, und stellen Sie das Monotonieverhalten von f richtig dar.

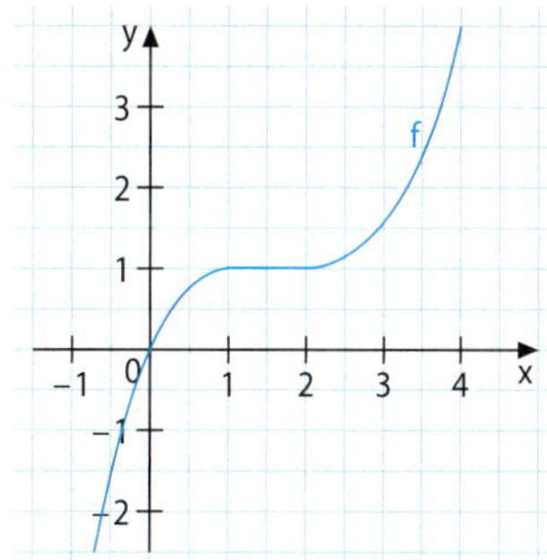


**9** Zeichnen Sie den Graphen der Funktion f mit $f(x) = \frac{1}{4} \cdot (x + 2) \cdot (x - 4)$ und ermitteln Sie dann jeweils das Intervall, in dem die Funktion f …

**a)** streng monoton steigt. **b)** streng monoton fällt.

Veranschaulichen Sie diese Intervalle am Funktionsgraphen.

**10** Die Abbildungen **A** bis **C** zeigen drei Funktionsgraphen.

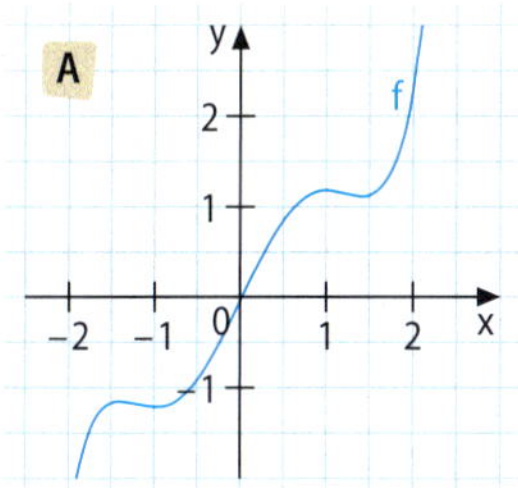


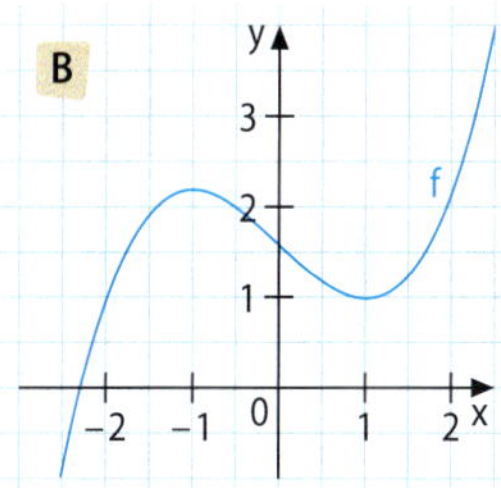


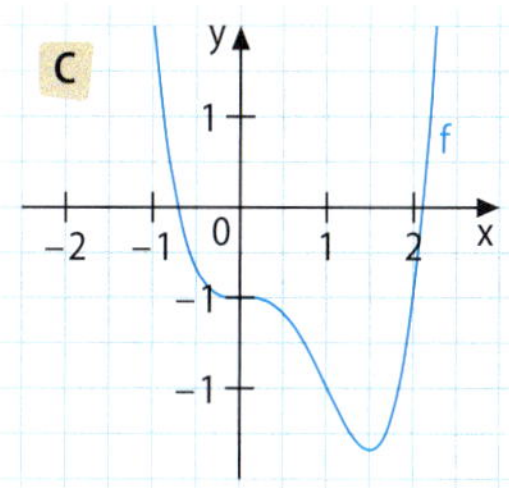


**a)** Entnehmen Sie den Abbildungen jeweils möglichst genau die Koordinaten der Nullstellen, der Extrempunkte und der Wendepunkte.

**b)** Ordnen Sie jeder der Abbildungen **A** bis **C** die passende der vier Funktionsgleichungen zu. Begründen Sie Ihre Auswahl.

**1** $f(x) = 0{,}3 \cdot (x + 2) \cdot (x - 1)^2 + 1$

**2** $f(x) = x^4 - 2x^3 - 1$

**3** $f(x) = 0{,}2x^5 - x^3 + 2x$

**4** $f(x) = 0{,}2 \cdot (x^3 + 3x^2 - 2x + 6)$

**c)** Überprüfen Sie rechnerisch Ihre Ergebnisse aus Teilaufgabe a) anhand der zugeordneten Funktionsterme aus Teilaufgabe b).

**11** Ermitteln Sie jeweils Lage und Art der Extrempunkte des Graphen der Funktion f.

**a)** $f(x) = -\frac{1}{12}x^3 + \frac{1}{2}x^2$ **b)** $f(x) = \frac{1}{9}x^3 - 3x + 6$ **c)** $f(x) = \frac{1}{2}x^2 - 4x + 8$

**d)** $f(x) = -\frac{1}{4}x^3 + \frac{9}{4}x$ **e)** $f(x) = x^3 - 6x^2 + 9x$ **f)** $f(x) = \frac{x^4}{16} - \frac{3}{2}x^2 + 5$

**12** Die Abbildung zeigt den Graphen der Funktion f mit $f(x) = \frac{x}{6} \cdot (x^2 - 12x + 36)$; $D = \mathbb{R}$.

a) Ermitteln Sie die Koordinaten der Extrempunkte HP und TP des Graphen von f.

b) Zeigen Sie, dass die Punkte $E_1$, $E_2$ und $WP\left(4 \middle| \frac{8}{3}\right)$ auf einer Geraden liegen.

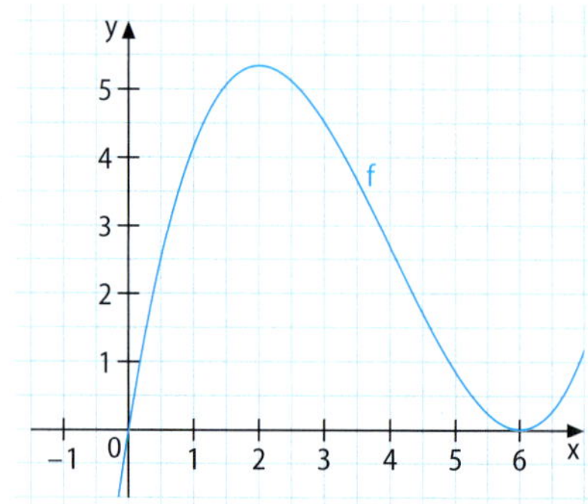


**13** Die Abbildungen zeigen jeweils einen Teil des Graphen einer ganzrationalen Funktion f dritten Grades mit $D = \mathbb{R}$ sowie ggf. eine Tangente im Extrem- oder Wendepunkt des Graphen von f. Ein Punkt $P(x_0 | f(x_0))$ des Graphen ist markiert.
Entscheiden Sie, ob $f(x_0)$, $f'(x_0)$ bzw. $f''(x_0)$ größer, kleiner oder gleich null ist. Übertragen Sie dazu die Tabelle in Ihr Heft und ergänzen Sie sie.

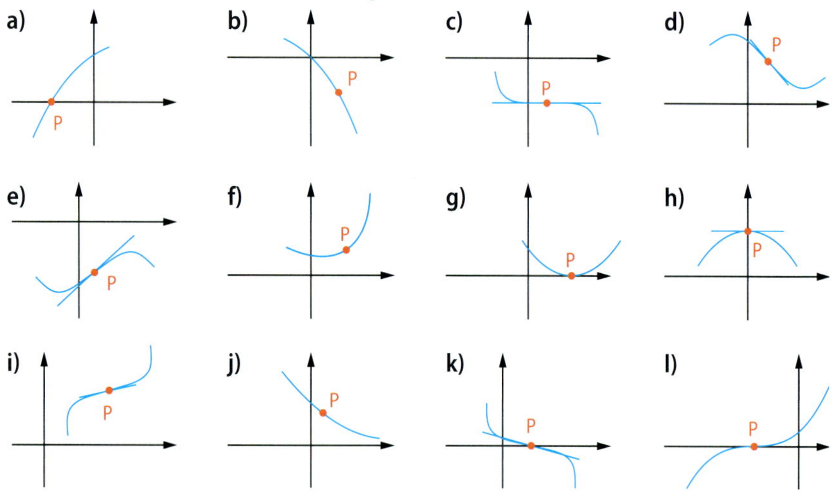


| | a) | b) | c) | d) | e) | f) | g) | h) | i) | j) | k) | l) |
|---|---|---|---|---|---|---|---|---|---|---|---|---|
| $f(x_0)$ | | | | | | | | | | | | |
| $f'(x_0)$ | | | | | | | | | | | | |
| $f''(x_0)$ | | | | | | | | | | | | |

**14** Das Profil einer Wasserrutsche kann durch den im I. Quadranten liegenden Teil des Graphen der Funktion f mit $f(x) = -0{,}1x^4 + 0{,}6x^3 - 1{,}0125x^2 + 0{,}85$ und $D = [0; 2]$ modelliert werden (x: horizontale Entfernung vom Startpunkt in 10 m; f(x): Höhe der Rutsche über dem Wasserbecken in 10 m).

a) Berechnen Sie f(1) und geben Sie die Bedeutung dieses Werts im Sachzusammenhang an.

b) Berechnen Sie die Podesthöhe der Rutsche und weisen Sie nach, dass man 20 m in horizontaler Entfernung vom Startpunkt auf dem Wasser auftrifft.

c) Bestimmen Sie die Wendepunkte des Graphen und interpretieren Sie diese im Sachkontext.

**15** Das Gelände eines Abenteuerspielplatzes besteht aus einer Hochfläche, an die sich ein Hang mit einer Senke anschließt. Die Profillinie des Geländes wird für $-3 \leq x \leq 0$ durch die Gerade mit der Gleichung $y = 5$ und für $0 \leq x \leq 11$ durch die Funktion f mit $f(x) = 0{,}0008x^4 - 0{,}12x^2 + 5$ beschrieben. Die Abbildung zeigt diese Profillinie (1 LE entspricht 1 m).

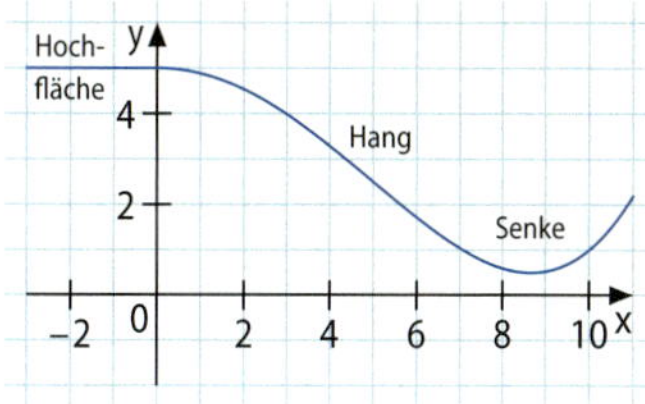


a) Berechnen Sie die Koordinaten des tiefsten Punktes der Profillinie.

*Zur Kontrolle: Der tiefste Punkt hat die y-Koordinate 0,5.*

b) Weisen Sie rechnerisch nach, dass der Hang zwischen Hochfläche und Senke an der Stelle $x_0 = 5$ am steilsten abfällt und dort ein Gefälle von 80 % hat.

c) Zeigen Sie, dass die Profillinie beim Übergang von der Hochfläche zum Hang ohne Knick verläuft.

d) Zwischen zwei Befestigungspunkten, die im Modell durch $P(5\,|\,f(5))$ und $Q(10\,|\,f(10))$ dargestellt werden, wird ein Seil straff gespannt. Berechnen Sie die Länge des Seils. Beschreiben Sie ein Verfahren, mit dem die maximale Höhe des Seils über dem Gelände berechnet werden kann.

e) Auf der Hochfläche, einen Meter vom Übergang zum Hang entfernt, steht ein vertikaler Lichtmast, von dem aus das gesamte Gelände ausgeleuchtet werden kann. Berechnen Sie die Mindestlänge dieses Lichtmasts.

## Aufgaben für Lernpartner

1 Bearbeiten Sie die Aufgaben zuerst alleine.

2 Erklären Sie einer Partnerin oder einem Partner Ihre Lösungen. Tauschen Sie die Rollen.

3 Korrigieren Sie gegebenenfalls Ihre Antwort(en).

Entscheiden Sie begründet, ob die folgenden Aussagen korrekt oder falsch sind.

**A** Ist die Ableitungsfunktion in $x_0$ gleich 0, dann hat die Ausgangsfunktion dort ein lokales Extremum.

**B** Ein Hochpunkt gibt immer das absolute Maximum einer Funktion an.

**C** Statt des Vorzeichenwechselkriteriums kann man auch die zweite Ableitung verwenden.

**D** Wenn $f'(x_E) = 0$ und $f''(x_E) \neq 0$ ist, dann hat die Funktion f an der Stelle $x_E$ einen Tiefpunkt.

**E** Eine Funktion g kann in einem Intervall $I = [a; b]$ mit $a, b \in \mathbb{R}$ an der Stelle a ein Maximum haben.

**F** Es gibt keine ganzrationale Funktion, die zwei Hochpunkte hat, von denen bei einem gleichzeitig auch ein absolutes Maximum vorliegt.

**G** Ein Sattelpunkt ist immer auch ein Extrempunkt.

**H** Zwischen einem Hoch- und einem Tiefpunkt liegt immer ein Wendepunkt.

| Ich kann … | Aufgabe | Hilfe | Bewertung |
|---|---|---|---|
| das Monotonieverhalten einer Funktion beschreiben. | 1, 2, 7, 8, 9 | S. 144 | ☺ 😐 ☹ |
| Extrempunkte und Wendepunkte berechnen und interpretieren. | 3, 4, 5, 10, 11, 12, 13, A, B, C, D, E, F, G, H | S. 146, 150, 152, 156, 160 | ☺ 😐 ☹ |
| reale Prozesse mit Hilfe von Funktionsuntersuchungen modellieren. | 14, 15 | S. 162 | ☺ 😐 ☹ |

Seite 144

## Monotonie

Ist eine Funktion f im Intervall I differenzierbar, so gilt der Monotoniesatz:

- Falls $f'(x) > 0$ für alle $x \in I$, so ist die Funktion f streng monoton steigend in I.
- Eine Funktion f ist genau dann monoton steigend in I, wenn $f'(x) \geq 0$ für alle $x \in I$.
- Falls $f'(x) < 0$ für alle $x \in I$, so ist die Funktion f streng monoton fallend in I.
- Eine Funktion f ist genau dann monoton fallend in I, wenn $f'(x) \leq 0$ für alle $x \in I$.

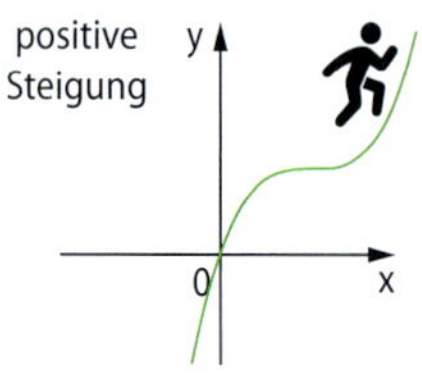


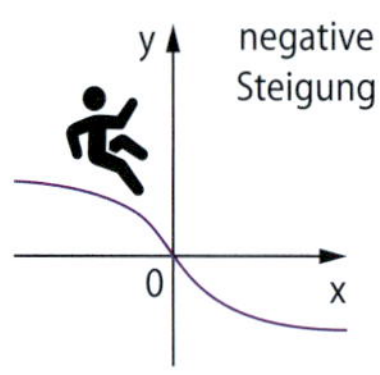


Monotonie der Funktion f mit
$f(x) = -\frac{1}{16}x^3 + \frac{3}{8}x^2 + 1$ und $x \in \mathbb{R}$

$f'(x) = -\frac{3}{16}x^2 + \frac{3}{4}x$
$f'(x) = 0$
$x_1 = 0;\ x_2 = 4$
$f'(-1) = -0{,}9375;\ f'(2) = 0{,}75;\ f'(5) = -0{,}9375$

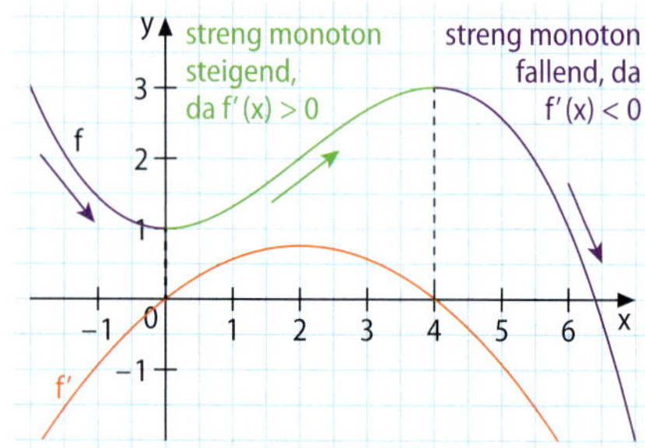


Seite 146, 150

## Extrempunkte

**Extrempunkte** eines Funktionsgraphen sind diejenigen Punkte, die in einer Umgebung entweder der höchste Punkt (**Hochpunkt HP**) oder der tiefste Punkt (**Tiefpunkt TP**) sind. Die Nullstellen der Ableitungsfunktion sind mögliche Extremstellen.

**Notwendige Bedingung**
$f'(x_0) = 0$

**1. hinreichende Bedingung**
$f'(x_0) = 0$ und Vorzeichenwechsel (VZW) von f':

- Hochpunkt für VZW von + nach –
- Tiefpunkt für VZW von – nach +

oder

**2. hinreichende Bedingung**
$f'(x_0) = 0$ und $f''(x_0) \neq 0$:

- Hochpunkt für $f''(x_0) < 0$
- Tiefpunkt für $f''(x_0) > 0$

(lokale) Extrempunkte der Funktion f mit
$f(x) = -\frac{1}{16}x^3 + \frac{3}{8}x^2 + 1$ und $x \in \mathbb{R}$

$f'(x) = -\frac{3}{16}x^2 + \frac{3}{4}x \qquad f''(x) = -\frac{3}{8}x + \frac{3}{4}$

$f'(x) = 0$
$x_1 = 0;\ x_2 = 4$

$f''(0) = \frac{3}{4} > 0$, also TP (0 | 1)

$f''(4) = -\frac{3}{4} < 0$, also HP (4 | 3)

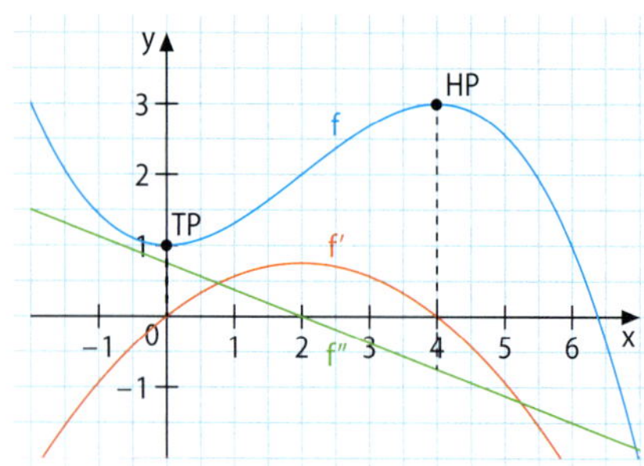

Seite 146

## Sattelpunkte

Unter einem **Sattelpunkt** (SP) versteht man einen Punkt auf dem Graphen einer Funktion, an dem der Graph eine waagrechte Tangente, aber keinen Extrempunkt besitzt. Die Funktion ändert also ihr Steigungsverhalten nicht.

**hinreichende Bedingung**
$f'(x_0) = 0$ und kein VZW von $f'$ in $x_0$

Sattelpunkt der Funktion f mit
$f(x) = -\frac{1}{16}x^3 + \frac{3}{8}x^2 - \frac{3}{4}x + \frac{3}{2}$ und $x \in \mathbb{R}$

$f'(x) = -\frac{3}{16}x^2 + \frac{3}{4}x - \frac{3}{4}$

$f'(x) = 0$: $x = 2$
Es liegt kein VZW von $f'$ bei $x = 2$ vor.

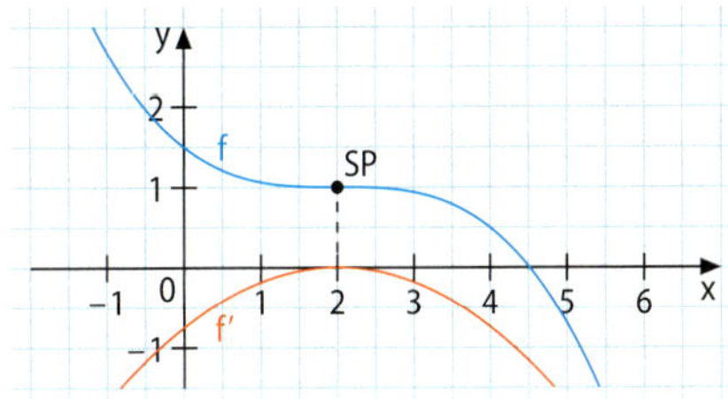


Seite 152

## Lokale und globale Extrempunkte

Ein Extrempunkt, der der höchste bzw. tiefste Punkt des gesamten Graphen ist, ist ein globaler Extrempunkt, ansonsten liegt ein lokaler Extrempunkt vor.
Bei der Ermittlung der Extremstellen müssen immer auch die **Ränder des Definitionsbereichs** untersucht werden.

Lokale und globale Extrempunkte von
$f(x) = -\frac{1}{16}x^3 + \frac{3}{8}x^2 + 1$ und $x \in [-1; 6{,}5]$

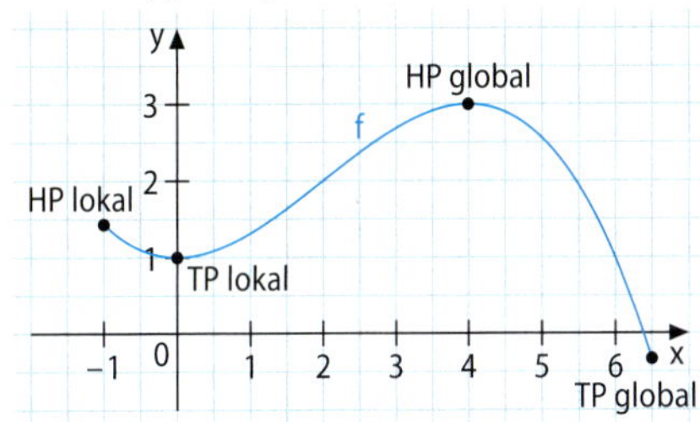


Seite 156, 160

## Krümmung und Wendepunkte

Die 2. Ableitung einer Funktion gibt Auskunft über die Krümmung ihres Graphen. Gilt in einem Intervall stets …

- $f''(x) > 0$, ist der Graph linksgekrümmt.
- $f''(x) < 0$, ist der Graph rechtsgekrümmt.

An einem **Wendepunkt** (WP) ändert die Krümmung eines Graphen ihre Richtung. Die Nullstellen der 2. Ableitung sind mögliche Wendestellen.

**Notwendige Bedingung**
$f''(x_W) = 0$

**1. hinreichende Bedingung**
$f''(x_W) = 0$ und VZW von $f''$
oder
**2. hinreichende Bedingung**
$f''(x_W) = 0$ und $f'''(x_W) \neq 0$

Wendepunkt der Funktion f mit
$f(x) = -\frac{1}{16}x^3 + \frac{3}{8}x^2 + 1$ und $x \in \mathbb{R}$

$f'(x) = -\frac{3}{16}x^2 + \frac{3}{4}x$ $\qquad f''(x) = -\frac{3}{8}x + \frac{3}{4}$

$f'''(x) = -\frac{3}{8}$

$f''(x_W) = 0$
$x_W = 2$
$f'''(2) = -\frac{3}{8} \neq 0$, also WP $(2\,|\,2)$

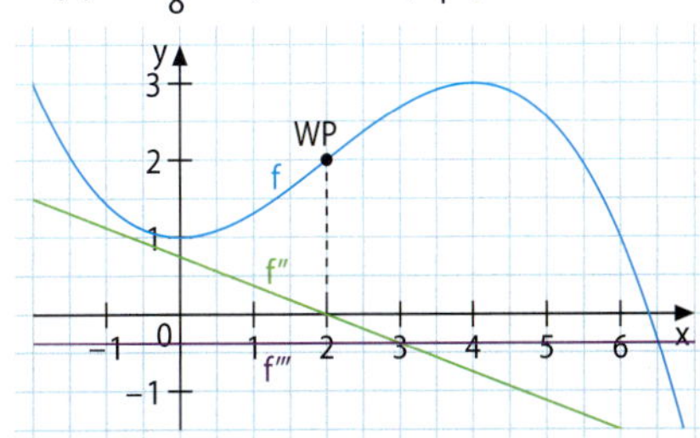

## Prüfungsteil A: Aufgaben ohne Hilfsmittel

**1** Die Abbildung zeigt den Graphen einer Funktion f. Finden Sie unter den Abbildungen **1** bis **3** den Graphen der Ableitungsfunktion und erläutern Sie Ihr Vorgehen.

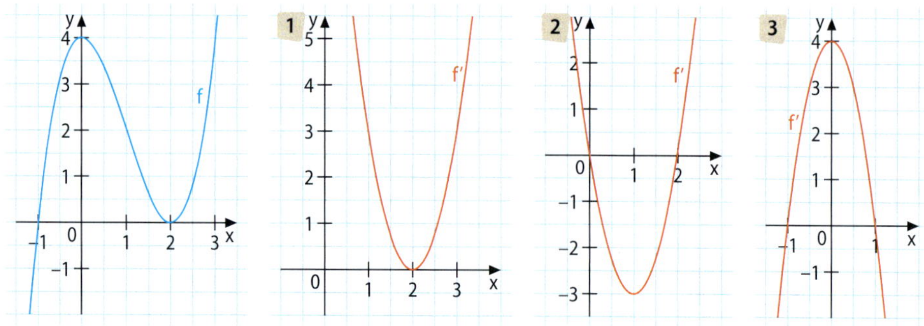


**2** Gegeben sind vier Funktionen $f_1$, $f_2$, $f_3$ und $f_4$ mit Definitionsmenge $D = \mathbb{R}$.

$f_1(x) = \frac{1}{3}x^3$ $\quad$ $f_2(x) = x^2$ $\quad$ $f_3(x) = 2x$ $\quad$ $f_4(x) = 2$

Untersuchen Sie bei jeder der folgenden Aussagen, ob sie wahr ist, und stellen Sie ggf. falsche Aussagen richtig.

**a)** Die Funktion $f_2$ ist die Ableitungsfunktion von $f_1$ und eine Ausgangsfunktion von $f_3$.

**b)** Der Graph der Funktion $f_4$ ist eine Parallele zur x-Achse.

**c)** $f_3$ ist eine Ausgangsfunktion von $f_4$ und die Ableitungsfunktion von $f_2$.

**d)** Die Graphen aller vier Funktionen verlaufen durch den Punkt $O(0|0)$.

**3** Gegeben ist der Graph einer Ableitungsfunktion f'. Skizzieren Sie einen möglichen Graphen der Ausgangsfunktion f und erläutern Sie Ihre Vorgehensweise.

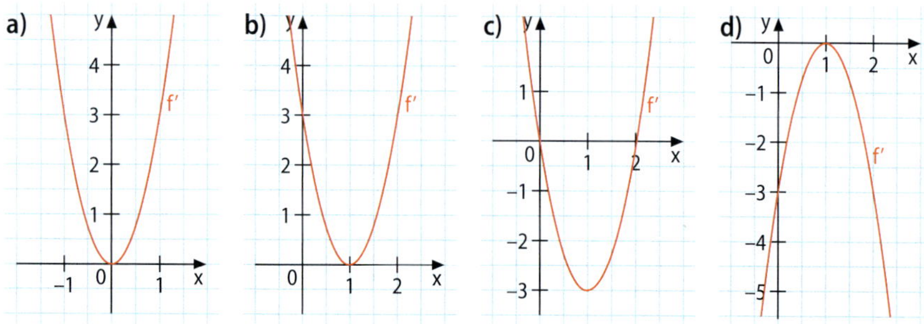


**4** Untersuchen Sie die Aussagen über eine ganzrationale Funktionen f mit $D = \mathbb{R}$. Stellen Sie falsche Aussagen richtig.

**a)** Wenn $x_0$ eine Wendestelle von f ist, dann gilt $f'(x_0) = 0$.

**b)** Wenn $f''(x_0) = 0$ gilt, dann ist $x_0$ eine Wendestelle von f.

**c)** Wenn der Graph der Funktion f zwei lokale Extrempunkte besitzt, dann besitzt der Graph von f mindestens einen Wendepunkt.

**d)** Wenn $x_0$ eine Extremstelle von f ist, dann gilt $f'(x_0) = 0$.

## Prüfungsteil B: Aufgaben mit Hilfsmitteln

**5** Die Kosten, die einem Unternehmen bei der Herstellung einer Flüssigkeit entstehen, können durch die Funktion K mit $K(x) = x^3 - 12x^2 + 50x + 20$ mit $x \in [0; 9]$ beschrieben werden. Dabei gibt K (x) die Kosten in 1000 € an, die bei der Produktion von x Kubikmetern der Flüssigkeit insgesamt entstehen. Die Abbildung zeigt den Graphen von K.

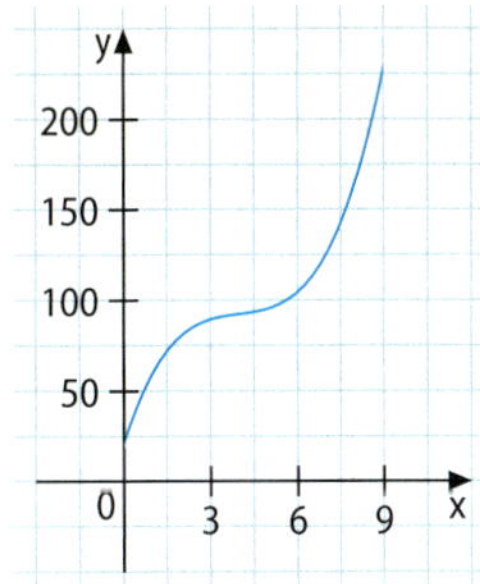


a) Geben Sie mit Hilfe der Abbildung …
   1 die Produktionsmenge an, bei der die Kosten 125 000 € betragen.
   2 das Monotonieverhalten von K an und deuten Sie Ihre Angabe im Sachzusammenhang.

Die Funktion E mit $E(x) = 23x$ gibt für $0 \le x \le 9$ den Erlös (in 1000 €) an, den das Unternehmen beim Verkauf von x Kubikmetern der Flüssigkeit erzielt. Für die sogenannte Gewinnfunktion G gilt $G(x) = E(x) - K(x)$. Positive Werte von G werden als Gewinn bezeichnet, negative als Verlust.

b) Zeigen Sie, dass das Unternehmen keinen Gewinn erzielt, wenn vier Kubikmeter der Flüssigkeit verkauft werden.

c) Stellen Sie die Graphen der Funktionen K und E mit einem MMS dar. Bestimmen Sie mit der Darstellung den Bereich, in dem die verkaufte Menge der Flüssigkeit liegen muss, damit das Unternehmen einen Gewinn erzielt.

d) Berechnen Sie, welche Menge der Flüssigkeit verkauft werden muss, damit das Unternehmen den größten Gewinn erzielt.

**6** Das Profil des Aufsprunghügels einer Sprungschanze entspricht näherungsweise dem Graphen der Funktion f mit $f(x) = \frac{1}{18\,000}x^3 - \frac{1}{80}x^2 + 93{,}75$ (alle Angaben in m und $D_f = [0; 150]$). Die Flugbahn eines Skispringers lässt sich nach dem Absprung vom Schanzentisch A durch die Funktion s mit $s(x) = -\frac{33}{6400}x^2 - \frac{1}{10}x + 96$ mit $x \in D_s$ modellieren.

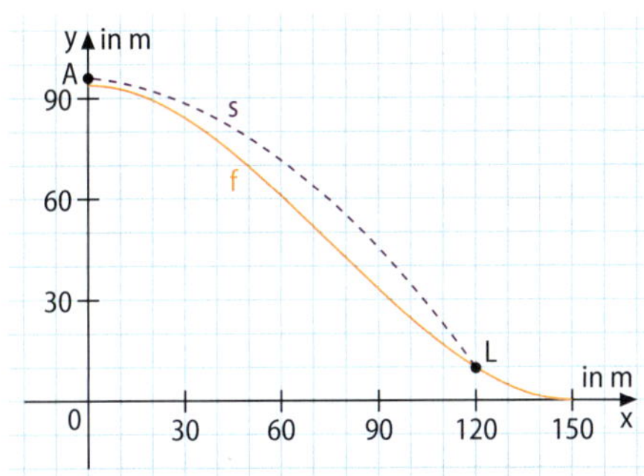

a) Ermitteln Sie anhand des Graphen sowie mit Hilfe einer Rechnung näherungsweise den Landepunkt L des Skispringers und geben Sie einen im Sachzusammenhang sinnvollen maximalen Definitionsbereich $D_s$ der Funktion s an.

b) Berechnen Sie die Höhe des Schanzentisches A über dem Aufsprunghügel.

c) Ermitteln Sie den Winkel, unter dem der Schanzentisch gegenüber der Horizontalen geneigt ist.

d) Berechnen Sie die größte Höhe des Skispringers über dem Aufsprunghügel.

e) Bestimmen Sie das größte Gefälle des Aufsprunghügels.

f) Seit 2004 wird die Größe einer Sprungschanze durch die Entfernung vom Fuß des Schanzentisches zum Hillsize-Punkt angegeben. Das ist der Punkt, an dem der Aufsprunghügel das erste Mal eine Neigung von 32° erreicht. Ermitteln Sie die Lage des Hillsize-Punktes dieses Aufsprunghügels.

*Eine Zeichnung mit Ihrem MMS kann bei vielen Aufgaben hilfreich sein.*

**7** Die Titanwurz gilt als größte Blume der Welt. Für ein Referat hat ein Schüler in einem deutschen Gewächshaus eine solche Pflanze täglich beobachtet und ihre Blütenhöhe notiert. Er hat berechnet, dass sich die Höhe der Blüte während seiner Beobachtung gut durch die Funktion h mit $h(t) = -0{,}015t^3 + 0{,}45t^2 + 2$ beschreiben lässt. Dabei bezeichnet t die Anzahl der Tage, die seit dem Beobachtungsbeginn vergangen sind, und h (t) die Höhe der Blüte in cm.

**a)** Geben Sie die Höhe der Blüte drei Tage nach Beobachtungsbeginn an.

**b)** Berechnen Sie $\frac{h(3) - h(0)}{3 - 0}$ und berechnen Sie h′(3). Geben Sie an, welche Bedeutung diese beiden Ergebnisse im Sachzusammenhang haben.

**c)** Ermitteln Sie rechnerisch, nach wie vielen Tagen ab Beobachtungsbeginn die Blüte der Pflanze ihre maximale Höhe erreicht. Berechnen Sie die maximale Höhe der Blüte.

**d)** Manche botanischen Gärten geben zwei Tage vor dem Zeitpunkt, an dem die Blüte am schnellsten wächst, ein besonderes Düngemittel. Ermitteln Sie rechnerisch den Zeitpunkt, zu dem die Pflanze gedüngt werden müsste.

**8** Ein Wissenschaftler hat im Rahmen einer Forschungsarbeit das Wachstum einer Bakterienkultur in einem Gefäß beobachtet. Alle zwei Stunden wurde von ihm die Größe der von den Bakterien bedeckten Fläche gemessen. Der Wissenschaftler modelliert die Messreihe durch die Funktion A mit $A(t) = -0{,}005t^3 + 0{,}2t^2 + 0{,}9t + 1$.
A (t): Flächeninhalt in $cm^2$; t: Zeit in h seit Beobachtungsbeginn um 8:00 Uhr

**a)** Berechnen Sie die Größe der um 5:00 Uhr am nächsten Morgen von den Bakterien bedeckten Fläche.

**b)** Bestimmen Sie die durchschnittliche Wachstumsgeschwindigkeit der Bakterienkultur in $\frac{cm^2}{h}$ zwischen dem Beobachtungsbeginn und 5:00 Uhr.

**c)** Ermitteln Sie, wann die Wachstumsgeschwindigkeit genauso groß ist wie zu Beginn der Beobachtung.

**d)** Bestimmen Sie den Zeitpunkt, zu dem die Bakterienkultur am schnellsten wächst.

**e)** Geben Sie an, bis zu welchem Zeitpunkt die bedeckte Fläche im Modell wächst.

**f)** Ein Kollege des Wissenschaftlers ist der Meinung, dass die zur Modellierung verwendete Funktion das Versuchsergebnis nicht angemessen beschreibt. Geben Sie mindestens einen Grund für die Kritik des Kollegen an.

**Reflexion**

| Arbeitsaufträge und Fragen zur Vorbereitung auf das Abitur | Hilfe |
|---|---|
| Beschreiben Sie den Unterschied zwischen einem globalen und einem lokalen Extremum. | S. 146, 152 |
| Erläutern Sie die Bedeutung einer Nullstelle der Ableitungsfunktion für den Graphen der Ausgangsfunktion. | S. 146 |
| Erklären Sie, wie Sie mit Hilfe des Vorzeichenwechselkriteriums herausfinden können, ob eine Funktion einen Hoch- bzw. Tiefpunkt hat. | S. 146 |
| Erläutern Sie, welche Aussage Sie mit Blick auf die Ausgangsfunktion begründet treffen können, wenn die zugehörige Ableitungsfunktion an der Stelle $x_0$ einen Hochpunkt hat. | S. 156 |
| Erklären Sie die Bedeutung eines Wendepunktes für das Aussehen des Graphen einer Funktion f und erläutern Sie, welche Informationen Sie aus dieser Angabe (f hat einen Wendepunkt) schlussfolgern können. | S. 156 |

**Einstieg**

- Beschreiben Sie das Bild und erläutern Sie, warum sich die Wege der beiden Gondeln nicht treffen werden.
- Beschreiben Sie, wie die Bewegung der beiden Gondeln näherungsweise verläuft.
- Erläutern Sie eine Möglichkeit, dies mathematisch zu modellieren.

6

# Grundlagen der vektoriellen Geometrie

## Ausblick

Am Ende dieses Kapitels haben Sie gelernt, …

- **Punkte** und **Geraden** im **dreidimensionalen Raum** in einem **Koordinatensystem** zu beschreiben.
- **Verschiebungen** und Geschwindigkeiten mit Hilfe von **Vektoren** zu beschreiben.
- mit **Vektoren** zu **rechnen**.
- **Geraden** und **Strecken** im dreidimensionalen Raum mit **Gleichungen** zu beschreiben und ihre **Lagebeziehungen** zu untersuchen.

## Vorwissen 1

### Lineare Funktionen

Wenn zwei verschiedene Punkte A und B einer linearen Funktion bekannt sind, lässt sich eine Funktionsgleichung bestimmen.

**1** Für die Steigung gilt:
$m = \frac{y_2 - y_1}{x_2 - x_1}$

**2** Setze m und die Koordinaten von A oder B in die Gleichung $y = mx + b$ ein.

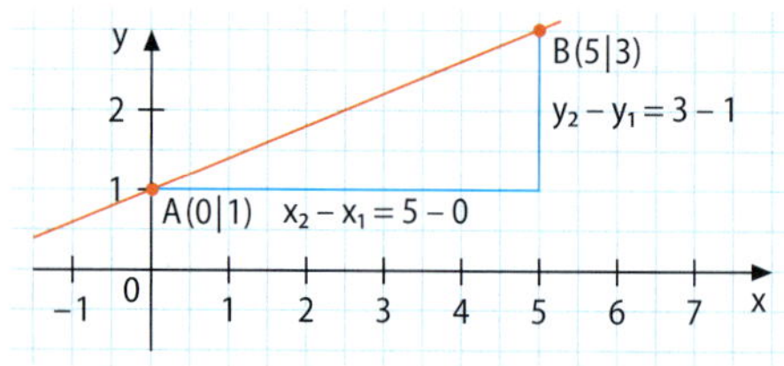


**1** $m = \frac{3-1}{5-0} = \frac{2}{5} = 0{,}4$

**2** Funktionsgleichung: $y = 0{,}4x + 1$

## Vorwissen 2

### Gleichungssysteme grafisch lösen

Sollen Zahlenpaare (x | y) **zwei lineare Gleichungen gleichzeitig erfüllen**, so spricht man von einem **linearen Gleichungssystem**.
Grafische Lösung:

**1** Die Geraden **schneiden sich**. Das lineare Gleichungssystem hat **genau eine Lösung**.

**2** Die Geraden sind **parallel**. Das lineare Gleichungssystem hat **keine Lösung**.

**3** Die Geraden sind **identisch**. Das lineare Gleichungssystem hat **unendlich viele Lösungen**.

**1**
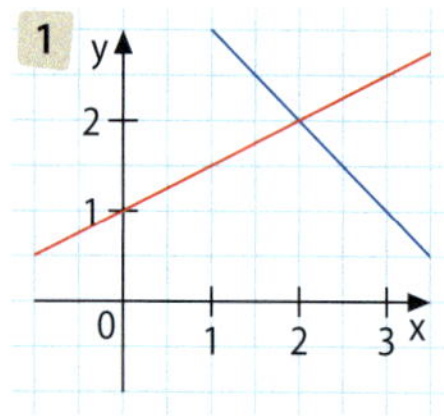

$L = \{(2|2)\}$

**2**
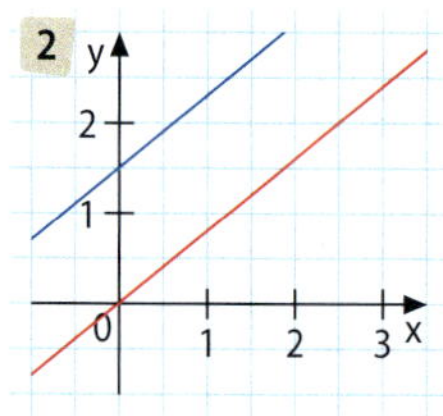

$L = \{\}$

**3**
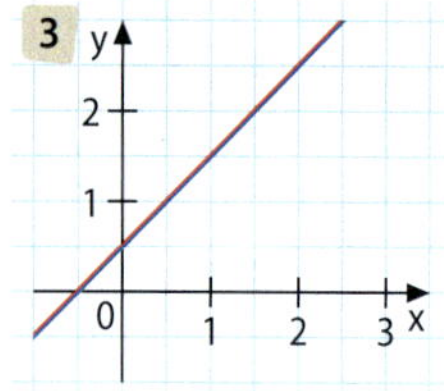

$L = \{(x|y) \text{ mit } y = x + 0{,}5\}$

## Vorwissen 3

### Gleichungssysteme rechnerisch lösen: Einsetzungsverfahren

Löst man eine der Gleichungen nach einer Variablen (z. B. y) auf, dann kann man den erhaltenen Term für die Variable in die andere Gleichung einsetzen.

I $\quad -x - 2y = 3$

II $\quad y = 2x$ (einsetzen)

II in I $\quad -x - 2 \cdot (2x) = 3 \Rightarrow x = -\frac{3}{5}$

in II $\quad y = 2 \cdot \left(-\frac{3}{5}\right) = -\frac{6}{5}$

## Vorwissen 4

### Satz des Pythagoras

In einem **rechtwinkligen Dreieck** hat das Quadrat über der Hypotenuse den gleichen Flächeninhalt wie die Quadrate über den Katheten zusammen.

Mit den Bezeichnungen in der Abbildung gilt:
$a^2 + b^2 = c^2$

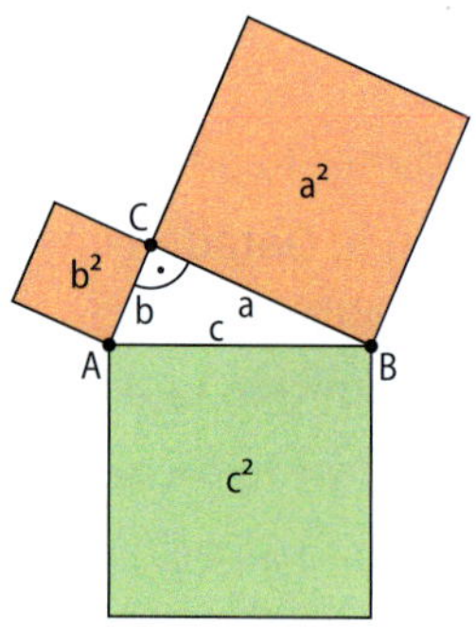

**Aufgaben 1**

Lösungen
Mediencode 63051-053

**1** Gegeben sind die Punkte A (2|3), B (−2|−5), C (1|6) und D (6|7).

a) Bestimmen Sie die Gleichungen aller Geraden, die durch je zwei dieser Punkte verlaufen.

b) Fertigen Sie eine Skizze an.

c) Ergänzen Sie in Ihrer Zeichnung das sogenannte Steigungsdreieck für die Gerade AD.

d) Erläutern Sie, wie man die Steigung einer Geraden durch zwei vorgegebene Punkte berechnet.

e) Prüfen Sie, ob der Punkt F (5|4) auf den von Ihnen aufgestellten Geraden liegt.

**Aufgaben 2**

**2** Bestimmen Sie die Lösungsmenge zeichnerisch. Deuten Sie die Lösungen.

a) I $y = 0{,}5x + 1$
II $y = -1{,}5x + 3$

b) I $y = 0{,}8x + 1{,}5$
II $y = \frac{4}{5}x$

c) I $x - y = -0{,}5$
II $y = 2 \cdot \left(\frac{1}{2}x + \frac{1}{4}\right)$

**Aufgaben 3**

**3** Lösen Sie mit dem Einsetzungsverfahren wie im Beispiel.

a) I $2x + 5y = 4$
II $y = 2x + 8$

b) I $3x + y = 15$
II $y = 5x - 11$

c) I $x - y = 5$
II $x = 2y - 4$

d) I $4x + y = 9{,}6$
II $3x + y = 9{,}2$

e) I $2x - 15 = 7y$
II $6x = 3y + 9$

f) I $x - 3y = 5$
II $3x - 15 = 10y + 2$

**4** a) Erklären Sie das Additionsverfahren anhand der folgenden beiden Gleichungssysteme. Recherchieren Sie gegebenenfalls das Vorgehen beim Additionsverfahren. Geben Sie die Lösungsmenge der Gleichungssysteme an.

1 I $x - 3y = 1$
II $-x + y = -3$

2 I $4x - 7y = 5$
II $-y + x = 3{,}5$

b) Lösen Sie das lineare Gleichungssystem mit dem Additionsverfahren.

1 I $y = x - 3$
II $y = -x + 7$

2 I $y = 2x$
II $y = 0{,}5x + 3$

3 I $y = x - 3$
II $y = 4 + x$

4 I $-4x = -y - 1$
II $y + 0{,}5x = 3{,}5$

5 I $2x - 2y + 10 = 0$
II $x + y = -3$

6 I $3x - 5y = 5$
II $10y = 4x$

7 I $2y - 4x = -14$
II $32 = 16x - 8y$

8 I $-11 = 3y - 7x$
II $6x + 5y = -36$

9 I $6x + 8 = 2y$
II $4y - 3x = 9$

**Aufgaben 4**

**5** a) Erklären Sie einem Mitschüler oder einer Mitschülerin den Satz des Pythagoras und auch seine Umkehrung.

b) Berechnen Sie die fehlende Seitenlänge im rechtwinkligen Dreieck ABC ($\gamma = 90°$).

a) $a = 6$ cm; $b = 9$ cm
b) $b = 50$ m; $c = 120$ m
c) $b = 11$ cm; $c = 2{,}2$ dm

**6** Von einem Würfel soll die Länge der Raumdiagonalen berechnet werden.

a) Fertigen Sie zunächst eine Skizze an.

b) Berechnen Sie die Länge der Raumdiagonalen für die Kantenlänge a:

1 $a = 5$ cm
2 $a = x$ cm

## Spieleentwicklung: Teletennis

Bei der Entwicklung von Computerspielen spielt die Mathematik und vor allem die Geometrie eine große Rolle. Viele Programmierer sind sehr gute Mathematiker.

Auch bei einem der ersten jemals entwickelten Computerspiele, dem Spiel „Pong", wurde geometrisches Wissen verwendet. Pong ist ein zweidimensionales Multiplayer-Spiel für zwei Personen. Das Spiel wird auch „Teletennis" genannt", weil in dem Spiel zwei Personen gegeneinander „Tennis" an einem Bildschirm spielen. Ziel des Spiels ist es, einen Ball über die Seite des Gegners zu bekommen. Man selbst hat ein kleines Rechteck („Schläger"), um zu verhindern, dass der Gegner den Ball über seine eigene Seite bekommt. Mittlerweile kann das Spiel kostenlos online gespielt werden. Im Internet finden Sie auch Anleitungen, um Pong selbst zu programmieren.

Das Spiel lässt sich in einem zweidimensionalen Koordinatensystem darstellen. Der Ball wird im Beispiel im Punkt O (0 | 0) abgeschossen. Die stets geradlinige Flugbahn des Balles wird durch einen Pfeil dargestellt. Trifft der Ball auf eine feste Bande oder einen der beiden in vertikaler Richtung beweglichen Schläger, so prallt er im gleichen Winkel wieder ab („Einfallswinkel gleich Ausfallswinkel").

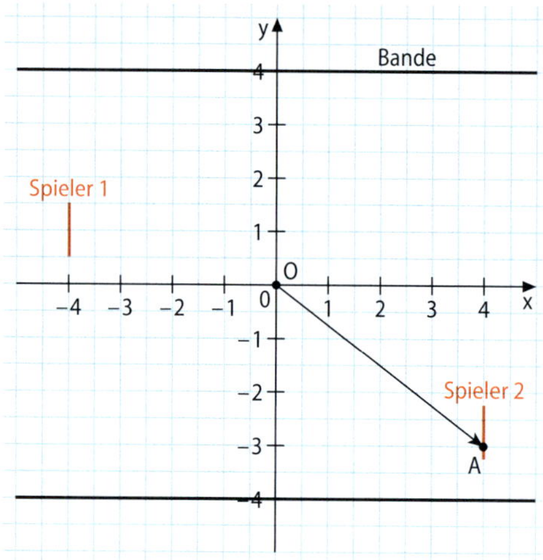


- Beschreiben Sie die Flugbahn des Balles vom Ursprung bis zum Punkt A mit Hilfe der x- und y-Koordinaten.
- Finden Sie mit Hilfe einer Zeichnung den Punkt, an dem der Ball vom Spieler 1 gespielt werden muss.
- Beschreiben Sie die Pfeile mit Hilfe von x- und y-Koordinaten.
- Ermitteln Sie (grafisch und rechnerisch) mit Hilfe solcher Pfeile und deren Verschiebungen den Punkt, an dem der Ball anschließend von Spieler 2 gespielt werden muss.

Die Länge der Strecke, die der Ball unterwegs ist, lässt sich mit Hilfe des Satzes von Pythagoras berechnen.
- Berechnen Sie die Länge der Strecke, die der Ball vom Punkt O (0 | 0) bis zum Punkt A zurücklegt.

Jedes Mal, wenn der Ball auf ein Hindernis (Bande oder Schläger) trifft, wird er um 10 % schneller. Zu Beginn hat er eine Geschwindigkeit von 1 LE pro Sekunde.
- Berechnen Sie, wie lange der Ball vom Ursprung bis zum Punkt A braucht.
- Berechnen Sie, wie viele Sekunden der Ball unterwegs ist, bevor er nach dem Punkt A zum nächsten Mal auf ein Hindernis trifft.

Medien & Werkzeuge

## Spieleprogrammierung: Flugsimulator

Die Weiterentwicklung der Hardware, beispielsweise der Prozessorgeschwindigkeit, erlaubt heutzutage deutlich komplexere Computerspiele. Eine besonders interessante Art von Spielen sind Simulationsspiele. Flugsimulatoren beispielsweise ermöglichen es, ein Flugzeug unter fast realen Bedingungen zu steuern.
Ein Programmierer steht vor dem Problem, ob ein Sportflugzeug auf einer bestimmten Flugroute mit der Bergspitze B kollidiert oder nicht.
Das Flugzeug fliegt durch die Punkte P (0 | −7 | 0) und Q (9 | 18 | 6,8), eine Einheit entspricht dabei 100 m. Die Bergspitze soll bei B (4 | 4 | 3) liegen. Die Bergspitze wird also als Punkt modelliert und die Flugroute vereinfachend als Gerade angenommen.

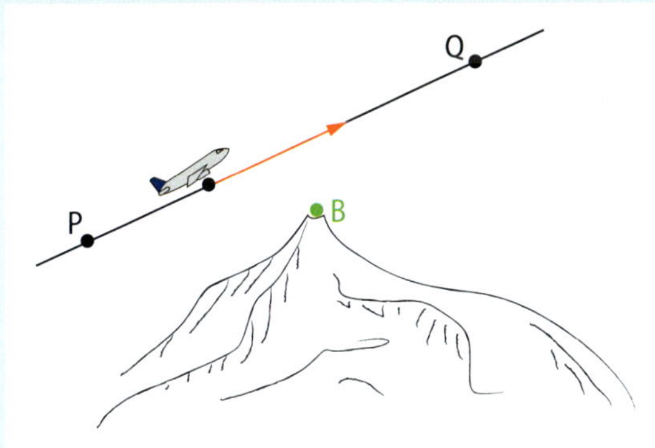


- Stellen Sie die Situation mit einem MMS dreidimensional dar.
- Messen Sie, wie nah das Flugzeug am Berg vorbeifliegt.
- Interpretieren Sie das Ergebnis im Sachkontext und beurteilen Sie, ob der Simulator einen Crash mit dem Berg simulieren sollte.

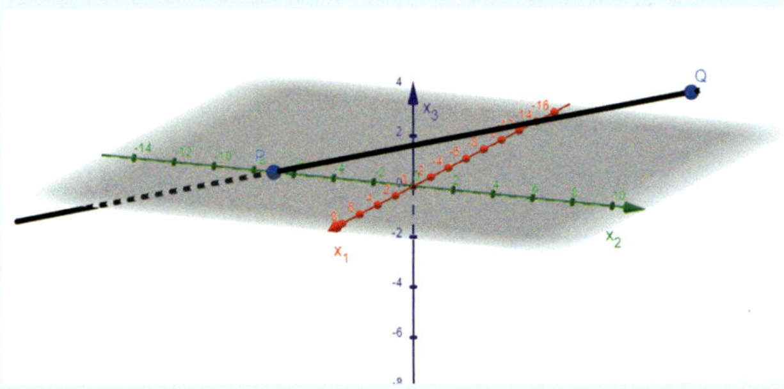


Wenige Sekunden vorher kreuzt das Flugzeug die Flugroute eines anderen Flugzeugs, das auf einer Geraden fliegt, die durch Punkte R (−6 | −1,8 | 1,4) und S (11 | −2 | 1,35) festgelegt ist.

- Bestimmen Sie zeichnerisch mit einem MMS, ob sich die Flugrouten schneiden.
- Erläutern Sie, warum sich schneidende Flugrouten nicht automatisch zu einer Kollision zweier Flugzeuge führen müssen.

**Tipps zum Geometriemodul des MMS**

- Sie können die Punkte direkt im Algebra-Fenster eingeben: `Q=(9,18,6.8)`.
- Die Gerade erstellen Sie beispielsweise mit Hilfe des Befehls `Gerade(Punkt, Punkt)`.
  Hinweis: Manche Computerprogramme erstellen direkt eine Geradengleichung. Die dahinter stehende Mathematik wird im Laufe dieses Kapitels erklärt. Aktuell geht es nur um die Anschauung.

# 6

## 6.1 Orientierung im Raum

**Entdecken**

Die Schülerinnen und Schüler des Mathematikkurses bei Herrn Kicks sollten einen Raum skizzieren und verschiedene Punkte markieren. Rechts ist das Ergebnis von Ethan und Frida zu sehen.

- Beschreiben Sie die Lage der Punkte A bis F möglichst präzise.
- Erläutern Sie Ihre Vorgehensweise und vergleichen Sie Ihre Ergebnisse mit Ihren Mitschülerinnen und Mitschülern.

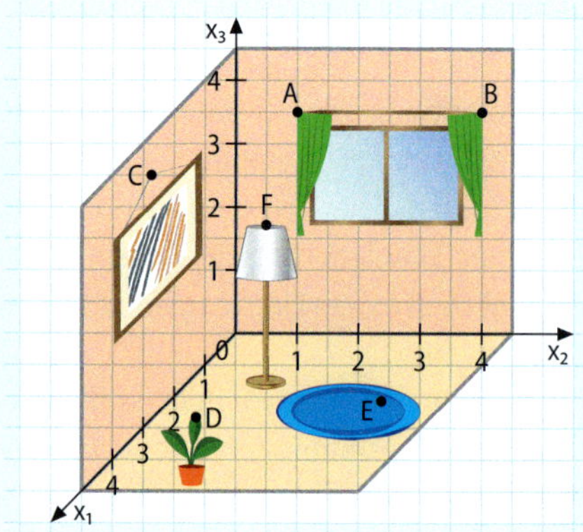


**Verstehen**

Um die Lage von Punkten im Raum zu beschreiben, genügt das bisher bekannte Koordinatensystem mit zwei Achsen zur Darstellung von Objekten in der Ebene nicht mehr.

**Merke**

Zur Angabe von Punkten im Raum erweitert man das zweidimensionale Koordinatensystem um eine dritte Koordinatenachse. Es entsteht das **dreidimensionale (kartesische) Koordinatensystem**. Die drei Koordinatenachsen stehen paarweise senkrecht aufeinander und schneiden sich im Koordinatenursprung. Sie werden als **$x_1$-, $x_2$- und $x_3$-Achse** bezeichnet.

*Statt $x_1$-, $x_2$- und $x_3$-Achse verwendet man auch die Begriffe x-Achse, y-Achse und z-Achse.*

Jeder Punkt P im Raum wird eindeutig durch drei Zahlen $p_1$, $p_2$ und $p_3$ festgelegt. Diese Zahlen heißen **Koordinaten** des Punktes P. Man schreibt: $P(p_1|p_2|p_3)$.

*Bei den Koordinaten eines Punktes im Raum spricht man von einem Zahlentripel.*

**Beispiel**: Der Punkt P hat die Koordinaten $P(2|3|4)$. Dies bedeutet, dass man ausgehend vom Koordinatenursprung O 2 Einheiten in $x_1$-Richtung, 3 Einheiten in $x_2$-Richtung und 4 Einheiten in $x_3$-Richtung geht.

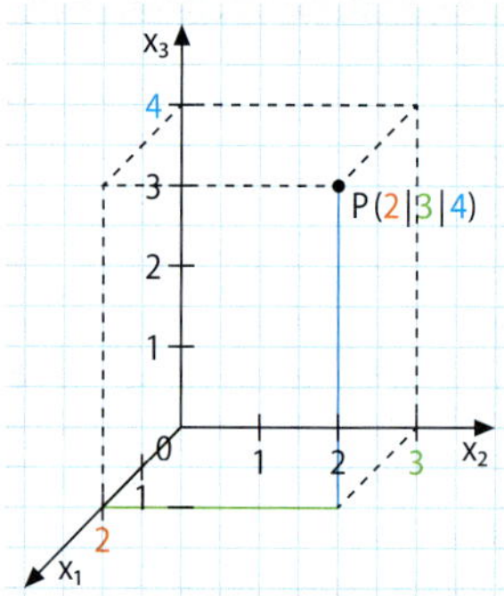


Je zwei Koordinatenachsen spannen eine **Koordinatenebene** auf, die den Raum in acht **Oktanten** zerlegen.
Die $x_1$- und $x_2$-Achse spannen die $x_1$-$x_2$-Ebene auf.
Die $x_1$- und $x_3$-Achse spannen die $x_1$-$x_3$-Ebene auf.
Die $x_2$- und $x_3$-Achse spannen die $x_2$-$x_3$-Ebene auf.
Punkte, die auf den Koordinatenachsen und in den Koordinatenebenen liegen, erkennt man an deren Koordinaten.

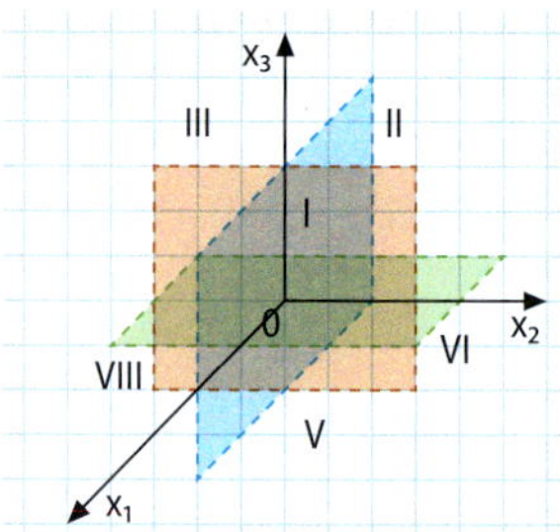


Achsen: $P_{x_1}(p_1|0|0)$ $P_{x_2}(0|p_2|0)$ $P_{x_3}(0|0|p_3)$
Ebenen: $P_{x_1\text{-}x_2}(p_1|p_2|0)$ $P_{x_1\text{-}x_3}(p_1|0|p_3)$ $P_{x_2\text{-}x_3}(0|p_2|p_3)$

**Beispiel**

a) Tragen Sie die Punkte $A(2|0|3)$, $B(0|-2|2)$, $C(3|4|0)$, $D(3|0|0)$ und $E(0|-2|0)$ in ein Koordinatensystem ein. Beschreiben Sie die Lage der Punkte.

b) Beschreiben Sie, welche Besonderheit die Koordinaten aller Punkte auf der $x_3$-Achse bzw. in der $x_1$-$x_2$-Ebene aufweisen.

**Lösung:**

a) A liegt in der $x_1$-$x_3$-Ebene, B in der $x_2$-$x_3$-Ebene, C in der $x_1$-$x_2$-Ebene, D auf der positiven $x_1$-Achse und E auf der negativen $x_2$-Achse.

b) Auf der $x_3$-Achse liegen alle Punkte mit $x_1 = x_2 = 0$. In der $x_1$-$x_2$-Ebene liegen alle Punkte mit $x_3 = 0$.

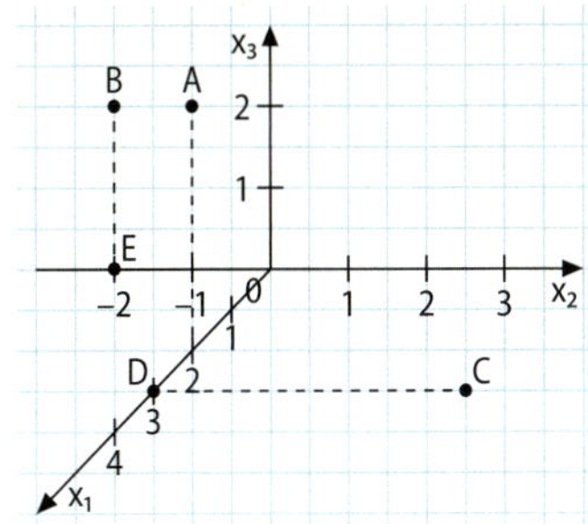


*Das räumliche Koordinatensystem wird als Schrägbild mit einem Winkel von 45° gezeichnet. Die Einheit auf der $x_1$-Achse wird auf $\frac{1}{2}\sqrt{2}$ verkürzt (Kästchendiagonale).*

**Nachgefragt**

- Beschreiben Sie die Lage aller Punkte $P(x_1 \mid x_2 \mid x_3)$, für die $x_2 = 2$ gilt.
- Erläutern Sie die Lage aller Punkte, für die $x_1 = 3$ und $x_2 = -4$ gilt.

**Aufgaben**

**oHiMi**
1-3, 6, 11

**1**

| | | | | |
|---|---|---|---|---|
| A(3 \| 1 \| −2) | B(2 \| −1 \| 3,5) | C(0 \| 5 \| 2) | D(0 \| 2,5 \| 0) | E(−1 \| −2 \| 3) |
| F(5 \| 4 \| 3) | G(2 \| 3 \| −1) | H(0 \| 0 \| −1) | K(−2 \| 3 \| 1) | L(−2 \| 3 \| −2) |
| M(5 \| 0 \| 0) | N(−1 \| −1 \| −1) | P(2 \| −3 \| −3) | R(1 \| 0 \| −2) | S(4 \| −2 \| 0) |

a) Tragen Sie die gegebenen Punkte in ein Koordinatensystem ein.

b) Geben Sie an, in welchem Oktanten, in welcher Koordinatenebene oder auf welcher Koordinatenachse die Punkte liegen.

**2** Gegeben sind Punkte A, B, C und D.

a) Geben Sie Koordinaten für die Punkte A bis D an.

b) Tragen Sie die Punkte K(4 | 3 | 5), L(−2 | 3 | −1), M(6 | 3 | 4) und N(−3 | 1 | 2) in ein Koordinatensystem ein und geben Sie jeweils zwei weitere Punkte an, die im Schrägbild an derselben Stelle erscheinen.

c) Begründen Sie, dass Koordinaten von Punkten, die in einem Schrägbild eingezeichnet sind, nicht eindeutig zu bestimmen sind.

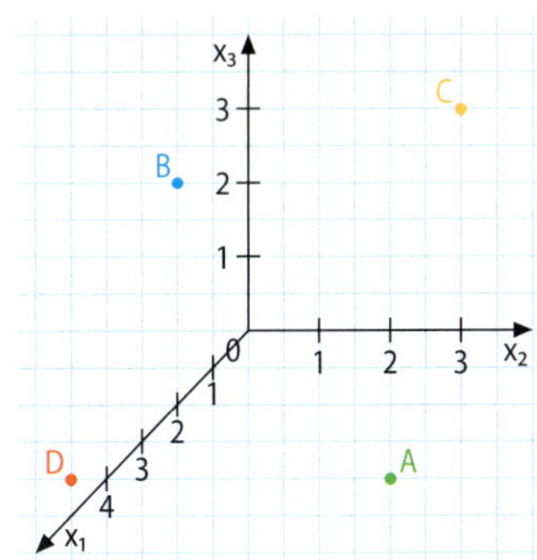


**Alles klar?**

**3** a) Eine Gerade g verläuft durch die Punkte P(2 | 2,5 | 2,5) und Q(3 | 3 | 3). Zeichnen Sie diese Gerade in ein Koordinatensystem.

b) Eine weitere Gerade h verläuft durch die Punkte R(−1 | 1,5 | 3) und S(−2 | −1 | 0). Zeichnen Sie diese Gerade in das gleiche Koordinatensystem.

c) Geben Sie begründet an, ob Sie anhand Ihrer Zeichnung sicher sein können, dass sich g und h schneiden.

**4** Gegeben ist das rechtwinklige Dreieck LIE mit L(0 | 0 | 2), I(0 | 6 | 10) und E(0 | 0 | 10).

a) Zeichnen Sie das Dreieck mit einem MMS.

b) Der Körper soll wie angegeben rotieren. Führen Sie die Rotation durch und beschreiben Sie jeweils den entstehenden Körper bei einer Rotation um …

**1** die $x_3$-Achse. **2** die Parallele zur $x_2$-Achse durch den Punkt L.

c) Berechnen Sie jeweils das Volumen der Körper aus b).

*Nutzen Sie bei Bedarf Ihr MMS.*

**5** Ermitteln Sie die Lage der Punkte mit den angegebenen Eigenschaften.

**a)** $x_1 = x_2 = 0$ **b)** $x_1 = x_2 = -7$ **c)** $x_2 = 3$

**d)** $x_3 = 0$ **e)** $x_1 = x_2$ **f)** $x_1 = -x_2$

**g)** Alle Koordinaten sind gleich. **h)** Genau zwei Koordinaten sind gleich.

*Dreidimensionale Koordinatensysteme kann man unter verschiedenen Perspektiven zeichnen. Die im Merkwissen dargestellte Variante ist Standard.*

**6** Gegeben ist ein aus Quadern zusammengesetztes Gebäude.

**a)** Geben Sie die Koordinaten aller Eckpunkte des Gebäudes an (1 LE ≙ 1 m).

**b)** Geben Sie an, welche Punkte in der $x_1$-$x_2$-, welche in der $x_1$-$x_3$- bzw. in der $x_2$-$x_3$-Ebene liegen.

**c)** Geben Sie die Koordinaten aller Eckpunkte des Gebäudes an, wenn der folgende Punkt im Koordinatenursprung liegen würde.

**1** F **2** J

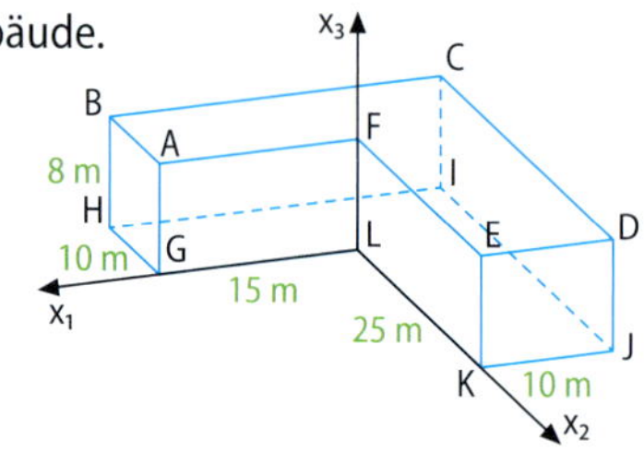


**7** Gegeben ist das gerade vierseitige Prisma ABCDEFGH, dessen Grundfläche ABCD in der $x_2$-$x_3$-Ebene liegt. Vier seiner Eckpunkte sind gegeben mit A (0 | 0 | 0), B (0 | 8 | 0), C (0 | 8 | 4) und H (6 | 0 | 6).

**a)** Geben Sie die Koordinaten der übrigen Eckpunkte an.

**b)** Berechnen Sie das Volumen des Prismas.

**c)** Berechnen Sie die Mantelfläche des Prismas.

**d)** Entwickeln Sie eine Strategie, mit der Sie den Flächeninhalt des Vierecks FBDH berechnen können.

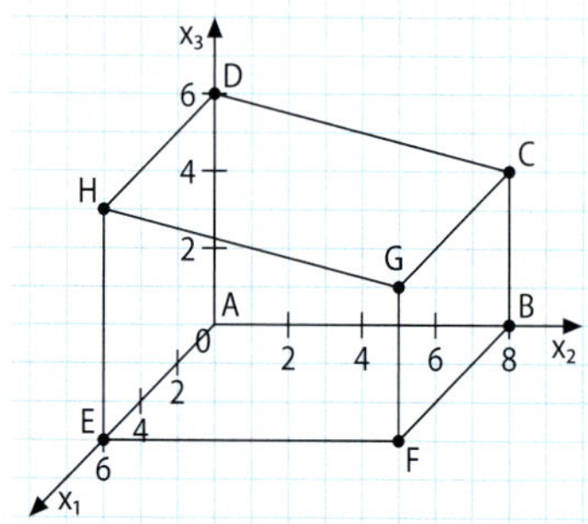


**8**

## Argumentieren und Begründen

Erläutern Sie, welche Auswirkung die Spiegelung (in der Ebene) auf die Koordinaten des Punktes P hat. Übertragen Sie Ihre Erkenntnisse auf Spiegelungen im Raum.

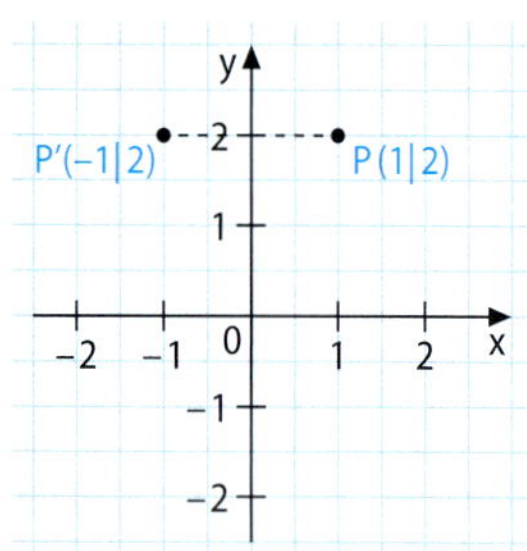

Spiegelung an der y-Achse

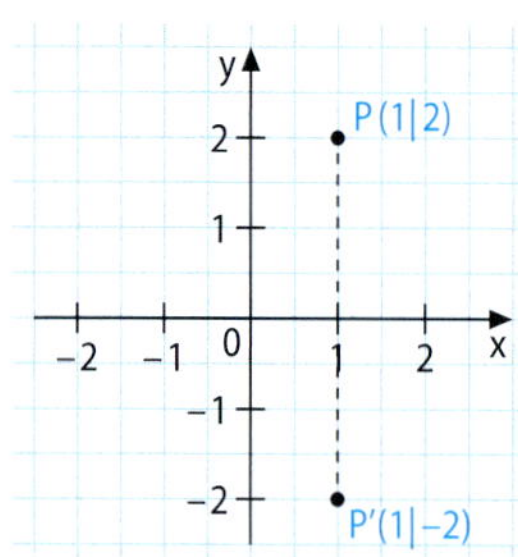

Spiegelung an der x-Achse

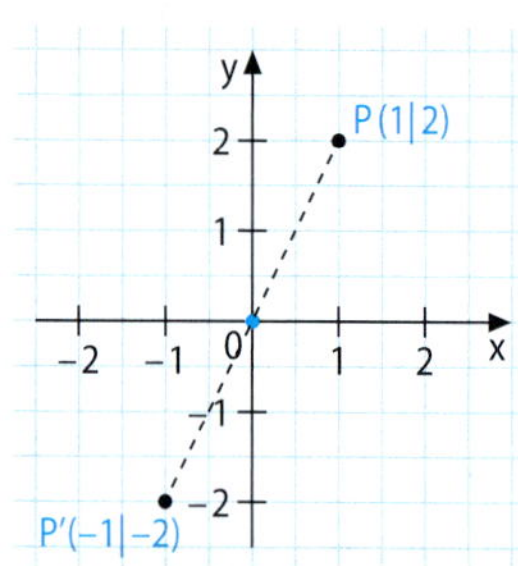

Spiegelung am Ursprung

**Ideen:**

- Spiegelungen mit eigenen Beispielpunkten in der Ebene durchführen
- Spiegelungen anhand eines beliebigen Punktes P (x | y) erklären
- Übertragen der Beobachtungen auf das Spiegeln von Punkten im Raum
- Erläutern der Auswirkungen von Spiegelungen auf die Koordinaten eines Punktes an selbst gewählten Beispielen

**9** a) Die Punkte S (0 | −1 | 5), T (3 | 0 | 7), U (2 | −5 | 0) und V (−6 | 1 | −3) werden gespiegelt. Bestimmen Sie die Koordinaten der zugehörigen Bildpunkte bei Spiegelung an der …

**1** $x_1$-$x_2$-Ebene. **2** $x_2$-$x_3$-Ebene. **3** $x_1$-$x_3$-Ebene.

b) Geben Sie die Koordinaten des Spiegelpunktes an: Spiegelung von P (a | b | c) …

**1** an der $x_1$-$x_2$-Ebene. **2** an der $x_2$-$x_3$-Ebene. **3** an der $x_1$-$x_3$-Ebene.
**4** am Ursprung. **5** an der $x_1$-Achse. **6** an der $x_2$-Achse.

**MMS-Applet**

*Mediencode 63051-054*

**10** Eine senkrechte Projektion ist eine Abbildung von Punkten im Raum auf die Koordinatenebenen: Projiziert man beispielsweise einen Punkt P senkrecht in die $x_1$-$x_3$-Ebene, so verschiebt man ihn parallel zur $x_2$-Achse in die $x_1$-$x_3$-Ebene auf seinen Bildpunkt P′.

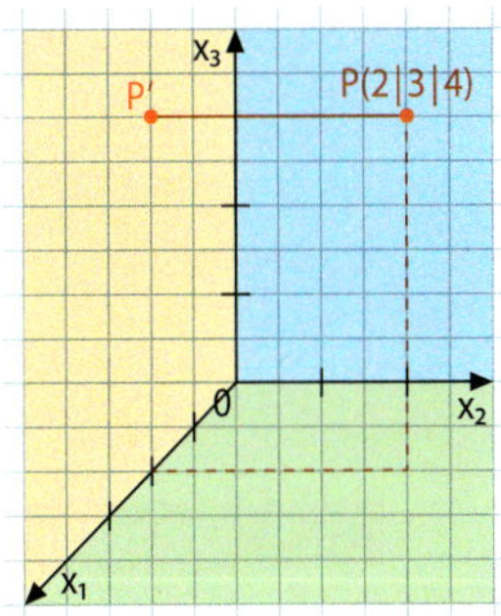


a) Zeichnen Sie den Punkt P (2 | 3 | 4) in ein Koordinatensystem ein und projizieren Sie ihn senkrecht in die $x_1$-$x_2$-Ebene. Beschreiben Sie, wie der Projektionsstrahl verläuft, und geben Sie die Koordinaten von P′ an.

b) Gegeben sind A (3 | −5 | 7), B (0 | −2 | 1) und C (3,7 | −5,6 | −9). Geben Sie die Koordinaten der Bildpunkte A′, B′ und C′ bei senkrechter Projektion in die folgenden Ebenen an.

**1** $x_1$-$x_2$-Ebene **2** $x_1$-$x_3$-Ebene **3** $x_2$-$x_3$-Ebene

c) Geben Sie jeweils allgemein die Koordinaten eines Punktes A ($a_1$ | $a_2$ | $a_3$) bei senkrechter Projektion in alle drei Koordinatenebenen an.

**11** Entscheiden Sie begründet, ob die Aussage wahr oder falsch ist.

a) Die Punkte A (1 | −3 | 5) und B (−5 | 3 | 1) liegen auf verschiedenen Seiten der $x_1$-$x_2$-Ebene.

b) Die $x_2$-Koordinate eines Punktes gibt seinen Abstand zur $x_1$-$x_3$-Ebene an.

c) Alle Punkte, deren $x_1$-Koordinate −4 ist, liegen in der Ebene, die durch (−4 | 0 | 0) parallel zur $x_2$-$x_3$-Ebene verläuft.

d) Die $x_1$-Achse und die $x_2$-$x_3$-Ebene schneiden sich nicht.

**12** Beschreiben Sie die Lage des Punktes P möglichst genau.

*Verwenden Sie zur Unterstützung ein MMS.*

a) $P(a\,|\,2a\,|\,0);\ a \in \mathbb{R}$ b) $P(0\,|\,a\,|\,a^2);\ a \in \mathbb{R}_0^+$

c) $P\left(0\,|\,a\,|\,\frac{1}{a}\right);\ a \in \mathbb{R}\setminus\{0\}$ d) $P(a\,|\,0\,|\,2a-1);\ a \in \mathbb{R}_0^+$

e) $P(x_1\,|\,x_2\,|\,x_3);\ x_1^2 + x_2^2 = 4$ und $x_3 \in \mathbb{R}$ f) $P(x_1\,|\,x_2\,|\,x_3);\ x_1^2 + x_2^2 = 16$ und $-2 \le x_3 \le 7$

g) $P(3\,|\,a\,|\,b);\ a, b \in \mathbb{R}$ h) $P(a\,|\,0\,|\,b);\ a, b \in \mathbb{R}$

**Medien & Werkzeuge**

### Dreidimensionales Koordinatensystem

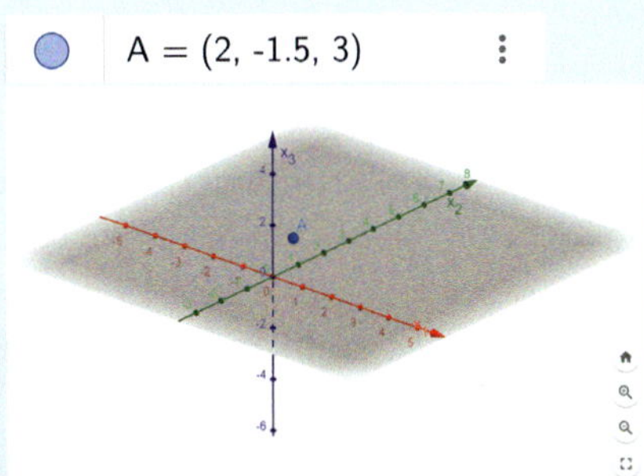


Mit einem MMS lassen sich Objekte im dreidimensionalen Raum visualisieren. Häufig ist im Koordinatensystem die $x_1$-$x_2$-Ebene schattiert.

- Die Ansicht kann gedreht ( ) oder verschoben ( ) werden.
- Die Koordinaten eines Punktes gibt man z. B. mit `A=(2,-1.5,3)` ein. Der Punkt kann anschließend verschoben werden, entweder parallel zur $x_1$-$x_2$-Ebene ( ) oder parallel zur $x_3$-Achse ( ). Ein Klick auf den Punkt ändert die Verschiebungsart.

- Probieren Sie die beschriebenen Funktionen in Ihrem MMS selbst aus.

## Entdecken

In einer Ecke eines Kartons (6 dm × 10 dm × 5 dm) sitzt ein Marienkäfer, in einer anderen Ecke sitzt eine Blattlaus. Der Marienkäfer möchte zur Blattlaus, er kann aber nur entlang der Innenkanten des Kartons laufen. Um den Weg des Marienkäfers zu beschreiben, wird der Karton in ein Koordinatensystem gelegt.

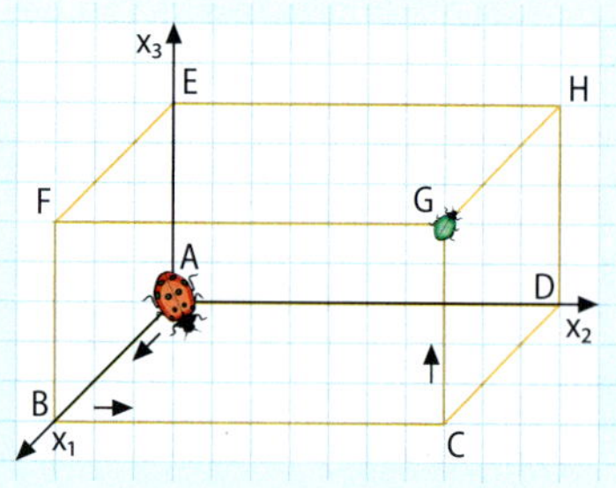


- Bestimmen Sie einen möglichen Weg, den der Marienkäfer zur Laus gehen kann.
- Beschreiben Sie jede einzelne Positionsänderung des Käfers bezüglich der drei Koordinatenachsen.
- Geben Sie den Gesamtweg als Positionsänderung zwischen Anfangs- und Endpunkt an.

## Verstehen

Mit der Angabe von drei Zahlenwerten werden einerseits Punkte im Raum eindeutig festgelegt, andererseits lassen sich damit auch Verschiebungen im Raum beschreiben.

*Ein Vektor hat keinen Anfangs- und keinen Endpunkt, da er nicht an einen festen Ort gebunden ist. Ein Repräsentant hat Anfangs- und Endpunkt.*

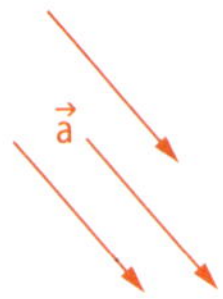


### Merke

Parallelverschiebungen im Raum lassen sich mit Pfeilen beschreiben. Alle **parallelen** Pfeile, die die gleiche **Länge** und **Orientierung** aufweisen, werden in einer Klasse zusammengefasst, die man **Vektor** nennt. Ein einzelner Pfeil aus dieser Klasse heißt **Repräsentant**.

Ein Vektor ist ein geordnetes Zahlentupel (im dreidimensionalen Raum Zahlentripel), das als Spalte geschrieben wird. Entweder schreibt man Vektoren mit kleinen Buchstaben mit darüber gesetzten Pfeilen, z. B. $\vec{v} = \begin{pmatrix} v_1 \\ v_2 \\ v_3 \end{pmatrix}$ und $\vec{a} = \begin{pmatrix} 0 \\ -1 \\ 5 \end{pmatrix}$, oder als orientierte Strecken, z. B. $\overrightarrow{AB}$.

Der Vektor $\overrightarrow{AB}$ verschiebt den Punkt A auf den Punkt B: $\overrightarrow{AB} = \begin{pmatrix} b_1 - a_1 \\ b_2 - a_2 \\ b_3 - a_3 \end{pmatrix}$.

Auch die Lage von Punkten lässt sich durch Vektoren beschreiben. Den Vektor $\overrightarrow{OP}$ (oder auch $\vec{p}$) vom Koordinatenursprung zum Punkt P $(p_1 | p_2 | p_3)$ bezeichnet man als **Ortsvektor** des Punktes P: $\vec{p} = \overrightarrow{OP} = \begin{pmatrix} p_1 \\ p_2 \\ p_3 \end{pmatrix}$.

Den Vektor $\vec{o} = \begin{pmatrix} 0 \\ 0 \\ 0 \end{pmatrix}$ nennt man **Nullvektor**.

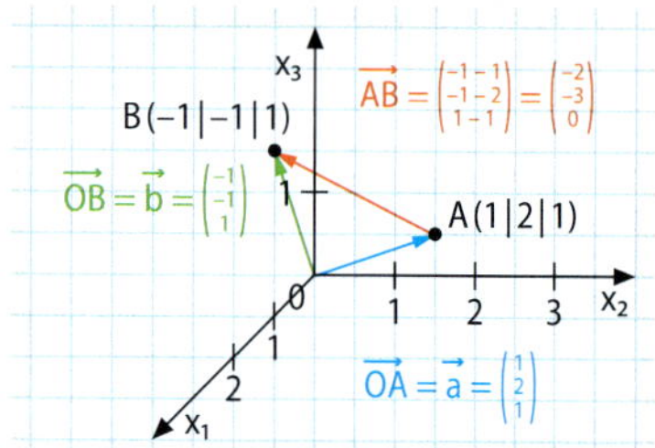


### Beispiel

Die Strecke $\overline{AB}$ mit A (2 | 3 | 4) und B (−1 | 6 | 1) wird um den Vektor $\vec{v} = \begin{pmatrix} 5 \\ 2 \\ -1 \end{pmatrix}$ parallel auf die Strecke $\overline{A'B'}$ verschoben.

**a)** Zeichnen Sie die Strecken $\overline{AB}$ und $\overline{A'B'}$ in ein Koordinatensystem.

**b)** Bestimmen Sie die Ortsvektoren von A und B sowie den Vektor $\overrightarrow{AB}$.

**c)** Ermitteln Sie die Koordinaten der Punkte A′ und B′.

**Lösung:**

a)

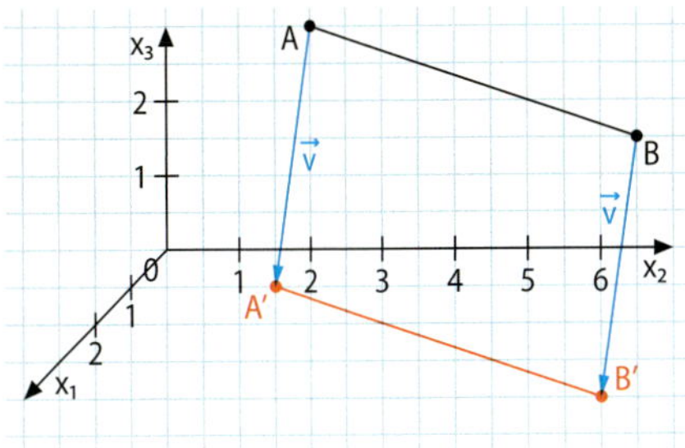


b) $\vec{a} = \overrightarrow{OA} = \begin{pmatrix} 2 \\ 3 \\ 4 \end{pmatrix}$; $\vec{b} = \overrightarrow{OB} = \begin{pmatrix} -1 \\ 6 \\ 1 \end{pmatrix}$

$\overrightarrow{AB} = \begin{pmatrix} -1-2 \\ 6-3 \\ 1-4 \end{pmatrix} = \begin{pmatrix} -3 \\ 3 \\ -3 \end{pmatrix}$

c) $\vec{v} = \overrightarrow{AA'}$, d. h. $\begin{pmatrix} 5 \\ 2 \\ -1 \end{pmatrix} = \begin{pmatrix} a_1' - 2 \\ a_2' - 3 \\ a_3' - 4 \end{pmatrix}$,

also $\vec{a'} = \overrightarrow{OA'} = \begin{pmatrix} 7 \\ 5 \\ 3 \end{pmatrix}$ und A'(7 | 5 | 3)

Analog: $\vec{b'} = \overrightarrow{OB'} = \begin{pmatrix} 4 \\ 8 \\ 0 \end{pmatrix}$ und B'(4 | 8 | 0)

*Der Vektor $\vec{v}$ verschiebt A auf A' und B auf B'.*

**Nachgefragt**

- Vergleichen Sie die Strecke $\overline{AB}$ und den Vektor $\overrightarrow{AB}$. Formulieren Sie Gemeinsamkeiten und Unterschiede.
- Erläutern Sie den Unterschied zwischen $\vec{p} = \overrightarrow{OP} = \begin{pmatrix} p_1 \\ p_2 \\ p_3 \end{pmatrix}$ und P ($p_1$ | $p_2$ | $p_3$).

## Aufgaben

**oHiMi** 1–4, 6, 8

*Die Vektoren $\overrightarrow{AB}$ und $\overrightarrow{BA}$ sind **Gegenvektoren**. Vektor und Gegenvektor sind parallel, gleich lang, aber entgegengesetzt orientiert.*

**1** Ermitteln Sie jeweils die Koordinaten der Vektoren $\overrightarrow{AB}$ und $\overrightarrow{BA}$. Beschreiben Sie anschließend, was Ihnen auffällt.

**a)** A (2 | 4 | −4); B (3 | 5 | −2)
**b)** A (0 | 0,5 | 2); B (−3 | −2 | −1,5)
**c)** A (0,4 | 3 | −1,5); B (−2 | −3 | 0,8)
**d)** A (2 | 6 | 5); B (3 | −8 | 5)

**2** Gegeben ist der Vektor $\overrightarrow{AB} = \begin{pmatrix} 3 \\ -2 \\ 5 \end{pmatrix}$. Geben Sie die fehlenden Koordinaten an.

**a)** A (0 | 2 | 5); B ($b_1$ | $b_2$ | $b_3$)
**b)** A (−2 | −3 | 1); B ($b_1$ | $b_2$ | $b_3$)
**c)** A ($a_1$ | $a_2$ | $a_3$); B (3 | 8 | −2)
**d)** A ($a_1$ | $a_2$ | $a_3$); B (54 | 13 | −12)
**e)** A (4 | $a_2$ | $a_3$); B ($b_1$ | 8 | −2)
**f)** A (−4 | $a_2$ | 3,2); B ($b_1$ | −5 | $b_3$)
**g)** A ($a_1$ | 3 | $a_3$); B (7 | $b_2$ | 9)
**h)** A (0 | $a_2$ | 4); B ($b_1$ | −5 | $b_3$)

**3** Gegeben sind die Punkte A (1 | 1 | 2), B (3 | 2 | 4), C (−1 | 3 | 2) und D (1 | 4 | 2).

**a)** Zeichnen Sie die Punkte und deren Ortsvektoren in ein Koordinatensystem.
**b)** Berechnen Sie die Koordinaten der Vektoren $\overrightarrow{AB}$, $\overrightarrow{AC}$, $\overrightarrow{AD}$, $\overrightarrow{BC}$, $\overrightarrow{BD}$, $\overrightarrow{CD}$ und veranschaulichen Sie diese Vektoren ebenfalls in Ihrem Koordinatensystem.
**c)** Ermitteln Sie, ob die grafische Darstellung aus Teilaufgabe b) eindeutig ist. Begründen Sie Ihre Antwort.

**4** Das Dreieck ABC mit den Eckpunkten A (−2 | 0), B (3 | −2) und C (−1 | 4) wird durch den Vektor $\vec{v} = \begin{pmatrix} 1 \\ 2 \end{pmatrix}$ parallel verschoben, es entsteht das Dreieck A'B'C'.

**a)** Zeichnen Sie die Verschiebung in ein Koordinatensystem.
**b)** Bestimmen Sie die neuen Eckpunkte A', B' und C' rechnerisch.

**5** Das Dreieck EIS wird zum Dreieck E'I'S' parallel verschoben.
Geben Sie den Verschiebungsvektor $\vec{v}$ sowie die Koordinaten aller fehlenden Eckpunkte an, wenn gilt: E (0 | 2 | 3), E'(−1 | 3 | −5), I (−2 | 5 | 5) und S (1 | 4 | 6).

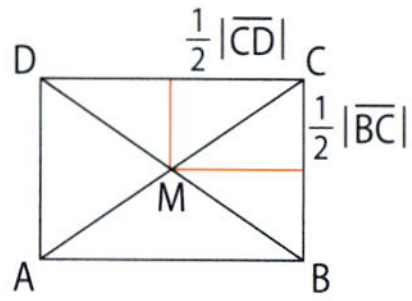


**6** Gegeben ist ein Quader ABCDEFGH mit A(2|1|−1), B(2|4|−1) und H(−1|1|3), dessen Seitenflächen parallel zu den Koordinatenebenen sind. Der Schnittpunkt der Diagonalen des Vierecks ABCD sei $M_1$, der Schnittpunkt der Diagonalen des Vierecks BCGF sei $M_2$ und der Schnittpunkt der Diagonalen des Vierecks CDHG sei $M_3$.

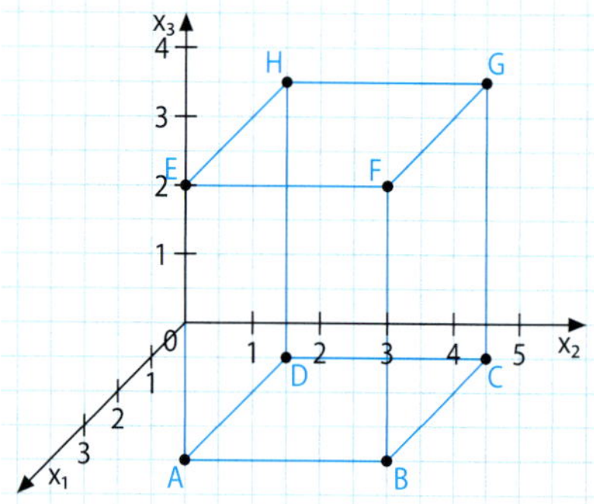


a) Geben Sie die Koordinaten der fehlenden Punkte an.

b) Bestimmen Sie die Koordinaten der Vektoren $\overrightarrow{AC}$, $\overrightarrow{BD}$, $\overrightarrow{BG}$, $\overrightarrow{DE}$, $\overrightarrow{CH}$ und $\overrightarrow{FH}$.

c) Bestimmen Sie die Koordinaten der Vektoren $\overrightarrow{M_1M_2}$, $\overrightarrow{M_1M_3}$ und $\overrightarrow{M_2M_3}$.

**Alles klar?**

**7** Gegeben ist ein Quader ABCDEFGH mit den Eckpunkten A(2|−2|−1), B(2|3|−1), C(−1|3|−1) und F(2|3|2).

a) Zeichnen Sie den Quader und geben Sie die Koordinaten der fehlenden Eckpunkte an.

b) **1** Bestimmen Sie die Koordinaten der Vektoren $\overrightarrow{AB}$, $\overrightarrow{AD}$ und $\overrightarrow{CG}$.

**2** Markieren Sie im Quader alle Pfeile, die zum Vektor $\overrightarrow{AB}$ gehören, in Rot, alle Pfeile, die zum Vektor $\overrightarrow{AD}$ gehören, in Blau, und alle Pfeile, die zu $\overrightarrow{CG}$ gehören, in Grün.

**3** Geben Sie die Ortsvektoren der Eckpunkte A, B, C, E, G, H an.

**4** Geben Sie die Koordinaten der Gegenvektoren von $\overrightarrow{AB}$, $\overrightarrow{AD}$ und $\overrightarrow{CG}$ an.

**8** Ein Dreieck ABC wird mit dem Vektor $\vec{v} = \begin{pmatrix} -2 \\ 3 \\ 1 \end{pmatrix}$ verschoben. Erklären Sie, wie man das verschobene Dreieck A'B'C' verschieben muss, um wieder das Dreieck ABC zu erhalten.

**9** **Argumentieren und Begründen**

Der Abstand zwischen zwei Punkten A und B in der Ebene (Schreibweise: d(A; B)) kann mit Hilfe des Satzes von Pythagoras berechnet werden. Übertragen Sie das Verfahren auf die Berechnung im Raum und erläutern Sie mit Hilfe einer Skizze die Abstandsberechnung zweier Punkte:
$d(A;B) = \sqrt{(b_1 - a_1)^2 + (b_2 - a_2)^2 + (b_3 - a_3)^2}$

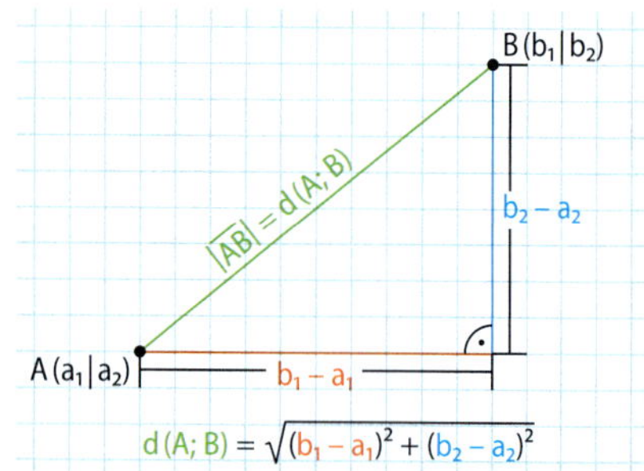


**Ideen:**
- Erklären der Abstandsberechnung für den ebenen Fall anhand der Skizze
- Erstellen einer Skizze für den räumlichen Fall
- Übertragen der Berechnungsidee für den ebenen Fall auf den räumlichen

*Beispiellösung für 10 c):*
$\overrightarrow{PQ} = \begin{pmatrix} -3-2 \\ 1+1 \\ -4-3 \end{pmatrix} = \begin{pmatrix} -5 \\ 2 \\ -7 \end{pmatrix}$
*d(P; Q)*
$= \sqrt{25+4+49}$ *LE*
$= \sqrt{78}$ *LE*

**10** Der Punkt P wird auf den Punkt Q verschoben. Berechnen Sie den Abstand d(P; Q) und geben Sie jeweils die Koordinaten des Verschiebungsvektors an.

a) P(−2|−6); Q(1|−5)  b) P(3|10); Q(−9|2)  c) P(2|−1|3); Q(−3|1|−4)
d) P(−3|1|−5); Q(2|0|−1)  e) P(−3|1|−5); Q(2|0|−1)  f) P(−5|2|−1); Q(1|2|4)

**11** Folgende Punkte sollen auf dem Parcours M-A-T-H-E-M durchlaufen werden:
M (2 | 3 | 1); A (1 | −2 | 1); T (2 | 1 | −1); H (−2 | 3 | 1); E (−2 | 0 | 2)

**a)** Geben Sie mit Vektoren an, wie man von einer Station zur nächsten kommt.

**b)** Berechnen Sie die Abstände der einzelnen Stationen und die gesamte Distanz.

**12** Von einem Würfel sind die Eckpunkte A (0 | 0 | 0) und B (4 | 0 | 0) bekannt.

**a)** Entnehmen Sie begründet die Koordinaten der weiteren Eckpunkte aus der Abbildung.

**b)** Bestimmen Sie die Vektoren $\overrightarrow{AB}$, $\overrightarrow{AC}$, $\overrightarrow{DF}$ und $\overrightarrow{GE}$.

**c)** Berechnen Sie die Länge einer …

**1** Flächendiagonale. **2** Raumdiagonale.

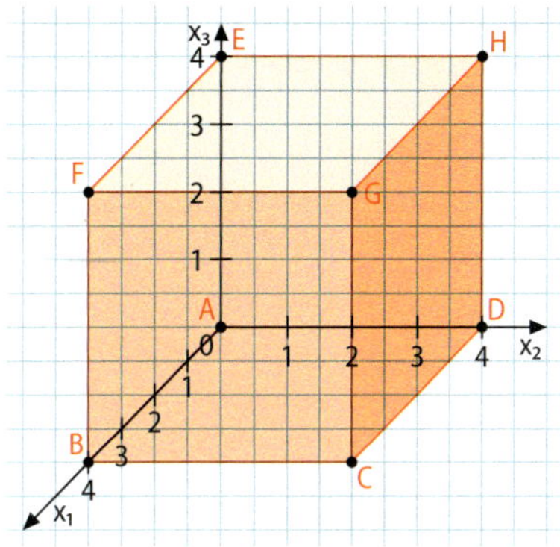


**13** Eine gerade quadratische Pyramide besitzt den Eckpunkt A (4 | 2 | 0) an ihrer Grundfläche und die Spitze S (2 | 4 | 8). Die Grundfläche liegt parallel zur $x_1$-$x_2$-Ebene.

**a)** Begründen Sie, dass die Pyramide durch diese Angaben eindeutig festgelegt ist.

**b)** Ermitteln Sie die Koordinaten der Punkte B, C, D und M. Zeichnen Sie die Pyramide anschließend in ein Koordinatensystem.

**c)** Geben Sie die Vektoren $\overrightarrow{AB}$, $\overrightarrow{AC}$, $\overrightarrow{DS}$, $\overrightarrow{AS}$ und $\overrightarrow{MS}$ an. Beschreiben Sie, was Ihnen auffällt.

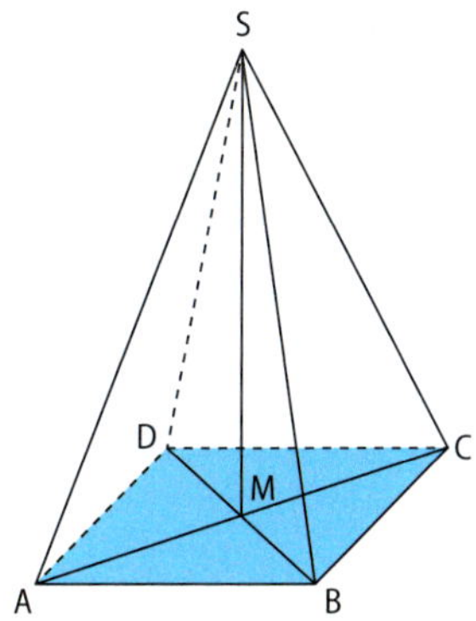


**14** Bei einer Verschiebung wird der Punkt W auf den Punkt Z abgebildet. Bestimmen Sie die fehlende Koordinate des Punktes so, dass der Abstand der Punkte d (W; Z) beträgt.

**a)** W (−2 | 5 | 5); Z (−4 | −6 | $z_3$); d (W; Z) = 3 LE **b)** W (21 | 0 | 15); Z ($z_1$ | 5 | 1); d (W; Z) = 15 LE

**c)** W (−5 | 2 | −6); Z (−3 | 1 | $z_3$); d (W; Z) = 3 LE **d)** W (5 | −2 | 5); Z (−6 | −4 | $z_3$); d (W; Z) = 6 LE

**15** **a)** Der Punkt N (−5 | 1 | −2) wird an der $x_1$-$x_3$-Ebene gespiegelt. Bestimmen Sie die Koordinaten des Bildpunktes N′ und berechnen Sie den Abstand der Punkte N und N′.

**b)** Der Punkt M (−1 | 4 | −8) wird in die $x_1$-$x_2$-Ebene projiziert. Bestimmen Sie die Koordinaten des Bildpunktes M′ und berechnen Sie den Abstand der Punkte M und M′.

**Medien & Werkzeuge**

### Vektoren

- `Vektor(A,B)` erstellt den Vektor mit Anfangspunkt A und Endpunkt B.
- `Vektor(A)` erstellt den Ortsvektor zum Punkt A.

### Verschiebung

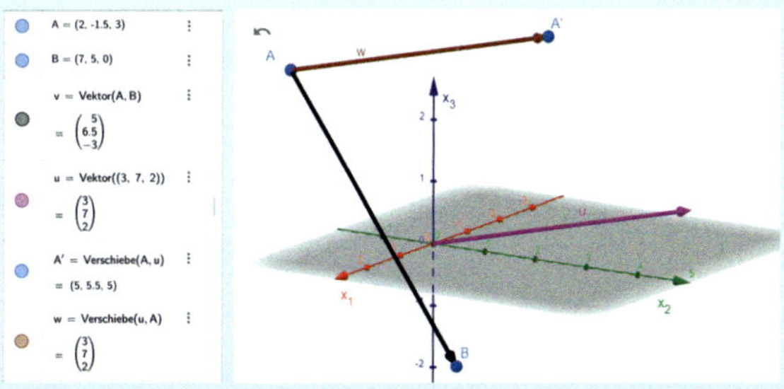


- Mit `Verschiebe(Objekt,Vektor)` kann man einen Punkt A um einen Vektor $\vec{u}$ verschieben.
- `Verschiebe(Vektor,Anfangspunkt)` verschiebt einen Vektor auf einen vorgegebenen Anfangspunkt.

- Probieren Sie die beschriebenen Funktionen in Ihrem MMS selbst aus.

### Entdecken

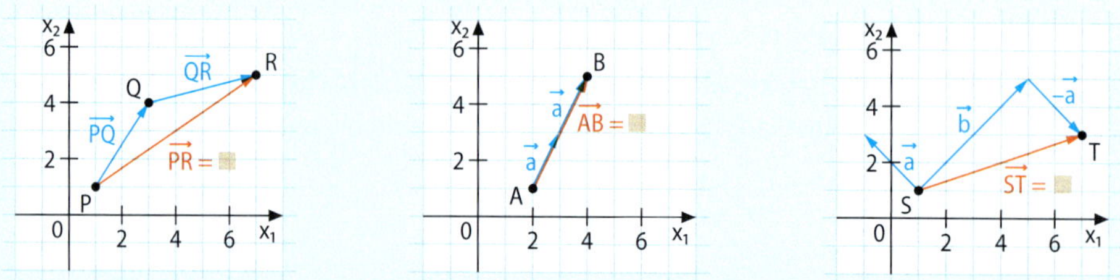


- Mit Vektoren kann man rechnen. Formulieren Sie auf der Grundlage der Abbildungen zuerst Vermutungen, wie die Berechnungen durchgeführt werden.
- Formulieren Sie Rechenregeln auf der Grundlage Ihrer Vermutungen.

### Verstehen

Verschiebungen lassen sich auch hintereinander ausführen und wieder rückgängig machen.

**Merke**

**Multiplikation mit einer reellen Zahl**

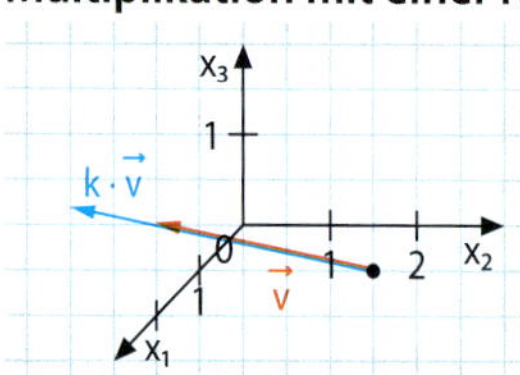


Für jede Zahl $k \in \mathbb{R}$ und jeden Vektor $\vec{v}$ ist $k \cdot \vec{v}$ wieder ein Vektor.

Formal: $k \cdot \vec{v} = \begin{pmatrix} k \cdot v_1 \\ k \cdot v_2 \\ k \cdot v_3 \end{pmatrix}$

Gilt $\vec{w} = k \cdot \vec{v}$, nennt man die Vektoren $\vec{v}$ und $\vec{w}$ **kollinear**.

Für $k = -1$ erhält man den **Gegenvektor** $-\vec{v}$.

**Addition (Subtraktion)**

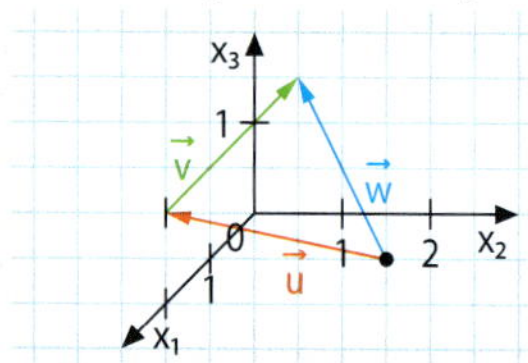


Die Nacheinanderausführung zweier Vektoren $\vec{u}$ und $\vec{v}$ ergibt die Verschiebung um den Vektor $\vec{w} = \vec{u} + \vec{v}$.

Formal: $\vec{w} = \vec{u} + \vec{v} = \begin{pmatrix} u_1 + v_1 \\ u_2 + v_2 \\ u_3 + v_3 \end{pmatrix}$

Die Differenz $\vec{u} - \vec{v} = \vec{u} + (-\vec{v})$ ist die Nacheinanderausführung von $\vec{u}$ und dem Gegenvektor von $\vec{v}$.

*Der Begriff **kollinear** verweist in seiner Wortbedeutung noch auf eine hilfreiche Vorstellung: Sind zwei Vektoren kollinear, dann sind sie zu derselben Linie bzw. Geraden parallel.*

**Beispiel**

Gegeben sind die Vektoren $\vec{u} = \begin{pmatrix} 2 \\ -3 \\ 1 \end{pmatrix}$ und $\vec{v} = \begin{pmatrix} -6 \\ 9 \\ -3 \end{pmatrix}$.

a) Geben Sie den Gegenvektor zu $\vec{u}$ an.

b) Berechnen Sie: **1** $\vec{v} + \vec{u}$ **2** $\vec{v} - \vec{u}$ **3** $5 \cdot \vec{v}$

c) Prüfen Sie, ob $\vec{u}$ und $\vec{v}$ kollinear sind.

**Lösung:**

a) $-\vec{u} = -\begin{pmatrix} 2 \\ -3 \\ 1 \end{pmatrix} = \begin{pmatrix} -2 \\ 3 \\ -1 \end{pmatrix}$

b) **1** $\begin{pmatrix} -6 \\ 9 \\ -3 \end{pmatrix} + \begin{pmatrix} 2 \\ -3 \\ 1 \end{pmatrix} = \begin{pmatrix} -4 \\ 6 \\ -2 \end{pmatrix}$ **2** $\begin{pmatrix} -6 \\ 9 \\ -3 \end{pmatrix} - \begin{pmatrix} 2 \\ -3 \\ 1 \end{pmatrix} = \begin{pmatrix} -8 \\ 12 \\ -4 \end{pmatrix}$ **3** $5 \cdot \begin{pmatrix} -6 \\ 9 \\ -3 \end{pmatrix} = \begin{pmatrix} -30 \\ 45 \\ -15 \end{pmatrix}$

c) $k \cdot \begin{pmatrix} 2 \\ -3 \\ 1 \end{pmatrix} = \begin{pmatrix} -6 \\ 9 \\ -3 \end{pmatrix}$? Es ergibt sich: $2k = -6$, $-3k = 9$ und $k = -3$, also insgesamt $k = -3$.

Die beiden Vektoren sind kollinear, denn $\vec{v} = -3 \cdot \vec{u}$.

Erklärvideo

*Mediencode 63051-055*

## Nachgefragt

- Erläutern Sie, ob man einen Vektor halbieren kann.
- Jessica überlegt, dass Gegenvektoren von zueinander kollinearen Vektoren auch kollinear sind. Nehmen Sie Stellung zu der Überlegung.

**Aufgaben**

**oHiMi**
1–4, 6, 8–10, 12, 14, 15

**1** Gegeben sind $\vec{v} = \begin{pmatrix} 1 \\ -2 \\ 0{,}5 \end{pmatrix}$ und $\vec{u} = \begin{pmatrix} 3 \\ 0 \\ -1{,}5 \end{pmatrix}$. Berechnen Sie $\vec{u} + \vec{v}$, $\vec{v} - \vec{u}$ und $(-1) \cdot \vec{v}$.

**2** Berechnen Sie.

**a)** $\begin{pmatrix} -2 \\ -3 \\ 1 \end{pmatrix} + \begin{pmatrix} -8 \\ 8 \\ 5 \end{pmatrix}$ **b)** $\begin{pmatrix} -6 \\ 9 \\ -12 \end{pmatrix} + \begin{pmatrix} 4{,}5 \\ -7 \\ 11 \end{pmatrix} - \begin{pmatrix} -3 \\ 13 \\ -21 \end{pmatrix}$ **c)** $\begin{pmatrix} 42 \\ -12 \\ -18 \end{pmatrix} + (-5) \cdot \begin{pmatrix} 4 \\ -4 \\ 5 \end{pmatrix}$

**d)** $\frac{1}{2} \cdot \begin{pmatrix} 10 \\ -6 \\ 22 \end{pmatrix} + (-2) \cdot \begin{pmatrix} \frac{5}{8} \\ \frac{1}{4} \\ -14 \end{pmatrix} - \frac{1}{3} \cdot \begin{pmatrix} 15 \\ -15 \\ \frac{3}{5} \end{pmatrix}$ **e)** $-\frac{1}{5} \cdot \begin{pmatrix} 5 \\ -10 \\ 15 \end{pmatrix} + \begin{pmatrix} -8 \\ -1 \\ 0 \end{pmatrix} \cdot (-4)$

**3** Bestimmen Sie die Werte von $k, x_1, x_2, x_3 \in \mathbb{R}$ so, dass die Gleichung erfüllt ist.

**a)** $k \cdot \begin{pmatrix} 2 \\ 4 \end{pmatrix} = \begin{pmatrix} 3 \\ 6 \end{pmatrix}$ **b)** $\begin{pmatrix} x_1 \\ x_2 \end{pmatrix} + \begin{pmatrix} 5 \\ 1 \end{pmatrix} = \begin{pmatrix} 0 \\ 0 \end{pmatrix}$ **c)** $\begin{pmatrix} x_1 \\ x_2 \\ x_3 \end{pmatrix} + \begin{pmatrix} 1 \\ -2 \\ 3 \end{pmatrix} = \begin{pmatrix} 2 \\ -3 \\ 0 \end{pmatrix}$

**d)** $\begin{pmatrix} 4 \\ -8 \\ 12 \end{pmatrix} = k \cdot \begin{pmatrix} -2 \\ 4 \\ -6 \end{pmatrix}$ **e)** $\begin{pmatrix} 2 \\ -6 \\ 8 \end{pmatrix} = k \cdot \begin{pmatrix} -1 \\ 5 \\ -6 \end{pmatrix} + k \cdot \begin{pmatrix} -3 \\ 7 \\ -10 \end{pmatrix}$ **f)** $\begin{pmatrix} x_1 \\ 10 \\ 12 \end{pmatrix} + \begin{pmatrix} 3 \\ x_2 \\ x_3 \end{pmatrix} = \begin{pmatrix} 8 \\ -5 \\ -3 \end{pmatrix}$

**4** Untersuchen Sie, ob die Vektoren $\vec{u}$ und $\vec{v}$ kollinear sind.

**a)** $\vec{u} = \begin{pmatrix} 4 \\ 2 \\ 2 \end{pmatrix}; \vec{v} = \begin{pmatrix} 6 \\ 3 \\ 3 \end{pmatrix}$ **b)** $\vec{u} = \begin{pmatrix} 2 \\ 0{,}5 \\ 3 \end{pmatrix}; \vec{v} = \begin{pmatrix} -6 \\ -1{,}5 \\ -9 \end{pmatrix}$ **c)** $\vec{u} = \begin{pmatrix} -1 \\ -2 \\ -4 \end{pmatrix}; \vec{v} = \begin{pmatrix} 3 \\ 6 \\ -12 \end{pmatrix}$

**d)** $\vec{u} = \begin{pmatrix} \frac{1}{3} \\ \frac{1}{4} \\ \frac{1}{5} \end{pmatrix}; \vec{v} = \begin{pmatrix} 40 \\ 30 \\ 24 \end{pmatrix}$ **e)** $\vec{u} = \begin{pmatrix} -2 \\ 3 \\ -1 \end{pmatrix}; \vec{v} = \begin{pmatrix} -5 \\ 7{,}5 \\ 2{,}5 \end{pmatrix}$ **f)** $\vec{u} = \begin{pmatrix} 3 \\ 0 \\ 8 \end{pmatrix}; \vec{v} = \begin{pmatrix} -3 \\ -6 \\ 2 \end{pmatrix}$

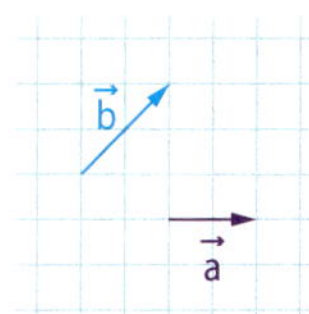


**5** Gegeben sind zwei Vektoren $\vec{a}$ und $\vec{b}$. Zeichnen Sie jeweils Pfeile so in Ihr Heft, dass sie dem folgenden Term entsprechen. Vereinfachen Sie den Term.

**a)** $2\vec{a} + \vec{b} + \vec{a}$ **b)** $\vec{a} + 2\vec{b} + \vec{a}$ **c)** $\vec{a} + \vec{b} + 2\vec{a}$ **d)** $\vec{b} + 4\vec{a} - 2\vec{b} + \vec{a}$

**Medien & Werkzeuge**

### Rechnen mit Vektoren

In einem MMS kann man mit Vektoren „wie üblich" rechnen, man braucht also keine speziellen Befehle zur Addition bzw. Multiplikation.
Die Multiplikation mit –1 erzeugt den Gegenvektor.

- Probieren Sie die beschriebenen Funktionen in Ihrem MMS selbst aus.

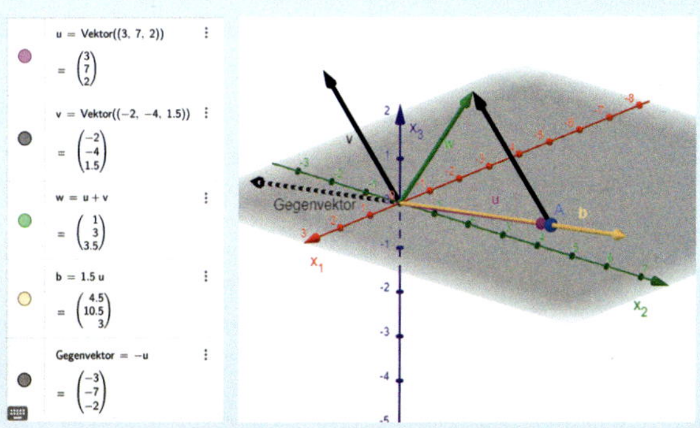

**6** Vereinfachen Sie den Term so weit wie möglich.

**a)** $\overrightarrow{AB} + \overrightarrow{BC}$ **b)** $\overrightarrow{AB} + \overrightarrow{BA}$ **c)** $\overrightarrow{PQ} + \overrightarrow{QR} + \overrightarrow{RS}$ **d)** $\overrightarrow{ST} - \overrightarrow{TU} + \overrightarrow{TS}$

**e)** $\overrightarrow{MN} - (\overrightarrow{MN} + \overrightarrow{NL})$ **f)** $\overrightarrow{PQ} - \overrightarrow{RS} - \overrightarrow{PR}$ **g)** $\overrightarrow{RS} - (\overrightarrow{RS} - \overrightarrow{ST}) + \overrightarrow{TU}$

**7** **Argumentieren und Begründen**

Begründen Sie die Formel zur Berechnung des Mittelpunktes der Strecke $\overline{AB}$: $\overrightarrow{OM_{\overline{AB}}} = \overrightarrow{OA} + \frac{1}{2} \cdot \overrightarrow{AB}$.

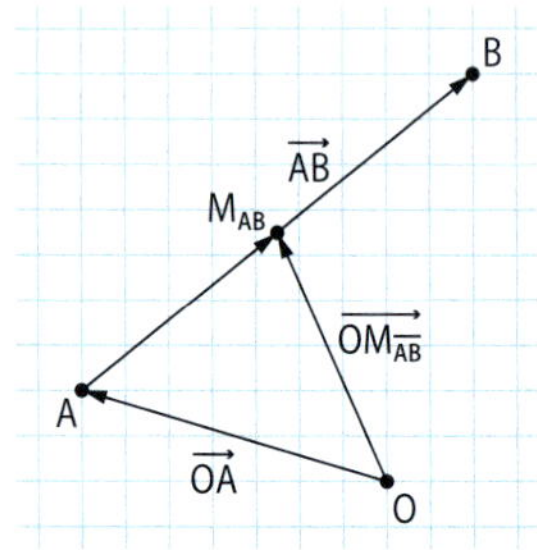


**Ideen:**

- Markieren Sie in einer Skizze die in der Formel genannten Vektoren mit verschiedenen Farben.
- Erklären Sie, warum der Mittelpunkt einer Strecke $\overline{AB}$ nicht mit $\overrightarrow{OM_{\overline{AB}}} = \frac{1}{2} \cdot \overrightarrow{AB}$ ermittelt werden kann.
- Erläutern Sie die Formel, indem Sie die Skizze erklären.

*Mittelpunkt der Strecke $\overline{AB}$: $\overrightarrow{OA} + \frac{1}{2} \cdot \overrightarrow{AB}$*

**8** Berechnen Sie den Mittelpunkt der Strecke $\overline{ST}$ mit Hilfe von Vektoren.

**a)** S(8|5|3); T(3|8|5) **b)** S(−4|2|−7); T(1|−1|10) **c)** S(0|−23|−4); T(−3|0|−1)

**Alles klar?**

**9** Gegeben sind die Punkte A(8|−5|3), B(−1|2|4), C(9|−2|−3) und D(10|0|−1).

**a)** Berechnen Sie die Koordinaten der folgenden Vektoren:

**1** $\overrightarrow{AB} + \overrightarrow{CD}$ **2** $\overrightarrow{BC} - \overrightarrow{AD} + 3 \cdot \overrightarrow{CA}$ **3** $-4 \cdot \overrightarrow{BD} - (\overrightarrow{AB} - 5 \cdot \overrightarrow{DC})$

**b)** Bestimmen Sie die Koordinaten der Mittelpunkte der Strecken $\overline{AB}$, $\overline{CD}$, $\overline{AD}$ und $\overline{BD}$.

**10** Entscheiden Sie, ob die Aussage wahr oder falsch ist. Begründen Sie.

**a)** Der Nullvektor ist zu jedem Vektor kollinear.

**b)** Die Summe von Vektoren ist wieder ein Vektor.

*Komponentenweise: Ein Vektor im Raum ist ein Tripel aus Zahlen: $\begin{pmatrix} x \\ y \\ z \end{pmatrix}$. Diese Zahlen nennt man die Komponenten oder Koordinaten des Vektors.*

**11** **Argumentieren und Begründen**

Die Vektorrechnung kann komponentenweise auf das Rechnen mit reellen Zahlen zurückgeführt werden. Daher gelten die bekannten Gesetze auch für Vektoren.

**Beispiel:** Kommutativgesetz der Addition

$$\vec{u} + \vec{v} = \begin{pmatrix} u_1 \\ u_2 \\ u_3 \end{pmatrix} + \begin{pmatrix} v_1 \\ v_2 \\ v_3 \end{pmatrix} = \begin{pmatrix} u_1 + v_1 \\ u_2 + v_2 \\ u_3 + v_3 \end{pmatrix} = \begin{pmatrix} v_1 + u_1 \\ v_2 + u_2 \\ v_3 + u_3 \end{pmatrix} = \begin{pmatrix} v_1 \\ v_2 \\ v_3 \end{pmatrix} + \begin{pmatrix} u_1 \\ u_2 \\ u_3 \end{pmatrix} = \vec{v} + \vec{u}$$

**a)** Beschreiben Sie die Umformungen in eigenen Worten.

**b)** Zeigen Sie analog die folgenden Gesetze:

**1** Assoziativgesetz der Addition: $(\vec{u} + \vec{v}) + \vec{w} = \vec{u} + (\vec{v} + \vec{w})$

**2** Assoziativgesetz der Multiplikation mit reellen Zahlen: $(k \cdot m) \cdot \vec{v} = k \cdot (m \cdot \vec{v})$

**3** Distributivgesetze der Multiplikation mit reellen Zahlen:

$k \cdot (\vec{u} + \vec{v}) = k \cdot \vec{u} + k \cdot \vec{v}$

$(k + m) \cdot \vec{v} = k \cdot \vec{v} + m \cdot \vec{v}$

**Ideen:**

- Anfertigen geeigneter Skizzen und farbiges Markieren der Vektoren
- Erproben anhand von Beispielen
- Ein MMS nutzen, um die Gesetze mit Beispielvektoren zu veranschaulichen

**12** Berechnen Sie geschickt und geben Sie an, welche Rechengesetze angewandt wurden.

**a)** $4 \cdot \left[\begin{pmatrix} 4 \\ -3 \\ 9 \end{pmatrix} + \begin{pmatrix} -8 \\ 9 \\ -1 \end{pmatrix}\right]$ **b)** $(-2) \cdot \begin{pmatrix} 5 \\ -10 \\ 0 \end{pmatrix} + (-2) \cdot \begin{pmatrix} -2 \\ 2 \\ 12 \end{pmatrix}$ **c)** $5 \cdot \begin{pmatrix} -11 \\ 12 \\ 9 \end{pmatrix} + 2 \cdot \begin{pmatrix} -11 \\ 12 \\ 9 \end{pmatrix}$

**13** Wird ein Vektor durch andere Vektoren und deren Vielfache ausgedrückt, ist er eine Linearkombination dieser Vektoren. Prüfen Sie, ob $\vec{v}$ eine Linearkombination von $\vec{a}, \vec{b}$ (und $\vec{c}$) ist.

**a)** $\vec{v} = \begin{pmatrix} 12 \\ -3 \\ 4 \end{pmatrix}; \vec{a} = \begin{pmatrix} 2 \\ 1 \\ 2 \end{pmatrix}; \vec{b} = \begin{pmatrix} -3 \\ 3 \\ 1 \end{pmatrix}$ **b)** $\vec{v} = \begin{pmatrix} 12 \\ -3 \\ 4 \end{pmatrix}; \vec{a} = \begin{pmatrix} 3 \\ 1 \\ 2 \end{pmatrix}; \vec{b} = \begin{pmatrix} 0 \\ 7 \\ -2 \end{pmatrix}$

**c)** $\vec{v} = \begin{pmatrix} 3 \\ -8 \\ -5 \end{pmatrix}; \vec{a} = \begin{pmatrix} 3 \\ 2 \\ -1 \end{pmatrix}; \vec{b} = \begin{pmatrix} 1 \\ 4 \\ 1 \end{pmatrix}$ **d)** $\vec{v} = \begin{pmatrix} 12 \\ -3 \\ 4 \end{pmatrix}; \vec{a} = \begin{pmatrix} 1 \\ 1 \\ 0 \end{pmatrix}; \vec{b} = \begin{pmatrix} 1 \\ -1 \\ 0 \end{pmatrix}; \vec{c} = \begin{pmatrix} 0 \\ 0 \\ 1 \end{pmatrix}$

*Beispiel:*
*Prüfen Sie, ob* $\vec{v} = \begin{pmatrix} 7 \\ 8 \\ 2 \end{pmatrix}$ *eine Linearkombination von* $\vec{a} = \begin{pmatrix} 3 \\ 2 \\ -1 \end{pmatrix}$ *und* $\vec{b} = \begin{pmatrix} 1 \\ 4 \\ 4 \end{pmatrix}$ *ist.*
*Stellen Sie ein LGS auf:*
$\begin{pmatrix} 7 \\ 8 \\ 2 \end{pmatrix} = r \cdot \begin{pmatrix} 3 \\ 2 \\ -1 \end{pmatrix} + s \cdot \begin{pmatrix} 1 \\ 4 \\ 4 \end{pmatrix}$
*ist lösbar mit $r = 2$ und $s = 1$.*
*$\vec{v}$ ist eine Linearkombination von $\vec{a}$ und $\vec{b}$.*

**Erklärvideo**
*Mediencode 63051-056*

**14** Gegeben sind die Vektoren $\vec{a}$, $\vec{b}$, $\vec{c}$ und $\vec{d}$, deren Linearkombinationen verschiedene Wege von einem Startpunkt S zu einem Zielpunkt Z beschreiben.

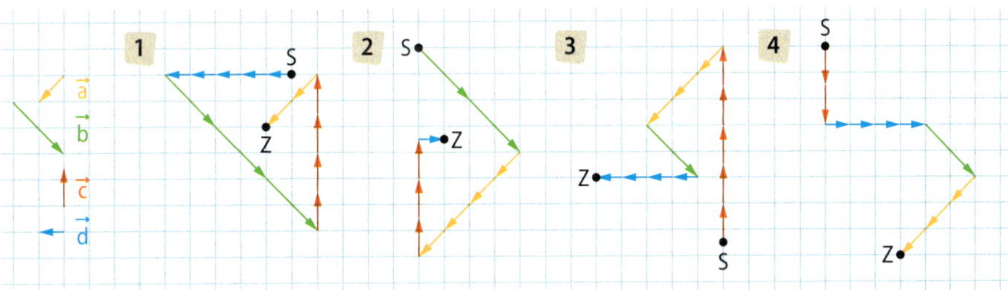


**a)** Beschreiben Sie die abgebildeten Wege mit Vielfachen und Summen der Vektoren $\vec{a}$, $\vec{b}$, $\vec{c}$ und $\vec{d}$.

**b)** Geben Sie, falls möglich, jeweils kürzere Wege von S nach Z mit Hilfe von ganzzahligen Vielfachen von $\vec{a}$, $\vec{b}$, $\vec{c}$ und $\vec{d}$ an.

**15** Richtig oder falsch? Begründen Sie. Der Abstand zwischen zwei Punkten …

**a)** verändert sich nicht, wenn man alle Koordinaten beider Punkte verdoppelt.

**b)** wird stets größer, wenn man alle Koordinaten der beiden Punkte quadriert.

**16** **a)** Gegeben ist das Dreieck ABC mit $A(-1|-2|-3)$, $B(-2|5|4)$ und $C(1|-4|2)$. Prüfen Sie für diese Punkte die Gültigkeit der Gleichung $\overrightarrow{AB} + \overrightarrow{BC} = \overrightarrow{AC}$.

**b)** Prüfen Sie die Gültigkeit der Gleichung aus a) an einem weiteren Dreieck.

**17** Finden Sie jeweils mit Hilfe der Abbildung heraus, ob die Gleichung richtig ist.

**a)** $\vec{a} + \vec{b} = -2\vec{e}$

**b)** $\vec{b} + \vec{d} = -\vec{c}$

**c)** $2\vec{a} + \vec{d} - \vec{c} = 2 \cdot \begin{pmatrix} -6 \\ 1 \end{pmatrix}$

**d)** $\vec{a} - \vec{b} + \vec{c} + \vec{d} = \vec{e} - \begin{pmatrix} 0 \\ 3 \end{pmatrix}$

**e)** $\vec{b} + \vec{c} + \vec{d} = \vec{o}$

**f)** $\vec{a} - 2\vec{b} = \vec{c}$

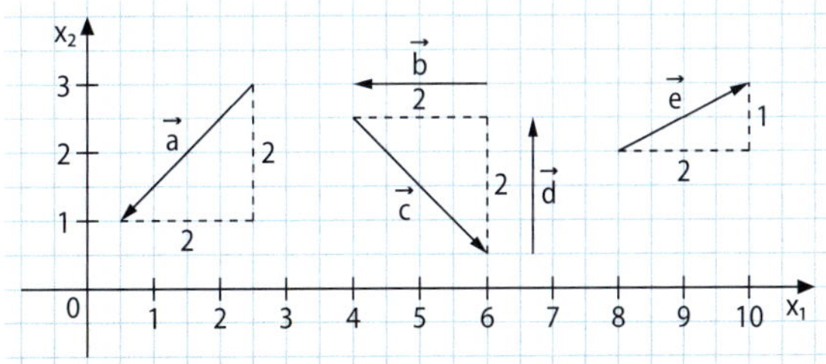


**18** Gegeben sind $P(2|2|6)$ und $Q(-2|4|16)$. Bestimmen Sie die Koordinaten eines Punktes R …

**a)** auf der $x_1$-Achse so, dass die Vektoren $\overrightarrow{PQ}$ und $\overrightarrow{PR}$ kollinear sind.

**b)** in der $x_1$-$x_2$-Ebene so, dass die Vektoren $\overrightarrow{PQ}$ und $\overrightarrow{PR}$ kollinear sind.

# 6.4 Betrag eines Vektors

## Entdecken

*Verwenden Sie den Satz des Pythagoras.*

Gegeben sind Eckpunkte eines Quaders: P (1 | 2 | 2), Q (3 | 6 | 6) und R (3 | 6 | 2).

- Bestimmen Sie die Koordinaten der Vektoren $\overrightarrow{PQ}$ und $\overrightarrow{PR}$.
- Berechnen Sie die Länge der Strecken $\overline{PQ}$ und $\overline{PR}$.
- Erläutern Sie, was Sie über die Länge der Vektoren $\overrightarrow{PQ}$ und $\overrightarrow{PR}$ sagen können.

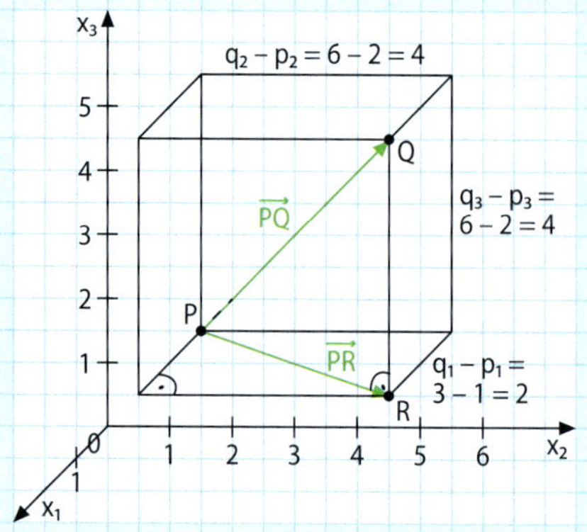


## Verstehen

Mit Hilfe des Satzes des Pythagoras können nicht nur Seitenlängen, sondern auch Längen von Vektoren bestimmt werden.

### Merke

Unter der **Länge** oder dem **Betrag** $|\vec{a}|$ **eines Vektors** $\vec{a}$ versteht man die **Länge** der zu $\vec{a}$ gehörenden Pfeile. Aus den Koordinaten des Vektors $\vec{a}$ kann man seinen Betrag mit Hilfe des Satzes von Pythagoras berechnen:

*Der Betrag eines Vektors ist die Wurzel aus der Summe der Quadrate seiner Koordinaten.*

**Betrag eines Vektors in der Ebene**

$\vec{a} = \begin{pmatrix} a_1 \\ a_2 \end{pmatrix}$ $\quad |\vec{a}| = \sqrt{a_1^2 + a_2^2}$

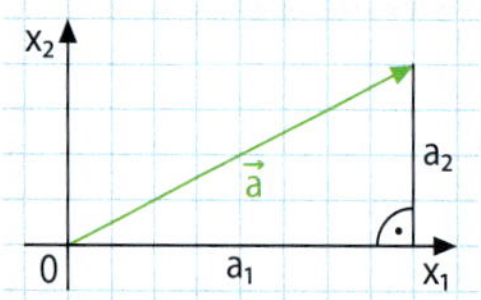


**Betrag eines Vektors im Raum**

$\vec{a} = \begin{pmatrix} a_1 \\ a_2 \\ a_3 \end{pmatrix}$ $\quad |\vec{a}| = \sqrt{a_1^2 + a_2^2 + a_3^2}$

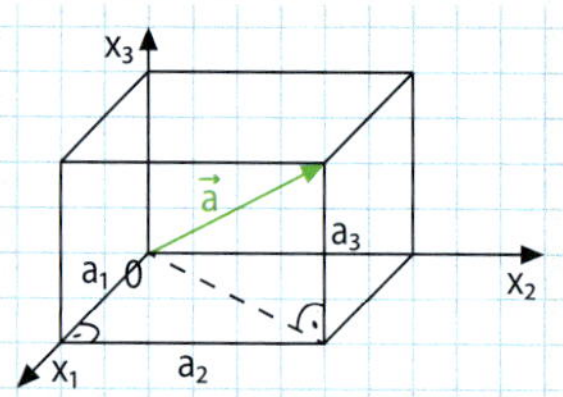


**Erklärvideo**

*Mediencode 63051-057*

### Beispiel

Berechnen Sie den Betrag des Vektors.

a) $\vec{u} = \begin{pmatrix} -4 \\ 0 \\ 3 \end{pmatrix}$ b) $\vec{v} = \begin{pmatrix} 2 \\ -5 \\ 1 \end{pmatrix}$ c) $\overrightarrow{AB}$ mit A (8 | −3 | 4) und B (2 | −1 | −9)

**Lösung:**

a) $|\vec{u}| = \sqrt{(-4)^2 + 0^2 + 3^2} = \sqrt{25} = 5$ b) $|\vec{v}| = \sqrt{2^2 + (-5)^2 + 1^2} = \sqrt{30}$

c) $\overrightarrow{AB} = \begin{pmatrix} 2-8 \\ -1-(-3) \\ -9-4 \end{pmatrix} = \begin{pmatrix} -6 \\ 2 \\ -13 \end{pmatrix}$ $\quad |\overrightarrow{AB}| = \sqrt{(-6)^2 + 2^2 + (-13)^2} = \sqrt{209}$

### Nachgefragt

- Linus meint: „Ich brauche zur Bestimmung des Betrages eines Vektors nur seine Koordinaten und muss nicht den Satz des Pythagoras anwenden.“ Beurteilen Sie die Aussage von Linus.
- Nehmen Sie Stellung zu Toms Satz: „Wenn $|\vec{a}| = 4$ und $|\vec{b}| = 5$, dann ist $|\vec{a} + \vec{b}| = 9$.“

**Aufgaben**

**1** Berechnen Sie den Betrag des Vektors.

a) $\vec{v} = \begin{pmatrix} 2 \\ -4 \\ 1 \end{pmatrix}$ b) $\vec{u} = \begin{pmatrix} -5 \\ 0 \\ 3 \end{pmatrix}$ c) $\vec{a} = \begin{pmatrix} 10 \\ -11 \\ 12 \end{pmatrix}$ d) $\vec{b} = \begin{pmatrix} \sqrt{2} \\ -\sqrt{5} \\ \sqrt{3} \end{pmatrix}$ e) $\vec{d} = \begin{pmatrix} a \\ 2a \\ 3a \end{pmatrix}$

**2** Bestimmen Sie Koordinaten des Vektors $\overrightarrow{AB}$ und berechnen Sie seinen Betrag.

a) A(8|−3|4); B(2|−1|−9) b) A(−8|1|−2); B(3|4|5) c) A(0|−5|5); B(−2|1|2)

**3** Kajakfahrerin Paula befindet sich zum Zeitpunkt t = 0 mit ihrem Kajak im Punkt P(0|0). Paula bewegt das Kajak pro Stunde um den Vektor $\vec{v} = \begin{pmatrix} 6 \\ 4 \end{pmatrix}$ (1 LE ≙ 1 km). Berechnen Sie die Geschwindigkeit des Kajaks.

*Die Geschwindigkeit berechnet man, indem man die Länge der Strecke berechnet und dann durch die Zeit teilt.*

**4** Ein Luftballon bewegt sich durch Wind und Auftrieb geradlinig durch die Luft. Innerhalb einer Sekunde bewegt er sich von R(1|0|5) nach S(4|−2|8) (1 LE ≙ 1 m).

a) Bestimmen Sie die Position des Ballons fünf Sekunden nach dem Passieren von S.

b) Berechnen Sie die Geschwindigkeit des Ballons.

**5** Eine Yacht überquert einen See und befindet sich zum Zeitpunkt t = 0 in P(0|0|0). Der Vektor $\vec{u} = \begin{pmatrix} 150 \\ 70 \\ 0 \end{pmatrix}$ gibt die Veränderung der Position der Yacht pro Minute an (1 LE ≙ 1 m).

a) Berechnen Sie, wo sich die Yacht bei konstanter Geschwindigkeit und unveränderter Richtung nach einer halben Stunde befindet.

b) Berechnen Sie die Geschwindigkeit der Yacht in km/h.

**6** Gegeben sind die Vektoren $\vec{a} = \begin{pmatrix} 2 \\ k \\ k \end{pmatrix}$ und $\vec{b} = \begin{pmatrix} -4 \\ -6 \\ m \end{pmatrix}$ mit $k, m \in \mathbb{R}$.

a) Bestimmen Sie die Zahlen k und m so, dass die Vektoren $\vec{a}$ und $\vec{b}$ kollinear sind.

b) Geben Sie drei weitere Vektoren an, die zu den gegebenen Vektoren kollinear sind.

c) Ermitteln Sie k und m so, dass beide Vektoren den Betrag 10 haben.

d) Geben Sie jeweils zwei Vektoren mit Betrag 3 an, die zum Vektor $\vec{a}$ bzw. zum Vektor $\vec{b}$ kollinear sind.

**Alles klar?**

**7** Gegeben sind drei Punkte A(−1|2|4), B(−3|3|4) und C(2|5|2). Berechnen Sie den Betrag der Vektoren $\overrightarrow{AB}$, $\overrightarrow{AC}$ und $\overrightarrow{BC}$.

**8** Erläutern Sie die Formel zur Berechnung des Betrags eines Vektors im Raum mit Hilfe des Satzes des Pythagoras.

**9** Im Parallelogramm ABCD wird der Diagonalenschnittpunkt mit M bezeichnet. Bestimmen Sie die Koordinaten der fehlenden Punkte sowie den Umfang des Parallelogramms.

a) A(3|2|1); B(1|5|2); C(−1|5|4) b) A(1|1|2); B(−5|3|1); M(−2|3|4)

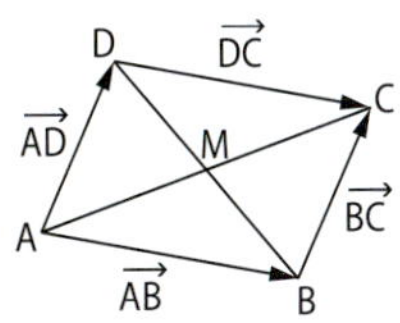


**10** Zeichnen Sie das Dreieck ABC mit A(3|0|1), B(0|4|0) und C(0|0|3) in ein Koordinatensystem und bestimmen Sie die Seitenlängen des Dreiecks.

**Medien & Werkzeuge**

### Betrag eines Vektors

Der Betrag bzw. die Länge eines Vektors kann in einem MMS durch den Befehl `Länge(Vektor)` bestimmt werden.

- Probieren Sie die beschriebene Funktion in Ihrem MMS selbst aus.

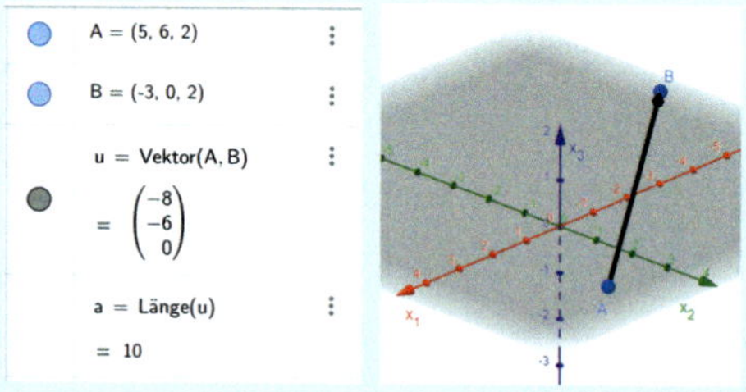


**Methoden**

## Besondere Dreiecke im Raum

Um zu prüfen, welche Art von Dreieck vorliegt, überträgt man die Methoden aus der Ebene. Dabei können Vektoren behilflich sein.

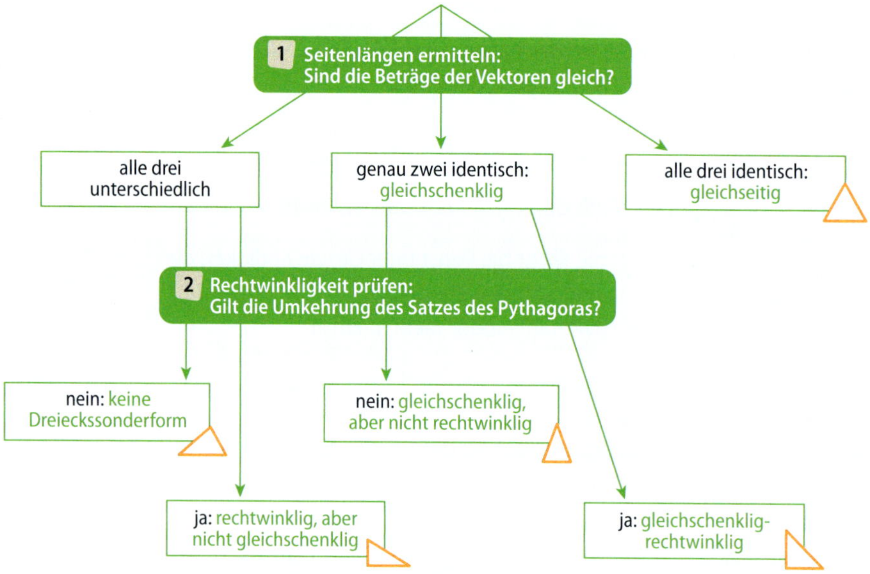


*Umkehrung des Satzes des Pythagoras: Wenn in einem Dreieck das Quadrat der längsten Seite gleich der Summe der Quadrate der beiden kürzeren Seiten ist, dann ist das Dreieck rechtwinklig. Die längste Seite entspricht dann der Hypotenuse.*

**Beispiel**

Dreieck ABC mit A (4 | 4 | 6), B (4 | 4 | 2) und C (4 | 0 | 2)

**1** Beträge der Vektoren:

$\overrightarrow{AB} = \begin{pmatrix} 4-4 \\ 4-4 \\ 2-6 \end{pmatrix} = \begin{pmatrix} 0 \\ 0 \\ -4 \end{pmatrix}$ $\qquad |\overrightarrow{AB}| = \sqrt{0+0+16} = 4$

ebenso: $|\overrightarrow{AC}| = 4\sqrt{2}$ und $|\overrightarrow{BC}| = 4$. Also liegt ein gleichschenkliges Dreieck vor.

**2** Umkehrung des Satzes des Pythagoras: $4^2 + 4^2 = (4\sqrt{2})^2$, das Dreieck ist rechtwinklig.

Insgesamt liegt ein gleichschenklig-rechtwinkliges Dreieck vor.

**11** Untersuchen Sie, welche Art von Dreieck vorliegt. Nutzen Sie das Entscheidungsdiagramm.

**a)** A (7 | 2 | 5); B (4 | 0 | 7); C (10 | 0 | 3)
**b)** A (1 | 2 | 3); B (3,5 | 2 | 1); C (3 | 3 | 1)
**c)** A (−5 | 1,5 | 3); B (0 | 0,5 | 3); C (1 | 2,5 | 6)
**d)** A (5 | −5 | 10); B (2 | −2 | 3); C (2 | −5 | 10)
**e)** A (2 | 3 | 0); B (3 | 0 | 2,5); C (6 | 1 | 0)
**f)** A (4 | 3 | −4); B (1 | 6 | −4); C (1 | 3 | −4)

**12** **a)** Gegeben ist das Dreieck ABC mit A(8|2|4), B(6|8|2) und C(10|c|10). Wählen Sie die Koordinaten für c so, dass das Dreieck gleichschenklig ist.

**b)** Bestimmen Sie die Koordinate $c_2$ so, dass das Dreieck ABC mit A(5|0|5), B(3|−2|4) und C(1|$c_2$|2) gleichschenklig ist. Die Basis des Dreiecks sei $\overline{AB}$.

## Methoden

### Besondere Vierecke im Raum

Auch beim Überprüfen, welche Art von Viereck vorliegt, helfen Vektoren.

*Parallelität prüft man mit Kollinearität.*

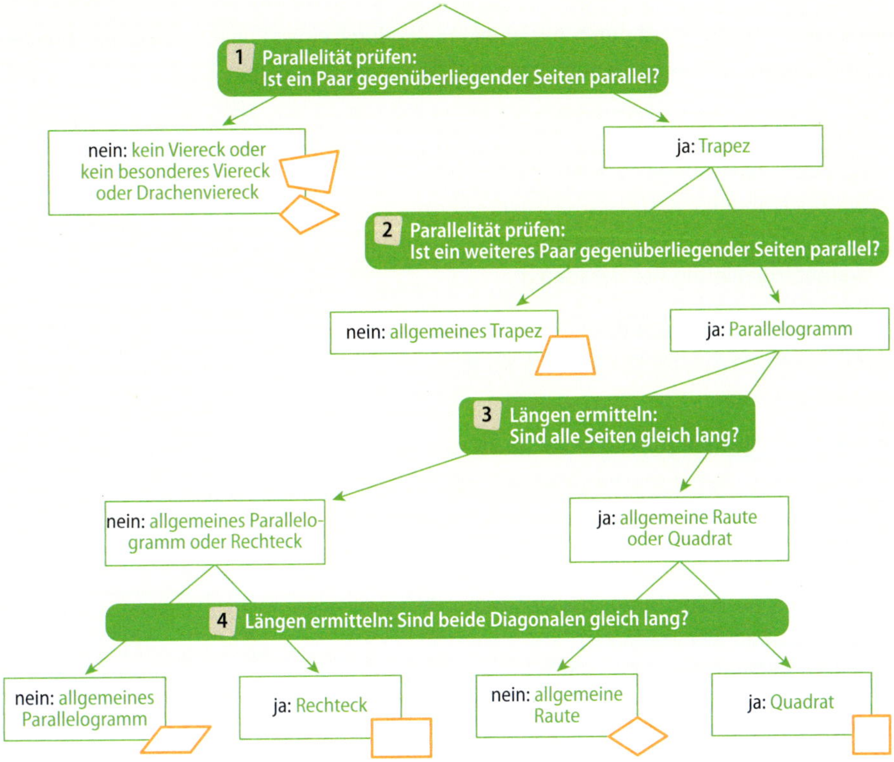


**13** Untersuchen Sie, welche Art von Viereck vorliegt. Nutzen Sie das Entscheidungsdiagramm.

**a)** A(0|5|−3); B(5|0|2); C(1|0|2); D(−4|5|−3)

**b)** A(5|−3|2); B(7|4|1); C(5|8|25); D(3|1|26)

**c)** A(4|4|−4); B(5|0|4); C(−2|4|8); D(−3|8|0)

**d)** D(1|1|4); I(4|2|1); N(0|−1|−1); O(−5|−3,5|1)

**e)** D(3|−1|2); I(2|1|2); N(−1|2|1); O(0|0|1)

**f)** A(1|1|1); B(5|9|9); C(−3|17|5); D(−7|9|−3)

**14** **a)** Bestimmen Sie die Koordinaten von D so, dass sich ein Parallelogramm ABCD ergibt.

**1** A(2|3|3); B(−2|2|3); C(5|5|−5) **2** A(0|1|−1); B(2|1|1); C(1|1|0)

**b)** Von einem Viereck ABCD sind A(−2|2|0), B(−2|0|2) und C(0|2|2) bekannt. Bestimmen Sie die Koordinaten von D so, dass sich ein besonderes Viereck ergibt.

**c)** Gegeben ist das Dreieck POS mit P(1|3|−5), O(1|3|2) und S(−2|3|2). Ergänzen Sie einen Punkt T so, dass ein besonderes Viereck POST entsteht.

# 6.5 Geraden und Strecken im Raum

## Entdecken

Vom Startpunkt O fährt jeweils ein Fahrrad zu den Punkten M, A, T, H und E.

- Beschreiben Sie die fünf Wege mit Hilfe der Vektoren $\vec{p}$ und $\vec{u}$.
- Erläutern Sie die Lage der Punkte M, A, T, H und E.

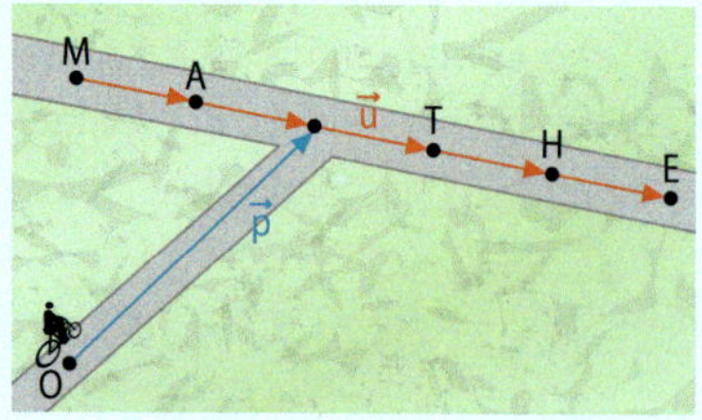


## Verstehen

Eine Gerade in der Ebene ist durch zwei Punkte oder durch einen Punkt und ihre Richtung eindeutig festgelegt. Dieses Konzept wird nun auf den Raum übertragen.

*$g: \vec{x} = \vec{a} + r \cdot \vec{v}$*
***Parameterform** der Geradengleichung g:*
*$\vec{a}$ Stützvektor*
*$r$ Parameter*
*$\vec{v}$ Richtungsvektor*

### Merke

Eine Geradengleichung beschreibt die Ortsvektoren $\vec{x}$ aller Geradenpunkte X. Sie lässt sich in der Form $g: \vec{x} = \vec{a} + r \cdot \vec{v}$ mit $r \in \mathbb{R}$ angeben (**Parametergleichung der Geraden g**).

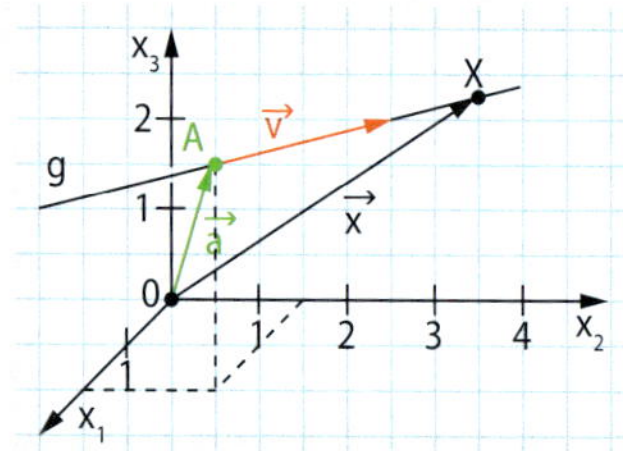


Dabei heißt der Punkt A **Aufpunkt** der Geraden, der Ortsvektor $\vec{a}$ **Stützvektor** und der Vektor $\vec{v}$ **Richtungsvektor**.

Ist eine Gerade durch zwei Punkte A und B gegeben, so lässt sich der **Richtungsvektor** $\vec{v} = \overrightarrow{AB}$ als Differenz der Ortsvektoren der beiden Punkte bestimmen.

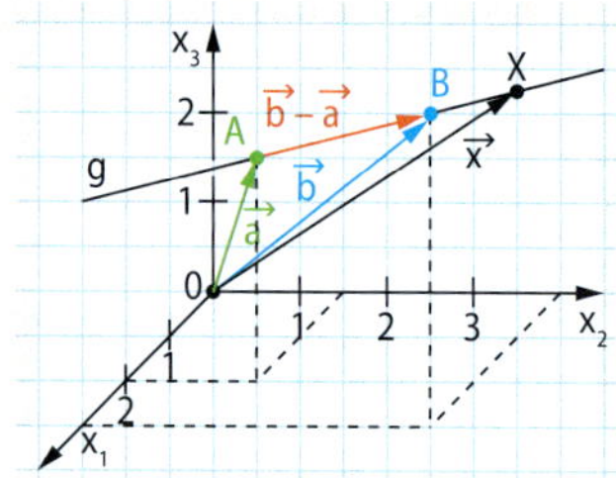


Für die Gerade $g: \vec{x} = \vec{a} + r \cdot \vec{v}$ mit $r \in \mathbb{R}$ gilt:

**1** Für jedes $r \in \mathbb{R}$ ergibt sich der Ortsvektor $\overrightarrow{OP}$ eines Punktes P auf der Geraden g.

**2** Für jeden Punkt Q der Geraden g gibt es eine Zahl $s \in \mathbb{R}$ so, dass $\overrightarrow{OQ} = \vec{a} + s \cdot \vec{v}$.
Für Punkte, die nicht auf g liegen, gibt es ein solches s nicht.

**Erklärvideo**
*Mediencode 63051-058*

### Beispiele

**I.** Die Gerade g ist durch die Punkte A (4 | −1 | 5) und B (6 | 3 | 2) festgelegt. Bestimmen Sie eine Geradengleichung von g.

**Lösung:**

$$\begin{pmatrix} 6-4 \\ 3-(-1) \\ 2-5 \end{pmatrix} = \begin{pmatrix} 2 \\ 4 \\ -3 \end{pmatrix}, \text{ somit } g: \vec{x} = \begin{pmatrix} 4 \\ -1 \\ 5 \end{pmatrix} + r \cdot \begin{pmatrix} 2 \\ 4 \\ -3 \end{pmatrix}; r \in \mathbb{R}$$

*Wenn nichts anderes angegeben ist, ist der Parameter des Richtungsvektors einer Geraden eine reelle Zahl.*

**II.** Gegeben ist die Gerade g mit $g: \vec{x} = \begin{pmatrix} 2 \\ -4 \\ 3 \end{pmatrix} + r \cdot \begin{pmatrix} 1 \\ -1 \\ 4 \end{pmatrix}$.

**a)** Geben Sie zwei Punkte A und B an, die auf der Geraden g liegen.

**b)** Überprüfen Sie rechnerisch, ob die Punkte D (1 | −3 | −1) und E (7 | −9 | −17) auf g liegen.

**Lösung:**

**a)** Lösungsmöglichkeit:

$\overrightarrow{OA} = \begin{pmatrix} 2 \\ -4 \\ 3 \end{pmatrix} + 2 \cdot \begin{pmatrix} 1 \\ -1 \\ 4 \end{pmatrix} = \begin{pmatrix} 4 \\ -6 \\ 11 \end{pmatrix}$

A (4 | −6 | 11) liegt auf g.

$\overrightarrow{OB} = \begin{pmatrix} 2 \\ -4 \\ 3 \end{pmatrix} + (-1) \cdot \begin{pmatrix} 1 \\ -1 \\ 4 \end{pmatrix} = \begin{pmatrix} 1 \\ -3 \\ -1 \end{pmatrix}$

B (1 | −3 | −1) liegt auf g.

**b)** D: $\begin{pmatrix} 1 \\ -3 \\ -1 \end{pmatrix} = \begin{pmatrix} 2 \\ -4 \\ 3 \end{pmatrix} + r \cdot \begin{pmatrix} 1 \\ -1 \\ 4 \end{pmatrix}$

I $1 = 2 + r \Leftrightarrow r = -1$
II $-3 = -4 - r \Leftrightarrow r = -1$
III $-1 = 3 + 4r \Leftrightarrow r = -1$

D liegt auf g, weil die Werte für r in allen drei Gleichungen übereinstimmen.

E: $\begin{pmatrix} 7 \\ -9 \\ -17 \end{pmatrix} = \begin{pmatrix} 2 \\ -4 \\ 3 \end{pmatrix} + r \cdot \begin{pmatrix} 1 \\ -1 \\ 4 \end{pmatrix}$

I $7 = 2 + r \Leftrightarrow r = 5$
II $-9 = -4 - r \Leftrightarrow r = 5$
III $-17 = 3 + 4r \Leftrightarrow r = -5$

E liegt nicht auf der Geraden g, weil die Werte für r nicht gleich sind.

**III.** Zeigen Sie, dass die Geraden $g_1$ und $g_2$ identisch sind und durch die Punkte A (3 | 5 | −1) und B (4 | −1 | 1) festgelegt sind.

$g_1$: $\vec{x} = \begin{pmatrix} 3 \\ 5 \\ -1 \end{pmatrix} + s \cdot \begin{pmatrix} 1 \\ -6 \\ 2 \end{pmatrix}$  $g_2$: $\vec{x} = \begin{pmatrix} 4 \\ -1 \\ 1 \end{pmatrix} + s \cdot \begin{pmatrix} -1 \\ 6 \\ -2 \end{pmatrix}$

**Lösung:**

$g_1$: Hier ist $\overrightarrow{OA}$ der Stützvektor und $\overrightarrow{AB}$ der Richtungsvektor.
$g_2$: Hier ist $\overrightarrow{OB}$ der Stützvektor und $\overrightarrow{BA}$ der Richtungsvektor.
Die Geraden sind identisch.

## Nachgefragt

- Erläutern Sie, ob es unendlich viele Geradengleichungen durch zwei Punkte gibt.
- Beurteilen Sie die Aussagen: „Besitzen zwei Geraden denselben **1** Stützvektor, **2** Richtungsvektor bzw. **3** Parameter, so sind die beiden Geraden identisch".

## Aufgaben

*$g_{AB}$ ist eine Schreibweise für eine Gerade g, die durch die Punkte A und B festgelegt ist.*

**oHiMi** 1–3, 7, 9, 10 a) und b), 11

**1** Geben Sie eine Parametergleichung für die Gerade $g_{AB}$ an.

**a)** A (−2 | 3 | 5); B (4 | 6 | 1)
**b)** A (−1 | 0 | 4); B (5 | 2 | 3)
**c)** A (3 | 5 | −2); B (−1 | 0 | 2)
**d)** A (6 | 12 | 18); B (−4 | −2 | −8)

**2** Gegeben sind Geraden g und h mit g: $\vec{x} = \begin{pmatrix} -2 \\ 4 \\ 1 \end{pmatrix} + r \cdot \begin{pmatrix} 3 \\ -5 \\ 0 \end{pmatrix}$ und h: $\vec{x} = \begin{pmatrix} 4 \\ -2 \\ -5 \end{pmatrix} + s \cdot \begin{pmatrix} 1 \\ -1 \\ 7 \end{pmatrix}$.

**a)** Geben Sie für beide Geraden je drei auf ihnen liegende Punkte an.
**b)** Prüfen Sie, ob die Punkte D (7|−5|16), E (4|−5|7) und T (4|−6|1) auf einer der beiden Geraden g oder h liegen.

**3** Geben Sie jeweils eine passende Parametergleichung für die Gerade g an.

**a)** A (2 | 4 | 1) liegt auf g und g ist parallel zur $x_1$-Achse.
**b)** B (−1 | −3 | 2) liegt auf g und g verläuft senkrecht zur $x_1$-Achse.
**c)** C (2 | 2 | 5) liegt auf g, D (3 | 1 | 8) nicht.
**d)** E (5 | 1 | 2) und der Koordinatenursprung liegen auf g.
**e)** F (2 | 1 | 0) liegt auf g und g verläuft in der $x_2$-$x_3$-Ebene.
**f)** G (−2 | 5 | 6) liegt auf g und g hat keinen Schnittpunkt mit der $x_3$-Achse.
**g)** g verläuft durch H (2 | 3 | −1) und ist parallel zur Geraden AB mit A (2 | 4 | 1) und B (−1 | −3 | 2).

*Sie können zur Überprüfung auch ein MMS nutzen.*

**4** Prüfen Sie jeweils, ob die drei Punkte A, B und C auf einer Geraden liegen.

**a)** A (2 | 1 | 3); B (1 | −1 | 3); C (0 | −3 | 3) **b)** A (0 | −1 | 3); B (1 | −3 | 2); C (4 | −9 | −1)
**c)** A (1 | 2 | −1); B (1 | 3 | 0); C (1 | 1 | 2) **d)** A (2 | 1 | −1); B (0 | 0 | 0); C (4 | 2 | −2)

*Eine Punktmenge ist eine Menge von Punkten, die alle eine bestimmte Eigenschaft haben.*

**5** Soll nur ein Geradenabschnitt betrachtet werden, wird der Parameter r eingeschränkt.

**a)** Beschreiben Sie die Eigenschaften der Punktmengen, die durch die angegebenen Gleichungen beschrieben werden. Fertigen Sie eine Skizze an.

**1** $\vec{x} = \vec{a} + r \cdot \overrightarrow{AB}; r \geq 0$ **2** $\vec{x} = \vec{b} + r \cdot \overrightarrow{AB}; r \geq -1$
**3** $\vec{x} = \vec{b} + r \cdot \overrightarrow{BA}; r \geq 0$ **4** $\vec{x} = \vec{a} + r \cdot \overrightarrow{AB}; 0 \leq r \leq 1$

**b)** Ermitteln Sie eine Gleichung der Strecke $\overline{AB}$, ihre Länge sowie ihren Mittelpunkt M.

**1** A (2 | 4 | 1); B (4 | 6 | 9) **2** A (−3 | −5 | 2); B (6 | 4 | 1)
**3** A (5 | −3 | −2); B (3 | 2 | 6) **4** A (0 | 1 | 2); B (5 | 4 | 3)

**Alles klar?**

**6** **a)** Geben Sie drei verschiedene Geradengleichungen der Geraden g an, die durch den Ursprung und den Punkt P (4 | −3 | 8) verläuft.

**b)** Zeigen Sie, dass die Punkte A (−4 | 2 | −2), B (−6 | −2 | 2) und C (−1 | 8 | −8) auf einer Geraden liegen, und entscheiden Sie begründet, welcher der drei Punkte zwischen den beiden anderen liegt.

**c)** Entscheiden Sie begründet, ob die Geraden k und l identisch sind.

$$k: x = \begin{pmatrix} 9 \\ 6 \\ -15 \end{pmatrix} + r \cdot \begin{pmatrix} -8 \\ -4 \\ -12 \end{pmatrix} \qquad l: x = \begin{pmatrix} 3 \\ 2 \\ -5 \end{pmatrix} + s \cdot \begin{pmatrix} 2 \\ 1 \\ 3 \end{pmatrix}$$

**7** Geben Sie für alle Geraden, auf denen die abgebildeten Strecken liegen, eine Geradengleichung in Parameterform an.

a)

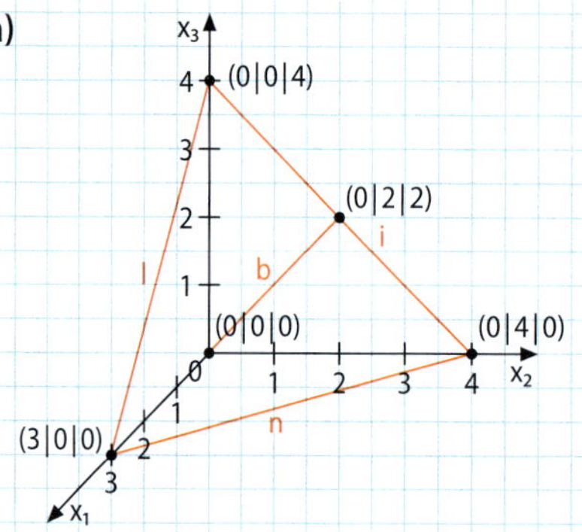


b)

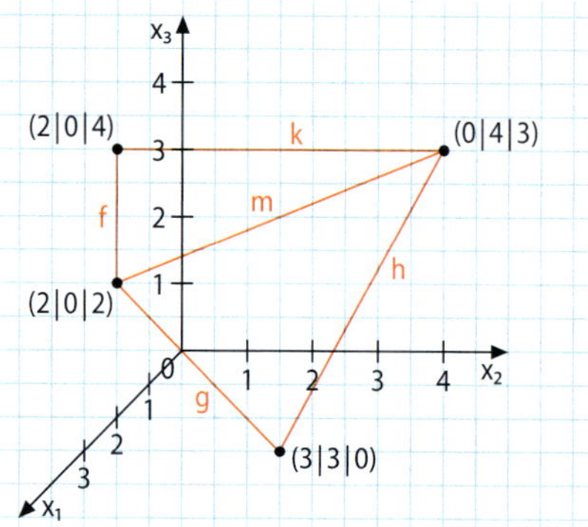


**8** Beim abgebildeten Prisma, dessen Grundfläche ein rechtwinkliges Dreieck ist, sind R, S und T die Mittelpunkte der Seitenkanten. Zeichnen Sie das Prisma in ein geeignetes Koordinatensystem und geben Sie jeweils eine Gleichung der Geraden g, f, k und h an.

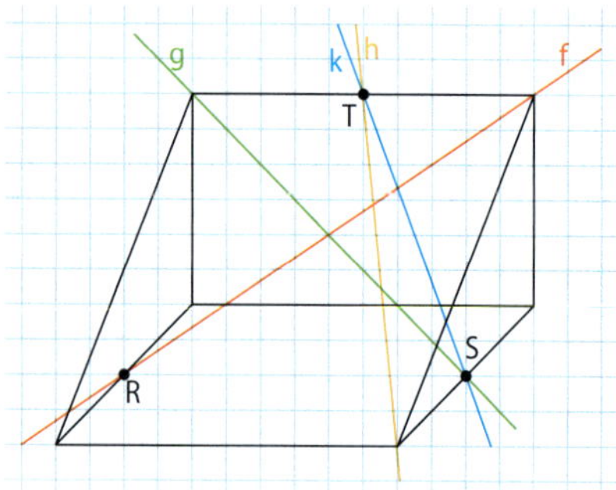

**9** Geben Sie an, wie die Gerade g im Koordinatensystem liegt.

a) $g: \vec{x} = t \cdot \begin{pmatrix} 1 \\ 0 \\ 1 \end{pmatrix}$ b) $g: \vec{x} = t \cdot \begin{pmatrix} 0 \\ 1 \\ 1 \end{pmatrix}$ c) $g: \vec{x} = t \cdot \begin{pmatrix} 1 \\ 1 \\ 1 \end{pmatrix}$

**10** Gegeben ist die Gerade g mit $g: \vec{x} = \begin{pmatrix} 2 \\ -2 \\ 4 \end{pmatrix} + s \cdot \begin{pmatrix} 2 \\ 1 \\ -2 \end{pmatrix}$. Der zu einem Parameterwert s gehörende Punkt wird mit $Q_s$ bezeichnet.

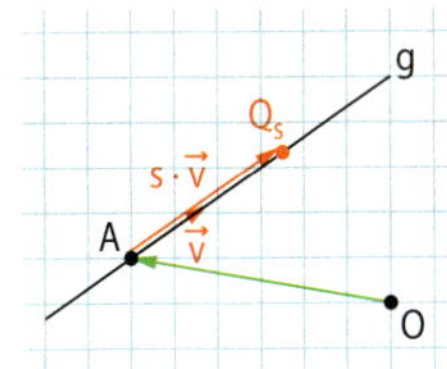


a) Bestimmen Sie die Koordinaten von $Q_{-2}$, $Q_{-1}$, $Q_{0,5}$ und $Q_5$.

b) Gegeben ist der Punkt $Q(-4|-5|10)$. Geben Sie den zugehörigen Wert des Parameters s an.

c) Zeigen Sie:

1 Die Punkte $Q_{-s}$ und $Q_s$ liegen gleich weit vom Punkt $A(2|-2|4)$ entfernt.

2 $Q_{-s}$ ist der Spiegelpunkt von $Q_s$ an $A(2|-2|4)$.

3 Die Entfernung zwischen $Q_s$ und $Q_{s+1}$ beträgt für jedes s 3 Längeneinheiten.

**11** Gegeben ist das Modell eines Hauses.

a) Auf den Geraden $k_1$ bis $k_4$ liegen Hauskanten. Ordnen Sie entsprechend zu.

$k_1: \vec{x} = \begin{pmatrix} 0 \\ 0 \\ 4 \end{pmatrix} + r \cdot \begin{pmatrix} 0 \\ 0 \\ -4 \end{pmatrix}$

$k_2: \vec{x} = \begin{pmatrix} 4 \\ 4 \\ 8 \end{pmatrix} + r \cdot \begin{pmatrix} -4 \\ 4 \\ -4 \end{pmatrix}$

$k_3: \vec{x} = \begin{pmatrix} 8 \\ 8 \\ 0 \end{pmatrix} + r \cdot \begin{pmatrix} -8 \\ 0 \\ 0 \end{pmatrix}$

$k_4: \vec{x} = \begin{pmatrix} 8 \\ 8 \\ 4 \end{pmatrix} + r \cdot \begin{pmatrix} 0 \\ 8 \\ 0 \end{pmatrix}$

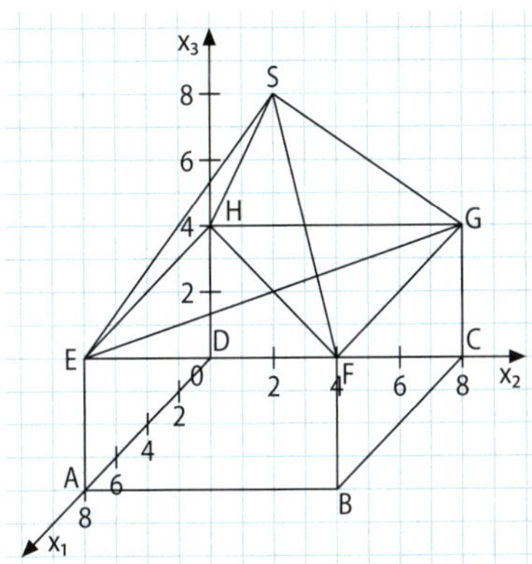


b) Geben Sie für die restlichen Kanten entsprechende Geradengleichungen an.

c) Schränken Sie für einige der Geradengleichungen den Parameter des Richtungsvektors so ein, dass nur die entsprechende Kante – und nicht die ganze Gerade – beschrieben wird.

Medien & Werkzeuge

## Geraden darstellen

- Bei zwei gegebenen Punkten erzeugt der Befehl `Gerade(Punkt,Punkt)` eine Geradengleichung.
- Sind ein Punkt und ein Richtungsvektor einer Geraden gegeben, dann ist der Befehl `Gerade(Punkt, Richtungsvektor)` geeignet.

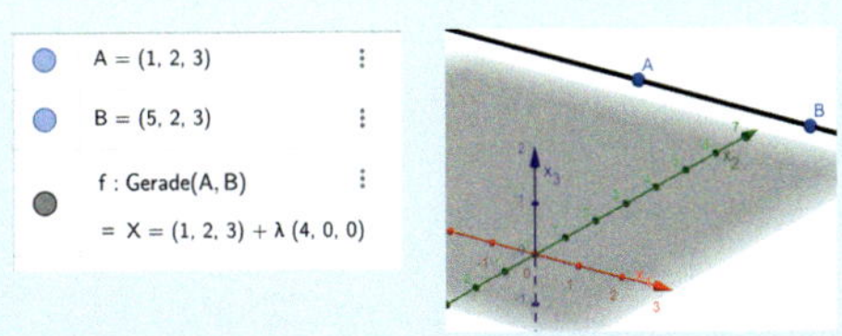


- Probieren Sie die beschriebenen Funktionen in Ihrem MMS selbst aus.
- Erzeugen Sie eine Geradengleichung f und geben Sie f(2) in Ihr MMS ein. Erklären Sie die Ausgabe.

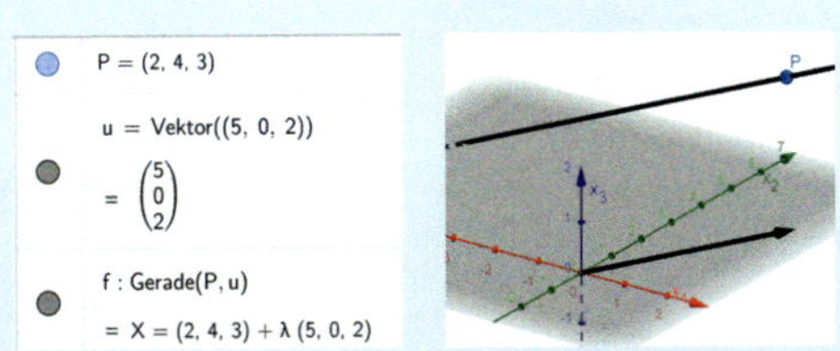

**Entdecken**

- Beschreiben Sie die möglichen Lagebeziehungen von zwei Geraden in der Ebene.
- Erläutern Sie, woran man die Lagebeziehung an den Geradengleichungen erkennen kann.

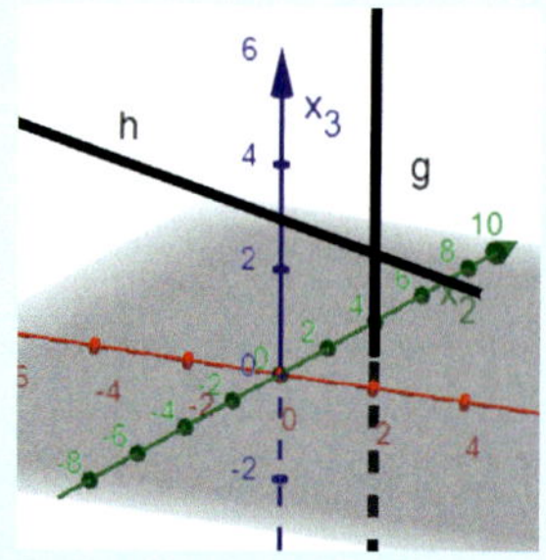


- Zeichnen Sie mit einem MMS die Geraden $g: \vec{x} = \begin{pmatrix} 1 \\ 2 \\ 0 \end{pmatrix} + r \cdot \begin{pmatrix} -1 \\ 2 \\ 5 \end{pmatrix}$ und $h: \vec{x} = \begin{pmatrix} -2 \\ -4 \\ 15 \end{pmatrix} + t \cdot \begin{pmatrix} 4 \\ -3 \\ 0{,}5 \end{pmatrix}$.
  Beschreiben Sie die Lage der beiden Geraden zueinander.
- Stellen Sie Vermutungen auf, wie zwei Geraden im Raum zueinander liegen können und woran man die Lage anhand der Geradengleichungen erkennen kann.

**Verstehen**

Man unterscheidet vier Lagebeziehungen von Geraden im Raum.

*Mit einer Punktprobe lässt sich herausfinden, ob zwei Geraden g und h nicht nur parallel, sondern sogar identisch sind. Liegt ein Punkt der einen Geraden auch auf der anderen, dann sind die Geraden identisch, ansonsten sind sie parallel.*

**Merke**

Sind die beiden **Richtungsvektoren** $\vec{u}$ und $\vec{v}$ zweier Geraden $g: \vec{x} = \vec{a} + r \cdot \vec{u}$ und $h: \vec{x} = \vec{b} + s \cdot \vec{v}$ **kollinear**, dann sind die folgenden Lagebeziehungen von g und h möglich:

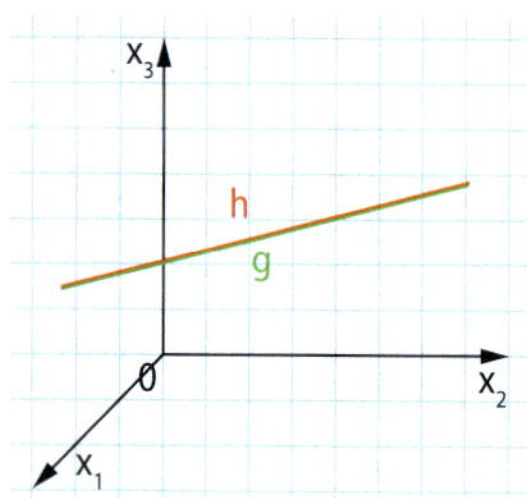


g und h sind **identisch**. Sie haben unendlich viele gemeinsame Punkte.

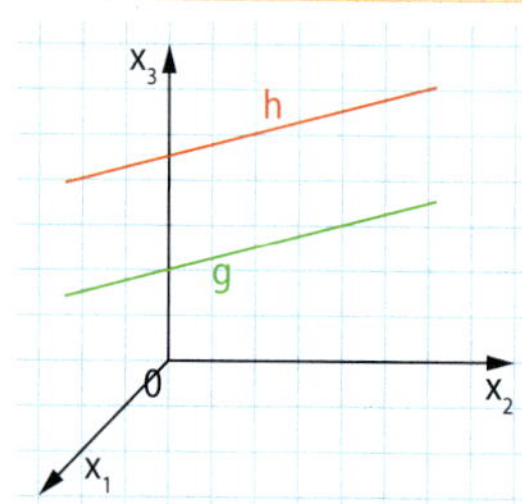


g und h sind **parallel**. Sie haben keine gemeinsamen Punkte.

Folgende beiden weiteren Lagebeziehungen zwischen zwei Geraden sind möglich:

*Sind die Richtungsvektoren nicht kollinear, erhält man durch Gleichsetzen der Geradengleichungen ein lineares Gleichungssystem. Ist dieses lösbar, existiert ein Schnittpunkt. Andernfalls liegen die Geraden windschief zueinander.*

**Merke**

Liegt **keine Kollinearität der Richtungsvektoren** vor, sind folgende Lagen möglich:

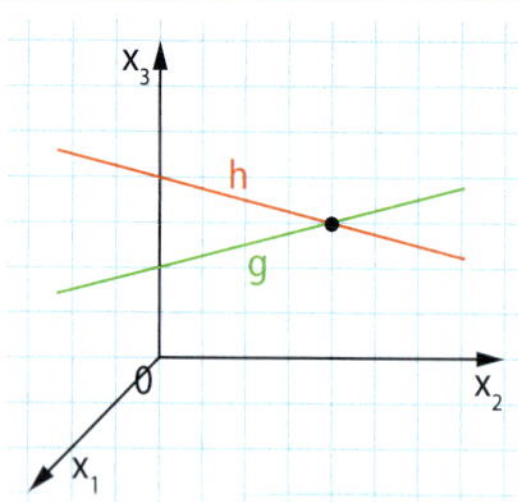


g und h **schneiden** sich: Sie haben einen Punkt gemeinsam.

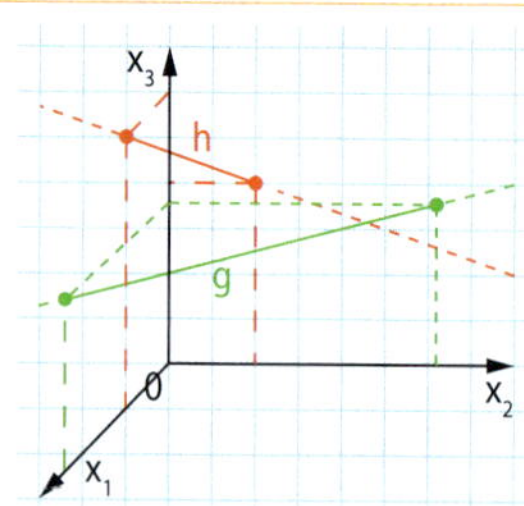


g und h sind zueinander **windschief**: Sie haben keinen Punkt gemeinsam.

**Beispiel**

Untersuchen Sie die Lagebeziehung der Geraden g und h und bestimmen Sie gegebenenfalls den Schnittpunkt der Geraden.

a) $g: \vec{x} = \begin{pmatrix} 1 \\ -2 \\ 4 \end{pmatrix} + r \cdot \begin{pmatrix} -1 \\ 5 \\ -11 \end{pmatrix}$ b) $g: \vec{x} = \begin{pmatrix} 1 \\ 2 \\ 0 \end{pmatrix} + r \cdot \begin{pmatrix} -1 \\ 2 \\ 5 \end{pmatrix}$ c) $g: \vec{x} = \begin{pmatrix} 4 \\ 7 \\ -1 \end{pmatrix} + r \cdot \begin{pmatrix} 1 \\ -1 \\ 2 \end{pmatrix}$

$h: \vec{x} = \begin{pmatrix} -2 \\ 13 \\ 29 \end{pmatrix} + t \cdot \begin{pmatrix} -5 \\ 25 \\ -55 \end{pmatrix}$ $h: \vec{x} = \begin{pmatrix} -2 \\ -4 \\ 15 \end{pmatrix} + t \cdot \begin{pmatrix} 4 \\ -3 \\ 0{,}5 \end{pmatrix}$ $h: \vec{x} = \begin{pmatrix} 1 \\ -2 \\ -3 \end{pmatrix} + t \cdot \begin{pmatrix} 2 \\ 4 \\ 2 \end{pmatrix}$

*Lineare Gleichungssysteme (LGS) können mit dem Additions-, dem Gleichsetzungs- oder dem Einsetzungsverfahren gelöst werden.*

**Lösung:**

a) $5 \cdot \begin{pmatrix} -1 \\ 5 \\ -11 \end{pmatrix} = \begin{pmatrix} -5 \\ 25 \\ -55 \end{pmatrix}$ $\Rightarrow$ kollinear, also identisch oder parallel

Punktprobe: A $(1\,|\,-2\,|\,4)$ ist ein Punkt auf g. Liegt A auch auf h?

$$\begin{pmatrix} 1 \\ -2 \\ 4 \end{pmatrix} = \begin{pmatrix} -2 \\ 13 \\ 29 \end{pmatrix} + t \cdot \begin{pmatrix} -5 \\ 25 \\ -55 \end{pmatrix} \Rightarrow \text{LGS:} \quad \begin{array}{ll} \text{I} & 1 = -2 + t \cdot (-5) \Rightarrow r = -\frac{3}{5} \\ \text{II} & -2 = 13 + t \cdot 25 \Rightarrow r = -\frac{3}{5} \\ \text{II} & 4 = 29 + t \cdot (-55) \Rightarrow r = \frac{5}{11} \end{array}$$

A liegt nicht auf h, also sind g und h parallel zueinander.

*Am besten setzt man bei der Punktprobe den Aufpunkt der einen Geraden in die andere Geradengleichung ein.*

*Gäbe es ein $r \in \mathbb{R}$, das alle Gleichungen erfüllt, wären die Geraden g und h identisch.*

b) $-4 \cdot (-1) = 4$, aber $-4 \cdot 2 \neq -3$ $\Rightarrow$ nicht kollinear, also schneiden oder windschief

$$\begin{pmatrix} 1 \\ 2 \\ 0 \end{pmatrix} + r \cdot \begin{pmatrix} -1 \\ 2 \\ 5 \end{pmatrix} = \begin{pmatrix} -2 \\ -4 \\ 15 \end{pmatrix} + t \cdot \begin{pmatrix} 4 \\ -3 \\ 0{,}5 \end{pmatrix}$$

$$\begin{array}{ll} \text{I} & 1 - r = -2 + 4t \\ \text{II} & 2 + 2r = -4 - 3t \\ \text{III} & 5r = 15 + 0{,}5t \end{array} \quad \Leftrightarrow \quad \begin{array}{ll} \text{I} & 3 = r + 4t \\ \text{II} & 6 = -2r - 3t \\ \text{III} & -15 = -5r + 0{,}5t \end{array} \qquad 2 \cdot \text{I} + \text{II}: \; 12 = 5t, \text{ also } t = 2{,}4$$

t in I: $1 - r = -2 + 4 \cdot 2{,}4$
$r = -6{,}6$

r und t in III: $5 \cdot (-6{,}6) = 15 + 0{,}5 \cdot 2{,}4$
$-33 = 16{,}2$ falsche Aussage

g und h sind windschief zueinander.

**Erklärvideo**

Mediencode 63051-059

c) $2 \cdot 1 = 2$, aber $2 \cdot (-1) \neq 4$ $\Rightarrow$ nicht kollinear, also schneiden oder windschief

$$\begin{pmatrix} 4 \\ 7 \\ -1 \end{pmatrix} + r \cdot \begin{pmatrix} 1 \\ -1 \\ 2 \end{pmatrix} = \begin{pmatrix} 1 \\ -2 \\ -3 \end{pmatrix} + t \cdot \begin{pmatrix} 2 \\ 4 \\ 2 \end{pmatrix}$$

$$\begin{array}{ll} \text{I} & 4 + r = 1 + 2t \\ \text{II} & 7 - r = -2 + 4t \\ \text{III} & -1 + 2r = -3 + 2t \end{array} \quad \Leftrightarrow \quad \begin{array}{ll} \text{I} & 3 = -r + 2t \\ \text{II} & 9 = r + 4t \\ \text{III} & 2 = -2r + 2t \end{array} \qquad \text{I} + \text{II}: \; 12 = 6t, \text{ also } t = 2$$

t in I: $4 + r = 1 + 2 \cdot 2$
$r = 1$

r und t in III: $-1 + 2 \cdot 1 = -3 + 2 \cdot 2$
$1 = 1$ wahre Aussage

g und h schneiden sich. Schnittpunkt berechnen, also r in g (oder t in h) einsetzen:

$$\overrightarrow{OS} = \begin{pmatrix} 4 \\ 7 \\ -1 \end{pmatrix} + 1 \cdot \begin{pmatrix} 1 \\ -1 \\ 2 \end{pmatrix} = \begin{pmatrix} 5 \\ 6 \\ 1 \end{pmatrix} \qquad S(5\,|\,6\,|\,1)$$

**Nachgefragt**

- Nehmen Sie Stellung zu der Aussage: „Besitzen zwei Geraden denselben Stützvektor, so schneiden sich die beiden Geraden."
- Entwickeln Sie ein Beispiel für zwei zueinander parallele Geraden (für zwei identische Geraden) und erläutern Sie Ihr Vorgehen.

Aufgaben

oHiMi
1, 4, 5, 7

**1** Ermitteln Sie die Koordinaten des Schnittpunktes der Geraden g und h.

a) $g\colon \vec{x} = \begin{pmatrix} 4 \\ -3 \\ 5 \end{pmatrix} + r \cdot \begin{pmatrix} -5 \\ 4 \\ 2 \end{pmatrix};\ h\colon \vec{x} = \begin{pmatrix} 5 \\ 1 \\ 4 \end{pmatrix} + s \cdot \begin{pmatrix} 1 \\ 4 \\ -1 \end{pmatrix}$

b) $g\colon \vec{x} = \begin{pmatrix} -2 \\ 3 \\ 1 \end{pmatrix} + r \cdot \begin{pmatrix} 5 \\ -5 \\ 5 \end{pmatrix};\ h\colon \vec{x} = \begin{pmatrix} 4 \\ 1 \\ 5 \end{pmatrix} + s \cdot \begin{pmatrix} -1 \\ -3 \\ 1 \end{pmatrix}$

**2** Untersuchen Sie mit Hilfe eines MMS, welche der Geraden g, h und k windschief zueinander sind. Prüfen Sie Ihr Ergebnis anschließend rechnerisch.

$g\colon \vec{x} = \begin{pmatrix} 3 \\ 1 \\ 2 \end{pmatrix} + r \cdot \begin{pmatrix} 2 \\ 4 \\ 2 \end{pmatrix}$ $\quad h\colon \vec{x} = \begin{pmatrix} 3 \\ 1 \\ 2 \end{pmatrix} + s \cdot \begin{pmatrix} 4 \\ 3 \\ -6 \end{pmatrix}$ $\quad k\colon \vec{x} = \begin{pmatrix} -2 \\ 4 \\ 3 \end{pmatrix} + t \cdot \begin{pmatrix} -4 \\ -3 \\ 6 \end{pmatrix}$

Methoden

## Lagebeziehung von Geraden zielgerichtet ermitteln

**Beispiel**

$g\colon \vec{x} = \begin{pmatrix} -2 \\ -1 \\ 6 \end{pmatrix} + r \cdot \begin{pmatrix} 0 \\ 0 \\ 2 \end{pmatrix}$

$h\colon \vec{x} = \begin{pmatrix} 1 \\ 0 \\ 6 \end{pmatrix} + s \cdot \begin{pmatrix} 6 \\ 2 \\ -2 \end{pmatrix}$

**1** Sind die Richtungsvektoren kollinear, also $r \cdot \begin{pmatrix} 0 \\ 0 \\ 2 \end{pmatrix} = \begin{pmatrix} 6 \\ 2 \\ -2 \end{pmatrix}$?
Es gibt kein r, das die Vektorgleichung erfüllt, also sind die Richtungsvektoren nicht kollinear.

**2** Überprüfen auf einen Schnittpunkt:

$\begin{pmatrix} -2 \\ -1 \\ 6 \end{pmatrix} + r \cdot \begin{pmatrix} 0 \\ 0 \\ 2 \end{pmatrix} = \begin{pmatrix} 1 \\ 0 \\ 6 \end{pmatrix} + s \cdot \begin{pmatrix} 6 \\ 2 \\ -2 \end{pmatrix}$

Aus dem LGS ergibt sich:

$s = -\frac{1}{2}$ und $r = \frac{1}{2}$

Durch Einsetzen (z. B. von $r = \frac{1}{2}$ in g) ergibt sich der **Schnittpunkt** S(−2 | −1 | 7).

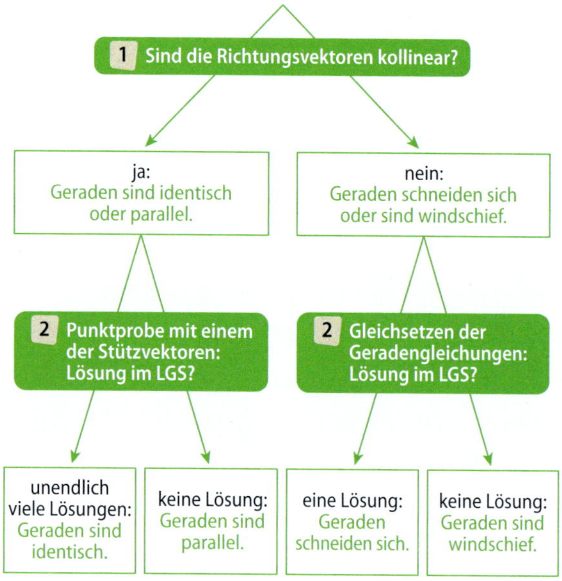


**3** Untersuchen Sie die Lagebeziehung der beiden Geraden. Nutzen Sie das Entscheidungsdiagramm.

a) $g\colon \vec{x} = \begin{pmatrix} 1 \\ 0 \\ 8 \end{pmatrix} + r \cdot \begin{pmatrix} -2 \\ 0 \\ 3 \end{pmatrix};\ h\colon \vec{x} = \begin{pmatrix} 5 \\ 0 \\ 2 \end{pmatrix} + s \cdot \begin{pmatrix} 4 \\ 0 \\ 5 \end{pmatrix}$

b) $g\colon \vec{x} = \begin{pmatrix} 3 \\ 0 \\ 5 \end{pmatrix} + r \cdot \begin{pmatrix} 0 \\ 0 \\ 1 \end{pmatrix};\ h\colon \vec{x} = \begin{pmatrix} 1 \\ -3 \\ 6 \end{pmatrix} + s \cdot \begin{pmatrix} 2 \\ 0 \\ -1 \end{pmatrix}$

c) $g\colon \vec{x} = \begin{pmatrix} -2 \\ 1 \\ 2 \end{pmatrix} + r \cdot \begin{pmatrix} 2 \\ -6 \\ -4 \end{pmatrix};\ h\colon \vec{x} = \begin{pmatrix} -5 \\ 1 \\ 10 \end{pmatrix} + s \cdot \begin{pmatrix} -3 \\ 9 \\ 6 \end{pmatrix}$

d) $g\colon \vec{x} = \begin{pmatrix} 2 \\ 3 \\ -5 \end{pmatrix} + r \cdot \begin{pmatrix} 5 \\ 0 \\ -10 \end{pmatrix};\ h\colon \vec{x} = \begin{pmatrix} 5 \\ 3 \\ -11 \end{pmatrix} + s \cdot \begin{pmatrix} -4 \\ 0 \\ 8 \end{pmatrix}$

e) $g\colon \vec{x} = \begin{pmatrix} 4 \\ 4 \\ -1 \end{pmatrix} + r \cdot \begin{pmatrix} 1 \\ 2 \\ 2 \end{pmatrix};\ h\colon \vec{x} = \begin{pmatrix} 3 \\ 2 \\ -3 \end{pmatrix} + s \cdot \begin{pmatrix} 2 \\ 0 \\ 2 \end{pmatrix}$

f) $g\colon \vec{x} = \begin{pmatrix} -1 \\ 0 \\ 4 \end{pmatrix} + r \cdot \begin{pmatrix} -1{,}5 \\ 2{,}5 \\ -1 \end{pmatrix};\ h\colon \vec{x} = \begin{pmatrix} 4 \\ -7 \\ 7 \end{pmatrix} + s \cdot \begin{pmatrix} 2 \\ -2 \\ 1 \end{pmatrix}$

g) $g\colon \vec{x} = \begin{pmatrix} 3 \\ 5 \\ -1 \end{pmatrix} + r \cdot \begin{pmatrix} -2 \\ -3 \\ 2 \end{pmatrix};\ h\colon \vec{x} = \begin{pmatrix} 2 \\ 3 \\ -3 \end{pmatrix} + s \cdot \begin{pmatrix} 0 \\ -3 \\ 4 \end{pmatrix}$

h) $g\colon \vec{x} = \begin{pmatrix} 1 \\ 0 \\ 3 \end{pmatrix} + r \cdot \begin{pmatrix} 1 \\ 1{,}5 \\ -3 \end{pmatrix};\ h\colon \vec{x} = \begin{pmatrix} 7 \\ 2 \\ -4 \end{pmatrix} + s \cdot \begin{pmatrix} -2 \\ -3 \\ 6 \end{pmatrix}$

**Alles klar?**

**4** Gegeben sind zwei Geraden g: $\vec{x} = \begin{pmatrix}1\\1\\0\end{pmatrix} + r \cdot \begin{pmatrix}3\\-1\\2\end{pmatrix}$ und h: $\vec{x} = \begin{pmatrix}5\\7\\4\end{pmatrix} + s \cdot \begin{pmatrix}-9\\3\\-6\end{pmatrix}$.

**a)** Zeigen Sie, dass die Geraden g und h parallel, aber nicht identisch sind.

**b)** Verändern Sie die Gleichung der Geraden h so, dass beide Gleichungen dieselbe Gerade beschreiben. Erläutern Sie Ihr Vorgehen.

**5** Ermitteln Sie jeweils diejenigen Werte der Parameter a und b, für die die beiden Geraden g: $\vec{x} = \begin{pmatrix}6\\0\\0\end{pmatrix} + r \cdot \begin{pmatrix}a\\-3\\4\end{pmatrix}$ und h: $\vec{x} = \begin{pmatrix}2\\1{,}5\\b\end{pmatrix} + s \cdot \begin{pmatrix}4\\-1{,}5\\2\end{pmatrix}$ …

**a)** parallel zueinander sind.

**b)** identisch sind.

**6** **a)** Untersuchen Sie rechnerisch, ob sich alle vier Raumdiagonalen im Mittelpunkt des abgebildeten Quaders schneiden.

**b)** Prüfen Sie, ob die beiden eingezeichneten Raumdiagonalen die blaue Gerade schneiden.

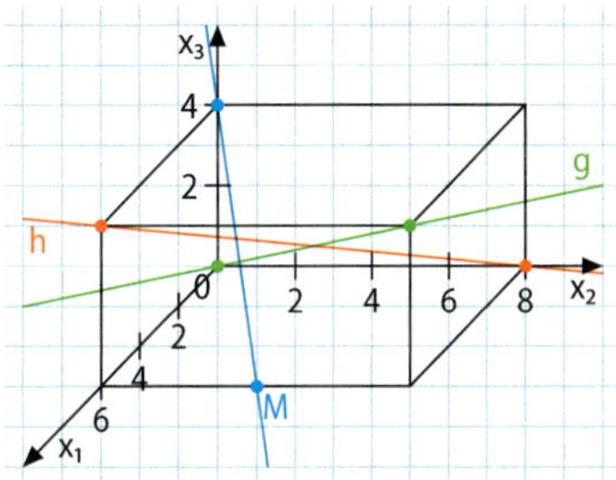


*Generell sollte immer der Schnittpunkt angegeben werden, wenn sich zwei Geraden schneiden.*

**7** Gegeben sind die Punkte A(2 | 0 | −3) und B(4 | −1 | −2). Geben Sie die Gleichung einer Geraden …

**a)** g an, die durch die Punkte A und B bestimmt ist.

**b)** h an, die parallel zu g ist und durch den Punkt P(5 | −3 | 5) verläuft.

**c)** k an, welche g in A schneidet.

**d)** l an, die windschief zu g liegt.

**e)** m an, die in der Mitte zwischen g und h verläuft (Mittelparallele).

**8** Gegeben ist ein Würfel. Die Punkte C, D, E und F sind Kantenmittelpunkte. Untersuchen Sie rechnerisch, ob die Raumdiagonale AB die Geraden CD und EF schneidet.

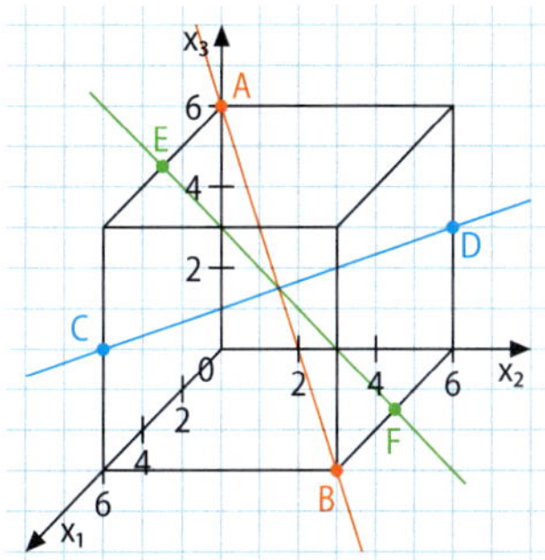


**9** Gegeben sind die Punkte A(4 | 0 | 0), B(4 | 6 | 0), C(0 | 6 | 0) und E(4 | 0 | 8).

**a)** Ergänzen Sie die Koordinaten der Punkte D, F, G und H so, dass ein Quader ABCDEFGH entsteht.

**b)** Weisen Sie nach, dass dieser Quader kein Würfel ist.

**c)** Berechnen Sie die Summe der Länge aller Kanten, den Oberflächeninhalt und das Volumen des Quaders.

**d)** Stellen Sie Gleichungen für die Geraden auf, auf denen die Raumdiagonalen liegen, und berechnen Sie deren Länge.

**e)** Prüfen Sie rechnerisch, ob sich die Raumdiagonalen schneiden.

**10** Die Gerade g durch die Punkte A (6 | 4 | 5) und D (3 | 0 | 4) stellt die Flugroute eines Passagierflugzeugs dar. Ein Sportflugzeug fliegt entlang der Geraden h: $\vec{x} = \vec{p} + r \cdot \vec{u}$ durch den Punkt P (0 | −7 | 0) in Richtung des Vektors $\vec{u} = \begin{pmatrix} 0 \\ 1 \\ 1 \end{pmatrix}$.
Zeigen Sie, dass die Flugbahnen g und h einander im Punkt S (0 | −4 | 3) kreuzen.

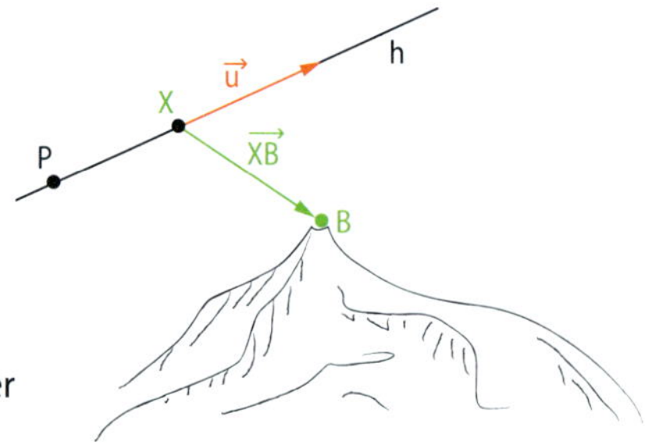

*Überlegen Sie, ob man stets auf eine Kollision schließen kann, wenn sich die Kondensstreifen zweier Flugzeuge schneiden.*

**11** Es werden die Flugbahnen zweier Flugzeuge $F_1$ und $F_2$ untersucht. Die Beobachtung beginnt um 8 Uhr, eine Längeneinheit entspricht 1 km. Die Bahn von $F_1$ lässt sich durch $f_1: \vec{x} = \begin{pmatrix} -1800 \\ 400 \\ 4 \end{pmatrix} + s \cdot \begin{pmatrix} 0 \\ 500 \\ 2 \end{pmatrix}$ beschreiben, die von $F_2$ durch $f_2: \vec{x} = \begin{pmatrix} -3200 \\ 2500 \\ 8 \end{pmatrix} + t \cdot \begin{pmatrix} 700 \\ -300 \\ 1 \end{pmatrix}$.
Die Parameter s bzw. t geben die seit Beobachtungsbeginn verstrichene Zeit in Stunden an.

**a)** Bestimmen Sie für beide Flugzeuge die Geschwindigkeit.
**b)** Zeigen Sie, dass sich die beiden Bahnen in einem Punkt S schneiden und berechnen Sie anschließend seine Koordinaten.
**c)** Erläutern Sie, ob es zu einer Kollision der beiden Flugzeuge kommt.
**d)** Ermitteln Sie, wann die beiden Flugzeuge die gleiche Flughöhe – beschrieben durch die $x_3$-Koordinate – erreicht haben.

Medien & Werkzeuge

## Lagebeziehung von Geraden untersuchen

Soll die Lagebeziehung von zwei Geraden untersucht werden, stehen in den meisten MMS verschiedene Wege zur Verfügung. Drei dieser Wege werden hier vorgestellt.

### 1 Lagebeziehung mit dem 3D-Modul

| **Fall 1: sich schneidende Geraden** | **Algebra-Fenster** | **Grafik-Fenster** |
|---|---|---|
| $f: \vec{x} = \begin{pmatrix} 1 \\ 1 \\ 5 \end{pmatrix} + r \cdot \begin{pmatrix} 1 \\ 1 \\ -2 \end{pmatrix}$ und $g: \vec{x} = \begin{pmatrix} 1 \\ 2 \\ 2 \end{pmatrix} + s \cdot \begin{pmatrix} 2 \\ 1 \\ -1 \end{pmatrix}$<br>Mit dem Befehl `Schnittpunkt(Objekt,Objekt)` kann man prüfen, ob sich die beiden Objekte, also die Geraden f und g, schneiden. Liegt ein Schnittpunkt vor, werden dessen Koordinaten angezeigt, andernfalls ein Fragezeichen. | f : Gerade((1, 1, 5), Vektor((1, 1, −2)))<br>= X = (1, 1, 5) + λ (1, 1, -2)<br>g : Gerade((1, 2, 2), Vektor((2, 1, −1)))<br>= X = (1, 2, 2) + λ (2, 1, -1)<br>S = Schnittpunkt(f, g)<br>= (3, 3, 1) | 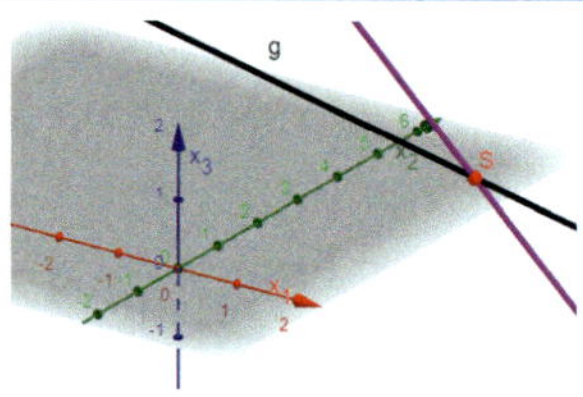 |
| **Fall 2: zueinander windschiefe Geraden** | | |
| $f: \vec{x} = \begin{pmatrix} 1 \\ 1 \\ 5 \end{pmatrix} + r \cdot \begin{pmatrix} 1 \\ 1 \\ -2 \end{pmatrix}$ und $g: \vec{x} = \begin{pmatrix} 4 \\ 2 \\ 3 \end{pmatrix} + r \cdot \begin{pmatrix} 2 \\ 1 \\ -1 \end{pmatrix}$<br>Nach der Schnittpunktbestimmung erscheint im Algebra-Fenster ein Fragezeichen, f und g schneiden sich also nicht. Die Ansicht im Grafikfenster legt nahe, dass die Geraden windschief zueinander sind. | f : Gerade((1, 1, 5), Vektor((1, 1, −2)))<br>= X = (1, 1, 5) + λ (1, 1, -2)<br>g : Gerade((4, 2, 3), Vektor((2, 1, −1)))<br>= X = (4, 2, 3) + λ (2, 1, -1)<br>S = Schnittpunkt(f, g)<br>= ? | 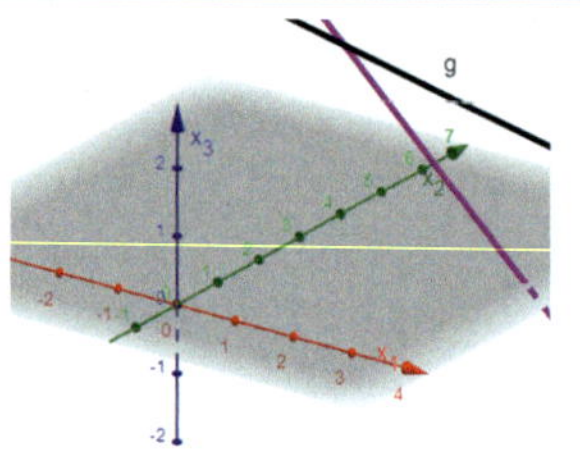 |

<table>
<tr><th>Fall 3: zueinander parallele Geraden</th><th></th><th></th></tr>
<tr><td>f: $\vec{x} = \begin{pmatrix}1\\1\\5\end{pmatrix} + r\cdot\begin{pmatrix}1\\1\\-2\end{pmatrix}$ und g: $\vec{x} = \begin{pmatrix}1\\2\\2\end{pmatrix} + r\cdot\begin{pmatrix}2\\2\\-4\end{pmatrix}$<br>Nach der Schnittpunktbestimmung erscheint ein Fragezeichen. Die Ansicht im Grafikfenster legt die Parallelität der Geraden nahe – die Kollinearität der Richtungsvektoren muss allerdings nachgewiesen werden, beispielsweise mit <code>SindParallel(Gerade,Gerade)</code>.</td><td>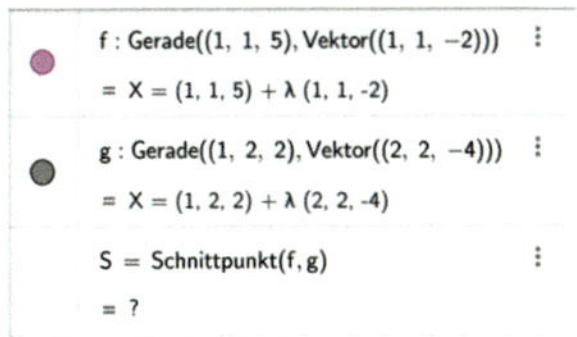
</td><td>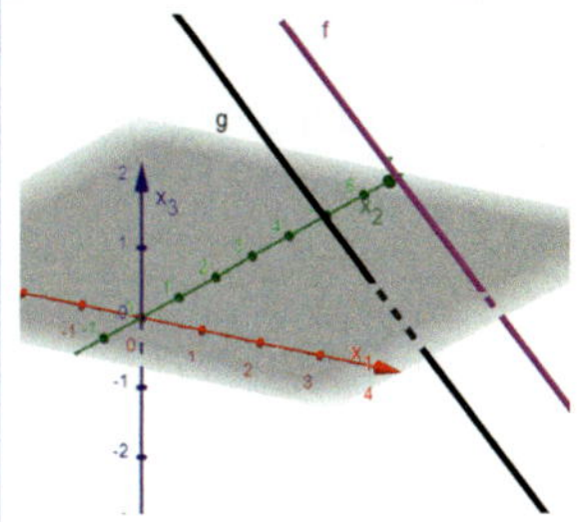
</td></tr>
<tr><th>Fall 4: identische Geraden</th><th></th><th></th></tr>
<tr><td>f: $\vec{x} = \begin{pmatrix}1\\1\\5\end{pmatrix} + r\cdot\begin{pmatrix}1\\1\\-2\end{pmatrix}$ und g: $\vec{x} = \begin{pmatrix}2\\2\\3\end{pmatrix} + r\cdot\begin{pmatrix}2\\2\\-4\end{pmatrix}$<br>Nach der Schnittpunktbestimmung erscheint ein Fragezeichen und im Grafikfenster sieht man, dass die Geraden vermutlich identisch sind. Ein Nachweis kann über <code>SindGleich(Gerade,Gerade)</code> geführt werden.</td><td>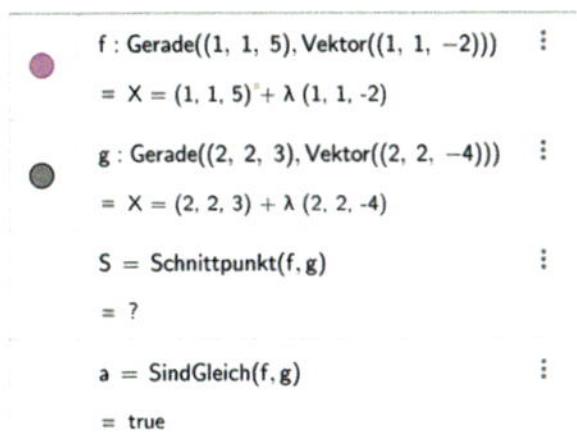
</td><td>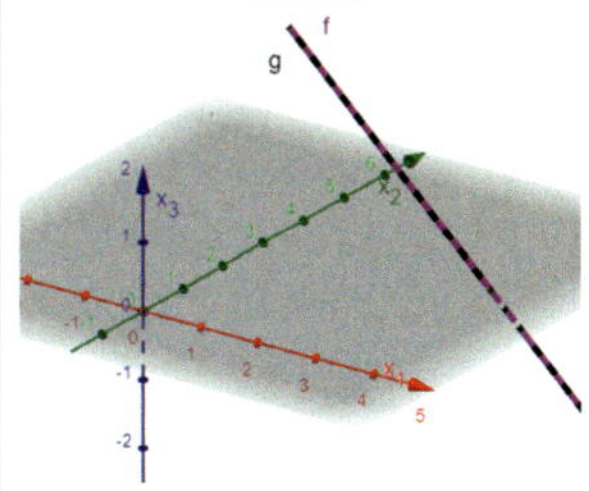
</td></tr>
</table>

## 2 Lagebeziehung über Vektoreingabe mit dem CAS-Modul

Im CAS-Modul können Geraden auch mit einem selbst vergebenen Parameter, hier f (r) und g (s), eingegeben werden, sodass man Geradengleichungen erhält, bei denen Stütz- und Richtungsvektor in einem Vektor zusammengefasst werden. Anschließend kann man wie dargestellt die Gleichungen gleichsetzen. Das CAS ermittelt die Lösung der Gleichung. Existiert eine eindeutige Lösung, kann man die Koordinaten des Schnittpunktes als „Funktionswert" berechnen.

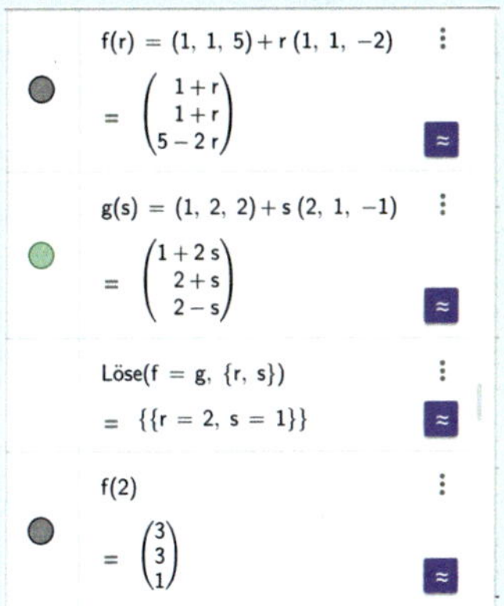


## 3 Lagebeziehung per LGS mit dem CAS-Modul

Die klassische Weise, die Lagebeziehung zweier Geraden mit einem MMS zu untersuchen, ist die Rückführung auf ein LGS mit drei Gleichungen in zwei Variablen. Man gibt also nicht die Geradengleichungen ein, sondern zeilenweise nacheinander die Gleichungen der $x_1$-, $x_2$- bzw. $x_3$-Koordinate. Die Syntax kann dem Screen entnommen werden. Liegt ein Schnittpunkt vor, so kann man durch Einsetzen des Parameters in eine der Funktionsgleichungen die Koordinaten des Schnittpunktes bestimmen. Der abgebildete Screen zeigt die Ausgabe des CAS für zwei Geraden, die identisch sind.

MMS-Applet
*Mediencode 63051-060*

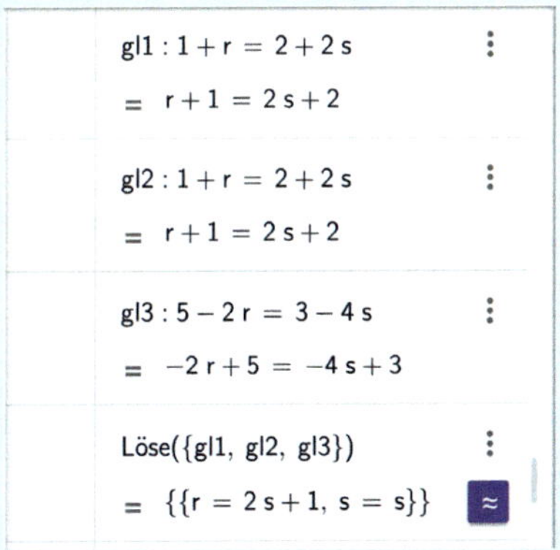

## Differenzierte Basisaufgaben

Die folgenden Aufgaben behandeln alle Themen dieses Kapitels. Die Basisaufgaben auf dieser Seite sind in zwei Spalten unterteilt. Die grünen Aufgaben auf der linken Seite sind etwas einfacher als die blauen auf der rechten. Entscheiden Sie selbst, welche Aufgaben Sie bearbeiten.

**1** In einem dreidimensionalen kartesischen Koordinatensystem sind die Punkte A (2 | 0 | 0), B (2 | 2 | 0), C (0 | 2 | 0) und E (2 | 0 | 4) gegeben. Diese werden durch weitere Punkte zu einem Quader ABCDEFGH ergänzt.

a) Tragen Sie die Punkte in ein Koordinatensystem ein und ergänzen Sie sie zu einem Quader.
b) Bestimmen Sie die Koordinaten der weiteren Punkte des Quaders.
c) Begründen Sie, warum kein Würfel vorliegt.
d) Berechnen Sie den Oberflächeninhalt und das Volumen des Quaders.

a) Fertigen Sie eine Darstellung des Quaders an.
b) Begründen Sie, warum es sich nicht um einen Würfel handelt.
c) Geben Sie die Koordinaten eines Punktes Z an, der in Ihrem Koordinatensystem optisch an der gleichen Stelle wie der Punkt E liegen würde, aber andere Koordinaten als E hat.

**2** Gegeben sind die Vektoren $\vec{u} = \begin{pmatrix} 5 \\ 1 \\ 1 \end{pmatrix}$, $\vec{v} = \begin{pmatrix} 2 \\ 5 \\ 4 \end{pmatrix}$ und $\vec{w} = \begin{pmatrix} 3 \\ 4 \\ -12 \end{pmatrix}$.

a) Bestimmen Sie jeweils den Gegenvektor.
b) Ermitteln Sie die Beträge der Vektoren und geben Sie jeweils einen Vektor mit doppeltem Betrag an.
c) Berechnen Sie die Summe $\vec{u} + \vec{v}$ und die Differenz $\vec{w} - \vec{v}$.
d) Zeigen Sie die Gültigkeit von Kommutativ- und Assoziativgesetz der Addition für die vorgegebenen Vektoren.

a) Bestimmen Sie $3 \cdot (2\vec{v} - 4\vec{w}) + \vec{v}$.
b) Bestimmen Sie die Beträge der Vektoren und geben Sie einen Vektor an, der parallel zu $\vec{w}$ ist und den Betrag 2 hat.
c) Berechnen Sie die Differenz $\vec{u} - \vec{v}$ und stellen Sie Ihr Ergebnis grafisch dar.
d) Zeigen Sie allgemein, dass für Vektoren Kommutativ- und Assoziativgesetz der Addition gelten.

**3** Zwei Geraden g und h sind durch $g: \vec{x} = \begin{pmatrix} -1 \\ 3 \\ 2 \end{pmatrix} + r \cdot \begin{pmatrix} 5 \\ 1 \\ 1 \end{pmatrix}$ und $h: \vec{x} = \begin{pmatrix} 9 \\ 2 \\ 2 \end{pmatrix} + s \cdot \begin{pmatrix} 0 \\ 4 \\ 1 \end{pmatrix}$ gegeben.

a) Beschreiben Sie, welche unterschiedlichen Lagebeziehungen für zwei Geraden allgemein im Raum möglich sind.
b) Geben Sie für die Gerade g eine weitere mögliche Parameterdarstellung an.
c) Geben Sie eine Gleichung einer Geraden an, die parallel zu g liegt. Erläutern Sie Ihr Vorgehen.
d) Untersuchen Sie die Lagebeziehung von g und h.

a) Erläutern Sie das Vorgehen zur Untersuchung der Lagebeziehung zweier Geraden.
b) Geben Sie mindestens zwei alternative Darstellungen der Geraden g an. Erläutern Sie Ihr Vorgehen.
c) Zeigen Sie, dass die Gerade g nicht parallel zur $x_1$-Achse verläuft.
d) Geben Sie die Gleichung einer Geraden an, die windschief zu g verläuft.

**4** Entscheiden Sie, ob folgende Aussagen wahr oder falsch sind. Begründen Sie.

a) Vervierfacht man alle Koordinaten eines Vektors, so verdoppelt sich sein Betrag.
b) Es gilt: $|2 \cdot \vec{v}| = 2 \cdot |\vec{v}|$.

a) Es gibt keinen Vektor, dessen Betrag sich verdoppelt, wenn man nur die $x_1$-Koordinate verdoppelt.
b) Es gilt: $|k \cdot \vec{v}| = |k| \cdot |\vec{v}|$

## Weiterführende Aufgaben

Dieser Teil der Trainingsrunde enthält weiterführende und vernetzende Aufgaben, die sich ebenfalls auf das gesamte Kapitel beziehen.

Lösungen

*Mediencode 63051-061*

**5** Bei einer Computertomographie (CT), einem bildgebenden Verfahren zur medizinischen Diagnostik, wurde eine Anomalie festgestellt. Die Anomalie soll mit Hilfe einer Operation entfernt werden.

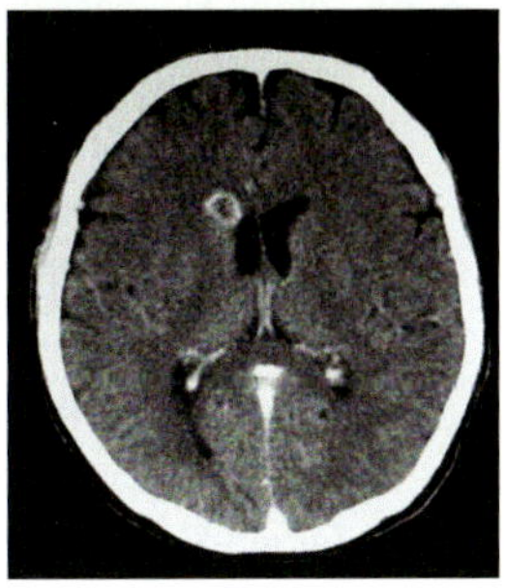

**a)** Begründen Sie, warum die Position der Anomalie im Gehirn mit nur einem Bild nicht genau bestimmt werden kann.

**b)** Erklären Sie, welche Informationen der Arzt über die Lage der Anomalie noch braucht, um operieren zu können.

**6** Ermitteln Sie die Lage der Punkte mit den angegebenen Eigenschaften.

**a)** $x_2 = x_3 = 0$ **b)** $x_1 = x_2 = 3$ **c)** $x_1 = -5$

**d)** $x_2 = -x_3$ **e)** $x_1 = x_2 = x_3$ **f)** $x_1 - x_2 = 0$

**7** Gegeben ist die vereinfachte Darstellung eines Gebäudes in Form zweier Quader und einer geraden Pyramide.

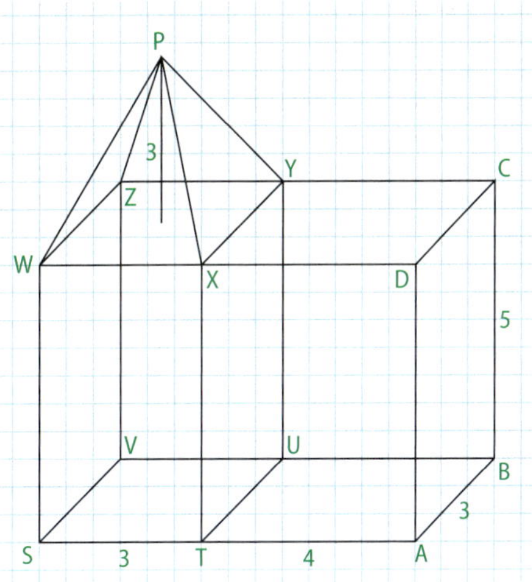


**a)** Wählen Sie ein Koordinatensystem mit V als Ursprung, so dass die Koordinatenachsen auf den Kanten der Quader liegen. Zeichnen Sie ein Schrägbild des Gebäudes und geben Sie die Koordinaten der Eckpunkte an.

**b)** Wählen Sie ein zweites Koordinatensystem, bei dem der Ursprung im Mittelpunkt M der Grundfläche STUV liegt. Bestimmen Sie ebenfalls die Koordinaten der Eckpunkte.

**c)** Vergleichen Sie die Koordinaten der Eckpunkte beider Zeichnungen.

**8** Es ist $\vec{a} = \begin{pmatrix} 1 \\ -2 \\ 2 \end{pmatrix}$ und $\vec{b} = \begin{pmatrix} -2 \\ 1 \\ -2 \end{pmatrix}$. Geben Sie jeweils den Betrag des Terms an.

**a)** $\vec{a} + \vec{b}$ **b)** $\vec{a} - \vec{b}$ **c)** $\vec{a} + 2\vec{b}$ **d)** $3\vec{a} - \vec{b}$ **e)** $\frac{1}{|\vec{a}|}\vec{a} + \frac{1}{|\vec{b}|}\vec{b}$ **f)** $\vec{b} - \vec{a}$

**9** Zeigen Sie, dass durch $g: \vec{x} = \begin{pmatrix} -2 \\ 1 \\ 4 \end{pmatrix} + r \cdot \begin{pmatrix} 1 \\ 1 \\ 3 \end{pmatrix}$ und $h: \vec{x} = \begin{pmatrix} 2 \\ 5 \\ 16 \end{pmatrix} + s \cdot \begin{pmatrix} -2 \\ -2 \\ -6 \end{pmatrix}$ dieselbe Gerade beschrieben wird. Geben Sie eine weitere Geradengleichung an, die g beschreibt.

**10** Berechnen Sie den Umfang der Dreiecke und prüfen Sie, welche Art von Dreieck vorliegt.

**a)** A (4 | 2 | 3); B (6 | 1 | 5); C (5 | 4 | 0) **b)** A (−2 | −3 | 1); B (1 | −1 | 7); C (2 | 1 | 9)

**c)** A (4 | 2 | −3); B (2 | −1 | −9); C (−2 | 5 | 3) **d)** A (4 | −3 | −4); B (3 | 5 | 0); C (5 | 1 | 4)

**11** Von dem geraden Prisma ABCDEFGH sind die Eckpunkte A (0 | 0 | 0), B (1 | 4 | 0), C (– 1 | 10 | 0), D (– 2 | 6 | 0) und E (0 | 0 | 5) gegeben.

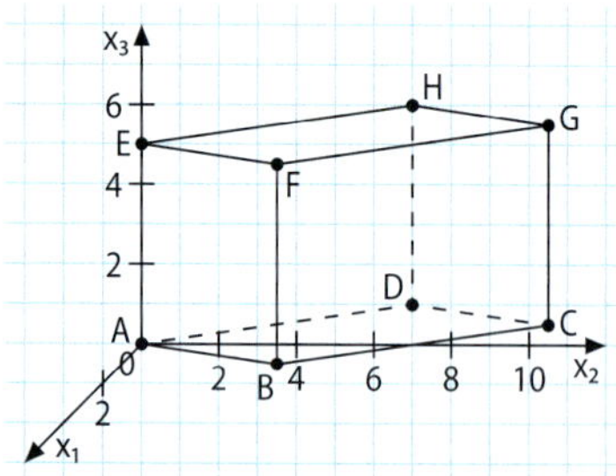


a) Ermitteln Sie die Koordinaten der übrigen Eckpunkte F, G und H.

b) Zeigen Sie, dass das Viereck ABCD ein Parallelogramm ist.

c) Übertragen und vervollständigen Sie die Gleichungen:

**1** $\overrightarrow{BD} + \square = \overrightarrow{BF}$ **2** $\overrightarrow{AF} + \overrightarrow{FH} + \overrightarrow{HC} + \square = \vec{o}$ **3** $\overrightarrow{EG} + \overrightarrow{GC} = \overrightarrow{AC} - \square$

**12** a) Tragen Sie die Punkte T (3 | 2 | 1), R (1 | 6 | – 1) und E (– 1 | 4 | 3) in ein Koordinatensystem ein.

b) Zeigen Sie, dass das Dreieck TRE gleichseitig ist, und berechnen Sie seinen Umfang.

c) Bestimmen Sie rechnerisch die Mittelpunkte $M_{\overline{TR}}$, $M_{\overline{TE}}$, $M_{\overline{RE}}$, zeichnen Sie die Punkte in das Koordinatensystem und verbinden Sie sie zu einem Dreieck. Überprüfen Sie, ob auch dieses Dreieck gleichseitig ist.

**13** Der Gipfel eines Berges kann mit einem Sessellift erreicht werden. Der Lift führt von der Talstation T über eine Zwischenstation Z zum Gipfel G. Der Vektor $\overrightarrow{TZ} = \begin{pmatrix} 550 \\ 660 \\ 680 \end{pmatrix}$ beschreibt näherungsweise den Weg des Sesselliftes von der Tal- zur Zwischenstation, der Vektor $\overrightarrow{ZG} = \begin{pmatrix} 1100 \\ 950 \\ 1500 \end{pmatrix}$ den von der Zwischenstation zum Gipfel (1 LE ≙ 1 m).

a) Skizzieren Sie den Sachverhalt und berechnen Sie die Koordinaten des Vektors $\overrightarrow{TG}$.

b) Wegen eines Hangrutsches muss die Zwischenstation verlagert werden. Der Weg von der Tal- zur neuen Zwischenstation wird nun durch $\overrightarrow{TZ_1} = \begin{pmatrix} 520 \\ 610 \\ 650 \end{pmatrix}$ beschrieben. Bestimmen Sie $\overrightarrow{Z_1G}$.

c) Vergleichen Sie die Längen von der Talstation zum Gipfel vor und nach der Verlegung.

**14** Zum Startzeitpunkt befindet sich die Greifzange eines Roboters im Punkt A (1 | 5 | 2). Pro Sekunde bewegt sich die Greifzange um den Vektor $\vec{v} = \begin{pmatrix} 3 \\ -1 \\ 2 \end{pmatrix}$ weiter.

a) Geben Sie eine Gleichung an, die die Lage der Greifzange in Abhängigkeit von der verstrichenen Zeit beschreibt.

b) Ermitteln Sie die Koordinaten des Punktes H, in dem sich die Greifzange nach fünf Sekunden befindet.

c) Berechnen Sie, wann und in welchem Punkt die Greifzange $x_3 = 5$ erreicht.

**15** Untersuchen Sie die Geraden jeweils paarweise auf ihre Lagebeziehung.

$g: \vec{x} = \begin{pmatrix} 1 \\ 2 \\ 3 \end{pmatrix} + r \cdot \begin{pmatrix} -2 \\ 0 \\ 1 \end{pmatrix}$ $h: \vec{x} = \begin{pmatrix} 0 \\ 0 \\ 1 \end{pmatrix} + s \cdot \begin{pmatrix} 4 \\ 0 \\ -2 \end{pmatrix}$ $m: \vec{x} = \begin{pmatrix} 1 \\ 2 \\ 3 \end{pmatrix} + t \cdot \begin{pmatrix} 1 \\ 0 \\ -2 \end{pmatrix}$

$n: \vec{x} = \begin{pmatrix} 2 \\ 2 \\ 4 \end{pmatrix} + u \cdot \begin{pmatrix} 1 \\ 0 \\ 1 \end{pmatrix}$ $p: \vec{x} = \begin{pmatrix} 0 \\ 1 \\ 1 \end{pmatrix} + v \cdot \begin{pmatrix} 1 \\ 2 \\ 0 \end{pmatrix}$ $q: \vec{x} = \begin{pmatrix} 4 \\ 2 \\ 2 \end{pmatrix} + w \cdot \begin{pmatrix} 0 \\ 1 \\ 0 \end{pmatrix}$

**16** Gegeben ist eine Pyramide mit den Eckpunkten $E(2|-3|-1)$, $F(2|2|-1)$, $G(-1|2|-1)$, $H(-1|-3|-1)$, $S(0{,}5|-0{,}5|3)$ und $M(0{,}5|-0{,}5|-1)$. Auf den angegebenen Geraden liegen einige der Pyramidenkanten und -strecken. Ordnen Sie begründet zu.

$g: \vec{x} = \begin{pmatrix} 0{,}5 \\ -0{,}5 \\ 3 \end{pmatrix} + r \cdot \begin{pmatrix} 1{,}5 \\ -2{,}5 \\ -4 \end{pmatrix}$ $h: \vec{x} = \begin{pmatrix} -1 \\ 2 \\ -1 \end{pmatrix} + r \cdot \begin{pmatrix} 1{,}5 \\ -2{,}5 \\ 4 \end{pmatrix}$ $i: \vec{x} = \begin{pmatrix} 0{,}5 \\ -0{,}5 \\ 3 \end{pmatrix} + r \cdot \begin{pmatrix} 0 \\ 0 \\ 4 \end{pmatrix}$

$j: \vec{x} = \begin{pmatrix} 2 \\ 2 \\ -1 \end{pmatrix} + r \cdot \begin{pmatrix} -3 \\ -5 \\ 0 \end{pmatrix}$ $k: \vec{x} = \begin{pmatrix} 2 \\ -3 \\ -1 \end{pmatrix} + r \cdot \begin{pmatrix} -1{,}5 \\ -2{,}5 \\ 0 \end{pmatrix}$ $l: \vec{x} = \begin{pmatrix} 0{,}5 \\ -0{,}5 \\ 3 \end{pmatrix} + r \cdot \begin{pmatrix} 1{,}5 \\ -2{,}5 \\ -4 \end{pmatrix}$ $m: \vec{x} = \begin{pmatrix} 2 \\ 2 \\ -1 \end{pmatrix} + r \cdot \begin{pmatrix} -1{,}5 \\ -2{,}5 \\ 4 \end{pmatrix}$

**Aufgaben für Lernpartner**

1 Bearbeiten Sie die Aufgaben zuerst alleine.

2 Erklären Sie einer Partnerin oder einem Partner Ihre Lösungen. Tauschen Sie die Rollen.

3 Korrigieren Sie gegebenenfalls Ihre Antwort(en).

Entscheiden Sie begründet, ob die folgenden Aussagen korrekt oder falsch sind.

**A** Das Ablesen eines Punktes aus einem gezeichneten Koordinatensystem ist nicht eindeutig.

**B** Zu einem vorgegebenen Vektor im Raum gibt es unendlich viele kollineare Vektoren.

**C** Vektor und Gegenvektor stimmen im Betrag überein.

**D** Verdoppelt man alle Koordinaten eines Vektors, so verdoppelt sich auch sein Betrag.

**E** Für den Mittelpunkt M einer Strecke $\overline{AB}$ gilt $\vec{m} = \frac{1}{2} \cdot (\vec{b} - \vec{a})$.

**F** Verkleinert man alle Koordinaten eines Vektors, so verkleinert sich auch sein Betrag.

**G** Geraden können in der Parameterdarstellung eindeutig dargestellt werden.

**H** Sind die Richtungsvektoren zweier Geraden nicht kollinear, so schneiden sich die Geraden.

**I** Schneiden sich zwei Geraden genau einmal, so sind die Richtungsvektoren nicht kollinear.

**J** Jede beliebige Bewegung kann mit einer Bewegungsgleichung der Form $\vec{x} = \vec{a} + t \cdot \vec{v}; t \in \mathbb{R}$, beschrieben werden.

| Ich kann … | Aufgabe | Hilfe | Bewertung |
|---|---|---|---|
| mich im dreidimensionalen Koordinatensystem zurechtfinden. | 1, 5, 6, 7, 11, A | 182 | ☺ 😐 ☹ |
| mit Vektoren rechnen. | 2, 8, 13, D, E | 186, 190 | ☺ 😐 ☹ |
| Vektoren auf Kollinearität prüfen. | 4, 11, B, H, I | 190 | ☺ 😐 ☹ |
| Beträge von Vektoren bestimmen. | 4, 10, 11, 12, 13, C, F | 194 | ☺ 😐 ☹ |
| Geradengleichungen aufstellen. | 9, 16, G, J | 198 | ☺ 😐 ☹ |
| Lagebeziehungen von Geraden ermitteln. | 3, 9, 15, H, I | 202 | ☺ 😐 ☹ |
| Bewegungen mit Vektoren beschreiben. | 14, J | 202 | ☺ 😐 ☹ |

Seite 182

## Koordinatensystem

In einem **dreidimensionalen Koordinatensystem** spannen je zwei **Koordinatenachsen** eine **Koordinatenebene** auf. Die drei Achsen besitzen einen gemeinsamen Nullpunkt, den Ursprung **O (0 | 0 | 0)**. Die Achsen sind im kartesischen Koordinatensystem paarweise orthogonal zueinander. Es gibt drei Achsen ($x_1$-, $x_2$- und $x_3$-Achse) und drei Koordinatenebenen ($x_1$-$x_2$-Ebene, $x_1$-$x_3$-Ebene und $x_2$-$x_3$-Ebene). Auf den Achsen werden gleich lange Einheiten festgelegt.

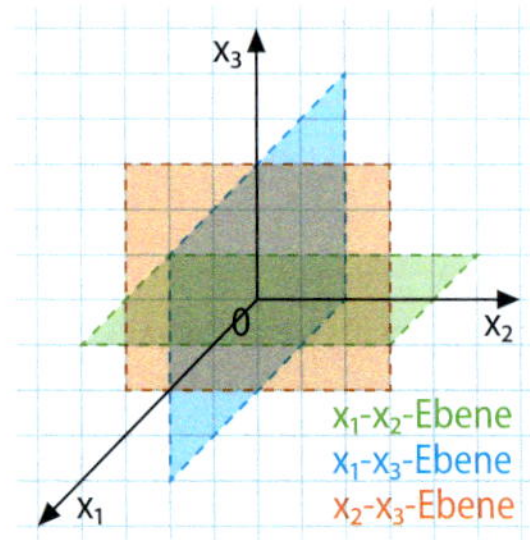


Seite 182

## Punkte im Raum

Die Lage eines Punktes im Raum gibt man in der Form P ($p_1$ | $p_2$ | $p_3$) mit drei Koordinaten (auch **Zahlentripel** genannt) an.
Punkte im dreidimensionalen Koordinatensystem sind wegen der zweidimensionalen Darstellung nicht eindeutig ablesbar, es sei denn, der Koordinatenzug ist sichtbar.

A (2 | 3 | 4): Vom Ursprung aus geht man 2 Einheiten entlang der $x_1$-Achse, 3 Einheiten entlang der $x_2$-Achse und 4 Einheiten entlang der $x_3$-Achse.

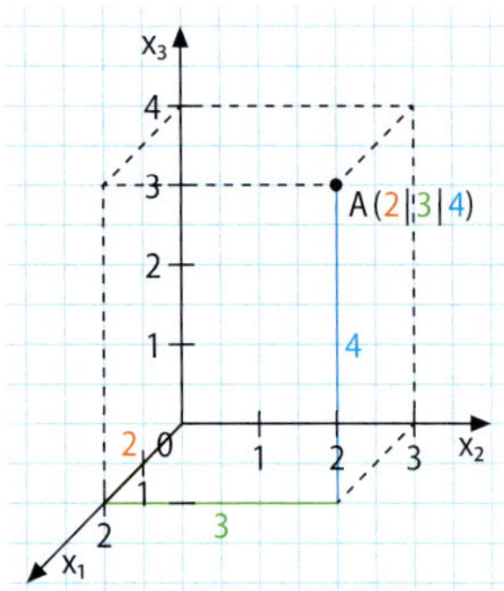


Seite 186

## Vektoren

Ein **Vektor** mit drei Koordinaten ist ein **geordnetes Zahlentripel**, das als Spalte geschrieben wird. Zur Bezeichnung werden Kleinbuchstaben oder die Punktbezeichnungen von Anfangs- und Endpunkt des Vektors verwendet – jeweils mit Vektorpfeil:
$\vec{v} = \begin{pmatrix} v_1 \\ v_2 \\ v_3 \end{pmatrix}$ bzw. $\overrightarrow{AB} = \begin{pmatrix} b_1 - a_1 \\ b_2 - a_2 \\ b_3 - a_3 \end{pmatrix}$
Ein Vektor beschreibt eine **Parallelverschiebung** im Raum. Der Vektor $\overrightarrow{AB}$ beispielsweise verschiebt den Punkt A auf den Punkt B.
Die Lage eines Punktes im Koordinatensystem lässt sich mit Hilfe eines **Ortsvektors** vom Ursprung zum Punkt darstellen.

Der Vektor $\vec{v} = \begin{pmatrix} 5 \\ 1 \\ -3 \end{pmatrix}$ beschreibt die Verschiebung eines Punktes auf seinen Bildpunkt um 5 Einheiten in $x_1$-, 1 Einheit in $x_2$- und −3 Einheiten in $x_3$-Richtung.
Wird A (4 | −2 | 3) auf B (6 | −1 | −8) verschoben, stellt der Vektor $\overrightarrow{AB} = \begin{pmatrix} 6-4 \\ -1-(-2) \\ -8-3 \end{pmatrix} = \begin{pmatrix} 2 \\ 1 \\ -11 \end{pmatrix}$ diese Verschiebung dar.
Der Nullvektor $\vec{o} = \begin{pmatrix} 0 \\ 0 \\ 0 \end{pmatrix}$ verschiebt jeden Punkt auf sich selbst.
Zum Punkt P (5 | −8 | 2) gehört im Koordinatensystem der Ortsvektor $\overrightarrow{OP} = \begin{pmatrix} 5 \\ -8 \\ 2 \end{pmatrix}$.

## Rechnen mit Vektoren

Seite 190, 194

Die Addition und Subtraktion von Vektoren sowie deren Multiplikation mit reellen Zahlen erfolgt komponentenweise.

- **Gegenvektor** von $\vec{v}$: $-\vec{v}$
- **Betrag** von $\vec{v}$: $|\vec{v}| = \sqrt{v_1^2 + v_2^2 + v_3^2}$
- **Nullvektor**: $\vec{o} = \begin{pmatrix} 0 \\ 0 \\ 0 \end{pmatrix}$

Zwei Vektoren sind **kollinear**, wenn sie Vielfache voneinander sind.
Das Kommutativgesetz der Addition, das Assoziativgesetz der Addition und der Multiplikation mit reellen Zahlen sowie das Distributivgesetz der Multiplikation mit reellen Zahlen gelten für Vektoren.

Gegeben sind die Vektoren
$\vec{v} = \begin{pmatrix} 1 \\ 2 \\ 3 \end{pmatrix}$ und $\vec{w} = \begin{pmatrix} 4 \\ 1 \\ 5 \end{pmatrix}$.

$\vec{v} + \vec{w} = \begin{pmatrix} 1 \\ 2 \\ 3 \end{pmatrix} + \begin{pmatrix} 4 \\ 1 \\ 5 \end{pmatrix} = \begin{pmatrix} 5 \\ 3 \\ 8 \end{pmatrix}$; $2 \cdot \vec{v} = \begin{pmatrix} 2 \\ 4 \\ 6 \end{pmatrix}$

$-\vec{v} = \begin{pmatrix} -1 \\ -2 \\ -3 \end{pmatrix}$

$|\vec{v}| = \sqrt{1^2 + 2^2 + 3^2} = \sqrt{14}$

$\vec{v} = \begin{pmatrix} 1 \\ 2 \\ 3 \end{pmatrix}$ und $\vec{u} = \begin{pmatrix} 3 \\ 6 \\ 9 \end{pmatrix}$ sind kollinear: $\vec{u} = 3 \cdot \vec{v}$

## Vektorielle Darstellung von Geraden

Seite 198

Eine Gerade g ist durch einen Geradenpunkt und ihre Richtung eindeutig festgelegt:
$g: \vec{x} = \vec{a} + r \cdot \vec{v}$ (**Parameterdarstellung**)
$\vec{a}$ ist der **Stützvektor** und $\vec{v}$ ist der **Richtungsvektor** der Geraden g.
Um zu prüfen, ob ein Punkt P auf der Geraden g liegt, muss eine Punktprobe durchgeführt werden. Hat das Gleichungssystem $\overrightarrow{OP} = \vec{a} + r \cdot \vec{v}$ eine Lösung für r, liegt P auf g, andernfalls nicht.

Eine Gerade g geht durch die Punkte A(2 | −3 | 1) und B(5 | 8 | −2). Die Geradengleichung lautet: $g: \vec{x} = \begin{pmatrix} 2 \\ -3 \\ 1 \end{pmatrix} + r \cdot \begin{pmatrix} 3 \\ 11 \\ -3 \end{pmatrix}$ mit $\overrightarrow{OA}$ als Stützvektor und $\overrightarrow{AB}$ als Richtungsvektor.
P(−4 | −25 | 7) liegt ebenfalls auf g, da die Gleichung $\begin{pmatrix} -4 \\ -25 \\ 7 \end{pmatrix} = \begin{pmatrix} 2 \\ -3 \\ 1 \end{pmatrix} + r \cdot \begin{pmatrix} 3 \\ 11 \\ -3 \end{pmatrix}$ für jede Koordinate die Lösung $r = -2$ hat.

## Lagebeziehung von zwei Geraden g und h

Seite 202

**1** Die Richtungsvektoren von g und h sind kollinear und ein Punkt auf g liegt auch auf h: g und h sind **identisch**; sie haben unendlich viele Punkte gemeinsam.

**2** Die Richtungsvektoren von g und h sind kollinear und g und h haben keinen gemeinsamen Punkt: g und h sind **parallel**.

**3** Das LGS von g = h hat genau eine Lösung: g und h **schneiden einander**; sie haben genau einen Punkt gemeinsam.

**4** Das LGS von g = h hat keine Lösung: g und h sind zueinander **windschief**; sie haben keinen Punkt gemeinsam.

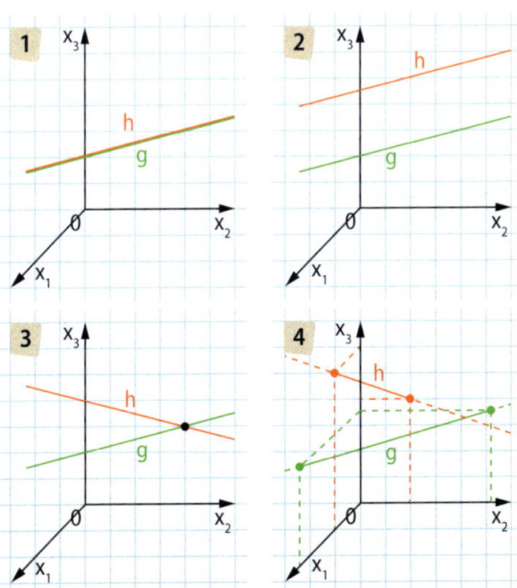

## Prüfungsteil A: Aufgaben ohne Hilfsmittel

**1** Von einem Würfel sind die Koordinaten von zwei seiner Eckpunkte bekannt: A (−5 | −1 | 0) und Q (−1 | 2 | 0).

**a)** Erläutern Sie, ob für die Berechnung des Volumens des Würfels die Angabe der beiden Punkte ausreicht.

**b)** Die Strecke $\overline{AQ}$ ist eine Würfelkante.

**1** Beurteilen Sie, ob damit die anderen Eckpunkte des Würfels eindeutig festgelegt sind.

**2** Berechnen Sie das Volumen und den Oberflächeninhalt des Würfels.

**2** Gegeben sind drei Eckpunkte eines Drachenvierecks ABCD mit A (−8 | −2 | 4), B (−3 | 3 | 5) und C (0 | 2 | 4) und der Vektor $\vec{c} = \begin{pmatrix} -1 \\ -3 \\ -1 \end{pmatrix}$.

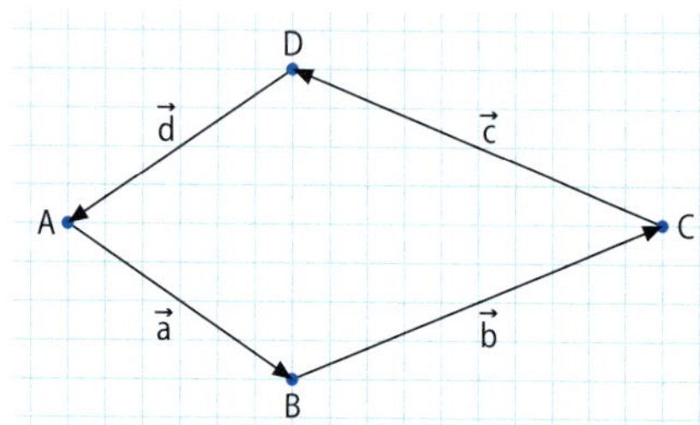


**a)** Berechnen Sie die Koordinaten von D.

**b)** Ermitteln Sie $\vec{d}$ und berechnen Sie anschließend den Umfang des Drachenvierecks.

**c)** Bestimmen Sie die Länge der Diagonalen im Drachenviereck.

**d)** Berechnen Sie den Flächeninhalt des Drachenvierecks.

**3** Untersuchen Sie die Lagebeziehung der Geraden g: $\vec{x} = \begin{pmatrix} 3 \\ 0 \\ 5 \end{pmatrix} + r \cdot \begin{pmatrix} 0 \\ 1 \\ 1 \end{pmatrix}$; $r \in \mathbb{R}$, und …

**a)** h: $\vec{x} = \begin{pmatrix} 3 \\ 1 \\ 6 \end{pmatrix} + s \cdot \begin{pmatrix} 0 \\ 2 \\ 2 \end{pmatrix}$; $s \in \mathbb{R}$.

**b)** h: $\vec{x} = \begin{pmatrix} 3 \\ 1 \\ 4 \end{pmatrix} + s \cdot \begin{pmatrix} 0 \\ 2 \\ 2 \end{pmatrix}$; $s \in \mathbb{R}$.

**4** Verschieben Sie das Dreieck TRE mit T (2 | 0 | −1), R (3 | −2 | 1) und E (−1 | 4 | 5) …

**a)** mit dem Vektor $\vec{v} = \begin{pmatrix} 1 \\ 2 \\ 3 \end{pmatrix}$ und geben Sie die Koordinaten der Bildpunkte T′, R′ und E′ an.

**b)** so, dass der Punkt T auf T″(0 | 3 | 1) verschoben wird. Geben Sie den Verschiebungsvektor und die Koordinaten der Bildpunkte R″ und E″ an.

**5** Gegeben sind die Punkte A (−4 | 7 | 2) und B (−2 | 9 | 0) sowie der Vektor $x = \begin{pmatrix} \frac{4}{a} \\ 2 \\ \frac{-4}{a} \end{pmatrix}$; $a \in \mathbb{R}$.

**a)** Finden Sie heraus, für welche Werte des Parameters a die Vektoren $\vec{x}$ und $\overrightarrow{AB}$ gleich lang sind.

**b)** Begründen Sie anhand der Teilaufgabe a): Vektoren, deren Koordinaten nicht übereinstimmen, können trotzdem denselben Betrag haben.

**6** Gegeben sind die Punkte A (2 | 0 | 8), B (10 | 5 | 7), C (6 | 7 | 3) und D (5 | −8 | 1).

**a)** Geben Sie eine Gleichung der Geraden $g_{AB}$ an, die durch die Punkte A und B verläuft.

**b)** Überprüfen Sie, ob der Punkt D auf der Geraden $g_{AB}$ liegt.

**c)** Zeigen Sie, dass das Dreieck ABC gleichschenklig ist.

**d)** Bestimmen Sie den Parameter a im Punkt T mit T (18 | a | 6) so, dass T auf $g_{AB}$ liegt.

## Prüfungsteil B: Aufgaben mit Hilfsmitteln

**7** Bei einem Gebirgslauf startet ein Teilnehmer im Tal und läuft geradlinig einen Berg nach oben. Der Start erfolgt um 10:30 Uhr im Punkt P (0 | 0 | 0). Die Höhe wird durch die $x_3$-Koordinate beschrieben und eine Längeneinheit entspricht 1 Meter. Die Bewegung des Läufers wird durch den Vektor $\vec{v} = \begin{pmatrix} 1{,}2 \\ 1{,}2 \\ 0{,}2 \end{pmatrix}$ beschrieben, der die in einer Sekunde zurückgelegte Strecke angibt.

**a)** Ermitteln Sie die Gleichung der Bewegung des Gebirgsläufers in Abhängigkeit von der verstrichenen Zeit t.

**b)** Begründen Sie, dass der Läufer bergauf läuft.

**c)** Berechnen Sie, wann der Gebirgsläufer eine Höhe von 500 m erreicht hat.

**d)** Berechnen Sie die Geschwindigkeit des Läufers.

**e)** Begründen Sie, ob die Modellierung als Geradengleichung angemessen ist.

**f)** Im Internet findet sich die Angabe, dass ein Wanderer in einer Stunde durchschnittlich 300 Höhenmeter bergauf zurücklegen kann. Erläutern Sie, wie Sie das Modell ggf. anpassen müssten.

**8** Die abgebildete, zur $x_1$-$x_2$-Ebene symmetrische Doppelpyramide ABCDEF mit quadratischer Grundfläche ABCD entsteht durch zwölf Pfeile. Die Seiten des Quadrates ABCD sind parallel zur $x_1$- bzw. $x_2$-Achse.

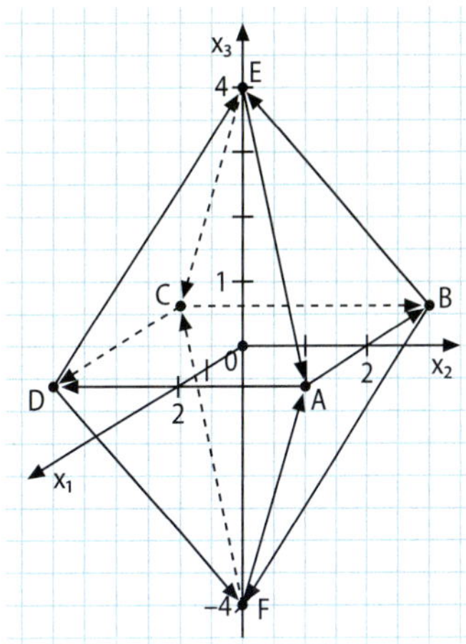


**a)** Geben Sie die Koordinaten der Eckpunkte A, B, C, D, E und F an.

**b)** Finden Sie heraus, welche der Pfeile gleich lang und zueinander parallel sind.

**c)** Ermitteln Sie die Länge der Strecke $\overline{PC}$, wenn P (0 | 0 | 3) ist.

**d)** Berechnen Sie den Oberflächeninhalt und das Volumen der Doppelpyramide ABCDEF.

**9** Gegeben ist eine Pyramide ABCD mit dreieckiger Grundfläche ABC und Spitze D: A (2 | 0 | 0), B (2 | 6 | 0), C (0 | 2 | 0) und D (1 | 2 | 4).

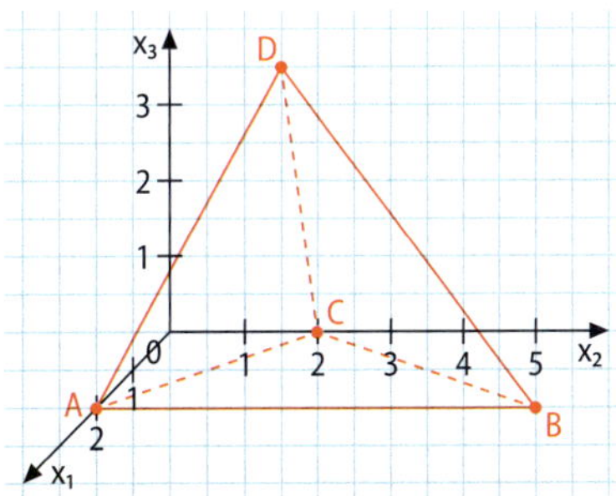


**a)** Geben Sie eine Parametergleichung der Geraden durch die Punkte B und D an.

**b)** Prüfen Sie rechnerisch, ob das Dreieck ABC gleichseitig ist.

**c)** Geben Sie den Mittelpunkt $M_{\overline{BD}}$ an.

**d)** Überprüfen Sie die Lagebeziehung der Geraden g, die durch die Punkte A und $M_{\overline{BD}}$ verläuft, und der Geraden h, die durch die Punkte F (1 | 5 | 1) und G (2 | 4 | 2) verläuft.

**10** Ein Drachenflieger startet zur Zeit t = 0 an einem Berghang. In einem Koordinatensystem lässt sich der geradlinige Flug durch $\vec{x} = \begin{pmatrix} 0 \\ 0 \\ 250 \end{pmatrix} + t \cdot \begin{pmatrix} 120 \\ 140 \\ -50 \end{pmatrix}$ beschreiben.
Dabei ist t die seit Beobachtungsbeginn verstrichene Zeit in Minuten. Der Drachenflieger landet in der $x_1$-$x_2$-Ebene. Im Koordinatensystem entspricht eine Längeneinheit 1 Meter.

**a)** Stellen Sie den Flug in einem Koordinatensystem grafisch dar. Wählen Sie eine sinnvolle Skalierung der Achsen.
**b)** Bestimmen Sie die Dauer des Flugs.
**c)** Ermitteln Sie die Länge der Flugstrecke und die Geschwindigkeit während des Flugs.
**d)** Berechnen Sie die Koordinaten des Auftreffpunktes.

*Unter dem Fußpunkt versteht man den Mittelpunkt der Grundfläche des Towers.*

**11** Der Fußpunkt eines 20 m hohen Kontrollturms (Tower) befindet sich im Ursprung eines Koordinatensystems. Die $x_3$-Achse gibt die Höhe über dem Boden an.
Zum Zeitpunkt t = 0 (t in Sekunden) hebt ein Flugzeug auf der Startbahn ab. Seine Flugbahn lässt sich näherungsweise mit Hilfe der Gleichung $f\colon \vec{x} = \begin{pmatrix} 0 \\ 150 \\ 0 \end{pmatrix} + t \cdot \begin{pmatrix} 25 \\ 16 \\ 5 \end{pmatrix}; t \in \mathbb{R}$, beschreiben.

**a)** Diskutieren Sie, inwieweit die Modellierung der Flugbahn sinnvoll ist. Geben Sie außerdem ein geeignetes Intervall für t an.
**b)** Geben Sie den Startort des Flugzeugs bezogen auf den Tower an und interpretieren Sie den Richtungsvektor der Flugbahn.
**c)** Bestimmen Sie, wie viele Höhenmeter das Flugzeug in einer Minute gewinnt, und ermitteln Sie die Geschwindigkeit während des Flugs.
**d)** Berechnen Sie den Zeitpunkt, an dem das Flugzeug 1 km Flugstrecke zurückgelegt hat. Geben Sie weiter die Position des Flugzeugs zu diesem Zeitpunkt an.

## Reflexion

| Arbeitsaufträge und Fragen zur Vorbereitung auf das Abitur | Hilfe |
|---|---|
| Erläutern Sie folgende Begriffe: Strecke, Pfeil, Vektor. | S. 186 |
| Entscheiden Sie, ob es zu jedem Vektor im Raum unendlich viele dazu kollineare Vektoren gibt. | S. 190 |
| Benennen Sie wichtige Regeln und Begriffe beim Rechnen mit Vektoren. Erklären Sie diese anhand von selbst gewählten Beispielen. | S. 190, 192 |
| Erläutern Sie, dass man die Koordinaten von Punkten im Raum nicht eindeutig aus der Darstellung in einem kartesischen Koordinatensystem ablesen kann. | S. 186 |
| Erklären Sie die Begriffe Oktant, Koordinatenebenen, Ortsvektor und Nullvektor. | S. 186 |
| Stellen Sie dar, was die Differenz zweier Vektoren grafisch bedeutet. | S. 190 |
| Erläutern Sie, wie der Mittelpunkt einer Strecke berechnet wird. | S. 192 |
| Stellen Sie dar, wie zwei Geraden im Raum zueinander liegen können. Erläutern Sie anschließend das Vorgehen, um die Lagebeziehung der beiden Geraden zu bestimmen. | S. 202, 204 |
| Begründen Sie, dass zwei Geraden entweder keinen gemeinsamen Punkt haben, genau einen oder unendlich viele, aber nicht zwei gemeinsame Punkte. | S. 202 |
| Erklären Sie anschaulich, was es bedeutet, wenn zwei Geraden windschief zueinander sind. | S. 202 |
| Beurteilen Sie die Modellierung einer Bewegung durch eine Geradengleichung. | S. 198 |
| Erklären Sie, was man unter einer Linearkombination versteht und wie man sie rechnerisch überprüft. | S. 190, 193 |

<table>
<tr><th>Anweisung</th><th>Erklärung</th><th>Beispiel</th></tr>
<tr><td>angeben,<br>nennen,<br>benennen</td><td>Beispiele, Begriffe, Wörter ohne weitere Erklärung aufschreiben</td><td>Nennen Sie Eigenschaften des Graphen der linearen Funktion mit der Gleichung $y = -3 \cdot x + 5$ (S. 13).<br>Die Steigung der Funktion ist negativ, die Gerade fällt. Sie schneidet die y-Achse im Punkt $P_y(0\,|\,5)$.</td></tr>
<tr><td>aufstellen,<br>darstellen (1)</td><td>Zusammenhänge oder Ergebnisse übersichtlich aufschreiben</td><td>Stellen Sie zu dem gegebenen Graphen der Funktion f eine Funktionsgleichung auf (S. 20)<br>Die Funktionsgleichung von f ist $f(x) = -0{,}5 \cdot (x + 1)^2 + 2$.</td></tr>
<tr><td>ausklammern,<br>faktorisieren</td><td>aus den Summanden einen gemeinsamen Faktor herausnehmen</td><td>Berechnen Sie die Nullstellen der Funktion f mit $f(x) = x^2 + 2x$. Klammern Sie dazu die Variable x aus.<br>$f(x) = x^2 + 2x = x \cdot (x + 2) = 0$<br>$x_1 = 0;\ x_2 = -2$</td></tr>
<tr><td>darstellen (2),<br>zeichnen,<br>erstellen</td><td>grafische Abbildung oder Tabelle anfertigen</td><td>Erstellen Sie eine zusammenfassenden Monotonietabelle (S. 144).
<table>
<tr><th>x</th><th>$x < -2$</th><th>$x_1 = -2$</th><th>$-2 < x < 1$</th></tr>
<tr><td>f'</td><td>$f'(x) > 0$</td><td>$f'(x_1) = 0$</td><td>$f'(x) < 0$</td></tr>
<tr><td>f</td><td>streng monoton steigend</td><td>Steigung 0; waagrechte Tangente</td><td>streng monoton fallend</td></tr>
</table></td></tr>
<tr><td>begründen,<br>argumentieren,<br>zeigen</td><td>Zusammenhänge erklären, dabei mathematische Beziehungen verwenden</td><td>Gegeben ist der Scheitelpunkt der Parabel einer quadratischen Funktion. Begründen Sie, dass es zu jedem Scheitelpunkt unendlich viele mögliche Funktionsgleichungen gibt (S. 21).<br>Der Öffnungsfaktor der Parabel, für gewöhnlich als Parameter a bezeichnet, kann unendlich viele Werte annehmen.</td></tr>
<tr><td>berechnen,<br>rechnen, lösen</td><td>Ergebnis durch eine Rechnung ermitteln</td><td>Lösen Sie die Gleichung $2x^2 - 4 = x^2 + 12$ rechnerisch (S. 25).<br>$2x^2 - 4 = x^2 + 12 \quad | + 4 - x^2$<br>$x^2 = 16$<br>$L = \{-4; 4\}$</td></tr>
<tr><td>beschreiben</td><td>Zusammenhänge oder Lösungswege in eigene Worte fassen</td><td>Auf die Funktion f mit $f(x) = x^3$ wurden mehrere Parameter angewandt. Beschreiben Sie den Graphen der so entstandenen Funktion g mit $g(x) = (x - 2)^3 + 1$ (S. 54).<br>Der Graph von g entsteht aus dem von f durch Verschiebung um 2 LE in positive x- und 1 LE in positive y-Richtung.</td></tr>
<tr><td>bestimmen,<br>ermitteln</td><td>Lösung oder Zusammenhang anhand vorliegender Informationen finden</td><td>Die Gerade g ist durch die Punkte A (4|−1|5) und B (6|3|2) festgelegt. Bestimmen Sie eine Geradengleichung von g (S. 198).<br>$\begin{pmatrix} 6-4 \\ 3-(-1) \\ 2-5 \end{pmatrix} = \begin{pmatrix} 2 \\ 4 \\ -3 \end{pmatrix}$, somit $g: \vec{x} = \begin{pmatrix} 4 \\ -1 \\ 5 \end{pmatrix} + r \cdot \begin{pmatrix} 2 \\ 4 \\ -3 \end{pmatrix};\ r \in \mathbb{R}$</td></tr>
<tr><td>beurteilen</td><td>einen Sachverhalt überprüfen und eine begründete Meinung abgeben</td><td>Beurteilen Sie, ob der Graph einer achsensymmetrischen Funktion immer einen Extrempunkt hat (S. 85).<br>Falls eine ganzrationale Funktion vom Grad $n > 1$ vorliegt, dann lautet die Antwort ja. Allerdings ist auch eine konstante Funktion ganzrational, achsensymmetrisch zur y-Achse und hat keinen Extrempunkt. Es gibt auch nicht ganzrationale Funktionen, die achsensymmetrisch sind, z. B. $y = x^{-2}$.</td></tr>
</table>

# Umgang mit Operatoren

| Anweisung | Erklärung | Beispiel |
|---|---|---|
| entscheiden | aus verschiedenen Möglichkeiten eine Auswahl treffen | Potenzfunktionen der Form $y = a \cdot x^n + c$, $n \in \mathbb{Z}$, sollen durch die Punkte A(−0,5 \| −0,75), B(0,5 \| −0,75) und C(2 \| 3) verlaufen. **Entscheiden Sie**, ob n gerade oder ungerade ist (S. 65).<br>*Der Exponent n ist gerade.* |
| erklären, erläutern | Sachverhalte verständlich und nachvollziehbar machen | **Erklären Sie**, wie viele Nullstellen eine ganzrationale Funktion, die genau zwei Hochpunkte und einen Tiefpunkt hat, haben kann (S. 23).<br>*Geht man davon aus, dass die Funktion auf ganz R definiert ist, gilt: Die Funktion kann maximal vier Nullstellen haben. Am plausibelsten erklärt man das über den Verlauf des Graphen anhand einer Skizze: Die Funktion geht gegen $-\infty$ für $x \to \pm\infty$.*<br>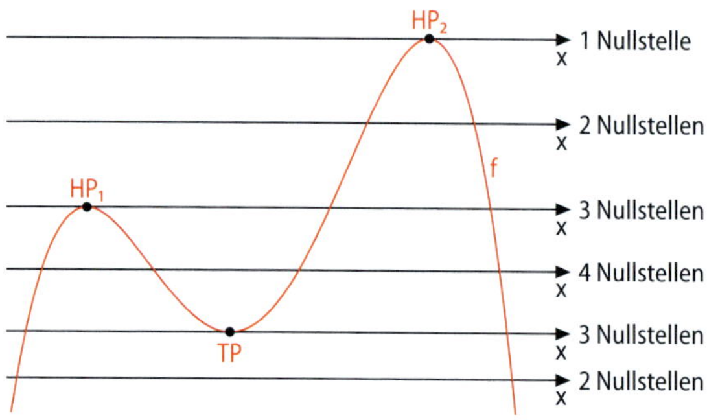 |
| ordnen, zuordnen | systematisch einteilen aufgrund einer Eigenschaft | **Ordnen Sie** der Scheitelpunktform $f(x) = (x-2)^2 - 4$ die Gleichung der allgemeinen Form **zu** (S. 22).<br>1 $f(x) = x^2 + 4x$    2 $f(x) = x^2 - 4x$<br>*Die Lösung ist $f(x) = x^2 - 4x$.* |
| prüfen, überprüfen, untersuchen | einen Sachverhalt feststellen aufgrund von bekannten Eigenschaften oder Zusammenhängen | **Überprüfen Sie** rechnerisch, ob der Punkt D(1 \| −3 \| −1) auf g liegt (S. 198).<br>$D: \begin{pmatrix} 1 \\ -3 \\ -1 \end{pmatrix} = \begin{pmatrix} 2 \\ -4 \\ 3 \end{pmatrix} + r \cdot \begin{pmatrix} 1 \\ -1 \\ 4 \end{pmatrix}$<br>$I \quad 1 = 2 + r \quad \Leftrightarrow r = -1$<br>$II \quad -3 = -4 - r \quad \Leftrightarrow r = -1$<br>$III \quad -1 = 3 + 4r \quad \Leftrightarrow r = -1$<br>*D liegt auf g, weil die Werte für r in allen drei Gleichungen übereinstimmen.* |
| vereinfachen, zusammenfassen | einen Term oder eine Rechnung verkürzen | **Vereinfachen Sie** den Term $2xy - 3x^2 + 7xy + 5x^2$ möglichst weitgehend (S. 9).<br>$2xy - 3x^2 + 7xy + 5x^2 = 9xy + 2x^2$ |
| vergleichen | Gemeinsamkeiten, Ähnlichkeiten und Unterschiede feststellen | **Vergleichen Sie** die Strecke $\overline{AB}$ und den Vektor $\overrightarrow{AB}$. Formulieren Sie Gemeinsamkeiten und Unterschiede (S. 187).<br>*Die Strecke $\overline{AB}$ ist die kürzeste Verbindung der beiden Punkte A und B. Der Vektor $\overrightarrow{AB}$ ist ein Pfeil mit einer Länge, die dem Abstand von A und B entspricht, ausgehend beispielsweise vom Punkt A zum Punkt B. Ein Vektor ist also eine Klasse von Objekten, der konkrete Pfeil von A nach B ist nur ein Repräsentant dieses Vektors. $\overline{AB}$ und $\overrightarrow{AB}$ sind allerdings betragsgleich.* |

**Bildnachweis**

Viola Adam, Luckenwalde – S. 108; AdobeStock / Ansario – S. 149; - / CvK Photography – S. 138; - / Summit Art Creations – S. 162; Alamy Stock Photo / Rudolf Fischer – S. 7; - / Ladanifer – S. 155; - / Ivan Smuk – S. 149; - / speedpix – S. 108; - / View Stock – S. 142; Heiko Etzold, Potsdam – S. 41; geogebra. org / Created with GeoGebra – S. 11, 45 (4), 52, 71 (2), 77, 92, 95 (4), 109 (2), 128 (7), 160, 167 (4), 181, 185 (2), 189 (2), 191 (2), 196 (2), 201 (4), 202 (1), 206 (4), 207 (6); Getty Images Plus / iStockphoto, Animaflora – S. 109; - / iStockphoto, bmcent1 – S. 114; - / iStockphoto, Vitaly Edush – S. 67; - / iStockphoto, ELENAPHOTOS – S. 177; - / iStockphoto, eyewave – S. 44; - / iStockphoto, Denes Farkas – S. 210; - / iStockphoto, feedough – S. 153; - / iStockphoto, Carles Iturbe Ferre – S. 215; - / iStockphoto, Ryan Fletcher – S. 181; - / iStockphoto, FooTToo – S. 108; - / iStockphoto, Denise Hasse – S. 166; - / iStockphoto, helivideo – S. 206; - / iStockphoto, JaySi – S. 195; - / iStockphoto, Mathisa_s – S. 16; - / iStockphoto, WaldemarMilz – S. 137; - / iStockphoto, naumoid – S. 154; - / iStockphoto, Sopone Nawoot – S. 209; - / iStockphoto, ONYXprj – S. 16; - / iStockphoto, osheaphotography – S. 181; - / iStockphoto, AndreyPopov – S. 165; - / iStockphoto, surfi – S. 210; - / iStockphoto, Teacherdad48 – S. 18; - / iStockphoto, venemama – S. 142; - / iStockphoto, ClaudioVentrella – S. 113; - / iStockphoto, welcomia – S. 139; - / iStockphoto, XXLPhoto – S. 38; - / Purestock – S. 103; Mauritius Images / Alamy Stock Photo, David Kleyn – S. 143; - / Alamy Stock Photo, IanDagnall Computing – S. 60; - / Chromorange, Horst Schunk – S. 176; - / imageBROKER, Egon Bömsch – S. 175; - / imageBROKER, Cordelia Ewerth – S. 39; - / Science Photo Library, Tek Image – S. 166; picture-alliance / dpa, Esa, P. Carril – S. 60; Shutterstock / Photographer RM – Cover.